普 通 高 等 教 育 "十 一 五" 规 划 教 材

全国高校园林与风景园林专业规划推荐教材

LANDSCAPE ECONOMIC MANAGEMENT

园林经济管理

LANDSCAPE

李 梅 ◎主编

中国建筑工业出版社

图书在版编目(CIP)数据

园林经济管理/李梅主编. —北京：中国建筑工业出版
社，2007（2024.1重印）
普通高等教育"十一五"规划教材，全国高校园林与风景
园林专业规划推荐教材
ISBN 978-7-112-09403-5

Ⅰ. 园… Ⅱ. 李… Ⅲ. 园林-经济管理-高等学校-教材
Ⅳ. TU986.3

中国版本图书馆 CIP 数据核字(2007)第 140824 号

普通高等教育"十一五"规划教材
全国高校园林与风景园林专业规划推荐教材
园 林 经 济 管 理
李 梅 主编

*

中国建筑工业出版社出版、发行（北京西郊百万庄）
各地新华书店、建筑书店经销
北京天成制版公司制版
建工社（河北）印刷有限公司印刷

*

开本：787×1092毫米 1/16 印张：28½ 字数：682千字
2007年11月第一版 2024年1月第十二次印刷
定价：**48.00**元
ISBN 978-7-112-09403-5
(21045)

本书在借鉴国内外相关学科理论基础上，结合我国园林行业及学科发展实际系统地介绍了园林经济管理学的理论、方法与实践。内容包括：园林政策法规基础，园林经济基本理论与知识，园林企业管理基本理论和方法，以及园林技术经济分析基本理论与基本方法等。

　　本教材突出理论与方法的系统性，强调知识的实用性和前瞻性，构建的基本理论体系完整，内容深浅有度，在介绍基本理论、原理与方法的基础上，列举了大量的案例，以增强读者学习的感知力，有助于提高读者对相关问题认识的加深，并能准确运用相关知识来解决实际问题。每一章均提出学习要点，给出本章推荐参考书目、复习思考题，以期帮助读者以重点内容为主线，系统地学习相关知识并能有一定演练内容，增强学习、掌握和运用知识的实际效果。

　　本教材是我国高等教育教材建设中为数不多的园林经济管理学课程用教材之一。它既可作为园林专业本科生"园林经济管理"课程教学用教材，也可作为高等院校相关专业和园林专业自学考试、网络教育等相关课程所用教材，还可作为园林及林业管理人员、工程技术人员等的学习参考书。

＊　　＊　　＊

　　责任编辑：陈　桦　刘平平
　　责任设计：赵明霞
　　责任校对：刘　钰　张　虹

《园林经济管理》编写委员会

（按姓氏笔画为序）

主　编　李　梅（四川农业大学）

副主编　罗言云（四川大学）

　　　　肖　斌（西北农林科技大学）

编　委　冯永林（四川农业大学）

　　　　史宝胜（河北农业大学）

　　　　刘玉安（北华大学）

　　　　李　梅（四川农业大学）

　　　　肖　斌（西北农林科技大学）

　　　　罗言云（四川大学）

　　　　梅　莹（安徽农业大学）

　　　　蔡　军（四川农业大学）

前言

近十多年来，我国高等园林教育和园林行业均呈现出极其快速的发展态势，园林高级专业技术人才的培养越来越受到社会的重视。但一直以来适合于园林专业本科专业基础课程"园林经济管理"教学所需的相应教材长期处于匮乏状态，与其他较多课程都已出版数十种、近百种教材相比，园林行业与园林教育的快速发展与相关教材建设的落后现状形成了强大反差。为此，适合于园林专业本科用《园林经济管理》教材建设已刻不容缓。

《园林经济管理》教材正是在园林高等教育高速发展，而相应教材又极度缺乏的背景下应运而生的。教材在参考了大量国内外相关研究成果的同时，由多所高校的多位长期在一线从事园林教学、科研和实业的骨干教师结合实践探索，共同研讨、精心编写而成。

本教材从内容上把握住深入浅出的原则，简明扼要地阐明基本理论、原理和主要方法，理论联系实际，具有科学性、系统性、前瞻性和实用性等特点。尽管有些观点或理论尚不成熟，但因其有着良好的发展趋势，本书亦简要地予以介绍（如对于博弈论的介绍），目的在于给读者一种学科、方法的发展趋势的启示，以引起读者的关注。

本书既注重扩展知识面，又注重读者能掌握基本的理论、原理与方法，着重培养其分析评价能力；既着力基本理论和基础知识的系统介绍，亦尽量提供较为全面的资料以期读者掌握本门课程的全貌，开阔视野，培养灵活的思维方式。

教材在内容结构上分为三大部分。第一部分主要阐述园林经济基本内容，包括园林政策法规概述；市场与园林市场；园林企业经营等基本理论。第二部分着重阐述园林企业经营管理的基本理论、原理与方法，包括：企业管理理论基础；园林生产过程管理；园林生产要素管理；园林企业质量与技术管理、园林企业目标管理等基本理论与方法。第三部分主要介绍园林项目与投资的技术经济分析与评价，包括：园林生产理论与成本分析；园林技术经济效益评价；价值工程与园林管理；博弈论在园林经济评价中的运用。教材中的每一章开篇均提出学习要点，每章之后给出"本章推荐参考书目"和"复习思考题"，并在部分章节附有案例，以方便学生结合相关内容进行学习，能更好地联系实际掌握所学内容的重点。

全书共13章。第1章、第2章、第10章、第12章由李梅编写；第3章由梅莹、李梅共同编写；第4章由冯永林编写；第5章由刘玉安编写；第6章、第7章由蔡军编写；第8章、第9章由罗言云编写；第11章由史宝胜编写；第13章由肖斌编写。全书由李梅统稿，并对各章内容进行协调和完善。

由于时间紧迫，编者水平有限，加之园林业发展迅猛、所涉生产领域广泛，使得学科体系的构建难度极大。因此，教材中难免出现疏漏、不足和一些不成熟的看法，甚至偏颇的拙见，敬请广大读者指正，以便再版时修订。

　　本书的问世得到了来自多方面的支持与帮助。借其出版之际，特向有关单位与人员表示衷心的感谢。

　　感谢中国建筑工业出版社陈桦编辑为甄选本书编委、参加并指导编委会教材大纲讨论会、编辑出版等工作所付出的辛勤劳动。

　　感谢四川农业大学、安徽农业大学、北华大学、四川大学、河北农业大学、内蒙古农业大学、西北农林科技大学的大力支持。

　　感谢四川农业大学张海清硕士对教材中的英语翻译工作所给予的大力支持。

　　感谢四川农业大学陈其兵教授、潘远智博士和李云巧、蒋欣、肖艳、廖韵、张旖恩、张娴、杜文东、鲁荣海、孟长来等硕士研究生在资料收集、校对文稿等方面所做的大量工作。

　　编写过程中参考了大量教材和专著文献，在此对各位作者及相关出版单位表示诚挚的谢意。

Forward

In recent decades, landscape education and landscape industry in China take on fast development trend. Education and training for qualified person with ability in the specialty of landscape are attached importance by society. However, the textbook of *Landscape Economy Management* is lack in the long term, which suits for fundamental curriculum of undergraduate education in the specialty of Landscape. The delayed actuality of relative textbook publishing doesn't adapt to fast development of landscape industry and landscape education, in comparison with other curricula with hundreds of textbooks for selection. As a result, it is no time to delay to build textbook of *Landscape Economy Management*, suiting to undergraduate of landscape specialty.

The textbook of *Landscape Economy Management* is going to be published in the condition of lacking suitable textbook for specialty students and fast development of landscape education. The textbook is finished by the cooperating work of many teachers with abundant experiences in landscape teaching, research and practice from lots of universities. Otherwise, lots of references and research performances of national and abroad were consulted.

The textbook explains the profound things in a simple way and summarizes basic theory, rationale and main approach. The scientific, systematic, indicated and practicable are its excellent characteristics. Theory and practice are integrated together. Though some viewpoints or theory need further to study, it makes obvious development trend. So these contents are introduces simply in this book as to provide readers a kind of inspiration of development trend about subject, specialty and methods.

The book concentrates not only on enlarging knowledge system, but also on learning basic theory, rationale and method, and intends to promote the ability of analysis and evaluation. Basic theory and knowledge are introduced comprehensively. In addition, comprehensive information are collected and provided in the book, by which to provide readers an idea of this course system and framework, and to expand field of vision and bring up flexible thinking method.

The textbook comprises three parts in content structure, which are as followings. Part 1 sets forth basic theory of landscape economy including summary of landscape strategy and regulation, market and landscape market, landscape enterprise management, etc. Part 2 introduces the basic theory, rationale and method of landscape enterprise management involving theories of enterprise management, process management of landscape operation, landscape operation elements management, quality and technology management of landscape enterprise, target management of landscape enterprise, etc. The main content of Part 3 is techno-economic analysis and evaluation of landscape project and investment, including landscape operation theory and cost analysis, evaluation of landscape techno-economic effect, value engineering and landscape management, and beat-bet theory applied in landscape economic evaluation, etc. Beginning of each chapter in book provides learning outline and the end provides references and reviewing examination questions. Case study is put in some sections so as to convenient learning according relative contents for students, for holding important contents in practice.

The book includes thirteen chapters. Chapter 1, 2, 10, 12 were written by Li mei. Chapter 3 was written by Mei ying and Li mei, Chapter 4 written by Feng yonglin, Chapter 5 by Liu yu an, Chapter 6, 7 by Cai jun, Chapter 8, 9 by Luo yanyun, Chapter 11 by Shi baosheng, Chapter 13 by Xiao bin. The book was presided by Li mei.

Few oversight, shortage and non-perfect will possibly exist in this book because of time limited, writer's ability, fast development of landscape industry and intercrossing specialty. Therefore, please point out mistakes so that they can be corrected.

All kinds of aid from different professions during writing the book are got. Thanks very much for them.

Acknowledgement for Chen hua, China Architecture & Building Press, who participated and directed textbook outline discussion of editorial committee and publishing works.

Acknowledgement for Sichuan Agricultural University, Anhui Agricultural University, Beihua University, Sichuan University, Hebei Agricultural University, Inner Mongolia Agricultural University and Northwest Agricultural & Science Technological University.

Thanks teacher Zhang haiqing for translating Forward into English in Sichuan Agricultural University.

Thanks Prof. Chen qibing, Doctor Pan yuanzhi, and some graduates including Li yunqiao, Jiang xin, Xiao yan, Liao yun, Zhang yi en, Zhang xian, Du wendong, Lu ronghai, Meng changlai, etc for collecting references and proofreading manuscript, in Sichuan Agricultural University.

Many textbooks and literatures are quoted in this book, so thanks all of authors and publishers.

目录 >01
contents

目录 >02
contents

目录 >03
contents

第1章 绪 论

学习要点

掌握园林公共产品与园林法人产品的内涵和意义；

理解园林及园林经济管理学的含义；

了解园林经济管理学研究任务、对象和主要内容。

中国目前处在一个工业化与后工业化过程并存的社会时段。如今，园林行业面临的主要问题包括：城市人口急速膨胀，居民的基本生存环境受到严重威胁；户外体育休闲空间极度缺乏，广大劳动者的身心再生过程不能满足；土地资源极度紧张，通过大幅扩大城市绿地面积来改善环境的途径较难实现；以郊区化来改善居民环境的道路亦难以行得通；财力有限，实现高投入的城市园林绿化和环境维护工程难度极大；自然资源有限，生物多样性保护迫在眉睫，整体自然生态系统十分脆弱；欧美文化侵入，乡土文化受到前所未有的冲击等。园林行业应如何在解决这些重大问题中发挥不可替代的作用，正是园林经济管理的重要任务所在。

中国快速的城市化进程，给中国的园林行业提出了严峻的挑战，同时也是园林行业难得的发展机会。中国园林行业必须以环境与社会现实的需求为出发点，把握发展的历史机遇，确立未来的主攻方向，强化理论研究，提高全行业的管理水平和经济效益。

1.1 园林及其发展

1.1.1 园林的涵义

《辞海》将"园"定义为：四周常围有垣篱，种植树木、花卉或蔬菜等植物和饲养展出动物的绿地。

中国古籍中则根据性质的不同，园林也曾被称作园、圃、苑、园亭、庭园、园池、山池、池馆、别业、山庄等。美英各国则称之为 Garden、Park、Landscape Garden。

有关"园林"的名称和内涵，学术界一直存在着不同的理解。国外有学者将"园林"称为"开敞空间(Open Space)"、"绿色空间(Green Space)"或"景观建筑(Landscape Architecture)"等。在德国，"园林"是指在市民参与下建立起来的类似纯天然环境的区域，指的是人们的休憩、活动场所；或指一个大型的、非纯天然的、高科技的、天人合一的生态环境。美国将"园林"定义为："城市内一些保持着自然景观的地域，或者自然景观得到恢复的地域，也就是游憩地、保护地、风景区或者为调节城市建设而预留下来的土地。"

我国的园林实践，始于公元前 11 世纪的"囿"。"囿"是以利用天然山水林木，挖池筑台而成的一种游憩生活境域，供王公贵族狩猎游乐。而"园"的早期含义是非农耕公地。战国时期私园开始出现，南北朝期间这种现象比较普遍，此期"公园"指的是未被私人占用的非农耕公地，而非今天意义上的公共游娱区。

"园"与"林"连用构成"园林"一词，最早出现于陶渊明《从都还阻风于规林》中的诗句：

"静念园林好，人间良可辞。"中国古典园林的实践，似一首循序渐进发展的"小夜曲"，而非跌宕起伏的"交响乐"，是从崇拜自然—模拟再现自然—师法自然—写意自然而逐渐发展成熟，体现了中国园林建设的连续性、继承性和整体性，成就了中国园林的博大精深，奠定了中国古典园林在世界园林体系中举足轻重的地位与作用。第一次鸦片战争后，西方列强在中国租界造园，辛亥革命后"田园城市"思想等西方园林学观念对中国传统园林观产生了较大影响。我国相继出现了一些具有欧洲公园风格的城市公园，成为中国现代园林建设的始端。应该说，在中国园林的发展历程中，我们既取得过"世界园林之母"的辉煌成就，也有着近代百余年积弱的痛楚。

从 20 世纪 20 年代起，国内的一些农学院园艺系、森林系或工学院建筑系等逐渐开设庭园学或造园学课程，现代园林学教育开始在国内得以发展。

虽然东西方对园林的性质与规模的理解不完全一致，但人们都有着一个共识点，那就是园林是在一定的地域范围内，利用并改造天然山水地貌或者人为地开辟山水地貌，结合植物的栽植和建筑的布置，构成一个供人们观赏、游憩、居住的良好环境。创造这样一个环境的全过程(包括设计和施工在内)通常称之为"造园"，研究如何去创造这样一个环境的学科就是"造园学"。新中国成立后，造园学研究范围从传统园林学扩大到城市绿化领域。20 世纪 80 年代起，因旅游业的迅猛发展，园林学又扩大到景观(包括自然景观和人文景观)资源保护、规划设计和建设管理等领域。

解放初期，全国百业待兴，园林业在经过多年战乱后得以恢复、建设与发展，许多城市亦开始修建城市公园。以前供少数人享乐的场所，被改造为供公众休憩、游娱的公园；大规模开展街道、工厂、居住区等的绿化；全国上下掀起了一片植树造林的热潮。时任新中国第一任国家林业部部长梁希描绘了一幅"无山不绿，有水皆清。四时花香，万壑鸟鸣。把山河装成锦绣，把国土绘成丹青"的新中国绿色锦绣。

20 世纪六七十年代，因"文化大革命"的干扰与冲击，园林建设出现倒退。

如今，"园林"一词被不断赋予新的内涵。《中国大百科全书》将园林定义为："在一定的地域运用工程技术和艺术手段，通过改造地形(或进一步筑山、叠石、理水)、种植树木花草、营造建筑和布置园路等途径创作而成的美的自然环境和游憩境域。"

由此可见，当今的园林类型不仅包括庭园、宅园、小游园、花园、公园、植物园、动物园等，还包括森林公园、风景名胜区、自然保护区或国家公园的游览区以及休养胜地中那些运用园林技术与艺术而形成的具有改善与美化环境的区域等。当代园林已不拘泥于名山大川、深宅大府，而是广置于街头、交通枢纽、住宅区、工业区以及大型建筑屋顶等可以载绿之处。

综上所述，园林的发展经历了两次大的转变：一是从自然山林池沼逐渐演化成具有社会功能的人文园林；二是从少数人所有、为少数人服务的私园转变成为多数人、为公众服务的园林。

园林作为一个具有动态特征的概念，其内涵与外延随着人类社会、经济、文化与科技的不断发展而得以不断丰富与拓展。从根本上讲，园林是社会工业化、城市化突飞猛进而带来一系列涉及人们生存环境危机背景下，所唤起的人们对自然的一种眷恋，对良好未来生存空间的一种向往，是人们追求可持续发展的一种社会需求。它以重视运用植物为主来改善环境，创造和维护一个持续发展的生态健全、有益身心健康的优美环境空间为宗旨。

归结起来，我们认为园林是以植物为主体，与建筑、山石、水体等多要素有机组合，以技术为支撑手段，以艺术为表现方式来改善人们休憩与居住环境的区域。

1.1.2　当前园林发展存在的问题

随着人们对园林综合效益认知的不断提高，园林的影响正在进一步扩大。但我们也应该清醒地看到我国园林建设目前还存在着一些不容忽视的问题。要解决这些问题，要求园林经济管理从宏观到微观落实到位，并建立有效的管理机制和手段，使我国的园林建设能步入正常发展的轨道，为实现社会的可持续发展作出应有的贡献。

1.1.2.1　园林绿地被蚕蚀、侵占严重

快速城市化进程中，导致城市中的土地大量水泥化、沥青化，建筑越来越稠密，树木花草、河湖池塘锐减，园林绿地被蚕蚀、侵占的情况愈演愈烈。同时，由于利益驱使，不仅人口流动和"迁移"工程四处开花，而且连一些园林部门本身也为追求经济利益，一味增加园林娱乐设施，忽视绿地建设和保护。我国目前的园林建设，不同程度地存在着重建筑轻植物、重新建轻养护、重经济效益轻环境效益、重近期效益轻长期效益的"四重四轻"现象。因此，许多园林建设项目偏离了正确轨道，功能也未得到充分发挥。

1.1.2.2　园林建设人才、资金匮乏，法律法规亟待完善

园林建设既需要物质等生产要素的投入，更是一项高智力劳动。目前，在如火如荼的园林建设中，由于人才的缺乏，使得园林建设及其管理混乱，无证设计、工程质量低劣等事件时有发生，园林建设的投入得不到应有的产出效果，影响了园林建设成果的巩固和提高。

园林产品中相当部分属于公共产品❶，是公益性福利事业的重要构成内容。国家有限的事业费只能将园林建设维持在较低水平。虽有一些社会组织自建公园、搞绿化，却因或盈利性，或范围的局限性，导致其所发挥的作用非常有限。国家是公益事业投资的主体，为园林建设所投入的必需资金严重不足，是我国园林绿化建设总体步伐缓慢的重要原因。

尽管我国有《森林法》、《环境保护法》、《城市绿化条例》等相关法律法规，但由于缺乏明确的、严格的、较全面的可操作性条款，以致园林绿地规划无法实施，用地得不到保证，绿地被侵占等问题时有出现。

1.1.3　园林发展的社会意义

园林不仅是一种有形的景观资源，而且具有生态、经济和美学价值，在改善环境、丰富公众文化生活等方面发挥着重要作用。

---

❶ 公共产品：指的是政府向居民提供的各种服务的总称。如：国防、司法、教育、城建等。

1.1.3.1　促进社会发展，创造社会效益

园林在传承前人文明历史的同时，也推动着现代社会的发展。园林的社会效益集中体现在精神文明中的价值，其目的在于创造良好的生态环境，提供高质量的生存空间，营造休憩、游娱和健身的场所。园林还以其优美的绿色环境为招商引资、吸引游客发展旅游起到了积极的作用，为区域和社会经济发展创造了显著的社会效益。

1.1.3.2　改善生态环境，提升城市形象

城市化加速了生态环境的恶化，"热岛效应"、"三废"问题日益突出。在资源环境遭到严重破坏、居民健康受到威胁的情况下，园林作为城市"绿洲"，凭借其良好的植被覆盖和较为平衡的生态系统，影响着城市的生态环境。合理的园林空间配置，能很好地改善城市局部气候，缓解"热岛效应"。

园林的发展，打破了城市传统钢筋水泥的单一程式，提高了景观丰富度和绿化率，使城市景观朝着更加合理、多元化的方向发展。城市园林建设，突破了传统景观模式，大大提升了城市形象。

1.1.3.3　推动经济发展，提高生活质量

在市场经济条件下，园林对经济发展的影响已越来越大。园林不但创造了良好的社会生态效益，还创造了可观的经济收入，带动了相关产业的蓬勃发展，并为社会提供了一大批新的就业岗位。

一般认为园林绿化的产投比大于 1，在国民经济中占有很大的比例，并可用货币价值直观表达。印度一位教授曾计算一株树龄为 50 年的大树，其贡献价值为 19.92 万美元。园林花卉、苗圃业所带来可观的收入和对就业率的贡献显而易见。如荷兰、德国等国家花卉产值均高达 130 亿美元。最近美国推出一种"食用园林"(Edible Landscape)的新概念，即在城市中开辟果园、种植菜园、创办花卉苗圃等谋取直接的经济收益。

园林作为城市景观的重要组成部分，越来越受到人们的普遍欢迎。散落在城市中的园林绿地，不仅是人们日常的休闲场所，也是城镇居民最易接近的自然或准自然空间。它所创造的休憩空间、交流场所正在悄然改变着人们的生活。美国密歇根大学有学者研究指出：园林环境有益于人类的身体健康和精神平和。

假设一个城市居民生活满意指数最高可达 100%，在正常生活条件下：

每周至少去一次公园(园林)的居民生活满意指数可超过 77%；

每月至少去一次的居民生活满意指数可达 74%；

一年中仅去过一次的居民生活满意指数为 70%；

从来不去的居民生活满意指数为 65%。

能够满足居民生活指数的其他因素，如地位、金钱、家庭、就业等的影响率均不到 30%。可见，城市园林对于个人、家庭、社会都具有重大意义。

1.2 园林经济管理与园林经济管理学

1.2.1 园林经济管理的内涵

如前所述，园林活动得以实现的支撑手段是技术。不仅如此，园林活动的实现还是以艺术为表现方式的文化行为。可见，园林无论是作为公共产品，还是法人产品❶，其生产或建设过程都离不开社会经济活动，离不开产品设计、生产、营销等管理环节。因为不仅技术行为会受到环境资源及人类需求的约束，艺术创造及园林技术的实现通常也都离不开经济管理的制约。

可见，园林经济管理是园林实现可持续发展的必要过程，是在资源有限条件下，最有效地发挥园林效益的保障。园林经济管理的任务就是最有效地组织人力、物力、财力和信息等要素资源来取得最好的综合效益，使园林在城市建设和环境改善中发挥更大的作用。

1.2.2 园林经济管理学的任务、研究对象和主要内容

园林经济管理学的研究对象是园林经济管理活动过程中所产生的一切现象、关系及其发展规律的总和。

园林经济管理学是以政治经济学为理论基础，结合管理学、园林规划设计、园林工程、生态学、美学等多门学科，研究园林的发展、建设、经营管理和园林经济客观规律的一门学科。

园林经济管理学是一门新兴的交叉学科，是园林学科与经济管理学科等多学科有机融合的综合体，既包括多种自然科学与技术，又包括人文社会经济与文学、艺术的综合性的应用学科，目前尚处于发展阶段。因此，园林业的发展一方面要吸收借鉴其他行业的先进经验，并结合实际，创造出适合自身特点的经济管理办法；另一方面要本着一切从实际出发的精神，不断总结实践经验，加强各项基础工作建设，勇于进取，不断开拓创新，使园林经济管理工作实现标准化、规范化、科学化、系统化和现代化，使园林经济管理学科体系越来越完善和成熟。

园林经济管理学的研究内容总起来讲就是通过分析园林经济管理活动运行的各个主要环节，揭示园林经济管理活动过程各种现象及其关系的本质，探寻园林经济管理活动的规律性。具体而言，园林经济管理学的研究一方面从宏观角度分析园林经济现象的形成与发生、发展，研究园林经济关系及其发展规律；一方面从微观角度着重研究园林企业的计划、组织、领导、控制等基本职能以及园林业中物质技术因素的经济效果及其评价等。其主要内容有：园林市场及其预测、园林供给与需求、园林生产过程管理、园林生产要素管理、园林企业目标、质量与技术管理、园林生产成本管理、园林技术经济效益分析及园林建设项目评价方法等。

---

❶ 法人产品：指的是依法注册的组织或个人通过市场所提供的合法产品与劳务。

1.3 园林经济管理学研究方法

园林经济管理学是自然科学与社会科学相融合形成的一门综合性很强的交叉学科，究其属性仍属社会科学范畴。因此，园林经济管理学的研究方法必须结合社会科学的特点，坚持以唯物辩证法为根本方法，坚持辩证唯物主义与历史唯物主义相结合、理论与实际相结合、定性分析与定量分析相结合、静态分析与动态分析相结合、微观分析与宏观分析相结合，具体地注重历史分析法、比较分析法、交换分析法、结构功能分析法和假设、模型与数字工具等的应用。

1.3.1 历史分析法

所谓历史分析法，是指从客观事物本身产生和发展的具体历史过程方面，去研究和揭示其发生、发展规律的一种研究方法。这种方法力图通过对客观事物本身发展的历史顺序和在各个历史发展阶段中的具体形态的分析，去研究和揭示客观事物的全部内容及其产生、发展和变化的规律性，对客观事物的发展趋势进行科学预测，把握事物未来发展方向。

历史分析法对研究园林经济管理活动现象有着极其重要的作用。因为，园林经济管理活动的内在规律及运行法则，在很大程度上反映在社会发展史或者园林发展史中，它的变化一直与历史的发展相联系。在人类社会进入工业化并向高度工业化阶段迈进的过程中，园林的性质以及表现出来的特点也随之发生着变化，全面研究和揭示园林经济经管理的发展规律，就必须运用历史分析的方法，在运动和发展中把握其本质。

1.3.2 比较分析法

比较分析法是将两个或两个以上同类或相近的客观事物，按同一原则或方法进行对比分析，以寻求其间的共同或差异之处，并根据共同点，依据已知事物的性质和特点来推测未知事物具有同样或相近的性质和特征。

现代园林的建设与发展在我国的历史并不长，与当今园林发达国家相比有着较大的差距，发达国家在园林建设与发展过程中，积累了很多有益的经验与教训值得总结。通过比较研究，我们可以借鉴其发展经验，避免重复它们在园林建设与发展进程中的失误，也有利于认清我国园林的发展方向，探寻适合中国国情的园林产业发展之路。

1.3.3 结构功能分析法

结构功能分析法就是将研究对象视为由多个子系统有机组合而成的复杂系统，从系统的结构出发分析系统功能的方法。

园林经济管理领域运用结构功能分析法着重于研究园林组织在一定时期内，其组织结构关系是如何发挥功能与作用以维持它的存在。园林组织被视为一个有机体，其结构所表现出来的功能意义是园林经济管理学科研究的重要内容。通过对园林经济管理活动现象的分析，了解其在某一系统结构中的位置，以及它所具有的功能的分析来解释这一现象的产生和变化；并通过某一系统中的各种现象的相互联系和相互作用的分析来认识系统整体。

1.3.4 假设、模型与数字工具的应用

牛顿曾说过："没有大胆的猜测，就做不出伟大的发现。"还有人说："科学假说是通向真理的桥梁。"所以，"假设"无论是在自然科学、还是在社会科学的研究过程中都具有重大意义。假设作为科学地认识客观事物的一种手段，始终是超出已知事实总和的范围，且确定着研究进行的方向。用科学假设的方法研究客观事物的程序包括了如下环节：提出问题—猜测或假设—制定计划—实验探究—形成结论—实验验证。形成假设和验证假设的过程，其实就是研究和分析客观事物、寻求真理的核心。

数学模型方法是近20年来随着计算机的广泛使用而发展起来的新学科，是利用数学知识解决问题的重要方法。它是针对经济活动过程中遇到的实际问题而提出、设计、建立、求解、论证及运用数学模型以解决实际经济问题的一个过程，其目的在于运用数学模型实现在经济领域中分析问题、逻辑思维和辅助决策的作用和功能。模型方法在经济管理活动日益计量化、定量分析化的今天显得越来越重要。

数字工具指的是能将各种信息进行系统化、数字化处理的软、硬件总称。诸如文字编辑软件、图形编辑软件、扫描仪、互联网、计算机、"3S"技术系统等。信息技术的迅猛发展，使得经济数据的收集、分析、处理，以及管理系统的决策无一不与数字工具相联系，这种联系还将随着社会的发展，技术的进步，信息系统的拓展变得越来越紧密和深入。

假设、模型、数字工具的应用对于理解和解决园林经济管理活动中出现的种种问题具有较好的简化作用。园林经济管理研究中，很多时候需要根据实际情况设定假设、确定相关的模型或数字工具，分析多因素关系及其变化趋势，达到由实践上升为理论，理论反过来指导实践，提高实践效率，减少决策盲目性，增强决策科学性的目的。

1.3.5 总体研究方法

任何一种社会经济活动都与社会中的各种环境紧密相连。为了使园林经济管理的研究符合客观实际，必须对影响客观经济过程的各种自然、社会、经济以及上层建筑等因素及其纵横交错的关系予以认真研究、分析与考察，运用唯物辩证法等思想和观点去研究与分析现象，抓住本质。唯有如此，在园林经济活动中提出的经济管理思想与模式，作出的决策等才具有可行性和可靠性。缺乏总体研究的模式和决策，常常不具备良好的可行性与可靠性，而可能使决策失误。因此，总体研究方法是园林经济管理研究的重要方法之一。

1.3.6 动态研究方法

社会经济活动无时不处在发展变化之中，当客观经济现象不断发生着变化，人的认识亦必须紧

紧地把握其变化发展规律，使我们的认识能近似地反映客观实际，其间必然要经历一个过程。因此，园林经济管理的研究，需要把静态研究与动态研究相结合，尤其要重视动态研究，以便从社会经济发展的趋势与形态中把握可行性。任何园林经济决策方案的设计、试验与实施，必定是在不断的反馈式调整过程中渐渐趋向客观实际和不断完善的。无数事实证明，那些重大决策的作出、复杂经济问题的解决，都是在经过多次反馈式调整之后才有了相对切合实际的结果。这种反馈式调整过程，也就是静态研究与动态研究相结合的过程。

本章推荐参考书目

[1] 郭风平，方建斌主编. 中外园林史. 北京：中国建材工业出版社，2005.

[2] 赵国庆，杨健著. 经济数学模型的理论与方法. 北京：中国金融出版社，2003.

[3] 黄凯主编. 园林经济管理(修订版). 北京：气象出版社，2004.

复习思考题

1. 如何理解园林的涵义及其在社会发展中的影响与作用？

2. 推进中国园林健康发展需要的必要条件有哪些？

3. 什么是园林经济管理学？

4. 如何进行园林经济管理活动的研究？

第 2 章　园林政策与法规

学习要点

掌握政策、法规的基本含义，政策与法规的基本特性；

理解政策与法规的关系和园林政策法规的构成体系；

了解与园林相关的主要政策法规内容。

俗话说得好，"没有规矩不成方圆"。凡事照章依法而行，人们便有了相应的行为准则，社会就会在一个良好的秩序环境下和谐发展。园林行业也不例外。规范园林行业的相关政策法规是市场经济法律框架体系中一个极其重要的组成部分，是保障园林业健康发展、市场公正的基础，是维护社会经济秩序、保护资源环境可持续发展、改善生态环境、美化人民生活、提高人民生活质量、构建和谐社会的重要途径。园林经济管理者，更应该时刻保持在政策与法制的轨道而不偏离方向，学习与了解相关的政策、法规的基本理论和基础知识，具备相应的运用政策法规指导实际工作的能力则显得十分必要，也是客观实际的基本要求。

2.1 园林政策法规的作用与意义

2.1.1 规范和引导园林行为

园林政策法规为园林活动的行为规范与准则提供了模式和判断标准。符合政策并合法有效的行为将受到保护和鼓励，而违反政策和法规的无效行为则不会受到政策的支持与法律的保护，所造成的后果必然会受到相应的政策追究和依法承担法律责任。可见，园林政策法规的制定和实施，无疑对参与园林活动的各方主体起到了规范、引导、教育和威慑的作用。

2.1.2 为园林业的发展提供政策支撑与法律保障

园林政策法规确定了园林活动开展的范畴与政策界限，明确了园林行为各主体的权利、义务、责任和行为规范，对园林活动中的各种社会关系起到了有序的调整作用，对维护园林行业发展的正常秩序、园林业的发展提供了政策支撑，奠定了法律基础，提供了政策与法律的保障。

2.1.3 对园林业的发展进行有效的宏观调控

国家及其相关部门通过制定园林政策与法规，确定园林业发展的基本原则、基本方针和产业政策，对园林业进行有效的宏观调控，把园林业纳入整个社会和经济发展之中，使园林业的发展能够起到促进社会和经济发展的作用。

2.2 政策概述

政策是人类社会中一种独立的社会政治现象，自国家出现以来，政策就成为了历代统治阶级对社会实施统治并指导经济、政治和文化发展的一类重要工具。政策不仅有着特定的内涵和外延，也有着特殊的社会功能。

2.2.1 政策的基本含义

政策有广义与狭义之分。广义政策是指一定政治实体制定的全部行动纲领和准则，即路线、方针、政策等；狭义政策指比较具体的规定和准则，通常是与路线、方针并列的政策。总起来讲，政策就是一定政治实体为了实现特定目标而规定的，用以调控社会行为和发展方向的规范和准则。政策的含义有如下三个方面的基本内容：

2.2.1.1 政策是一种约束人们行为的规范和准则

在同一社会里，制约人们行为的规范和准则有三种，即：伦理道德、政策与法律。伦理道德被称为"软"规范，法律被称为"硬"规范，政策是介于两者之间的一种中性规范。

2.2.1.2 政策主要通过引导来发挥作用

这种引导更多地体现在宏观上、方向上和性质上，体现在根本性的引导原则。它规定着人们应该做什么，不应该做什么。

2.2.1.3 政策还是一种手段和策略

政策的制定与实行不是目的，而是为了实现特定目标，调控社会行为和发展方向而采取的一类手段和策略。

2.2.2 政策的特征

政策是一定政治实体为达到一定目的，依据自身的长远发展目标，结合现实情况或历史条件所制定的实际行动准则。所以，在制定和实施政策的过程中必然会表现出其特征的多态性。

从政策的性质来看，首先，政策属于上层建筑范畴，当然也属政治范畴。在上层建筑的意识形态中政策属核心部分。一方面是因为它直接体现了政治思想，另一方面它还是经济的一种集中体现。第二，政策是阶级意志的集中体现，具有鲜明的阶级性。不同阶级利益的差别和对立直接地、集中地表现为各阶段政策上的差别与对立。同时，政策还具有一般社会性，即表现为整个社会利益集中体现的一面，它不仅要维护本阶级的利益，也必须承担起管理社会的一般职责。从这个意义上理解，当政策不再单单是一个阶级共同利益的集中体现，而是反映整个社会的共同利益要求时，政策就成了促进人类文明、进步和发展的重要杠杆，如技术政策、环境保护政策等。第三，政策的基本性质是由社会发展规律所决定的。客观规律不以人的意志为转移，这是毋庸质疑的。政策的制定必须以客观实际情况为依据，符合客观规律。否则，就会因政策与客观实际的脱离而造成工作失误，甚至带来一定时期的社会灾难。

从政策的规范性来看，政策是由具有合法权力的政治实体，依据一定的程序制定的、具有约束力的行为规范与准则；政策的执行主体，可以凭借政策的合法性和约束力迫使客体服从，服从政策规定是客体应有的责任和义务；政策的解释、修改、变化和废止，必须由制定政策的合法政治实体，按一定程序来进行；政策规范比较原则化，在具体执行过程中可能出现理解和尺度掌握的不统一。

具体而言，政策的特征表现为原则性与灵活性、连续性与稳定性、系统性与相关性、阶段性与针对性等方面。

2.2.2.1 原则性与灵活性

任何一个政治实体在研究、制定和贯彻一定政策时，都表现出坚定的原则性，目的是维护其政策的严肃性。这种原则性旨在体现政策制定者的指挥意志，表现为对本阶级和全社会共同利益的维护，表现为要求人们坚定不移地贯彻执行政策。决不允许为了小团体利益、个人利益等对政策的执行随心所欲。但是，坚持政策的原则性并不意味着政策就失去灵活性。这里的灵活性具有相对意义，层次越高的政策灵活性相对强一些。政策作为一种调控社会方方面面的策略和手段，不具有解决各种具体问题的功能，它不是解决具体问题的具体办法和措施，提供的只是解决具体问题时应遵循的政策界限，即在政策范围内具有一定灵活性的行为模式。

2.2.2.2 连续性与稳定性

如前所述，政策是一种约束人们行为的规范和准则。任何一项新政策的出台，必须与同类政策在时空上保持相对一致性和连续性，政策不能在不同时期前后矛盾和冲突，不能在不同空间范围内相互矛盾和冲突。如果前后时期的同类政策确有矛盾和冲突就需废旧立新，但政策不能朝令夕改，它一经制定和发布执行，就必须在一段时期内保持稳定。如果同一时期在不同空间范围内，同类政策有冲突，就应依据实际情况进行调整。若政策多变，政出多门，缺乏相对稳定性和连续性，其权威性就会受到质疑，政策的执行者也会感到无所适从，最终会使大多数人的利益受损，带来不良的社会影响。

政策的相对连续性和稳定性是与政策的科学性分不开的。只有经过深入调查研究、依据客观情况、坚持科学精神制定出来的政策，才能真实地反映社会大众利益。这样的政策才具有生命力，才能保持其相对连续性和稳定性。

2.2.2.3 系统性与相关性

社会是一个极其复杂的巨系统，作为调控社会行为和发展方向的政策，必然呈现出多侧面、多层次及其相互关联的网状结构状态。

从横向看，针对不同侧面的各项政策，有着自己特定的调控对象和作用范围，每一侧面的政策都具有相对独立性。但是，它们彼此之间又具有相互联系、相互制约、相互补充的相关性。每一项政策不可能独立于其他政策而孤立地存在。如园林绿化政策与社会再生产中的诸如林业、国土等多种政策密切相关，与科技、教育、管理等政策必须有效配合。

从纵向看，政策体系的层次性有很明显的表现。统揽全局的高层次政策是一类带有方向性和原则性、能指导全局的行动准则和规范。其作用范围大，是较低层次政策的"灯塔"、"路标"，具有较大的稳定性。较低层次的政策是指导局部的行为准则和规范，其作用范围相对较小，为高层次政策服务，是高层次政策的具体化。越是高层次的政策，服务的范围就越宽，内容就越原则化，稳定性亦越强。政策的层次越低，其服务的范围就越窄，内容就越具体，可变性也就越大。所以，人们在制定和执行具体政策时，要以总方针、总目标和总原则等总的政策为指导；同时，在作出指导全局的战略决策时，也应制定贯彻执行总政策的具体政策措施。这样，贯彻执行具体政策时才不会迷失方向，而总政策的落实也有具体措施予以保障。

就主体而言，有掌握政权阶级和其他阶级的政策；有执政党和非执政党政策；有国家和其他社会组织政策等。

就内容而言，有政治、经济、文化、教育、科技等政策。

就层次而言，有大政方针政策、基本政策和各种具体政策等。

其中，执政党和国家的大政方针政策、基本政策尤为重要。

可见，政策其实是一个多侧面、多层次的复杂的有机体系。这就要求我们必须建立起科学的系统观和层次观，用全面、系统的观点，协调发展的观点去认识它、理解它、运用它。

2.2.2.4　阶段性与针对性

政策的阶段性是指其在不同历史时期有不同的内容。构成政策阶段性特征的客观基础主要缘于在社会发展的不同历史阶段里，不同行业在发展过程中实践的内容不同，包含的矛盾不同，各种社会经济等关系的变化趋势不同，等等。为此，作为调控社会行为和发展方向的规范与准则的政策，必须与时俱进地根据社会发展规律的要求，及时制定、调整、修订、完善符合社会大多数人共同利益的政策，以适应和维护政治文明、经济增长、社会发展的需要。

政策的针对性是指每一项具体的政策是为一定时空条件下解决某一具体领域的特定具体问题或倾向而制定。没有这样的具体问题或倾向，就没有制定政策的必要，政策的针对性与其目的性高度统一。

政策的阶段性与针对性使我们清楚地看到，那些试图制定具广泛意义、高度原则、面面俱到的所谓政策，必然是徒劳无功的。因为，政策不是法律、不是普遍真理，它只为特定时空条件下解决特定问题而存在。当然，强调政策的阶段性与针对性特征，而分析问题不全、不深、不透，找不准问题的症结所在，这样制定出来的所谓政策，因其片面性必然也是缺乏实际效用的。

2.2.3　政策体系

任何政策都不可能是孤立、零散、非系统地存在的，只有一个完整的政策体系，才能有效地发挥作用。从系统性角度看，园林政策有多项政策共同构成一个完整体系的系统性政策与自成体系的单项政策两种类型。

系统性政策指的是在一定时期内为解决某方面的问题而存在的形式多样、内容不同的诸多政策及其相互关系。这一概念表明园林的系统性政策中的各项政策，虽然表现形式不一，反映内容不同，但相互间存在着密切的联系。这种联系主要是由于它们的指导思想、理论基础、责任使命等具同一性。同时，社会中存在的各种问题时常相互交织，要解决某一矛盾或问题，往往需要从不同方面采取各种政策和措施，这也必然使其成为彼此关联、协调一致的政策体系。

单项政策是指在一定时期内为了解决某一特定的问题而自成体系的政策。从政策的形成过程看，单项政策也是一个系统，它由政策目标、政策内容和政策形式三部分组成。

一定时期内，各项政策之间不能相互抵触和冲突。一旦出现政策间的矛盾冲突，则必须作出相应的调整与修订。

2.3　法规概述

法规(Law and Rule of Law)是国家政策的一种表现形式，更是国家意志与强制力的表现形式，是影响和制约社会活动极为重要的因素。"有法必依，执法必严，违法必究"是确保社会公正，维护社会秩序，规范和保障公民权利、义务和责任的重要手段。

2.3.1　法规的基本含义

一般意义上的规范是指约定俗成或明文规定的标准、准则。社会规范通常指的是人类社会生活中调整社会公众行为的准则，包括：政治规范、道德规范、法律规范和社团章程等等。其中，法律规范是一种特殊的社会规范，其规范程度和问题界限的要求与其他类型的社会规范相比，体现得十分明确、严格而具体。

法规包括了法律与法规。前者指的是由全国人民代表大会制定的宪法和基本法律及全国人大常务委员会制定的法律；后者主要指由国家机关颁布或制定的行政法规、地方法规、行政规章和地方规章等。

就本质而言，法规是国家意志的体现；具有强制性、可行性和可操作性；是以国家的名义，通过有关法规文件，明确规定其依据、任务、目的和适用范围；具体规定公民在一定关系中的权利和义务；规定各种违法行为应当承担的法律责任及应当受到的法律制裁。

2.3.2　法规的特征

法规作为最有效的社会整合机制之一，不同于上层建筑中的其他社会规范。虽然不同历史类型法规的目的和基础有所差异，规范性、强制力等性质有所不同，但其共同特征仍然表现为规范性、国家意志性、强制性、以权利和义务为内容等方面。

首先，法规是调整人的行为或社会关系的规范。规范性和普遍适用性是其鲜明特征。法规规定人们可以做(授权)什么，应该做(义务)什么，禁止做(禁止)什么，构成了人们行为合法与否的一套评价标准，为指导、指引人们行为或预测未来行为及其后果提供了尺度，也为警戒和制裁违法行为提供依据。

第二，法规是国家制定或认可的社会规范。这是其国家意志特征的具体体现。法规作为一种社会规范的特殊性的表现，其特殊性集中体现在法规是由国家制定或认可的，是其他社会规范所无法比拟的。

第三，法规是规定权利和义务的社会规范。这表明其通过规定社会关系参加者的权利义务来确认、保护和发展一定的社会关系。任何法规都是直接或间接的关于社会成员权利义务的规范。它不仅具体规定了法律关系主体的权利以及侵犯这种权利所应受到的法律制裁，也具体规定了法律关系主体必须履行的义务及拒绝履行这种义务所应受到的法律制裁。

第四，法规是由国家保证实施的社会规范。这是其强制性特征的具体体现。这种强制性以国家机器为强大后盾，以国家强制力为保障，以确保其在全社会范围内得到实施，即不管谁触犯了法律法规都应受到国家制裁。

与上述特征相适应，法规还具有指引、预测、强制、教育和评价等规范作用。

2.3.3　法规类型

从表现形式看，法规类型有法典式和分散式两种。

所谓法典式是以法典的形式表现某一领域的法规。它是相对集中了该领域各种法规并构成一部系统性的、完整的、全面的法规。其特点在于，它既全面集中又协调统一，这是一种科学性较强的法规体系的表现方式，但实际操作难度较大。

分散式指的是以分散的法律法规来表现某一领域法律规范的形式。这是目前世界上多数国家采用的一种法律法规体系的表现形式。

当前，我国法规体系的表现形式主要有：法律、法律性决议和决定、行政法规、地方性法规、行政规章(包括部门规章和地方人民政府规章)、自治条例和单行条例、法律解释、政府已参加的国际条约和国际协定等。

2.4　政策与法规的关系

政策与法规都是国家意志、社会大众利益的集中体现，担负着维护和保障社会大众利益、促进生产力发展的使命。它们都是由社会经济基础决定并为其服务的上层建筑的组成部分，是调控社会关系和行为的重要工具。虽然两者之间存在着显著的差异，就其实质而言，它们之间有着高度的一致性。

2.4.1　政策与法规的联系

政策与法规虽然不是平行的，但在本质上它们是密切联系、相辅相成的，具有高度一致性。两者的联系体现为政策是法规制定与实施的基本依据，法规是制定和实现政策的重要工具。

法规的制定以政策为依据。一般情况下，法规的制定不能与政策相抵触，当政策发生变化时，法规亦须做相应调整。当然，政策一旦法律化，政策本身也会受到法规的制约与约束。不过，依据政策制定的法规绝不能代替政策，在法规的具体适用与实施过程中，仍然应以政策为指导。特别是当处理那些法规不明确、不具体，甚至没有相关法规去规范的那些问题时，需要通过政策来加以引导，以便能正确反映立法意图和法规精神实质，弥补法规的不足。

法规对政策的制定有必要的制约与指引作用。社会行为与社会关系的确立、调控都要以法为依据，不能与法相悖，必须在法规的范围内进行。坚持这一原则，意味着制定政策不能违背宪法与法律，特别是具体政策不能违背根本法。换句话说，法规对政策制定的制约，具有合法化的作用。同时，法规对政策的实施有着积极的促进和保障作用。法规是在政策的指导下制定的，体现了政策的精神和内容，因此，从实质上说，执行法规对政策的实现有着积极的促进作用，使政策的实施得到了规范性和强制力的双重保障。

2.4.2　政策与法规的区别

政策与法规虽然在实质上有着高度一致性，都是体现国家意志、体现广大人民意志，都维护和保障广大人民的根本利益，都以促进社会进步、生产力发展为根本任务，但它们相互之间仍然是有区别的，是不能相互代替的。

从制定者方面看，政策是由党和国家的领导机关依据民主集中制原则而制定；法规是由国家权力机关依据法定程序制定。

从表现形式方面看，政策比较注重理论阐述，其规定带有更多的原则指导性和一般号召性，少有具体、明确的权利和义务；法规是以确定性和规范性的语言描述，具有肯定性、明确性和强制性，具体规定了权利和义务。

从实施手段方面看，政策更多是以宣传动员、说服教育、行政约束等方式来实现，不是由国家权力来强制实现；法规则主要依据国家的强制手段来保障实施，在其效力范围内具有一体遵循的普遍约束力。

从调控范围方面看，政策的调控范围十分广泛，渗透到国家和社会生活的各个领域、环节，并在其中发挥作用，是区分是与非、正确与错误的标准；而法律法规一般调控有重大影响的社会关系和行为，是提供辨别人们行为是否违法犯罪的标准。

从稳定程度方面看，政策通常是针对一定时期的全局性任务而提出的，因而具有相对灵活性，它不仅要根据形势变化及时发生变化，而且在实施过程中还可予以具体化和灵活运用；法律法规是长期实践经验的总结，一经产生便具有相对稳定性，若情况不发生重大变化它就不会轻易发生改变。

2.4.3　政策与法规的关系

综上所述，政策与法规既相互联系又相互区别。其联系是指后者为前者的规范化与具体化。任何法规都是政策的具体体现。只有不制定为法规的政策，没有不体现政策的法规。两者的区别则指的是它们各有其特点，它们在地位、作用等方面有着明显的差异。两者的关系表现为政策对法规具有指导意义，是法规的灵魂；法规是实现政策的最有效、最重要的工具。

执政党要实现对国家的领导，必须通过国家政权来实现，国家政权的组织与运转仅靠政策显然是远远不够的，需更加依靠法规，将政策上升到法的高度加以规范。

建设民主家和法制国家，必须依法办事，因而国家的建设与发展不仅需要政策的指导，更需要不断完善的法制体系的支撑。

当今时代，社会生活、公民生活对法的依赖超过以往任何时代。因此，不仅要重视政策的调整，更应注重法规的调整，从而给社会生活、公民生活指明清楚而具体的道路，提供明确而周详的法律规范。

2.5　园林政策法规体系

园林作为一项公益事业，与城市规划、城市的绿化与美化、公园与风景名胜区的建设与管理、文物保护、环境与资源保护等密切相关。园林作为一项产业，不可避免地与一些经济、行政等方面的政策法规相联系。无论是作为公益事业的园林，还是作为产业的园林，其自身的实践也必须依照相应的政策法规行事。可见，园林政策法规对规范园林业的有序发展有着十分重要的意义。

我国园林政策法规的建设与发展可追溯至古典园林时期。在中国古典园林发展的各个代表时期，每个时期都产生了与之相应的法令法规。如：在殷周周定王时期(公元前606～前586年)就已经有了在过境道路两旁栽种行道树的做法，而且还把它作为一项治国的必要措施加以推行；在魏、晋、南北朝这样一个中国历史上的大动荡时期，每个朝代也都大建宫苑，使园林的一些法规与规范处于发展中；隋、唐时期，政府不仅有了皇家园林的园林法规与规范，还考虑了公共园林的管理制度；北宋时期，政府规定在护城河和城内河道的两岸均种植榆、柳进行绿化；元、明、清时期，皇家园林的规模趋于宏大，公共园林在新的背景下亦有长足发展，由此推动了园林法规与规范的相应发展。

新中国成立后的园林政策与法律法规的建设和发展，因历史等种种原因，在相当长时期里同世界发达国家相比存在较大差距。体现在管理机构不健全，法规、政策不配套，从而也影响了园林业的正常发展和有效的行业管理。

改革开放以来，我国政府在园林政策与法律法规建设方面进行了卓有成效的实践。

园林是一个涉及第一、二、三产业的庞大行业系统，规范园林业正常运行的政策法规也必然是一个复杂的体系。由于我国园林建设与发展起步较晚，其政策法规体系还不是十分健全，现行园林政策法规偏向于城市绿化，急需出台一套能够全面覆盖园林内涵的政策和法规制度。

根据园林政策法规效力的不同，其适用范围与制定主体亦将不同。在各业必须遵守的基本法基础上，园林政策法规体系可分为法律、法律性决议和决定、行政法规、地方性法规、行政规章、法律解释、相关法规(包括有关国际条约和国际惯例)等几类，它们之间既相互独立地解决园林某一特定问题，同时还相互联系，共同构成一个调控园林社会经济活动的政策法规环境。

2.5.1　法律

法律是指由国家立法机关根据国家建设与发展的实际需要而制定，并由国家强制力保证其实施的一系列行为规范。与园林有关的法律包括了与园林有关的资源环境保护方面的法律和与园林有关的行政管理方面的法律，还有与园林有关的生产、规划等方面的法律，它们在国家根本大法——《中华人民共和国宪法》的统领下，各自在不同的方面共同发挥着调控与园林有关的各项事务的强制规范性作用，以确保园林业的建设与发展在法制轨道上有序进行。与园林相关的主要法律见表2-1。

与园林相关的主要法律

表 2-1

法 律 名 称	级别	颁布者	颁布时间	实施时间
中华人民共和国土地管理法	国家	全国人大	1986-06-25	1987-01-01
中华人民共和国大气污染防治法	国家	全国人大	1987-09-05	1991-07-01
中华人民共和国标准化法	国家	全国人大	1988-04-29	1989-01-01
中华人民共和国野生动物保护法	国家	全国人大	1988-11-08	1989-03-01
中华人民共和国环境保护法	国家	全国人大	1989-12-26	1989-12-26
中华人民共和国城市规划法	国家	全国人大	1989-12-26	1990-04-01
中华人民共和国农业法	国家	全国人大	1993-07-02	1993-07-02
中华人民共和国行政处罚法	国家	全国人大	1996-03-17	1996-10-01
中华人民共和国建筑法	国家	全国人大	1997-11-01	1998-03-01
中华人民共和国水法	国家	全国人大	1998-01-21	1998-07-01
中华人民共和国森林法	国家	全国人大	1998-04-29	1998-04-29
中华人民共和国合同法	国家	全国人大	1999-03-05	1999-10-01
中华人民共和国招标投标法	国家	全国人大	1999-08-31	2000-01-01
中华人民共和国种子法	国家	全国人大	2000-07-08	2000-12-01
中华人民共和国环境影响评价法	国家	全国人大	2002-10-28	2003-09-01
中华人民共和国安全生产法	国家	全国人大	2002-06-29	2002-11-01
中华人民共和国行政许可法	国家	全国人大	2003-08-27	2004-07-01
中华人民共和国固体废物污染环境防治法	国家	全国人大	2004-12-29	2005-04-01
中华人民共和国可再生能源法	国家	全国人大	2005-05-28	2006-01-01

2.5.2 法律性决议和决定

法律性决议和决定(Law Resolution and Decision)是指由全国人大根据国家建设与发展的需要，对确需规范的某项社会事务，或者对现有法律中与现实不相适应的某些条款，或者对现实中已出现而法律又无明文规定的方面所作的一系列决定或决议。这种决定和决议同样具有法律效力。

1992年11月7日第七届全国人民代表大会常务委员会第二十八次会议通过的《关于批准〈生物多样性公约〉的决定》。我国时任国务院总理李鹏代表中华人民共和国于1992年6月11日在里约热内卢签署了该公约。1993年1月5日，中国交存批准书。同年12月29日，该公约对我国生效。

1981年12月13日第五届全国人民代表大会第四次会议通过的《关于开展全民义务植树运动的决议》，是建国以来国家最高权力机关对绿化祖国作出的第一个重大决议。从此，全民义务植树运动作为一项法律开始在全国实施，并以其特有的公益性、全民性、义务性、法定性，在广袤的中华大地上如火如荼地开展起来，历久不衰。1982 年 2 月 27 日国务院常务会议通过《国务院关于开展全民义务植树运动的实施办法》，再次重申公民参加义务植树的法定义务，使全民义务植树运动进一步走上了法制轨道。但该决议更多的是一个纲领性、原则性文件，缺乏具体的可操作性规范。因其间的条款过于原则化、口号化而导致实施过程中表现出弹性大，法律后果的可预见性不足，可操作性较差，存在一些法律空白。鉴于此，各省(市、自治区)地方人民代表大会或常务委员会陆续通过各自的《义务植树条例》，弥补了该法规作为全国立法的一些遗憾。如：《重庆市实施全民义务植树条例》(1998-03-28 颁布、1998-07-01 施行)、《河南省义务植树条例》(2003-09-27 颁布、2003-12-01 施行)、《江西省公民义务植树条例》(1997-08-15 颁布、1997-10-01 施行)、《广东省全民义务植树条例》(2003-11-27 颁布、2004-01-01 施行)等相继颁布与施行。

2.5.3　行政法规(条例)

行政法规(Administrative Laws and Regulations)是指国务院为领导和管理国家相关行业的行政工作，根据宪法和法律，按照法定程序制定的有关行业的一系列规范性文件。行政法规的效力仅次于法律。

此类行政法规是对前述两类法规的重要补充与具体化。与园林相关的主要行政法规见表 2-2。

与园林相关的主要行政法规　　　　　　　　　　　　　　　　　　表 2-2

行政法规名称	级别	颁布机构	颁布时间	实施时间
中华人民共和国种子管理条例	国家	国务院	1989-03-13	1989-05-01
城市绿化条例	国家	国务院	1992-06-22	1992-08-01
城市绿化规划建设指标的规定	国家	建设部	1993-11-04	1994-01-01
风景名胜区管理处罚规定	国家	建设部	1994-11-14	1995-01-01
中华人民共和国土地管理法实施条例	国家	国务院	1998-12-24	1999-01-01
城市绿化工程施工及验收规范	国家	建设部	1999-02-24	1999-08-01
中华人民共和国森林法实施条例	国家	国务院	2000-01-29	2000-01-29
风景名胜区条例	国家	国务院	2006-09-06	2006-12-01

2.5.4　地方法规(各省市地方条例、办法、规定)

地方性法规是由省(直辖市、自治区)及其所在地的市或经国务院批准的较大的市的人民代表大会及其常务委员会根据本行政区域的具体情况和实际需要，在不与宪法、法律、行政法规相抵触的前提下，按法定程序制定的规范性文件。地方性法规调整着广泛的行政关系。

如，为发展城市园林绿化事业，改善生态环境，美化生活环境，适应公众游憩需要，增进人民身心健康，根据《中华人民共和国城市规划法》和国务院《城市绿化条例》等法律、法规，北京市、上海市、天津市、重庆市、广东省、四川省、江苏省等在严格贯彻执行国家相关法规的基础上，结合本地实际情况制定出了适用于本市(省)的城市绿化条例等地方法规(表2-3)。

部分省(市)"城市绿化管理条例"　　　　　　　　　　　　表2-3

地方法规名称	级别	颁布机构	颁布时间	施行时间
上海市植树造林绿化管理条例	省级	上海市人大	1987-01-08	1987-01-08
上海市公园管理条例	省级	上海市人大	1994-07-24	1994-10-01
北京市城市绿化条例(修改)	省级	北京市人大	1997-04-06	1997-06-01
广东省城市绿化条例	省级	广东省人大	2000-01-01	2000-01-01
上海市古树名木和古树后续资源保护条例	省级	上海市人大	2002-07-25	2002-10-01
重庆市城市绿化管理条例	省级	重庆市人大	1997-10-17	1997-11-15
四川省城市绿化条例	省级	四川省人大	1997-10-17	1997-10-17
天津市城市绿化条例	省级	天津市人大	2004-09-14	2004-10-15
江苏省城市绿化管理条例	省级	江苏省人大	2005-08-24	2005-09-23

另外,在城市绿线❶管理、名木古树保护、城市公园管理、市政设施管理、城市环境卫生管理等多个方面,许多地方政府都相继颁布并实行了一系列与园林相关的地方法规,这对建立和完善城市园林管理,提升城市形象,提高城市管理水平,有效改善人民的生活质量提供了法制的保障。

2.5.5　行政规章

行政规章包括部门规章和地方人民政府规章。

部门规章是指国务院各部门根据法律和国务院行政法规、决定、命令,在本部门的行政管理权限内按照法定程序所制定的规范性文件。

地方人民政府规章是指由省(自治区、直辖市)以及省(自治区)人民政府所在地的市或经国务院批准的较大的市的人民政府,根据法律、行政法规和地方性法规,按照规定程序制定的、普遍适用于本地区行政管理工作的规范性文件。

行政规章制定主体涉及面很广,主体多元化的特征极其明显,从而也导致我国行政规章的数量在行政法律规范中占有较大的比例。与园林相关的主要行政规章见表2-4。

与园林相关的主要行政规章　　　　　　　　　　　　表2-4

行政规章名称	颁布机构	颁布时间	实施时间
城市园林绿化当前产业政策实施办法	建设部	1992-05-27	1992-05-27
城市雕塑建设管理办法	文化部　建设部	1993-09-14	1993-09-14
城市园林绿化企业资质管理办法	建设部	1995-07-04	1995-10-01

---

❶　城市绿线:指城市各类绿地范围的控制线。

续表

行政规章名称	颁布机构	颁布时间	实施时间
中国森林公园风景资源质量等级评定	国家质量技术监督局	1999-11-10	2000-04-01
创建国家园林城市实施方案	建设部	2000-05-11	2000-05-11
城市古树名木保护管理办法	建设部	2000-09-01	2000-09-01
国务院关于加强城市绿化建设的通知	国务院	2001-05-03	2001-05-03
建设项目水资源论证管理办法	水利部　国家计委	2002-04-09	2002-05-01
城市绿线管理办法	建设部	2002-09-13	2002-11-01
全国经济林、花木之乡命名工作管理暂行办法	国家林业局	2002-11-28	2002-11-28
花卉园艺师国家职业标准	劳动和社会保障部	2003-06-14	2003-06-14
城市紫线❶管理办法	建设部	2003-11-15	2004-02-01
水利风景区管理办法	水利部	2004-05-08	2004-05-08
城市湿地公园规划设计技术导则(试行)	建设部	2005-06-24	2006-05-24
环境影响评价公众参与暂行办法	国家环保总局	2006-02-22	2006-03-01
国家重点公园管理办法(试行)	建设部	2006-03-31	2006-03-31
关于加强城市绿地和绿化种植保护的规定	建设部	2006-04-18	2006-04-18
城市园林绿化企业资质标准(修订)	建设部	2006-05-23	2006-05-23
全国经济林、花卉示范基地命名工作管理暂行办法	国家林业局	2006-11-24	2006-11-24

　　2006年2月22日国家环保总局正式发布《环境影响评价公众参与暂行办法》，这是中国环保领域的第一部公众参与的规范性文件，更是贯彻国务院《关于落实科学发展观加强环境保护的决定》中关于"健全社会监督机制"内容的实际行动。公众参与环境保护的程度，直接体现了一个国家可持续发展的水平。在我国现行的环境影响评价制度中，上级对下级环保部门、环保部门对环评机构的监督，主要靠行政手段，而缺乏社会监督。《中华人民共和国环境影响评价法》中虽然规定了公众参与的原则，但范围不清晰、途径不明确、程序不具体、方式不确定，公众难以实际操作；在环评程序中，也只要求在编制环评报告书过程时收集公众意见，没有规定政府在审批决策时更多地采用听证会等方式来促进政府与公众的良性互动。正是由于公众参与项目决策不足，导致一些项目建成后的环境纠纷不断，甚至引发环境群体性事件。据中国环境文化促进会发布的"2006中国公众环保民生指数"显示，环保在近些年来成为公众关注的社会热点，但公众环保参与的程度还很低，知道"12369"环境问题免费举报电话的不足20%；环境信息下情上达的不通畅位居公众最不满意的环境问题之首。造成这种局面的根本原因，不是公众环境意识程度低，而是缺乏公众获得环境信息和参

---

　　❶　城市紫线：指国家历史文化名城内的历史文化街区和省、自治区、直辖市人民政府公布的历史文化街区的保护范围界线，以及历史文化街区外经县级以上人民政府公布保护的历史建筑的保护范围界线。本办法所称紫线管理是划定城市紫线和对城市紫线范围内的建设活动实施监督、管理。

与环保事务的有效机制。因此，国家出台《环境影响评价公众参与暂行办法》，目的就是以部门规章的形式，将公众参与引入环境评价工作中去。这一《办法》不仅明确了公众参与环评的权利，而且规定了参与环评的具体范围、程序、方式和期限，有利于保障公众的环境知情权，有利于调动各相关利益方参与的积极性。

2.5.6　法律解释

法律解释(Law Interpretation)是指特定的国家机关对法律规范的含义以及所使用的概念、术语、定义作出的说明和解释。这种解释分为立法解释和司法解释。《中华人民共和国宪法》规定，全国人大常委会有权解释法律。立法解释具有法律效力。同时，最高人民法院和最高人民检察院作为国家的审判机关和法律监督机关，就行政诉讼以及对行政机关的司法监督问题发布的有关指示、批复是具有法律效力的司法解释。

2006 年 12 月 25 日由最高人民法院审判委员会第 1411 次会议通过并予公布、自 2007 年 2 月 1 日起施行的《最高人民法院关于审理侵犯植物新品种权纠纷案件具体应用法律问题的若干规定》；2005 年 12 月 19 日由最高人民法院审判委员会第 1374 次会议通过并予公布、自 2005 年 12 月 30 日起施行的《最高人民法院关于审理破坏林地资源刑事案件具体应用法律若干问题的解释》；2006 年 6 月 26 日由最高人民法院审判委员会第 1391 次会议通过并予公布、自 2006 年 7 月 28 日起施行的《最高人民法院关于审理环境污染刑事案件具体应用法律若干问题的解释》；2000 年 11 月 17 日最高人民法院审判委员会第 1141 会议通过并予公布、2000 年 12 月 11 日起施行的《审理破坏森林资源刑事案件若干问题的解释》，等等。

2.5.7　相关法规

这里的相关法规主要指我国参加的有关国际条约、签署的国际协定和承认的国际惯例等。这些条约、协定和惯例等通常需要在国内予以执行。

联合国教育、科学及文化组织大会于 1972 年 10 月 17 日至 11 月 21 日在巴黎举行的第十七届会议期间，通过了《保护世界文化和自然遗产公约》。该《公约》的通过是世界高度关注世界文化遗产和自然遗产越来越受到破坏的威胁，期望通过公约形式新规定，以便为集体保护具有突出普遍价值的文化和自然遗产建立一个根据现代科学方法制定的永久性有效制度。我国于 1985 年 11 月 22 日第六届全国人民代表大会常务委员会第十三次会议通过决定：批准联合国教育、科学及文化组织大会第十七届会议于 1972 年 11 月 16 日在巴黎通过的《保护世界文化和自然遗产公约》。这部《公约》主要规定了文化遗产和自然遗产的定义及其国家保护和国际保护措施等条款，规定了各缔约国可自行确定本国领土内的文化和自然遗产，并向世界遗产委员会递交其遗产清单，由世界遗产大会审核和批准。凡是被列入世界文化和自然遗产的地点，都由其所在国家依法严格予以保护。

1992 年 6 月，在巴西里约热内卢举行的联合国环境与发展大会上通过、并有 150 多个国家签署的、我国于 1992 年 11 月 7 日第七届全国人民代表大会常务委员会批准的《生物多样性公约》，成为全球第一个关于保护和可持续利用生物多样性国际法律。《生物多样性公约》的目标是保护世界上受到严重威胁的生物多样性，促进生物多样性的持续利用和公平分享使用遗传资源所取得的惠益。该《公约》的热点问题是生物安全、生物入侵、遗传资源的获取与惠益分享、传统知识保护、技术的取得与转让、生态系统方式、能力建设、财务机制等。

2.6 园林标准化

对需要在全国范围内统一的技术要求，应当制定国家标准。国家标准由国务院标准化行政主管部门制定。对没有国家标准而又需要在全国某个行业范围内统一的技术要求，可以制定行业标准。行业标准由国务院有关行政主管部门制定，并报国务院标准化行政主管部门备案，在公布国家标准之后，该项行业标准即行废止。对没有国家标准和行业标准而又需要在省、自治区、直辖市范围内统一的工业产品的安全、卫生要求，可以制定地方标准。地方标准由省、自治区、直辖市标准化行政主管部门制定，并报国务院标准化行政主管部门和国务院有关行政主管部门备案，在公布国家标准或者行业标准之后，该项地方标准即行废止。

国家标准、行业标准分为强制性标准和推荐性标准。保障人体健康，人身、财产安全的标准和法律、行政法规规定强制执行的标准是强制性标准，其他标准是推荐性标准。

2.6.1 标准化与标准

国际标准化组织(1980 年第三版)对标准化和标准的定义：标准化主要是对科学、技术与经济方面的问题给出反复应用的答案的活动，其目的在于获得最佳秩序。概言之，即制订、颁发与实施标准的活动。

标准化的具体应用包括：计量单位；术语及符号表示；产品及加工方法(产品特性的定义及选择，试验方法与测量方法，规定产品质量、品种、互换性等产品特性的规格)；人身安全与物品安全，等等。

标准是由有关各方面在科学、技术与经济的坚实基础上，共同合作起草的一致或基本上统一的技术规格(规范)或其他公开文件。其目的在于促进最佳的公众利益，这样的文件应由国家、地区或国际上公认的机构所批准。它可以采用的形式有：文件形式，记述一整套必须达到的条件；规定基本单位或物理常数，如安培、米、绝对零度等。

我国国家标准对标准化、标准规定的定义：标准化是在经济、技术、科学及管理等社会实践中，对重复性事物和概念通过制订、发布和实施标准，达到统一，以获得最佳秩序和社会效益。标准是对重复性事物概念所做的统一规定。它以科学、技术和实践经验的综合成果为基础，经有关方面协商一致，由主管机构批准，以特定形式发布，作为共同遵守的准则和依据。

国际标准化组织和我国对标准化和标准所规定的定义虽然在形式上有所不同，但在其目的、对象、基础和主要特点等方面有着高度一致性。

2.6.2 标准化的特点

从上述标准及标准化的定义不难看出，标准化的工作过程其实就是对现有科学、技术经济的成果和生产实践经验的科学选择与总结的过程，所选出的方案是能反映当前最佳水平的技术经济性能的方案，并在生产实践中加以推广应用，为大家所基本认同，且标准一经确认便具有相应的权威性。标准化的经济效果来源于标准化活动中的科学性。因此标准化活动的主要特点表现为技术的先进性、协商一致性、权威性和实践性。

2.6.2.1 技术先进性

国际标准化组织明确指出："标准化'不仅奠定了当前各项发展的基础，而且也奠定将来发展的基础。它应当始终和发展的步伐保持一致'。"可见，标准化始终是技术进步、经济发展的基础，标准化工作就是要坚持为促进技术进步和经济发展服务。实现标准化的一条最重要的原则就是坚持在标准中采用先进科学技术，使标准化活动始终保持技术先进性，并随着生产技术的发展而不断发展。

2.6.2.2 协商一致性

所谓协商一致，并不是指所有有关各方意见完全一致，没有任何不同意见，而是指有关方面对标准中实质问题的普遍接受，对原则性的内容没有强烈的反对意见。标准化活动要"在所有有关方面的协作下进行"，要"经有关方面的协商一致"。

这里的协商一致指在标准化活动中，要协调好各方面的利益，使制订出来的标准能够考虑和照顾到各个相关方面的意见和利益，为有关方面所接受和贯彻。因此，在标准化活动中必须坚持协商一致的原则。

2.6.2.3 权威性

标准是标准化活动的成果，必须"经公认的权威机构批准"或"由主管机构批准"，以特定形式发布，作为相关各方共同遵守的准则与依据。只有这样才能使标准具有权威性，也才具有实现标准化的可能性。鉴于标准实行的国家不同，以及标准级别的差异性和批准标准机构的不同，所以不同的标准具有的权威性也不尽相同。

根据《中华人民共和国标准化管理条例》(1973年7月31日起施行)的规定，我国的标准主要指的是技术法规，属法规范畴，具有法律上的强制性，是各级生产、建设、科研、管理部门和企业、事业单位必须共同遵守的准则和依据。主要由政府主管标准化工作的机构或企业的有关主管部门审批。而大多数西方国家的标准主要是由标准学会(协会)等非政府机构(由政府授权作为标准化方面的权威机构)批准，其标准也具有一定的权威性，但通常并不具有强制性，一般称为自愿性标准。由于标准的技术先进性，一经采用便能为企业带来各种良好的效益，有益于其在国际市场上提高竞争能力，因而标准的权威性主要来自技术先进性，来自能给企业创造更高的利润。同时，这些国家对有关环境保护、食品、卫生、人身安全和物品安全以及计量单位等的标准往往也通过法律的规范，使其具有法律的强制性。

2.6.2.4　实践性

标准化的效果只有通过在实际中贯彻执行才能获得。如果在制订标准后并不在实践中贯彻，那么，再好的标准也只是一纸空文，并不具有现实意义。标准化实践包括标准的制订、贯彻、修订、再贯彻的循环往复过程，只有不断完成这一循环过程，标准才有生命力，才能发挥其促进技术进步，提高管理水平，增加经济效益的作用。

2.6.3　标准的有效期

标准一经制定并实施，则存在一定的执行有效期限。自标准实施之日起，至标准复审重新确认、修订或废止的时间，称为标准的有效期，又称标龄。由于各国情况不同，标准有效期也不同。以 ISO 标准为例，该标准每 5 年复审一次，平均标龄 4.92 年。我国在国家标准管理办法中规定国家标准实施 5 年内要进行复审，即国家标准有效期一般为 5 年。

2.6.4　标准分类

从系统论的角度来看，各行各业的众多既相互独立，又相互联系、相互制约的标准共同构成标准系统。对这一系统的类型划分可以从不同角度进行。我们按照标准化对象的内容可将其相对划分为技术标准和管理标准两大类。

2.6.4.1　技术标准

技术标准指对标准化领域中需要协调统一的技术事项所制订的标准。所以，那些为各种技术问题、技术方法和各种产品而制定的标准均为技术标准。如为科研、设计、制造、检验等技术工作而制订的标准，为产品的技术性能和质量而制订的标准，为各种生产工艺和各种技术装备而制订的标准等，都属于技术标准的范畴。

1）根据标准化对象的性质不同分类

按标准化对象的性质又可将技术标准分为基础标准、产品标准和方法标准等。

基础标准

在一定范围内作为其他标准的基础，并被普遍使用、具有指导意义的标准，称为基础标准。基础标准对于整个标准化工作，或某些领域、或某些方面的标准化工作，具有指导作用，使用范围较广泛。基础标准又分为通用技术语言标准、有关互换性方面的标准、有关产品质量检验的基础标准和有关环境条件基础标准等六类。

产品标准

为保证产品的适用性，对产品必须达到的某些或全部要求所制订的标准，称为产品标准。其范围包括：品种、规格、包装、贮藏、运输、技术性能、试验方法、检验等。由此可见，产品标准的标准化对象是生产过程中的"物"，主要包括：各种工业原料、材料的标准，加工工业所用的零部件、元器件、构件的标准，各种设备和工具的标准，以及农产品、林产品、畜产品、渔产品的标准。

产品标准对实现产品系列化和提高产品质量有十分密切的关系。

方法标准

以试验、检查、分析、抽样、统计、计算、测定、作业等各种方法为对象制订的标准，称为方法标准。方法标准中的标准化对象是动作与行为，主要包括：试验方法标准、抽样标准、计算方法、设计规程、工艺标准、操作规范等。各种方法标准是从事各方面技术工作的技术人员都必须遵守的准则，它对提高各业的技术水平具有十分重要的意义。

2）根据技术标准所发挥作用的范围不同分类

根据技术标准所发挥作用的范围不同可分为国家标准、行业标准、地方标准及企业标准等。

国家标准：根据《中华人民共和国标准化法》的规定，对需要在全国范围内统一的技术要求，应当制定国家标准。国家标准由国务院标准化行政主管部门制定。

行业标准：对没有国家标准而又需要在全国某个行业范围内统一的技术要求，可以制定行业标准。行业标准由国务院有关行政主管部门制定，并报国务院标准化行政主管部门备案。

地方标准：对没有国家标准和行业标准而又需要在省、自治区、直辖市范围内统一的工业产品的安全、卫生要求，可以制定地方标准。地方标准由省、自治区、直辖市标准化行政主管部门制定，并报国务院标准化行政主管部门和国务院有关行政主管部门备案。

企业标准：企业生产的产品没有国家标准和行业标准的，应当制定企业标准，作为组织生产的依据。企业的产品标准须报当地政府标准化行政主管部门和有关行政主管部门备案。

3）根据技术标准是否具备强制性分类

根据技术标准执行的强制性与非强制性特征，可分为强制性标准与非强制性标准。国家标准、行业标准等属于强制执行的标准。而推荐标准则是非强制性标准。

推荐性标准又称自愿性标准，是指生产、交换、使用等方面，通过经济手段或市场调节而自愿采用的一类标准。这类标准，不具有强制性，任何单位均有权决定是否采用，违犯这类标准，不构成经济或法律方面的责任。不过，推荐性标准一经接受并采用，或各方商定同意纳入经济合同中，就成为各方必须共同遵守的技术依据，具有法律上的约束性。

4）园林技术标准

园林行业涉及领域广，不仅有第一产业的种植业，第二产业的制造加工业，还有庞大的第三产业的园林服务业。因此，与园林行业有关的技术标准是一个非常复杂的体系。既有基础标准、产品标准与方法标准，又有国家标准、行业标准和地方标准，在国家标准、行业标准等体系中既有强制性标准，也有推荐性标准。

目前，园林技术标准体系还处在不断建立健全的过程中，标准体系亦正在趋向完善。现已实施的国家标准，如《国家园林城市标准》、《中国人居环境奖评奖标准》、《城市规划基本术语标准》等；行业标准，如《公园设计规范》、《风景园林图例图示标准》、《居住区环境景观设计导则》、《城市用地竖向规划规范》、《城市道路绿化规划与设计规范》、《城市绿地分类标准》、《园林基本术语标准》、《园林系统公共标志实施规程》、《城市绿化工程施工及验收规范》等；地方标准，如《北京市城市园林绿化养护管理标准》、《上海市园林绿化养护技术等级标准》、《成都市城市绿化广场和新改扩建道路绿化管理暂行办法》、《广州公园生态环境质量评定标准》等在园林业的发展过程中发挥着极其重要的作用。

2.6.4.2　管理标准

管理标准是对标准化领域中需要协调统一的管理事项所制定的标准，是对管理目标、管理项目、管理程序、管理方法和管理组织所作的规定。按 GB/T 15498—1995《企业标准体系管理标准、工作标准体系的构成和要求》3.1条的定义：管理标准是对企业标准化领域中需要协调统一的管理事项所制定的标准。上述定义揭示了管理标准是为协调规范企业生产经营活动中人、机、料、法、环等要素之间的关系，是指导全员进行与实施技术标准有关的各项管理活动的准则，是制定工作标准的依据。

管理标准是管理机构为行使其管理职能而制定的具有特定管理功能的标准。管理职能一般包括对管理对象和过程行使计划、组织、监督、指挥、调节、控制等职能。管理标准可分为：管理基础标准、管理程序标准、管理业务标准和工作标准。

管理基础标准是管理标准体系的最高层次，是从其他各类管理标准中提炼出来的共同标准，它可分为管理用术语、符号、代号、编码标准和文件格式统一标准。

管理程序标准是把各管理环节在空间上的分布和时间上的次序加以明确和固定，规定过程和活动秩序的标准。

管理业务标准是对某一管理部门在管理活动中重复出现的业务，依据管理目标和要求，规定其业务内容、职责范围、工作程序、工作方法和必须达到的工作质量所作的规定。工作标准是对每个具体的工作(操作)岗位作出的规定。

质量管理体系标准(如 ISO 9000，TL 9000，QS 9000)、环境管理体系标准(ISO 14000)、职业健康与安全标准(OHSAS 18000)、食品安全体系标准(HACCP)是典型的管理标准，是管理基础标准、管理程序标准、管理业务标准和工作标准的综合。

管理标准的制订和实施的目的是为合理组织发展生产；有利于处理生产、交换、分配和消费中的相互关系；有利于充分发挥各部门各职能岗位的管理作用。

本章推荐参考书目

[1] 李梅主编. 森林资源保护与游憩导论 [M]. 北京：中国林业出版社，2004.

[2] 马广仁，孙富主编. 林业法规与行政执法 [M]. 北京：中国林业出版社，2002.

[3] 洪生伟著. 标准化管理 [M]. 北京：中国计量出版社，2003.

复习思考题

1. 解释政策、法规、标准及标准化的含义。

2. 简述政策法规、标准化工作对园林业发展的意义。

3. 简述政策与法规的关系。

4. 简述政策法规、标准化的特点。

5. 举例说明园林政策法规对园林规划设计工作的作用。

6. 举例说明园林技术标准在园林生产中的应用。

第 3 章　市场与园林市场

学习要点

掌握园林市场、市场调查、园林市场预测的概念，园林需求与供给基本原理，园林等基本概念，园林市场营销"4P"策略；

理解市场基本要素，市场经济基本特征和园林市场调查与预测的方法以及园林产品的市场营销策略，园林市场的影响因素理论、园林市场基本状况与特征；

了解市场竞争力量、竞争战略与竞争结构类型。

日常生活中，人们习惯将市场看作是买卖的场所，如集市、商场、纺织品批发市场等，我国古代有关"日中为市，致天下之民，聚天下之货，交易而退，各得其所"的记载(《易传·系辞下》)就是对这种在一定时间和地点进行商品交易的市场的描述。就狭义而言，市场是指商品经济交换的场所或者商品行销的区域。从广义上看，市场就是指在一定的时空条件下，买卖双方让渡其商品的交换关系的总和。

3.1 市场与市场经济

3.1.1 市场的概念与基本要素

从市场的基本构成看，组成一个简单范畴的市场，必须具备三个要素：其一是市场的主体，也就是消费者。消费者人口是构成市场的基本因素，消费者的人口决定了市场的规模和容量，而人口的构成及其变化则影响着市场需求的构成和变化。其二是市场购买力。购买力是构成现实市场的物质基础，购买力的高低是由消费者的收入水平决定的，也是金钱和商品的交换得以实现的基本条件。其三是需求与欲望。需求与欲望是使消费者的潜在购买力转化为现实的购买力的必要条件。所谓需求是指由人们生存需要而产生的基本要求，而欲望是指人们为发展自己而想得到某种东西或想达到某种目的的更高要求。这三个基本要素，相互联系，相互制约，缺一不可。

3.1.2 市场经济

市场经济是商品经济发展到一定阶段才产生的一种经济体制，市场经济这一概念是在 19 世纪末新古典经济学兴起后逐渐流行起来的。人们把具有较高发展阶段或发展水平的商品经济称为市场经济，可见市场经济是指市场机制在资源配置中发挥基础性作用的经济，也可称为市场取向的经济，它属于经济体制的范畴，区别于以计划机制作为社会经济资源配置基本手段的计划经济。

市场经济的形成与发展大致经历了古典市场经济和现代市场经济两个阶段。古典市场经济也叫自由放任的市场经济，它是排斥国家宏观经济调控，资源配置完全由市场自发调节的市场经济，信奉"管得最少的政府是最好的政府"。因为出现周期性经济危机，特别是 1929～1933 年的世界性经济危机的爆发，标志着古典市场经济的破产。

现代市场经济是在国家宏观调控下市场机制在资源配置中发挥基础性作用的市场经济。与古典市场经济相比，现代市场经济不仅在程度上有所加深，而且在手段上也更加适合生产力的发展。市场经济的一般特征表现为如下几个方面：

第一，资源配置的市场性。市场经济的研究是从资源配置开始的，这里的资源指的是人们可以支配利用的经济资源。从人类历史上看，资源配置的手段有计划和市场两种。市场经济要求一切经济活动都直接或间接地处于市场关系之中，市场主体按照市场反映的社会需要使用资源。

第二，市场主体的自主性。即市场经济中所有经济主体必须具有进行商品生产经营所拥有的全部权利，能自觉地面向市场，自主地处理全部经济活动，充分伸展自己的意志，同时对自己的经营成果承担风险和责任，是真正的独立自主、自负盈亏的经济实体。

第三，市场活动的竞争性。竞争是商品经济内在本质的外在表现，是市场机制发挥作用的条件，是市场经济的灵魂。这种竞争必须充分体现公开、公平、公正的原则，它在本质上要求是平等的竞争。这种平等性，首先体现在参加市场交换活动的当事人在身份、地位上的平等，各类经济活动主体能够机会均等地占有归社会所有的生产经营条件，机会均等地进入市场。其次体现在市场交易过程中必须遵循资源的等价交换，反对利用非经济手段占有他人的劳动成果，各类经济活动主体能够机会均等地按照统一的市场价格获取商品和生产要素。

第四，市场体系的完善性。市场体系是市场经济运行的基础组织。只有建立统一、开放、竞争、有序的市场体系，才能产生健全的市场机制的调节功能，才会使市场机制对整个国民经济的运转发挥全面的调节作用。市场体系不是狭义的商品市场，而是包括商品市场和各种生产要素在内的各类市场的统一体。

第五，市场管理的法制性。市场经济是法制经济，它要求所有生产经营活动都按照一套法律、法规体系来进行，以保证市场有一个正常的运行秩序。因此需要建立和完善市场经济所需要的一系列法律、法规，同时将市场的各项经济活动纳入法制轨道，以法治市、有法可依、有法必依、违法必究。

第六，宏观调控的间接性。现代市场经济是由政府宏观调控的市场经济。政府的宏观调控职能是为了弥补市场机制内在功能的缺陷，避免国民经济的波动和周期性的经济危机。因此在市场经济中，宏观调控"是政府影响市场，市场调节企业"的间接机制，这也区别于计划经济中政府以行政命令方式直接调节企业的机制。

3.1.3　市场竞争战略

从产业结构入手研究，竞争战略就是企业在一个行业里寻求一个有利的竞争地位。竞争战略的目的是针对产生竞争的各种影响力而建立一个有利可图的和持之以恒的地位。

竞争战略的选择由两个中心内容构成：一是行业吸引力。即从长期盈利能力和决定长期盈利能力的因素来看各行业所具有的吸引力。不同行业所提供的持续盈利机会是不同的，一个企业所属行业的内在盈利能力是决定这个企业盈利能力的重要因素。二是竞争地位。即决定企业在一个行业中相对竞争地位的因素。一个竞争地位占优势的企业，即使在产业结构不利，产业平均盈利能力不高的情况下，也可以获得较高的收益率。这两个中心因素相互交错，对企业市场竞争战略产生影响。在一个非常有吸引力的行业中，一个企业即使选择了不利的竞争地位，也依然可能得到令人比较满意的利润；而一个具有优越竞争地位的企业，如果栖身于前景黯淡的行业，则会获利甚微，即便努力改善也可能无济于事。一般来讲，行业吸引力部分地反映了一个企业自身几乎无法施加影响的那些因素，而竞争地位则可因企业自身的努力而发生改变。同时一个企业也可以通过对其战略选择的显著改变来增强或减弱自己在行业内的地位，因此竞争战略不仅是企业对环境作出的反应，而且是从对企业有利的角度去试图改造环境。要维持高于平均水平的经济效益，其根本的基础就是要有持久的竞争优势，一个企业与其竞争对手相比可能有多个长处和弱点，而基本的竞争优势却体现为两种，即低成本竞争或别具一格竞争。也就是说，一个企业拥有的一切长处或弱点的重要性，最终是它对相对成本或产品特点产生影响的一个因素。成本优势和别具一格源于产业结构，是由一个企业比其他竞争对手更擅长于应付各种竞争力量的能力所决定的。

3.1.3.1 产业竞争力量

一般认为，产业内部的竞争状态是五种基本竞争力量竞争作用力的综合，这五种力量就是现有企业之间的竞争、潜在进入者的威胁、替代品的威胁、供方压力和买方压力(图3-1)。

现有企业之间的竞争。任何产业之间都存在竞争，但有些产业竞争强度大，有些产业竞争强度小，同一产业在不同时期、不同国家或地区的竞争强度也不相同。

一般来说导致产业竞争激烈程度主要因素有以下几种：

第一，竞争对手大量存在或势均力敌。竞争对手对竞争有各自不同的目标和战略，因此各行其是。他们很难准确了解彼此的意图，也很难在行业的一

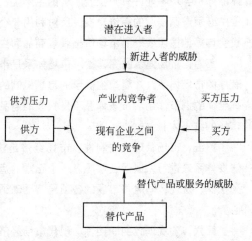

图 3-1　驱使产业竞争的力量

系列"竞赛问题"上达成一致意见，因此竞争激烈，行业增长缓慢。当行业快速增长时，企业只要保持与行业同步增长就可以获利；当行业增长缓慢时，寻求扩张的企业与其他竞争对手的竞争就成了一场争夺市场份额的竞赛。当存在剩余生产能力时，高固定成本会对所有企业产生巨大压力，要求其充分利用生产能力，并由此往往迅速导致削价行为的升级。同样，当某些产品一经生产很难储存或库存成本很高时，各公司为了确保销售往往展开降价竞争。

第二，潜在进入者的威胁。对于一个行业而言，进入威胁的大小取决于当前的进入壁垒和进入者可能遇到的现有企业反击。如果壁垒高筑，新进入者认为严阵以待的现存企业会坚决报复，那么这种进入威胁就小，反之则大。

第三，替代品的威胁。替代品是指在功能上能部分或全部代替某一产品的产品，替代品和现存产品之间由于较高的替代性而成为竞争品。特别是当顾客对他们的需求非此即彼时更是如此，因此，一个行业的所有企业都与生产替代品的行业形成竞争。

第四，供方压力。这是指行业中企业与供应商之间，由于供应商们的提价或降低所购产品、服务的质量而对企业施加的压力。供方压力可以迫使一个行业因无法使价格跟上成本的增长而失去利润。

第五，买方压力。买方压力来自于买方采取压低价格、要求较高的产品质量和索取更多的服务项目等竞争手段，并且从竞争者彼此对立的状态中获利，所有这些都是以行业利润作为代价的。

3.1.3.2 企业市场竞争战略

上述五种竞争作用力在抗争中形成的基本战略优势——低成本和别具一格，可以具体地体现为三种一般竞争战略：总成本领先、差异化和集中化。一般竞争战略思想的基本观点是，竞争优势是一切战略的核心，一个企业要获得竞争优势就必须作出选择，即它必须就争取哪一种竞争优势和在什么范围内争取优势的问题作出选择。不同行业实施通用战略要求的具体措施是不同的。

第一，总成本领先战略。成本领先战略是指企业通过在内部加强成本控制，在研究、开发、生产、销售、服务等领域内把成本降低到最低限度，成为行业中成本领先者的战略。企业凭借其成本优势可以在激烈的市场竞争中获得有利的竞争优势。企业在考虑战略实施条件时，一般从两方面考虑：一是考虑实施战略所需要的资源和技能，二是组织落实的必要条件。在成本领先战略方面，企业所需资源要持续投资和增加资本，提高科研与开发能力，增强市场营销的手段，提高内部管理水平；在组织落实方面，企业要考虑严格的成本控制，详尽的控制报告，合理的组织结构和责任制，以及完善的激励管理机制。企业在选择成本领先战略时还要看到这一战略的弱点——如果竞争对手的竞争能力过强，采用成本领先战略就肯定处于不利的地位。主要原因是：竞争对手开发出更佳的生产方法形成新的低成本优势，使企业原有优势变成劣势；竞争对手采用模仿的方法，形成与企业相似的产品和成本，给企业造成困境；顾客需求的改变等。如果企业过分追求低成本，降低产品与服务质量，会影响顾客需求，结果是适得其反，企业非但没有处于竞争优势，反而会处于劣势。企业在采取成本领先战略时，应及早注意这些问题，采取防范措施。

第二，差别化战略。差别化战略是提供与众不同的产品和服务，满足顾客特殊的需求，形成竞争优势的战略。企业形成这种战略主要是依靠产品和服务的特色，而不是产品和服务的成本。但是应该注意，差别化战略不是讲企业可以忽略成本，只是强调这时的战略目标不是成本问题。企业成功的实施差别化战略，通常需要特殊类型的管理技能和组织结构。例如，企业需要从总体上提高某项经营业务的质量、树立产品形象、保持先进技术和建立完善的分销渠道能力。为实施这一战略，企业需要具有很强的研究开发与市场营销能力的管理人员。同时在组织结构上，成功的差别化战略需要有良好的结构以协调各个职能领域，以及能够确保激励员工创造性的激励体制和管理体制。企业在实施差别化战略时，主要面临两种主要的风险：一是企业没有能够形成适当的差别化，二是在竞争对手的模仿和进攻下，行业的条件又发生变化时，企业不能保持差别化。第二种风险经常发生。由于差别化与高市场份额有时是矛盾的，企业为了形成产品的差别化，有时需要放弃获得较高市场份额的目标，同时企业在进行差别化的过程中，需要进行广泛的研究开发，设计产品形象、选择高质量的原材料和争取顾客等工作，代价是昂贵的。企业还应该认识到，并不是所有的顾客都愿意支付产品差别化以后形成的较高价格。

第三，重点集中战略。重点集中战略是把经营战略重点放在一个特定的目标市场，为特定地区或特定购买集团提供特殊的产品或服务。重点集中战略与其他两个基本战略不同。成本领先战略与差别化战略面向全行业，在整个行业范围内进行活动，而重点集中战略则是围绕一个特定目标进行密集型生产经营活动，要求能够比竞争对手提供更为有效的服务。企业一旦选择了目标市场，并可以通过产品差别化或成本领先方法，形成重点集中战略。因此，一般采用重点集中战略就是特殊差别化和特殊成本化企业。此外，由于这类企业规模较小，采用重点集中战略的企业往往不能同时采用差别化和成本领先方法。因此企业实行重点集中战略尽管能在其目标市场上保持一定的竞争优势，获得较高的市场份额，但由于其目标市场相对狭小，企业的市场总体份额依旧较小。企业在选择重点集中竞争战略时，应该在产品的获利能力和销售量之间进行权衡和取舍，有时还要在产品差别化和成本状况中进行权衡。企业实施重点集中战略的关键是选好战略目标。一般原则是企业要尽可能选择那些竞争对手最薄弱的目标和最不易受替代产品冲击的目标。企业在实施重点集中战略时可能会面临以下风险：①以较宽市场为目标的竞争者采用同样的重点集中战略，即竞争对手从企业目标市场中找到了可以再细分的市场，并以此为目标实施重点集中战略，从而使得原来采用重点集中战略的企业失去优势；②由于技术进步、替代品的出现、价值观念更新和消费者偏好发生变化等多方面原因，目标市场和总体市场之间产品或服务的需求差别变小，企业原来赖以形成重点集中战略的基础消失了；③在较宽范围经营的竞争对手与采取重点集中战略的各企业之间在成本上差异日益扩大，抵消了企业为目标市场服务的成本优势，或抵消了通过重点集中战略而取得的产品差异化，导致重点集中战略失败。

3.1.4 市场竞争结构与类型

一般而言，把买方的集合称为市场，把卖方的集合称为行业。影响竞争状况和竞争者行为的因素主要有：竞争者数量、产品的同质性(相似性)或异质性(差异性)、企业规模。

市场交易者数量。市场上对某种商品买者和卖者的数量多少与市场竞争程度高低有很大关系。参与者越多，竞争程度可能就越高，否则竞争程度就可能很低。这是因为参与者很多的市场，每个参与者的交易量只占市场交易的很小份额或比重，对市场价格缺乏控制能力，自然竞争力就较小，厂商之间的竞争就相对比较激烈。

产品差异程度。产品差异是同一种产品在质量、品牌、形式、包装等方面的差别。产品差别引起垄断，产品差别越大，垄断程度越高。产品差异可以分为物质差异、售后服务差异和形象差异。产品之间差异越小甚至雷同，相互之间替代品就很多，竞争程度就越高。对于替代性较强的无差异产品，每个市场参与者都不可能或无法凭借自己的产品控制市场价格。

行业进入限制。行业进入的限制，主要体现在资源流动的难易程度上。企业能否随意进入和退出某个行业，取决于资源在这个行业中流入和流出的难易程度。如果生产某种产品的原材料被人控制，又没有适当的替代品，生产者就不容易进入这个行业，在这个行业中市场竞争程度就比较低。进入行业限制来自自然原因和立法原因。自然原因指资源控制与规模经济。如果某个企业控制了某个行业的关键资源，其他企业得不到这种资源，就无法进入该行业。或者一些行业中，规模经济特别重要，只有产量极大，平均成本才能最低。立法原因是法律限制进入某些行业。这种立法限制主要采取三种形式：一是特许经营，即政府通过立法把某个行业的经营权交给某个企业，其他企业不得从事这个行业；二是许可证制度，即有的行业由政府发放许可证，没有许可证不得进入；三是专利制，专利是给予某种产品在一定时期内的排他性垄断权，其他企业不得从事这种产品的生产。

一般可根据上述三个标准来判断一个市场的垄断与竞争程度，从而区别市场类型。当然，还有其他因素也会影响市场竞争和垄断程度，如价格决策形式、市场信息通畅程度等。一般来说，如果产品交易价格是由市场供求关系来决定，其市场竞争程度就比较高。如果企业能够用自己的力量在不同程度上决定产品市场交易价格，其市场竞争程度就比较弱，这样的市场结构就容易不同程度地产生垄断现象。就市场信息通畅程度而言，市场参与者对供求关系、产品质量、价格变动、销售方法、广告效果等经济与技术的过去、现在和未来的信息资料了如指掌，市场竞争程度就高，否则市场竞争程度就低。在信息时代，信息是企业经营的生命，市场信息流通渠道越通畅，企业参与市场竞争能力就越强。

3.1.4.1　市场结构类型及其特点

根据影响竞争状况和竞争者行为的因素。我们可以把市场分为四类，即完全竞争市场、垄断竞争市场、寡头市场和完全垄断市场，可以用表 3-1 来概括。

市场结构类型表　　　　　　　　　　　　　表 3-1

市场类型	市场集中程度	进入限制	产品差别
完全竞争	0	无	无
垄断竞争	0	无	有
寡　头	较高	高	有
完全垄断	高	不能进入	无

完全竞争市场。完全竞争是一种竞争不受任何阻碍和干扰的市场结构。形成这种市场的条件是企业数量多，而且每家企业规模都非常小。价格由整个市场的供求关系决定，每家企业不能通过改变自己的产量而影响市场价格。现实经济生活中，绝对的完全竞争市场是不存在的。

完全竞争市场的主要特征：各企业的商品基本都是相似的；每一个买者和卖者都没有力量去影响市场的价格；市场不存在任何的进出壁垒，资金可以任意地进行转移。

垄断竞争市场。垄断竞争是既有垄断又有竞争，垄断与竞争相结合的市场。这种市场与完全竞争的相同之处是市场集中率低，而且无进入限制。但关键差别是完全竞争市场上产品无差别，而垄断竞争市场上产品有差别。产品有差别就会引起垄断，即有差别的产品会在喜爱这种差别的消费者中形成自己的垄断地位。但各种有差别的产品又是同一种产品，相互之间有相当强的替代性，从而仍存在竞争，企业规模小和进入无限制也保证了这个市场上竞争的存在。在现实中垄断竞争这种市场结构广泛存在。

垄断竞争市场的主要特征：各企业间的商品存在着一定的差异，购买者有选择的权利；企业数量很多，但大多数是中小企业；存在着非价格竞争，包括质量、推销、服务、品牌等；一个企业的行动对其他企业的影响比较小。

寡头市场。寡头市场是只有几家大企业的市场，形成这种市场的关键是规模经济。由于要实行规模经济每家企业的规模都很大，大企业在市场的集中程度高，对市场控制力强，可以通过变动产量影响价格，而使其他企业难以进入市场。已进入市场的几家企业就形成几个寡头。这种市场垄断程度高，但由于不是一家垄断，所以在几家寡头之间仍存在激烈竞争。产品差别这一特征对形成寡头并不重要，无论产品差别是否存在，只要规模经济存在，就会形成寡头市场。

寡头市场的主要特征：在一定的市场上，少数企业拥有很大的市场占有率；企业决策和行动，对别的企业存在着较大的影响；企业之间有相互依赖性，包括价格、品种、服务、产量、推销等，各企业要根据竞争对手作出自己的决策；新企业要进入被少数企业所垄断的市场相当困难。

完全垄断市场。完全垄断是只有一家企业控制整个市场供给。形成垄断的关键条件是对进入市场的限制，这种限制可以来自自然原因，即自然垄断，也可以来自立法，即立法垄断。此外，垄断的另一个条件是没有相近替代品，如果有替代品，则有替代品与之竞争。在完全垄断市场上由于没有替代品，因而形成一个厂商独占市场供给，可以根据市场需求控制产品价格。

3.1.4.2 市场结构与企业行为

企业行为是企业以利润最大化为目标来确定产品价格与产量。不同市场结构类型决定着企业的不同竞争目标。虽然所有企业的竞争目标都是利润的最大化，但在不同市场上，利润最大化的形式并不相同。在完全竞争市场上，由于每家企业规模太小，不能通过改变自己的产量来影响市场价格，而且由于企业数量多，也不可能形成联盟，所以只能在市场价格为既定时决定产量和进入或退出。竞争的最终结果是价格等于平均成本。垄断竞争市场上，企业可以以自己的产品差别形成垄断地位，从而确定高价格，实现利润率最大化。寡头市场上，如果产品无差别，寡头之间竞争激烈的结果使整个行业的价格下降，这时这些行业成为微利行业，只能通过大量生产来实现利润量最大化。而在垄断市场上，垄断企业是市场价格的决定者，企业可以根据市场需求，高价少销实现利润率最大化，也可以低价多销实现利润最大化。

此外，处在不同市场结构中的企业所用竞争手段也不相同。垄断竞争市场上，竞争的重要手段是创造产品差别，使自己的产品不同于同类其他产品；寡头市场上，价格竞争十分重要，关键是如何定价。不同市场结构中，企业只有运用不同的竞争手段才能成功。

3.1.5　园林市场

3.1.5.1　园林市场概念和特点

园林市场是园林商品交换环境和条件的总和。在园林市场中，园林产品完成从生产领域到消费领域的流通过程，实现园林产品商品价值和使用价值的转换。这个过程中形成市场的参与者，包括买方、卖方和各种中介组织或个人之间的相互关系。

园林市场是整个市场体系的重要组成部分。园林市场中交换的产品是园林商品，包括园林规划设计市场、园林工程施工市场、园林绿化苗木市场、花卉市场等。

园林市场是以园林产品为对象的市场。由于园林产品是以园林资源(包括设计等无形产品和苗木花卉等实物产品)为基础生产出来的商品，其生产流通和消费不同于其他商品，表现出自身独有的特点。

供给约束。园林苗木产品生产的基础是林木资源，林木资源的供给受其生长量和生长周期的约束，同时林木资源的供给还受到城市绿化用地有限性的制约，尽管可以通过科学技术增加林木生长量和缩短林木生长周期，但由此而带来的园林苗木供给也是有限的，而且还要有一个较长的过程。正由于受到这些自然条件的限制，园林苗木的供给不能像其他许多产品那样通过提高社会劳动生产力而得到较大幅度的增加。

园林苗木价格对供求的影响速度和强度较低。不同的商品市场，价格的调节周期是不同的，价格机制对消费资料市场的调节较为迅速，而对生产资料市场的调节相对迟缓，由于生产周期长和生产受资源、供给及技术状况影响，园林苗木企业要对价格作出反应需要相对较长的时间。

需求的多样性和广泛性。社会对园林产品的需求是具有多样性的，而且随着社会经济的不断发展，这种需求的多样性还会扩大。为了适应这种多样性的需求，园林企业的生产组织和经营活动就必须具有更大的弹性。园林产品的服务对象是全社会，这就要求园林产品的经营必须确立全面和系统的观点，站在一个较高的立足点上去观察和思考问题，根据宏观政治、经济、法律及社会发展状况和各行业的发展状况来制定经营战略。

3.1.5.2　园林市场分类

园林产品交换活动是在一定的基本条件下进行的，这些基本条件包括供给状况、需求状况、价格状况、交易方式、通信及运输状况、交易者素质、管理水平等。国民经济发展水平、政治环境、技术环境、社会环境、自然环境等一般环境条件都是影响园林产品交换的基本条件，进而对园林产品的交换活动产生直接或间接的影响。

由于园林产品交换的基本条件不同，园林市场就以不同的形态表现出来。按需求和供给的状况不同，园林市场可分为卖方市场和买方市场。当园林产品的需求大于供给时，称为卖方市场，当需求小于供给时称为买方市场。就我国园林苗木市场而言，短期内由于面积的过快增长，生产的盲目性严重，再加上国家政策的调整，出现了苗木的结构性过剩。但从长远看，随着国民经济的高速增长，生态环境意识的增强和城市化进程进一步加快，以及收入和消费水平的提高、旅游业的快速发展，我国园林苗木业必将稳步发展，市场前景十分乐观。

按交易参与者的集中和分散程度，可分为集中市场和分散市场。企业或个人根据自身经营状况进行园林产品的购买和营销活动构成了分散市场。从我国园林产品流通的现状来看，分散市场在交换中占主导地位。当交易参与者较多，并进行多种林产品的交易活动时称为集中市场。集中市场最显著的特点是中介组织的介入，并在市场中担负着组织和管理的职能。其具体表现形式是，由中介组织在特定的地点组织买方和卖方对多种园林产品按照规定的程序从事交易活动。我国园林产品市场一直是集中市场和分散市场并存，两种市场各自有着自身特点，随着我国市场体系的不断完善，集中市场以其公开、公正、公平、规范的特点，将在园林产品流通中发挥越来越大的作用。集中市场又可分为集贸市场、批发交易市场、交易中心订货会、展销会等形式。集中市场一般是经营多种产品，但也有特定产品大类的专业市场，如花卉市场、苗木市场等。多种形式的集中市场将成为未来我国园林产品市场体系中的一个重要组成部分。

按交易的品种的不同，园林市场又可分为单一品种的专业化市场和多种产品的综合市场。从目前市场状况来看，花卉、苗木、园林机械已形成了一些专业市场。专业市场与综合性市场互为补充是我国园林产品市场体系建设的一个重要方向。

上述市场形态在结构、运行方式上有着丰富的内涵，并且随着外部环境的变化而不断变化。

3.1.5.3　园林市场规模与市场结构

系统论认为，系统均有结构，结构决定功能。园林市场是园林经济系统中的一个子系统，这个子系统又是由若干部分组成的。市场的结构如何，直接关系着其能否很好地发挥整体功能。如果园林市场内部各组成部分之间与国家商品流通的其他各市场之间数量比例关系合理，就能充分发挥市场对经济的促进作用。反之，这种促进作用则十分有限，有时甚至还会产生反作用。因此，园林市场规模和结构是研究园林产品市场时应重视的问题。

园林市场结构是指园林产品流通活动中各要素之间数量比例关系和联系方式。园林产品的市场流通活动是一种复杂的社会活动，存在着多种数量比例关系和联系方式，也存在许多结构关系，如所有制结构、园林产品流通的空间结构、产品结构、时间结构、行业结构及流通企业内部结构等。这些结构存在与否直接关系到园林产品流通的效果。

现实社会生活中任何事物都以一定的规模而存在。所谓规模，通常是指事物在一定的空间范围内的聚集程度。规模大就意味着在一定空间范围内聚集的事物量大。园林市场规模指的是在一定时空范围内，构成市场各因素的充足和完满程度。描述园林产品市场规模的主要指标有：交换产品的数量和品种、市场的辐射范围、投入的货币资金数量、进入市场从事交易活动的交易者数量等。

园林市场交换商品数量和品种的多少是衡量市场规模的重要指标之一。从宏观上看，园林市场商品交易数量的多少反映了一个国家园林行业经济发展的水平和园林行业在国民经济中地位的高低。从微观上讲，特定区域或市场园林产品交易数量和品种的多少也反映出该地区经济发展水平。

园林市场辐射范围直接反映特定市场对经济的影响程度和市场的地位。所谓辐射范围指的是市场交易商品涉及的空间范围。辐射范围大，所涉及的空间范围就大，那么影响就大，反之影响就小。辐射范围与市场的地理位置、商品品种、管理水平、市场信誉有密切关系。为了达到使市场具有较大辐射范围的目的，市场应建在距产区或销区较近的地方，一般应与主要交通运输系统相连接。市场的辐射范围还与其管理水平有密切的关系，反映市场管理水平的重要指标是成交额和履约率。成交额指的是在市场中实现的商品交易金额，交易额大表明交易的商品数量多，参与的交易者多；而履约率则表明市场交易活动的成功率。两个指标综合起来就能够反映出市场的总体运作水平。市场信誉是交易者对市场综合经营水平的总体评价，也是维系市场运行的基础。

投入的货币资金数量是考察市场规模另一个重要指标。它有两层含义。其一是指交易者在市场中投放的交易资金的数量。交易者在市场中投放的交易资金的数量取决于多种因素，它是市场运行多种因素的综合反映。交易资金多、市场规模大、市场运行效果就好。其二是用于市场基础建设资金的数量。为市场基础建设所投放的资金取决于交易活动的需要和社会经济发展的水平，资金投入不足影响商品交易活动的正常进行，资金投入过多则增加市场管理的成本。

考察市场规模的另一个指标是交易者的数量，吸引更多的交易者进入市场进行交易是市场运行的目标之一。这里所指的交易者既指买方，也指卖方的经纪人。需要指出的是，这里所说的交易者数量是指相对稳定的交易者群，其基本特征是数量较大，数量变动不大或有增加趋势。

3.1.5.4　园林市场的作用

随着我国社会主义市场经济体制的建立和完善，市场越来越成为社会经济发展的核心，在经济中具有非常重要的作用与功能。

第一，媒介功能。市场最基本的作用之一是提供各种环境和条件，完成和促进商品的交换。交易者在市场中通过双方认可的方式，在合适的价格水平上自愿交换各自的商品，实现商品的价值和使用价值。商品经济是以交换为目的的经济形式，通过不断购买和销售，社会再生产循环才能够完成；交易者也只有在市场中才能够进行交换，获得期望利益。因此，市场是市场经济运行的核心和枢纽。

第二，资源配置功能。经济发展的关键是寻找有效的经济机制，以保证稀缺资源得以最有效的利用。市场机制就具有合理配置资源的作用，市场机制承认每一个生产单位和个人独立的经济利益，通过市场竞争，产生资源最优配置需要的信息。人们为了追求自身的利益，依照这样的信息采取行动，使资源从价值低的用途转移到价值高的用途上去。高效率生产者能够支配更多的资源，实现了资源的最优配置，保证微观效益和宏观效益的统一。

第三，时空调节功能。时空调节功能是指商品在市场中实现生产和消费在时间和空间上的统一。随着社会经济的发展，园林市场的辐射面越来越广，致使生产与消费之间在时间、空间、数量等方面都产生了隔离。要消除这些隔离就依赖市场的时空调节作用，生产者、批发商、零售商通过其经营活动实现园林产品的空间移动，通过储存园林产品，克服了生产与消费在时间上的距离，创造了商品的时间效用。

第四，价格发现功能。市场供求状况是决定商品价格高低的主要因素之一。商品供不应求，价格就会上涨；商品供过于求，价格就会下降。在市场经济条件下，商品价格在市场交换活动中反映出来，市场具有价格发现功能。

第五，传递信息功能。市场作为商品交换环境和条件的总和，会把社会经济活动的各种信息汇集起来，并通过移动的渠道传递给生产者、经营者和消费者，使他们能够根据市场变化的信息作出相应的决策，由此调节生产和消费，实现生产和消费有机结合。

3.2 园林需求与供给

需求和供给是经济学中最为常用的两个词，在市场经济活动中凡事都要比较需求和供给。市场及其运行机制是由需求和供给两大经济力量综合作用而形成的。在经济学分析中，需求是全部经济活动的出发点和归宿，是决定市场结构及其发展趋势、生产者导向和生产规模的主导力量。满足需求是供给的基本任务和动力。所以，需求与供给是决定市场均衡价格、驱使市场运作的两大基本力量。园林需求既有物质性，也有精神性；园林供给既有法人性质的产品——法人产品，也有公共性质的产品——公共产品。所以，园林需求与供给的关系和内容比一般商品表现得更为复杂。

3.2.1 园林需求

需求是决定价格的关键因素之一。一种商品的需求是指在一定的时期，在各种可能价格水平下，消费者愿意并且能够购买该商品的数量。根据定义，如果消费者对某种商品只有购买的欲望而没有购买的能力，就不能算作需求。需求必须是既有购买欲望又有购买能力的有效需求。需求有个人需求与市场需求之分。就微观范畴，个人需求指的是某个消费者对某种商品的需求。市场需求则具有宏观经济学意义，指的是一定经济社会中全体消费者对某种商品的总需求。个人需求的总和构成市场需求，把个人需求整合在一起就是整个社会对某种园林商品的需求，即社会需求(图3-2)。

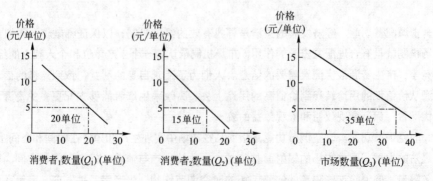

图3-2 个人需求曲线与市场需求曲线

需求量是指在一定时期内，消费者在某一特定价格水平下对某种商品愿意并能够购买的数量。而需求则是指某种商品价格与该商品需求量之间的关系，表明的是不同价格水平下商品的需求量。

需求和需求量是两个既相互联系又相互区别的概念。

3.2.1.1 园林需求及其影响因素

园林需求是由园林的性质所决定的。从园林所产生的边际效用❶来看，城市是园林业的载体，园林是城市建设的一大基础性设施。园林产品既可以是法人产品，也可以是公共产品。法人产品的受益或亏损存在具体的实体(个人)，供需状况受到市场调节；而公共产品则不同，其受益者或亏损者是广泛化的公众，供需状况可以不受市场调节。但二者都会受到需求的牵引和资源的约束。

因此，园林产品的性质和作用决定了这类产品集环境效益、社会效益和经济效益于一身。园林产品的生产是以满足人们精神层面的审美需求为基本目的。园林的环境效益是指园林产品在维护生态平衡，调节和改善小气候，降低环境污染，美化环境等方面的效益。园林的社会效益是指园林产品具有为人们提供休闲、娱乐、科普教育等方面的能力和水平。园林的经济效益是指园林产品本身产生的经济价值和为大众提供游憩服务的经济收入。

园林显现的三大效益中，环境效益是根本，社会效益是宗旨，经济效益是手段，它们共同存在，相辅相成，辩证统一。没有环境效益，就谈不上园林；没有社会效益，环境效益就得不到利用，那将是最大的资源浪费，也就谈不上经济效益；没有经济效益，环境效益、社会效益就成了"无源之水，无本之木"，园林业就要衰退。

园林需求与园林需要既有着十分密切的联系，但两者也不是同一概念，园林需要不能等同于园林需求。从心理学的角度看，需要指的是人们从事某种活动的行为动机。园林需要产生的行为动机的影响因素主要有审美动机、健康动机、游憩动机等。其审美动机主要表现为人们对园林美化生活居住环境功能的认同。健康动机则主要表现为对园林植物能有效改善居住生活区域生态环境功能的认同。游憩动机则体现在人们对园林观赏景观价值的认同。所以，园林需要通常指的是人们对园林产品消费行为的有关解释，而园林需求主要是指人们喜欢偏好且有支付能力的园林需要的获得与满足。

园林需求成为人们生活中必然需求的必要条件是社会生活水平提升到相当程度。当人们的物质生活水平有极大提高，精神需求得以突显时，园林的社会需求才有可能成为人们生活中的必然需求。所以，影响园林需求的因素主要有人们的收入水平、消费结构、园林产品的价格、个人偏好、心理预期、城市化水平和其他多种因素。价格既影响购买能力又影响购买愿望，收入更多地影响着购买能力，消费者偏好与预期更多地影响着购买愿望。

收入水平影响。收入水平决定消费者的购买能力，对需求有重要的影响，这是不言而喻的。在其他条件不变的情况下，人们的收入越多，对该商品的需求就越多。值得注意的是决定某种商品需求的不仅有总收入水平，而且有收入分配状况。不同收入水平的人购买能力不同，需求也不同。因此，一个市场上消费者的人数与国民经济分配状况是影响消费需求的重要因素。从消费结构看，恩

---

❶ 边际效用：指的是最后增加的一单位有效生产量所具有的效用，即该生产量在多大程度上满足人的欲望或需要。

格尔系数❶高者，园林需求会偏低，甚至有可能缺乏园林法人产品的消费。

对于多数商品而言，当消费者的收入水平提高时，就会增加对商品的需求量；相反，当消费者的收入水平下降时，就会减少对商品的需求量，这种商品称为正常商品。当消费者的收入提高时，如果会减少商品的需求量，则为劣质商品。

价格的影响。大量经验事实反映出商品价格愈高，人们对该商品的购买量愈少，反之，价格愈低，人们的购买量就愈多。某种园林商品的需求还与其他相关商品的价格有关。相关商品有两类。一类是互补品，另一类是替代品。互补品是指共同满足一种欲望的两种商品，它们之间是相互补充的。例如，盆花与花肥就是互补品。这种有互补关系的商品，当一种商品(盆花)的价格上升时，对另一种商品(花肥)的需求就减少，因为盆花价格上升，需求减少，对花肥的需求也会相应减少。反之，当一种商品价格下降时，对另一种商品的需求就增加。两种互补品之间价格与需求呈反方向变动。替代品是指可以互相代替来满足同一种欲望的两种商品，它们之间是可以相互替代的。一般而言，园林商品并不是人们必不可少的生活必需品，其替代消费品是多元化的。如，人们为了装饰居室，常常会使用盆花、鲜切花等商品。但如果其价格太高，人们就会选择价格低于鲜活植物的"假花"(例如：园林鲜植商品的价格并不过高，但因鲜活植物的养护难度较大，一些有较强经济消费能力的消费者为了减少麻烦，可能会选择价格高于鲜植的"仿真花")，或干脆舍弃这类消费。因此，当某种商品价格过高时，人们将紧缩开支，不消费或少消费这种商品。由于园林商品对一般消费者而言，边际效用较小，从而导致其需求价格常低于供给价格。只有在社会经济水平提高的同时，人们对园林商品功能的认识有一个革命性的转变，充分认识到园林具有减少污染，调节气候，美化环境，怡人心境等经济之外的社会、生态功能，意识到园林在社会生活中的重要地位和强大作用，人们才具有园林消费的支付意愿，才能推动园林需求的上升。

消费者偏好的影响。消费者对不同商品的偏好程度决定了他们的购买意愿。消费者的偏好取决于个人生理与心理的欲望。经济学意义上的偏好及其变化更多地涉及人们的社会生活环境，这主要取决于当时当地的社会传统习俗(如：少数民族地区的啖佛园林植物消费)或流行时尚(如：人们在"情人节"的玫瑰花消费)等。影响消费流行时尚主要有示范效应和广告效应。示范效应是某一消费群体的消费方式对其他群体的影响。一般来说，在国际上，发达国家的消费方式影响发展中国家。上层人士的消费方式影响其他群体。广告效应是广告对消费时尚的影响。在现实中，广告往往可以造成一种消费时尚。

消费者心理预期影响。消费者的心理预期包括消费者对自己未来收入与商品价格走势的预期。

---

❶ 恩格尔定律：收入水平越低的家庭用于食物消费的支出占其全部消费支出的比例越大，随着收入水平的提高，其用于食物消费支出在全部消费支出中的比例会逐步下降。恩格尔系数：指家庭食品的消费支出额与各种消费品的消费支出总额之比。恩格尔系数可以反映一个国家或地区物质生活水平，但它难以与一个国家或地区财政政策以及货币政策变量相联系，只能作为一个参考指标来衡量物质生活发展水平。要反映一个国家或地区的财富分布状况可用吉尼系数作为一个参考指标。吉尼系数反映一个国家或地区社会财富的分布状况，吉尼系数越小，表明其财富分布也就越均衡。但它难以说明其财富的分布是否合理。

这种预期影响购买意愿，从而影响需求。一般而言，消费者如果预期未来收入水平上升，商品价格上升，则会增加现实需求；反之，如果预期未来收入水平下降，商品价格水平下降，则会减少现实需求。这主要是从个体角度分析需求影响因素。如果分析某种商品的社会需求还应该考虑人口数量等因素。

城市化进程影响。城市化进程加快，城市化水平提高，将使城市人口增加，污染加重，人们的生存空间变得更为拥挤，楼房道路等不断地挤占原有的绿地，导致城市生态环境的恶化。而主要以植物来改善和美化人们的居住、休憩环境为基本功能的园林，能有效地净化环境，改善环境状况，美化环境，从而能极大地推动园林需求的增长。

社会闲暇时间增多的影响。园林需求上升除了个人可支配收入增长等因素影响外，与人们闲暇时间❶的增多不无关系。

国际因素的影响。园林的市场需求包含有国内需求与国际需求两部分。如：地产景观在社会经济水平极大提高的今天，已成为地产价格确定的重要因素之一。据地产界有关人士估计，地产中每增加1%的景观投入，其房价将有近10%的涨价空间。而地产界对环境景观的设计已有着越来越高的要求，他们在设计需求上已逐步由国内走向国际，寻求国际知名大企业设计出符合景观化、生态化、自然化、人性化的地产景观。另外，国际市场、汇率等因素变化的影响均有可能导致园林市场需求产生相应的改变。

其他因素的影响。消费者的数量和结构、时间变化、广告宣传、消费者信贷的利息率、政府政策乃至社会制度、消费习惯、地域等因素亦都有可能对园林市场需求产生不同程度的影响。

3.2.1.2 园林需求函数与需求曲线

园林需求关系可以用表格、图形或代数函数等形式来说明。如果把影响园林需求的各种因素作为自变量，需求作为因变量，则可以用函数关系来表示影响园林需求的因素与需求之间的关系。

综合以上分析，可以将园林需求函数归纳为式(3-1)。

$$D = f(P, T, I, P_C, P_S, I_e, P_e, \cdots\cdots) \tag{3-1}$$

式中　D——某种园林商品的需求量；

　　　P——该商品本身的价格；

　　　T——消费者偏好；

　　　I——消费者收入；

　　　P_C——互补品的价格；

　　　P_S——替代品的价格；

　　　I_e——预期收入；

　　　P_e——预期价格；

---

❶ 闲暇时间：指除了满足社会中的个体生理需要、种族延续需要以及社会延续需要之外的可供人们完成特定行为的时间。

……——其他未列出的相关因素。

园林需求表是表明园林商品或服务价格与需求量之间关系的表格。需求表是说明需求关系的最简单形式，通过列出与某类或某种商品价格相对应的对该商品需求量来说明其需求关系。表 3-2 是某花店以不同价格出售相同规格盆栽桂花的需求表。这个需求表表明，如果这一规格的盆栽桂花单位价格为 10 元，消费者在单位时间内将购买 400 单位的这种盆栽桂花。不难看出，其价格越高时，需求量就越小。

花 店 需 求 简 表 表 3-2

产　品	价格(元)	需求量(单位)	价格—需求组合
桂　花	10	400	A
桂　花	20	300	B
桂　花	30	180	C
桂　花	40	50	D
桂　花	50	10	E

如果只考虑需求量与价格之间的关系，把园林商品本身的价格作为影响需求的唯一因素，就可以把需求函数记为：

$$D = f(P) \tag{3-2}$$

式中　D——某园林商品市场需求；

　　　P——某园林商品的价格。

园林需求函数是市场预测的一个重要理论基础，它可以为园林企业的生产决策提供依据。一般而言，园林需求函数多用于长期规划决策，因为准确估计需求对各种非商品价格因素变化的敏感，有助于提高园林企业预测未来发展前景和编制长期规划的能力。

经济分析中特别要注意区分园林需求量的变动与需求的变动。如前所述，园林需求量是指在某一特定价格水平时，消费者计划购买某种园林商品的量。

实际经济活动中，影响园林需求的各种因素既影响需求量，又影响需求。但在经济分析中为了说明问题方便起见，有必要区分需求量的变动与需求的变动。一般把商品本身价格变动所引起的消费者计划购买量的变动称为需求量的变动，把商品本身价格之外其他因素变动所引起消费者计划购买量的变动称为需求的变动。这就是说，需求量的变动是指在其他条件不变的情况下，商品本身价格变动所引起的需求量的变动(表 3-3)。

需求曲线可以形象直观地反映商品价格和需求量之间反向变动的关系。图 3-3 所示，纵轴表示单位商品的价格，横轴表示商品的需求量，曲线 D 即表示需求曲线。它反映消费者在一定时间、一定市场，在各种价格水平下愿意且能够购买的某种商品的各种数量的曲线。需求曲线可以是直线型(一元一次线性函数)，也可以是曲线型(非线性函数)。需求量是需求曲线上的一个点。需求是指在不同价格水平时的不同需求量的总称，需求曲线图中的整个需求曲线反映的就是需求。需求量的变动表现为同一条需求曲线上的移动(图 3-4)。

影响需求的部分因素与其预期影响之间的关系　　　　　　　　　　表 3-3

需 求 因 素		预 期 影 响	
消费者偏好	提高 / 下降	需求	增加 / 减少
消费者收入	上升 / 下降	需求	增加 / 减少
互补品价格	上升 / 下降	需求	减少 / 增加
替代品的价格	上升 / 下降	需求	增加 / 减少
预期收入	上升 / 下降	需求	减少 / 增加
预期价格	上升 / 下降	需求	减少 / 增加
广告数量和营销支出	上升 / 下降	需求	增加 / 减少
人口数量	增加 / 减少	需求	增加 / 减少
调整时间	延长 / 缩短	需求	增加 / 减少
对商品的税收(补贴)	增加 / 减少	需求	减少 / 增加

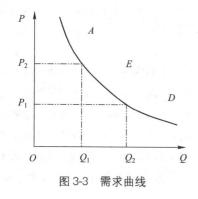

图 3-3　需求曲线

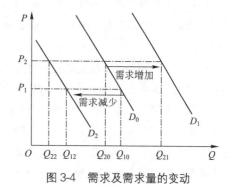

图 3-4　需求及需求量的变动

　　需求量是在一定时期内,在一定价格水平上,消费者购买的商品数量,商品价格的变动引起购买量的变动,称之为需求量的变动。它表现为该曲线上的点的变动(图 3-3,图 3-4)。需求是在一系列价格水平时的一组购买量,在商品价格不变的条件下,非价格因素的变动所引起的购买量变动(如收入变动等)称之为需求的变动,它表现为需求曲线的平行移动。

　　总之,沿着一条需求曲线的移动常常被称为在商品本身价格以外的需求影响因素保持不变时需求量的变化。整个需求曲线的位移则常常被称为需求的变化,它总是由商品价格以外的某些需求影响因素造成的。

3.2.1.3　园林需求法则

　　园林需求一定的情况下,园林需求量随着需求价格的变化而变化。如前所述,园林需求价格是消费者对一定数量的园林商品愿意支付的最高价格。它是影响园林需求量的最重要的因素。通常情况下,对于绝大多数商品而言,在其他条件不变的情况下,一种商品的价格越高,消费者对该商品的需求量就越少;反之,商品的价格越低,消费者的需求量就越大。简言之,需求量与需求价格呈反方向变动关系，这就是经济学中著名的需求法则。

需求法则存在的前提是在假定影响需求的其他因素不变的前提下，仅就商品本身的价格与需求量之间的关系而言的，离开了这个前提条件，需求法则就不成立了。

需求法则适用于社会经济活动中的绝大多数商品，但商品需求量的变动与价格的升降关系也有例外。某些能显示人的身份地位的炫耀性商品在特定情况下，价格的上升，不但不会引起其需求量的减少，反而会推动其需求量上升，即表现为"吉芬之谜"❶。如：市场对有着良好园林环境和景观的高档别墅的需求，由于土地资源的有限，国家政策等因素的制约，在社会总供给量有限的情况下，其房价节节攀升，但需求量却不因其价格的上扬而减少。

一种商品的需求量为什么与价格反方向变动呢？经济学家用替代效应和收入效应予以了解释。

替代效应是指实际收入不变的情况下，某种商品价格变化对其需求量的影响。即，如果某种商品的价格上升了，而其他商品的价格没变，那么其他商品的价格就相对下降了，消费者就要用其他商品来替代这种商品，从而对这种商品的需求就会减少。

收入效应是指货币收入不变的情况下，某种商品价格变化对其需求量的影响。如果某种商品的价格上涨了，而消费者的货币收入没有变，那么消费者的实际收入就减少了，从而对这种商品的需求也就减少了。

替代效应强调了一种商品价格变动对其他商品相对价格水平的影响。收入效应强调了一种商品价格变动对实际收入水平的影响。需求法则所表明的商品价格与需求量反方向变动的关系正是这两种效应共同作用的结果。不同商品价格下降所形成的收入效应有时差异很大。当某种商品在消费预算时占的比例很小，这种商品价格下降所形成的收入效应就会很小。如：一个家庭用于居室装饰的普通盆花或鲜切花消费，即使这些商品价格下降，也不会给消费者带来明显的收入效应。而有的商品价格的下降有可能对消费者带来极大的收入效应，如：一个家庭购买住房时，若住房价格下降，其形成的收入效应就会非常明显。

由于收入效应和替代效应的共同作用，价格的下降总会对需求量产生影响。对于收入增加，需求量也增加的高档商品(如住房、珠宝黄金等)来说，替代效应和收入效应都要求价格降低时需求量增加。对于收入提高，消费减少，收入下降，消费增加的低档商品，收入效应和替代效应对需求量有相反的影响并会部分相互抵消。即便是低档商品，两种作用的净效应也可能是低价格时需求量更多。

3.2.1.4　社会经济发展与园林需求

园林需求指的是对于园林这一特定行业的需求，随着社会经济的发展，园林需求主要包括生态需求、防护需求、游憩需求、闲暇需求等。这些需求可分成两个方面：一是作为公共基础设施的园

---

❶　19世纪英国经济学家吉芬(Robert Giffen)在1845年爱尔兰发生大饥荒时，研究了土豆这种低档品的需求量与其价格关系，结果发现，其需求量与价格出现了反常现象，即价格越高，其需求量反而越大。这类特殊的低档商品被称为"吉芬商品"(Giffen's Goods)。

林需求,二是作为法人产品的园林需求。

城市的基础设施在早期主要是水源、道路(含桥梁、水路)和治安。工业革命以后,城市的基础设施范围进一步扩大到中小学教育、邮政、电力、煤气、交通安全、消防、电信、公共卫生等领域,并且在环境问题引起重视之后(20世纪50~60年代),园林逐步被纳入城市基础设施范围。人们开始利用农林技术去减少工业技术的消极影响,以保障人们自己能够拥有一个比较适宜的居住环境和休憩环境。人们重新认识了自然净化的能力,从而激活了对于园林业的需求。随着城市化、工业化发展,城市环境矛盾日趋突出,而园林绿化是城市生态系统中促进良性发展的积极因素,在创造优良的生产环境和改善人们的生存条件方面的作用是其他系统所不能代替的。所以,城市园林是治理污染、提高环境质量必不可少的手段,成为需求日增的公共产品。

公共产品是相对于法人产品而言的,在现实生活中,大部分产品(劳务)是法人产品。法人产品是由个人消费的产品。它的特征是消费排他性和竞争性。排他性是指一旦一个人拥有了某种物品,就可以很容易不让别人消费。反之,很难排斥别人消费,则具非排他性。竞争性是指一个人消费了一定量某种物品,就要减少别人的消费量。反之,不会减少别人的消费量就具非竞争性。公共产品是集体消费物品,它的特征是消费的非排他性和非竞争性。

公共产品的非排他性和非竞争性决定了人们不用购买仍然可以消费。这种不用购买就可以消费的行为称为"搭便车"。公共产品可以"搭便车"的特点,使得公共产品没有交易和相应的交易价格,如果仅仅靠市场调节,就会没人生产或者生产不足。因此作为基础设施的园林产品,政府应提供给全体市民。

在消费者具备购买意愿和支付能力前提下,园林需求成为市场需求,由法人实体作为法人产品按照一定的价格提供给部分市民。这个"一定价格"也就是均衡价格,它由需求价格和供给价格决定。一般而言,需求价格取决于该商品对消费者的边际效用。供给价格取决于生产该商品所付出边际成本以及预期利润。由于园林服务对一般消费者边际效用较小,所以其需求价格常常低于供给价格。对于园林本身而言,总成本增量相对稳定,因为无论产量多少,园林养护管理都要照常进行。因此供给价格主要取决于产量的增量,即门票的增量,或游人的数量增长,归根结底取决于园林服务的需求价格。因此,作为法人产品的园林需求是在个人收入增长和消费结构发生变化以后才发生的,这种变化使得对于园林服务需求价格上升,并同时使供给价格下降,这样就产生了园林均衡价格。应当指出,我国公园门票价格不是均衡价格,而是不受市场制约的垄断性价格。门票提价也只是为了部分减轻公共(财政)开支负担。随着经济发展必然导致社会闲暇时间增多,即导致为获取一定经济效益所必需的社会劳动时间减少;家用电器的使用也减少了人们家务劳动时间;此外,老龄人口越来越多,也是社会闲暇时间增多的重要原因。社会闲暇时间的增加,使园林产品需求价格上升。

3.2.2 园林供给

供给是与需求相对应的一对经济学范畴。经济学意义上的供给是指在一定时期内,生产者在某一价格水平下愿意并且能够出售的商品或提供的服务的数量。

对于供给的这个概念，其基本点有两个：一是生产者有出售商品或提供服务的愿望；二是生产者有供应商品或提供服务的能力。两者缺一不可。

供给与供给量的关系类似于需求与需求量的关系。供给量是指在一定时期内，生产者在某一特定价格水平下愿意且能够向市场提供的商品的数量。供给反映的是商品价格与其相对应的商品供给量之间的关系，表示生产者在各个不同价格水平下商品的供给量。商品价格变动引起生产能力的扩大或缩小，称之为供给量的变动；供给则是在一系列价格水平时的一组产量，在商品价格不变的条件下，非价格因素的变动所引起的产量变动（如技术进步、生产要素价格变动等），称为供给的变动。

供给分为单个供给与市场供给。单个供给指在一定时期内单个企业在某一价格水平下愿意且能够提供的某种商品的数量；市场供给是指在一定时期内，市场上所有企业在某一价格水平下愿意且能够提供的某种商品的数量。单个供给是市场供给的基础，市场供给可由单个供给加总求和得出。

园林供给就是指园林生产者在一定时期和一定价格水平下愿意而且能够提供的园林商品的数量。园林生产的供给有着一些非常突出的特质。

从性质上看，园林不仅具有物质属性，更具有艺术属性，是生产者供给给消费者享用的物质与环境空间。

从景观上看，园林景观是以植物为主体，辅以山水、叠石等多要素有机组合，通过人的智慧而营造出的艺术化空间。优秀园林景观应是独一无二，不可复制的特殊商品。

从功能上看，城市及其周边的公共园林景观是为了城市发展的生态需求，建设绿色空间，满足城市对绿色环境的基本需求。

从社会发展来看，园林是人类社会、经济和政治发展的必然产物，它是人类社会文明的一项重要标志，是随着城市的兴起而发展的一种信息，是城市重要基础设施的构成内容之一，已成为城市居民生活中不可缺少的重要内容之一，亦是现代社会文明不可或缺的一块公共阵地。

因此，园林从一个侧面反映着社会的物质文明和精神文明的发展阶段和程度，也是社会经济、政治意识、园林艺术、环境生态、游憩空间的有机结合体。

3.2.2.1 园林供给的特点

园林供给体系涉及一、二、三产业，作为第三产业的园林法人产品与一般商品的供给特点基本一致。而作为兼具第一、第三产业的园林绿化建设，更多体现的是公共产品的特点。与一般商品供给特点相比，作为公共产品的园林绿化的供给特点主要表现为地域性与整体性、生态性与求美性、现代性与文化性等方面。

地域性与整体性。园林绿化构成了园林商品体系的主体内容，体现为在一定地域范围内，结合地形地貌特点营造符合适地适宜、适地适树等基本生态学和美学要求，供人们观赏、游憩、生活的良好环境区域。园林绿化建设作为城市建设的基础，是现代城市经济和社会发展的基础性工作，与城市的整体发展密不可分。园林生产与建设必须符合城市的发展理念和思路，要融入城市建设与发展规划的基本框架之中，成为城市建设与发展内容的有机组成部分，发挥园林建设在城市发展中的综合性、社会性、基础性和长远性作用。

生态性与求美性。园林绿化不仅是一定地域景观的重要组成部分，还是整个生态环境的重要内容。园林建设就是要将保护生态平衡、改善生态环境、提高人类生活质量作为基本任务，成为提升城市整体形象和综合竞争力的重要手段。园林建设实现美化城市、提升城市综合竞争力的最终归宿仍是为人类提供良好的生存环境和美好的心理及视觉感受，所以园林建设的物质性与功利性必须服从于求美性。

文化性与现代性。生态文明的兴起是人类破坏生态环境的觉醒，代表了人与自然将进入和谐相处、共存共荣的发展方向。园林建设是生态文明的最有效体现，是现代文明、现代文化的重要组成内容，是未来文化不可或缺的组成部分。提升园林生产的文化性，能有效提升整个环境，其价值是不可估量的。园林可用现代手段对古迹文物修旧如旧，更应该用现代手段提供符合现代社会审美和生态需求的园林商品和服务。

3.2.2.2　园林供给内容[❶]

如上所述，园林供给体系庞大，这里仍就园林公共产品供给内容——城市园林绿化略加阐释。城市园林绿化是城市市政公用事业和城市环境建设事业的重要组成部分，是我国当前和今后一个时期在建设领域中重点支持的产业之一。

城市园林绿化是以丰富的园林植物，完整的绿地系统，优美的景观和完备的设施发挥改善城市生态，美化城市环境的作用，为广大民众提供游憩，开展科学文化活动的园地，增进民众身心健康；同时还承担着保护、繁殖、研究珍稀、濒危物种的任务。优美的园林景观和良好的城市环境又是吸引投资、发展旅游事业的基础条件。城市园林绿化关系到每一个居民，渗透各行各业，覆盖全社会。园林绿化促进城市经济和社会系统的健康和活力，随着经济发展和社会繁荣，园林绿化事业的地位和社会需求将不断提高。

分析城市园林绿化产业的内部结构，其供给内容大致可由以下几方面组成：公共绿地管理，包括各级各类公园、动物园、植物园、其他公共绿地及城市道路绿化管理；专用绿地管理，包括防护绿地，居住小区绿地，工厂、机关、学校、部队等单位的附属绿地；园林绿化建设、养护管理，包括园林绿化工程设计、施工、养护管理单位和队伍；园林绿化材料生产，包括为城市园林绿化服务的苗圃、草圃、花圃、种子基地等生产绿地管理及专用物资供给、保障事业；园林绿化科研、教育、服务管理，包括园林绿化专业的科研、教育单位及园林内的商业、服务业单位。

从总体上看，城市园林绿化事业具有为其他产业和民众生活服务的性质，是城市社会保障和社会服务系统中的组成部分，兼具一、二、三产业的特点。其中园林树木、花卉和其他绿化材料的培育、养护等具有第一产业特点。园林绿化施工及专用设备材料制造等，与建筑业和制造业相似具有第二产业特点。园林游憩服务等则具有第三产业特点。

随着城市化、工业化的发展，城市环境矛盾日趋突出，而园林绿化是城市生态系统中促进良性

---

❶　主要引自建设部《城市园林绿化当前产业政策实施办法》。

发展的积极因素，在创造优良的生产环境和改善人们的生存条件方面的作用是其他系统所不能代替的。所以，城市园林绿化是治理污染、提高环境质量必不可少的手段。国家相关管理机构提出了城市园林绿化应依据下列发展序列，执行产业政策，并作为各项经济政策的导向目标。

——重点发展公园、街道绿化和城市依托的自然环境绿化；

——利用自然地貌、名胜古迹，搞好环境绿化和配套设施建设，提供人民游览休息场所；

——发展植物园、动物园，搞好濒危物种异地保护、繁育、研究，搞好科普宣传教育；

——开发区和新建市区坚持按规划标准建设绿地系统，在城镇周围、工业区周围、工业区与居住区之间按标准建设防护绿地；

——新建住宅区和旧城改造，同步搞好绿化和建设配套公园，改善人民居住环境，为儿童和老年人提供休息和活动条件；

——新建和扩建项目，按各类规划指标，同步建设好附属环境绿地；

——发展园林绿化生产苗圃、花圃，实行科学育苗，培育优良品种，起行业引导作用。

提倡结合城市近郊自然地貌，搞好绿化，广植树木，营造林地、林带，改善城市依托的自然环境，改善城市生态。

控制建筑物、假山等非生物设施比例过大的园林建设。

坚决制止侵占城市绿地或占用规划绿地搞其他建设项目。

对那些既具有一定法人性质，仍担负着公益事业的园林产品，如公园的运作等，必须找到社会效益、环境效益和经济效益三者的最佳结合点。这类产品要满足老幼皆宜、雅俗共赏，为广大游人所喜闻乐见，又不悖于园林的特定环境和条件。如：近些年，自早春始，北京植物园桃花节、玉渊潭公园樱花会、中山公园郁金香花展、陶然亭公园百合花展，景山公园盆莲展览，圆明园遗址公园金秋菊展，直至香山公园和八大处公园的红叶节、赏红叶登山游园会，以及时至寒冬中山公园蕙芳园和唐花坞里梅花展览、春节兰花展览，这些游园赏景活动连绵不断，吸引着数以百万计的游人，公园的三个效益自会尽在其中。这样的游园赏景活动之所以能受到游人的喜爱，恰是扬园林之所长，这种能让城里人领略大自然恩赐，尽情陶醉在林间花丛妙景之中的趣事，非园林而莫能。香山公园的红叶年年照例红遍山野，而每逢深秋季节，人们照例从四面八方，乃至数百里以外涌向公园，可谓游人如织。这足以证明此类活动所具有的活力。青岛中山公园每逢樱花盛开时，乃一年中的黄金季节，倾城居民纷至沓来，成为滨城的一大盛事，也给公园带来极好的效益。据介绍，荷兰著名的霍肯夫郁金香花园，每到 4 月中旬至 5 月中旬，满园盛开着色彩斑斓的郁金香，吸引了来自世界各地的游人，它成为到荷兰旅游的必游之地，也成为带动荷兰旅游事业发展的一项动力，公园自身的效益自不待言。再如，住宅项目把景观建设分为使用功能、审美功能和生态功能三大模块来构建，其中，生态功能层次是对环境景观整体把握，对可持续发展的把握，对低耗、节能、高效的把握，对环境景观服务的终极目标——健康与舒适性的把握，真正将业主对环境的需求融入到每一个环节。

从世界园林发展态势分析，园林生产及其服务的范围在不断扩大，由长期以来为上层服务将逐步转向为大众服务。近半个世纪以来，地球的自然环境遭到严重破坏，各方面强烈呼吁，要保护地球，保护生态平衡，也就是保护人类自己，已成为社会共识。在这样的社会背景条件下，21 世纪园林发展的方向要从全世界环境生态平衡出发，走向自然；特别要重视发展为大多数人服务的园林，综合解决好人类生活环境的改善与美化，使人与自然、人与地球和谐共生。

环境是人类赖以生存的载体，追求高效节能不能以降低生活质量、牺牲人的健康和舒适性为代价。随着人们生活水准的不断提高，将越来越注重周围生存环境是否健康与舒适。生态住宅区在绿化规划中应多用乡土植物，结合当地的地形、地貌，最大化地利用有利的环境；尽量减少对环境的破坏，提高园林绿化率、垂直绿化、遮阳、兼顾园林景观；规划设计中考虑降低噪声，以适当的绿化形式减少噪声，控制步行区的风速；生态住宅区应重视园林绿化，严格保护原有绿化景观和树木，以及维护原有自然地形，尽一切可能提高绿化率；住宅区整体规划设计应结合气候、文化、经济等诸多因素进行综合分析，强调整体设计思想。

3.2.2.3　园林供给影响因素

影响园林商品供给的因素很多，既可能有经济因素，也可能有非经济因素。

园林产品价格的影响。园林商品生产及其经营者的目标是追求利润最大化，在其他条件既定的情况下，即影响园林商品供给的其他因素(如生产该种商品生产要素的价格)既定不变的条件下，园林商品的价格越高，生产者愿意投入更多的生产资源用于其生产，能供给更多的商品或提供更多的服务于市场，从而使其供给量增加；反之，生产资源就会被生产者转用于其他相对价格较高的商品的生产，从而使园林商品的供给量减少。

园林商品生产成本的影响。园林商品在自身价格不变的情况下，其生产成本的上升会减少生产者的期望利润，从而使园林商品的供给量减少。相反，生产成本下降使生产者期望利润的获得有更大的可能，从而使园林商品的供给量增加。事实上，由于园林商品并非人们的日常必需消费品，而是在满足基本生活条件下，为追求更高层次的精神消费，追求更高生活质量产生的有选择性的消费。因此，园林商品的消费价格常低于生产成本。随着社会文明的不断进步，特别是人们对环境的重视程度日益提高，园林商品的消费意愿价格和生产成本会趋向一个合理的市场均衡。

生产技术、生产要素和管理水平的影响。技术进步或由于任何原因引起的园林商品的生产要素价格下降，会使其单位商品的成本下降，从而使一定价格水平下的供给量增加。土地作为园林生产的基本要素，因其资源的稀缺性常常成为园林供给的限制性因素。一般情况下，生产技术与管理水平的提高，能有效地降低原有的生产成本，如果商品的市场价格不变，则会增加生产者的利润，使同一价格水平下生产者愿意提供更多的商品，其市场的供给量会增加。园林商品中的景观类商品，更多体现的是无形智慧的结晶。所以，影响此类商品生产供给的技术因素，更大程度上反映景观设计者的理念、思想。

相关商品价格的影响。一种商品价格不变，其他相关商品价格发生变化时，此商品的供给量会发生相应变化。如对某个生产鲜切花和盆栽花的花农而言，在其生产的鲜切花价格不变的情况下，盆栽花价格有较大上升时，该花农就可能增加盆栽花生产量而减少鲜切花生产量。原因在于，相关商品的价格发生变化会引起生产不同商品的机会成本❶发生变化。

生产者对未来预期的影响。如果生产者对未来的经济持乐观态度，预期商品在未来价格会上涨，生产者会增加生产量，提高市场供给。反之，如果生产者对未来的价格预期持悲观态度，则会减少产量，降低市场供给量。

政府政策影响。政府的税收政策、扶持政策等的变化都会对生产者生产相关商品的积极性产生影响。如，对一种商品的课税将会使其卖价提高，在一定条件下会通过需求的减少而使供给减少。反之，减低商品租税负担或政府给予补贴，则通过降低卖价刺激需求，从而引起供给增加。如"农业税"停征，极大地促进了广大花农的生产积极性，有利于市场供给的增加。

其他因素的影响。园林商品的供给在一定程度上会受到自然条件的约束，受到社会观念和消费意向的牵引。因此，生产时间、自然条件、流行时尚元素等均会对园林供给产生相应的影响。

3.2.2.4 园林供给函数与供给表

园林供给函数是指把影响园林商品供给量的所有因素视作自变量，把供给量作为因变量，则可以用函数关系来表达两者之间的依存关系，这种函数关系即为园林供给函数。园林供给函数可记作：

$$Q = f(P, P_i, P_j, M, E, \cdots\cdots) \tag{3-3}$$

式中　Q——某种园林商品的供给量；

$\quad$ P——该商品本身的价格；

$\quad$ P_i——相关商品的价格；

$\quad$ P_j——生产成本；

$\quad$ M——生产技术、管理水平；

$\quad$ E——生产者对未来的预期；

$\cdots\cdots$——其他未列出的相关因素。

假定园林商品的供给量与价格具有无限的分割性，把园林商品的价格视为自变量，供给量作为因变量，在其他条件不变的前提下，则园林供给函数可表示为：

$$Q = f(P) \tag{3-4}$$

式中　Q——园林商品的供给量；

$\quad$ P——园林商品的价格。

园林供给表是某种园林商品的价格与对应的供给量之间关系的数字序列表。供给表直观地表明了价格与供给量之间的一一对应关系。表 3-4 清楚地表明了园林商品（盆栽桂花）价格与供给量之间的函数关系。当其价格为 50 元时，该园林商品（盆栽桂花）的供给量为 400 单位；当价格下降为 30 元时，供给量降低为 200 单位；当价格进一步下降为 10 元时，该园林商品（盆栽桂花）的供给量减少为零。

---

❶　机会成本：指的是在资源具有稀缺性和多用性的前提下，选择某种资源就意味着放弃另一资源。一项选择的机会成本是相应的放弃的资源所能带来的价值。

园林供给表(简化表)：花店　　　　　　　　　　　　　表 3-4

产　品	价格(元)	供给量(单位)	价格—供给组合
桂花	10	0	F
桂花	20	100	G
桂花	30	200	H
桂花	40	300	I
桂花	50	400	J

　　园林供给曲线是反映园林生产者在一定时间、一定市场，在各种价格水平下愿意且能够供给的园林商品数量的曲线。它是园林商品的价格—供给量组合在直角坐标平面图上所绘制的一条曲线，横轴为园林商品供给量，纵轴为园林商品价格，以表示园林商品价格和供给量关系的曲线(图 3-5)。供给曲线是一条自左下方向右上方倾斜的曲线。和需求曲线一样，供给曲线可以是直线型(一元一次线性函数)，也可以是曲线型(非线性函数)。

　　图 3-6 表明了园林商品供给与供给量的变化情况。园林供给量的变化是在假定影响园林供给的其他因素既定，仅由园林商品本身价格变化引起的供给量的变化，原有供给曲线(S_0)上点的位置移动，称为供给量的变动；供给的变化则是在假定园林商品本身的价格既定，而由非价格因素所导致的供给量的变化，它表现为原有供给曲线(S_0)的位置移动。S_0 左移至 S_1 表示供给减少，说明在任一相同价格水平下，生产者的商品供给量均较以前减少了；S_0 右移至 S_2 表示供给增加，说明在任一相同价格水平下，生产者的商品供给量均较以前增加了。

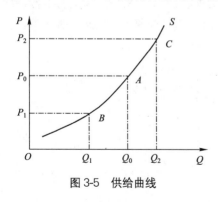

图 3-5　供给曲线

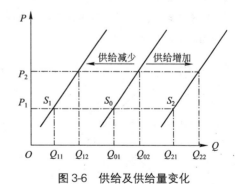

图 3-6　供给及供给量变化

3.2.2.5　园林供给法则

　　供给曲线是建立在商品的价格和相应的供给量的变化具有无限分割性的假设条件下。从图 3-5 可以看出，供给曲线的斜率为正值，表明在影响供给的其他因素既定的条件下，园林商品的供给量与价格之间存在着正向的依存关系。供给曲线 S 上的任何一点都代表一定价格水平下的供给量。当价格为 P_0 时，其相应的供给量为 Q_0；当价格由 P_0 下降为 P_1 时，其供给量相应减少到 Q_1；当价格由 P_0 上升到 P_2 时，其供给量相应增加到 Q_2。供给曲线 S 的斜率为正值，反映了价格升高供给量增加，价格降低供给量减少的供给法则。所以，园林供给法则的含义即是当影响园林商品供给的其他因素不变时，园林商品的供给量随着园林商品价格的上升而增加，随着园林商品的价格的下降而减少。

3.2.3 园林市场均衡与供求法则

3.2.3.1 市场均衡

微观经济分析中，市场均衡分为局部均衡与一般均衡❶。这里为了说明问题的方便，探讨的是局部均衡。

众所周知，需求和供给是市场上两种相反的力量。当某种商品价格降得越低时，消费者对该商品的需求量就增加得越多，而生产者的供给量反而会越来越减少；反之亦然。因此，在通常情况下，生产者的供给量与消费者的需求量之间是不完全相等的，或供大于求，或求大于供。仅在一种价格水平下，供给量恰好等于需求量，此时的市场需求和市场供给两种相反的力量正好处于一种平衡状态，其供求状况即为市场均衡。

图3-7所示需求曲线 D 与供给曲线 S 相交于 E 点，E 点表示该商品市场达到均衡状态的均衡点，E 点所对应的价格 P_0 就是均衡价格，与这个价格对应的 Q_0 既是需求量又是供给量。

图3-8则说明了某一商品市场达到均衡的过程，即均衡价格的形成。均衡价格指的是使供给和需求平衡的价格。均衡数量则指当价格调整到使供给和需求平衡时的供给量和需求量。在完善的市场经济条件下所进行的纯粹的市场竞争中，当超额供给量出现时，必然会导致供给方的激烈竞争，结果使其价格逐渐下降，供给量逐渐减少，需求逐渐增加，这一过程将一直持续到价格回落到 P_0，需求量和供给量都等于均衡数量时为止；反之，当超额需求量出现时，将导致需求之间的激烈竞争，结果使其价格逐渐上升，供给量逐渐增加，需求量逐渐减少，直至价格上升到 P_0，需求量和供给量都等于均衡数量时为止。

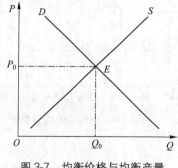

图3-7 均衡价格与均衡产量

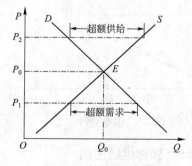

图3-8 市场均衡状况

❶ 局部均衡(Partial Equilibrium)指的在某一商品的价格只取决于其本身的供求，而不受其他商品的价格和供求的影响。一般均衡(General Equilibrium)则是指所有商品的价格和供求是相互联系、相互影响的，那么所有商品的价格与数量必须同时决定。

当商品价格高于均衡价格时，因为有较大的获利空间，生产者愿意提供更多的商品供给市场，此时供给量必然大于需求量。当超额供给或商品过剩达到一定程度时，供给将降低价格来增加销售，使供给价格向均衡点移动。

当商品价格低于均衡价格时，生产者会因获利空间小，甚至无利可得而减少供给。但消费者会因商品价格较低而加大消费，使该商品的市场需求量大于供给量，一旦超额需求形成就会造成短缺经济现象出现。此时，供给将提高价格导致大量的购买者减少需求，使供给价格向均衡点移动。

通过以上分析不难看出，在完全的市场经济条件下，市场均衡虽然是一种极为罕见的情形，但却是必然会出现的一种趋势。通过市场这只"无形的手"使需求与供给这两种相反的力量得以自发调节，总围绕着市场均衡运动。即使因某些因素导致供求价格背离市场均衡，却因为市场供求的相互作用和自发调节而得以复归，并进而趋向于市场均衡。

市场均衡的作用能使市场经济中商品交换的双方感到公正互利，有利于刺激生产者、经营者通过多种途径降低成本，争取更大的利润空间，并惠及消费者。

3.2.3.2 园林市场均衡的特殊性

园林商品的市场均衡受园林商品对消费者的边际效用的影响。因为园林商品对于一般消费者而言，其边际效用较小。所以，其需求价格往往低于供给价格。换句话说，就是园林生产者所提供的园林商品的销售价格，消费者常常不愿意接受。面对园林商品相对较高的供给价格，消费者或减少消费，或放弃消费。不过，这种现象正在发生着悄然的变化。一方面，社会生产力水平的提高，让人们有了更多的闲暇时间和消费能力去赏景观花，推进园林消费的不断增长；更为重要的一方面，是园林商品尤其是以活体植物为主材营造的园林景观，能有效地改善环境、降低污染、愉悦身心、提升审美情趣、提高生活品质等，从而使得人们对园林商品的消费意愿有所增强。一般商品的市场均衡法则对法人商品的园林供给与园林消费具有同等的效力。

3.2.3.3 供求变动对园林市场均衡的影响

上述市场均衡分析，前提是假设影响市场供求的其他因素不变或已知，仅考虑园林商品价格和数量之间的关系。如果价格以外的诸因素发生变化，则需求曲线与供给曲线就会发生偏移，使原有市场均衡发生相应的变动，再通过供求的相互影响和作用，自发调节而达到新的市场均衡。一般而言，供求变动对市场均衡的影响可从以下三个方面进行分析。

第一，供给不变，需求发生变动。当供给不变时，需求增加推动均衡价格上扬，均衡数量增加；需求减少使均衡价格下降，均衡数量减少。如图3-9所示，原有的需求曲线 D_0 与既定的供给曲线 S_0 交于均衡点 E_0，市场均衡价格为 P_0，均衡数量为 Q_0。当需求由 D_0 降为 D_1 时，均衡点则为 D_1 与 S_0 的交汇点 E_1，相应的均衡价格下降为 P_1，均衡数量降为 Q_1。反过来，当需求由 D_0 增加到 D_2 时，新的均衡点沿供给曲线右移至 E_2，相应地，新的均衡价格上扬为 P_2，新的均衡数量增加为 Q_2。

第二，需求不变，供给发生变动。当需求不变时，供给增加推动均衡价格下降，均衡数量增加。这种情形多因技术进步、管理水平提高等使生产成本降低，尽管均衡价格下降，但并不影响生产者的利润的获取。反之，在需求不变的条件下，若因为对未来市场预期恶化、上游商品涨价等因素影响下使生产成本提高，导致供给减少而使均衡价格提高，均衡数量减少(图 3-10)。

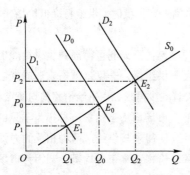
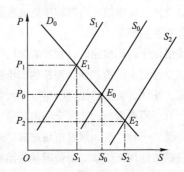

图 3-9　需求变动对均衡的影响　　　　图 3-10　供给变动对均衡的影响

　　第三，供需同时发生变动。这种供需同时变动所导致的情况比较复杂。供需同时变动，会涉及两者变动的方向、变动的程度和比例等多种情况，每一种情况的出现都有可能对均衡产生不同的影响。供给与需求同时增加(减少)，均衡产量必然增加(减少)，但均衡价格的变动无法确定，可能上升、下降或保持不变。而供给与需求呈反向变化时，如供给增加，需求减少，则均衡价格必然下降；供给减少，需求增加，则均衡价格必然上升。但无论发生这两种情况的哪一种，均衡数量都难以确定，因为供求的反向变化幅度和比例不一样，则会对均衡数量带来不同的影响(图 3-11，图 3-12，表 3-5)。

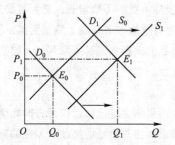
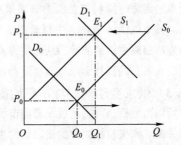

图 3-11　供求同方向变动对均衡的影响　　　图 3-12　供求反向变动对均衡的影响

供求变动对均衡的影响　　　　　　　　　　　　　　表 3-5

供给变动	需求变动	均衡价格	均衡产量
增加	不变	下降	增加
增加	增加	不定	增加
增加	减少	下降	不定
减少	不变	上升	减少
减少	减少	不定	减少
减少	增加	上升	不定
不变	减少	下降	减少
不变	增加	上升	增加

结合上述分析可对供求变动法则作一简要归纳：

第一，供给不变，需求的变动导致均衡价格和均衡数量呈同方向变动。即：需求增加，引起均衡价格上升，均衡数量增加；需求减少，使均衡价格下降，均衡数量减少。

第二，需求不变，供给的变动导致均衡价格呈反向变化，均衡数量呈同向变化。即：供给增加，引起均衡价格下降，均衡数量增加；供给减少，引致均衡价格上升，均衡数量减少。

第三，供求同时变化，会因两者变动的方向一致或不一致、变动的程度一样或不一样以及两者变动的比例一致或不一致等情况，而使任一情况下都可能出现对均衡产生不同的影响。假设供求由于各种因素而同时增加(减少)，均衡产量必然随之增加(减少)，但均衡价格的变动却不能确定。反之，均衡产量必然减少(增加)，均衡价格同样无法确定。此时，均衡价格的确定依赖于供求变化的程度的影响。如果供求由于各种因素而同时发生变化，这种变化的方向呈反向时，其规律表现出：需求增加(减少)，供给减少(增加)，则均衡价格必然随其上升(下降)，但均衡产量的变动却不能肯定，此时均衡产量的变动量的确定依赖于供给与需求两者的变动程度或比例(表 3-5)。

为此，供求法则可总结为：价格和均衡产量与需求均呈同方向变化；均衡价格与供给呈反向变动，而均衡产量与供给呈同向变动。

3.2.4　园林供求价格弹性

弹性原本是物理学中广泛使用的一个基本概念，其基本含义是指用于测定某物体对外界作用力的反应程度或敏感程度。经济学中借用"弹性"这一概念，意在说明经济变量之间存在函数关系时，因变量对自变量变动的反应程度，这种反应程度可用两个变量的变动率之比，即弹性系数来进行衡量。即：弹性系数等于因变量的变动率与自变量的变动率之比，可用如下公式予以表达。

$$E = \frac{\dfrac{\Delta Y}{Y}}{\dfrac{\Delta X}{X}} = \frac{\Delta Y}{\Delta X} \cdot \frac{X}{Y} \tag{3-5}$$

式中　E——弹性系数；

　　　Y——因变量；

　　　ΔY——因变量变动量；

　　　X——自变量；

　　　ΔX——自变量变动量。

如果经济变量可以连续变动，经济变量的变化量趋于无穷小，即当式(3-5)中的 $\Delta X \to 0$，$\Delta Y \to 0$ 时，弹性公式可表示为：

$$E = \lim_{\Delta x \to 0} \frac{\Delta Y}{\Delta X} \cdot \frac{X}{Y} = \frac{\mathrm{d}Y}{\mathrm{d}X} \cdot \frac{X}{Y} \tag{3-6}$$

通常弹性的测定可分为两种情形，即点弹性和弧弹性。点弹性可精确地测定函数某个点的弹性，式(3-6)表示函数特点上的这种精确边际关系。弧弹性只是近似地测定函数某一区间的平均弹性。

值得说明的是，由于经济变量的基点不同，即使在函数某一相同区间内，由于自变量的变动方向不一致，求出的弹性系数值也可能会不同。因此，有必要取两个经济变量基点的平均数来求该函数区间的平均弹性，即弧弹性。其计算表达式为：

$$E = \frac{\Delta Y}{\Delta X} \cdot \frac{\frac{1}{2}(X_1 + X_2)}{\frac{1}{2}(Y_1 + Y_2)} = \frac{\Delta Y}{\Delta X} \cdot \frac{X_1 + X_2}{Y_1 + Y_2} \tag{3-7}$$

注意：①任何一种弹性不是两个经济变量绝对变动量的比值，而是两个经济变量变动率的比值；②弹性等于函数曲线斜率的倒数与自变量对因变量比值的乘积❶；③弹性概念在经济学尤其是管理经济学中经常被用于需求函数分析之中。

3.2.4.1 供给价格弹性

供给价格弹性指在其他条件不变的情况下，一种商品的供给量对其价格变动的反应程度或敏感程度。供给价格弹性系数就是供给量变动率与价格变动率之比。

$$供给价格弹性系数 = \frac{供给量变动率}{价格变动率}$$

与需求价格弹性一样，供给价格弹性也存在五种可能情形(表3-6)。

供给价格弹性类型　　　　　　　　　　　　　　　　　　　表3-6

供给价格弹性E_S	特　征	含　义
$E_S > 1$	富有弹性	供给变量的变动比例大于价格变动的比例
$E_S = 1$	单位弹性	供给量的相对变动始终等于价格的相对变动
$E_S = \infty$	弹性无穷大	价格对供给量变动没有反应，即无论供给如何变动，其价格始终不发生变化
$E_S = 0$	无弹性	供给量对价格变动没有反应，即无论价格如何变动，供给量均不改变
$E_S < 1$	缺乏弹性	供给量变动的比例小于价格变动的比例

影响供给价格弹性的因素主要有商品生产难易程度、生产规模和规模变化难易程度、生产成本变化以及分析时间长短、商品生产周期长短和生产者的生产能力、对未来价格预期等。

园林业起源于逐渐从农林业分工而独立的花卉业和苗圃业，后来增加了绿地和庭园建设，目前已发展为包括养护管理及其他服务在内的综合的技术经济系统。如前所述，园林业既具有改善环境，又具有美化环境的双重作用。从改善生态环境的角度看，园林业以技术行业为主，从美化环境的角度看，园林业还涉及文化行为。园林业的生产范畴涵盖了第一、二、三产业，商品内容十分广泛，如：制造业(园林机具游乐设施等)、园林花卉与苗圃业、饮食业(餐厅)、服务业(旅馆、摄影等)、公用事业(公园、公共绿地)、外贸业、科学教育文化事业(大专院校、科研所)等，其中既有公共产品，又有法人产品。所以，园林商品的生产数量、质量及分配既可能是独占性、垄断性的，也可能

---

❶　经济分析中习惯以需求量为横轴，以价格为纵轴，由此得到的需求曲线是数学意义上的图形的反函数图形，需求弹性是曲线斜率的倒数与基数比值的乘积。供给弹性具有同样的特征。

是市场性、竞争性的。从这个角度而言，园林商品的供给价格弹性无法笼统予以界定，只能具体商品具体分析。但有一点可以肯定，那就是无论哪一种园林商品，其供给价格弹性几乎不会是完全无弹性和供给价格弹性无穷大。属于资本密集型的园林商品，其供给价格弹性相对较小，表现为供给缺乏弹性；属于劳动力密集型的园林商品，其供给价格弹性相对较大，表现为供给富有弹性。

但就总体而言，制造业之外的园林商品的供给价格是比较缺乏弹性的。因为不同商品市场的价格调节周期是不一样的。园林花卉、苗木业、以植物为主的景观营造因其生产周期相对较长，生产受资源和供给及技术状况等因素的影响较大，在较短时期内及时对价格做出迅速反应是比较困难的。同时，花木资源的供给还受到城市绿化用地有限性的制约，尽管可以通过科学技术增加花木生长量和缩短花木生长的周期，但由此而带来的园林苗木供给也是有限的，其间还有一个相对较长的过程。正由于受到这些自然条件等因素的制约，园林苗木的供给不能像其他许多商品那样通过提高社会劳动生产力就可以立刻得到较大幅度的增加。从这一角度分析，则园林商品的供给价格弹性表现为缺乏弹性。

3.2.4.2 园林需求价格弹性

需求价格弹性(Price Elasticity of Demand)是指在需求函数中除价格以外的所有其他自变量不变的情况下，商品需求量对其价格变动的反应程度或敏感程度，是价格变动对需求量变动的影响程度。习惯上将需求价格弹性简称为需求弹性。

$$需求价格弹性系数 = \frac{需求量变动率}{价格变动率}$$

通常以弧弹性来衡量某种商品的需求价格弹性大小(以后表述的弹性系数均指弧弹性)，不同商品的需求价格弹性是不同的，需求价格弧弹性的五种类型如图3-13所示。

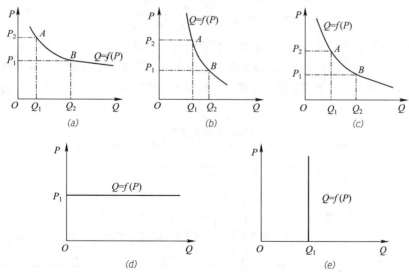

图3-13 需求(弧)弹性的五种类型

(a)富有弹性；(b)缺乏弹性；(c)单位弹性；(d)弹性无穷大；(e)完全无弹性

当 $E>1$ 时，为需求价格富有弹性。此时，表示需求量变动比率大于价格变动比率，即价格每升降 1%，需求量变动的百分率大于 1%。反映在图形上是一条坡度比较平缓的曲线(图 3-13a)。奢侈品和价格昂贵的享受性劳务都属于这类商品。

当 $E<1$ 时，即需求缺乏弹性。此时，表示需求量变动的比率小于价格变动的比率，即价格每升降 1%，需求量变动的百分率小于 1%。反映在图形上是一条坡度比较陡峭的曲线(图 3-13b)。一般生活必需品基本属于此类商品。

当 $E=1$ 时，即需求是单位弹性。此时，表示需求量变动的比率等于价格变动的比率，即价格每升降 1%，需求量就相应增减 1%。其需求曲线为直角双曲线(图 3-13c)。这种情况在现实经济生活中比较罕见。

当 $E=\infty$ 时，即需求弹性无穷大。此时，表示在既定的价格水平上，需求量是无限的；而一旦高于既定价格，需求量即为零，说明商品的需求变动对其价格变动异常敏感，其需求曲线是与横轴平行的一条水平线(图 3-13d)。现实经济活动中，政府对某些商品的收购行为，会导致这一现象的出现。

当 $E=0$ 时，即需求完全无弹性。此时，表示无论价格怎样变动，需求量都不会发生变动。其需求曲线是与纵轴平行的一条垂线(图 3-13e)。一些具有治疗某些疾病的特效药类似于这类商品。

需求弹性除需求价格弹性外，还有需求收入弹性和需求交叉价格弹性。

所谓需求收入弹性是指在需求函数中除消费者收入以外的所有其他自变量不变的情况下，一种商品的需求量对消费者收入变动的反应程度或敏感程度，即消费者收入变动对园林商品需求量的影响程度。需求收入弹性系数即指需求量的变动率与消费者收入的变动率之比。

$$需求收入弹性系数 = \frac{需求量变动率}{收入变动率}$$

需求收入弹性系数在一般情况下是正值，但也可能为负值或零。据此，需求收入弹性存在五种类型(表 3-7)。现实经济生活中，普遍存在的需求收入弹性类型是收入缺乏弹性或收入富有弹性；收入无弹性和单位弹性是极为特殊的两种情形；收入负弹性仅出现在极少量的特殊商品上。

需求收入弹性类型   表 3-7

需求收入弹性E_d	特　征	含　义
$E_d>1$	富有弹性	收入变动引起需求同方向变动，且需求量的变动率大于收入的变动率
$E_d=1$	单位弹性	收入变动引起需求量同方向变动，且需求量的变动率始终等于收入的变动率
$0<E_d<1$	缺乏弹性	收入变动引起需求量呈同方向变动，但需求量的变动率小于收入的变动率
$E_d=0$	无弹性	需求量对收入变动没有反应，即无论收入如何变动，需求量均不变
$E_d<0$	负弹性	收入变动引起需求量呈反方向变动

所谓需求交叉价格弹性是指在其他条件不变的情况下，一种商品的需求量对另一种商品价格变动的反应程度或敏感程度。需求交叉价格弹性系数即指一种商品需求量的变动率与另一商品价格变

动率之比。

$$需求交叉价格弹性系数 = \frac{一种商品需求量变动率}{另一种商品价格变动率}$$

需求交叉价格弹性系数既可为正值，也可为负值或零。据此，可以判断任意两种商品之间的关系。

当需求交叉价格弹性系数大于零时，表明这两种商品之间存在替代关系，或两种商品互为替代品。也就是说当一种商品的价格上升(下降)时，会导致另一种商品需求量的增加(下降)，两种商品的正交叉价格弹性系数值越大，两种商品间可替代性越强。

当需求交叉价格弹性系数小于零时，表明两种商品之间存在互补关系，或两种商品为互补品。也就是说一种商品价格上涨(下降)，将引起另一种商品需求量的减少(增加)。负交叉弹性系数值的绝对值越大，两种商品间的互补性越强。

当需求交叉价格弹性系数为零时，表明两种商品间存在独立关系，或两种商品为相互独立商品或中性商品。也就是说一种商品价格无论如何变化，另一种商品需求量均不发生变动。

一般商品需求弹性的大小通常会受到消费者对商品的需求程度、商品本身可替代程度、商品用途的广泛性、商品消费支出占消费总支出的比例以及分析时间的长短与商品定义的宽窄等因素的影响。

园林商品通常属于精神消费品，其需求价格富有弹性。因为消费者对园林商品的需求程度不如对柴、米、油、盐等生活必需品那么离不开，作为精神消费品的园林商品，可供消费者选择的替代品机率也比较大；园林商品在改善人们的居住与休憩环境和美化人们的居室，带给人们愉悦身心等方面亦有着极其广泛的用途；园林商品的消费占消费总支出的比例会随着社会生产力的发展和人们收入水平的不断提高而变得越来越大。

园林是依靠植物来改善居住环境和休憩环境的区域。园林商品所具有的功能主要体现为改善环境，究其原因在于人们的物质与精神需要的不断变化和增长，原有环境不能满足人们的需要；同时，人口的激增和原有良好环境被破坏与恶化等因素，导致相对恶劣的环境不适宜人们居住和休憩，这样的环境必须加以改善，因此使得城市成为园林业的主要载体，城市越发展，对园林商品的社会需求拉动力就越大。

城市对园林的需求分为两个方面：一是由于园林所营造的环境有利于改善人们的生存与工作环境，有益于人们的健康与寿命的延长，对于全面改善城市环境具有不可替代的作用，从而使其成为需求日益增长的公共产品，成为城市基础设施的一个重要组成部分；二是园林是满足人们休憩和审美需求的重要媒介，通过园林综合功能的展现，能让人们获得精神的满足，实现人们求美的愿望。因此，园林商品是一类需求价格富有弹性的商品。随着社会物质文明与精神文明的不断发展，部分园林商品，如美化居室的鲜切花、庭院美化植物等将逐渐成为人们生活中的必需品，这类园林商品的需求弹性变化有渐趋缩小的态势。

3.3 园林市场调查与预测

3.3.1 园林市场调查

对市场调查的理解有狭义和广义的两种，广义的市场调查也叫市场研究或市场调查，它包含了从认识市场到制定营销决策的一切有关市场营销活动的分析和研究。狭义的市场调查则更偏重于信息的收集和分析。所谓园林市场调查也就是以科学的方法、客观的态度，明确园林市场营销有关问题所需的信息，有效地收集和分析这些信息，为园林市场决策部门制定更加有效的营销战略和策略提供基础性的数据和资料。

3.3.1.1 园林市场调查的分类

园林市场调查类型多样，每种调查形式都有其独特的功能和局限性，只有按照园林市场调查的目的、任务和被调查对象的特点，选择科学的调查方法才能准确、及时、全面地取得所需要的各种信息资料。

按市场调查的研究性质分类，有探索性研究，描述性研究，因果关系研究和预测性研究几种类型。探索性研究的目的是提供资料以帮助研究者认识和理解所面对的问题、发现想法和洞察内部。描述性研究的目的是描述总体(市场)的特征或功能。因果关系研究的目的是获取有关起因和效果之间关系的证据。

按市场调查的访问对象分类，有消费者调查和非消费者调查。在消费者调查中，调查的对象是购买商品和使用商品的消费者，或是可能使用购买商品的潜在消费者。非消费者调查指的是调查对象为消费者以外的其他对象的调查，包括企业的职员或雇员，政府或企业的领导者舆论导向者等。

按市场调查对象范围不同，园林市场调查可以分为全面调查和非全面调查。全面调查是对调查对象中所有单位无一例外地进行调查的方式。全面调查能取得比较全面系统的总量资料，适用于园林市场的宏观了解。非全面调查是对调查对象中部分单位进行调查的方式，所选单位应具有充分的代表性，以利于最终获得较全面的整体资料。非全面调查又分为典型调查、重点调查和抽样调查几种形式。

典型调查，是根据调查的目的和任务，从对象总体中选择一个或若干个具有典型代表意义的单位进行深入调查的方式。

重点调查，是在被调查对象中选择一个或几个市场现象比较集中，对全局有决定性作用的重点单位进行调查的方式。

抽样调查，是按调查任务确定的范围，从全体调查对象总体中抽选部分对象作为样本进行调查研究，用所得样本结果推断总体结果的调查方式。根据调查对象总体中每一个体单位被抽取的概率是否相等的原则，又分为随机抽样调查和非随机抽样调查。

3.3.1.2 园林市场调查的内容

园林市场调查的内容包括所有与园林企业有关的社会、政治、经济、环境及各种经济现象。可作为专题调查，也可作为全面调查，就园林企业调查范围而言，其调查又具体的分为企业外部调查和企业内部调查。

1）园林企业外部调查

园林企业外部调查是指对园林企业的外部环境予以调查研究。其主要对象为：园林市场环境调查、园林市场需求调查、园林市场供给调查和园林市场营销调查等。

园林市场环境调查。园林企业的生存和发展是以园林市场环境为条件的，对园林企业而言，园林市场环境是不可控因素，园林企业的生产与营销活动必须与之相协调和适应。凡是直接或间接影响市场营销的情报资料，都是市场调查的内容。其中，主要有以下几个方面：①政治环境调查，了解对园林市场起影响和制约作用的国内外政治形势以及国家旅游市场管理的有关方针政策；②法律环境调查，了解我国或地区的有关法律和法规条例，包括环境保护法、风景名胜区条例等；③经济环境调查，了解我国或地区的经济特征和经济发展水平、园林资源状况、园林经济发展趋势等；④科技环境调查，了解我国和世界范围内，新科技的发展水平与发展趋势等；⑤科学文化环境调查，包括国家或地区的价值观念、受教育程度与文化水平、职业构成与民族分布、社会审美等；⑥地理环境调查，包括区位条件、地质历史条件、自然景观条件、气候条件等。

园林市场需求调查。园林市场需求是在一定时期内一定价格水平下，园林消费者愿意购买并且能够购买的园林产品数量。园林需求是决定园林市场购买力和园林市场规模大小的主要因素。针对园林需求者所进行的需求调查是园林市场调查内容中最基本的部分。其中，主要有以下几个方面：①消费者规模及构成调查，包括经济发展水平与人口特征、收入与闲暇、消费者数量与消费构成等。即调查园林消费者的现实与潜在的消费者数量。园林消费者对园林产品质量、价格、服务等方面的要求和意见；②消费动机调查，消费动机是激励园林消费者产生消费行为，达到消费目的的内在原因；③消费行为调查，园林消费行为是园林消费者消费动机在实际消费过程中的具体表现。园林消费行为调查就是调查园林消费者何时消费、由谁决策消费以及怎样消费。

园林市场供给调查。园林供给是一定时期内为园林市场提供的园林产品和服务的总量。对园林市场供给的调查内容包括：①吸引物调查，园林产品的数量和质量决定着园林消费者对园林产品的选择；②园林设施调查，园林设施是直接或间接向园林消费者提供服务产品的物质条件，它分为园林服务设施和园林基础设施两类；③园林服务调查，园林企业形象调查等。

园林市场营销调查。现代营销活动是包括商品、价格、分销渠道和促销在内的营销组合活动。因此园林市场营销调查也应围绕这些营销组合要素展开，主要包括园林竞争状况调查、园林产品调查、园林价格调查、园林分销渠道调查以及园林促销调查等。

2）园林企业内部调查

园林企业内部的调查研究，是对企业的经济战略调查、产品调查、价格调查和促销调查等。主要包括：产品调查，主要调查消费者对产品质量、性能的评价等方面的反映；竞争对手调查，主要调查竞争对手的数量、分布及其基本情况，竞争对手的竞争能力等。除上述调查外还有技术发展调查、销售渠道调查、价格调查等。

3.3.1.3 园林市场调查的程序与方法

1) 园林市场调查的程序

园林市场调查作为一个过程，有不同的步骤和方法，这些步骤和方法因园林企业和营销调查的目的不同而各异，其园林市场调查运作程序如图 3-14 所示。

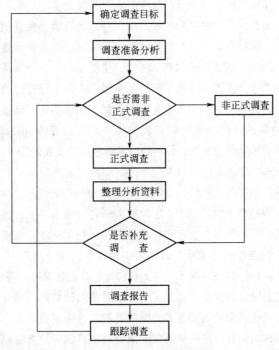

图 3-14 园林市场营销调查流程

确定调查目标。这是市场调查的第一步，也是最重要的一步，是明确并定义调查研究的问题，提出必要的假设。在这阶段要解决如下问题：为什么调查 (Why)？通过调查要收集什么 (What)？调查结果向谁说明 (Who)？

调查准备分析。确定调查的目的后，确定调查人选的范围、调查方式、途径、时限，以及通过收集和分析现在资料而获得园林企业及其外部环境的信息，确定调查方案。这一阶段着重解决：在哪里调查 (Where)？调查时间多长 (How long)？怎么调查 (How)？

非正式调查。是对营销人员与园林企业外部人员的调查。包括与中间商、竞争者、广告代理商、潜在顾客、合作伙伴等进行非正式的交流。非正式调查可以判断调查项目的合适程度，还可以确定调查的范围和深度，节省人力和财力，为正式调查奠定基础。

正式调查。这是调查的实施过程，在这一阶段着重解决两个问题：一是选择资料来源，二是选择调查方法。调查的实施关系到市场调查成功与否的关键一步，而调查实施的关键又在于实施过程中严格的组织管理和质量控制。

园林市场调查的资料按其来源可以分为第一手资料和第二手资料两类。第一手资料指为某种特定目的而直接收集的原始资料。这种资料针对性强，易为调查者掌握，但这种资料的收集费时费力成本较高。第二手资料指已经存在的现有资料。这种资料能在极短的时间内从图书馆、政府机构、行业协会、专业调查机构以及科研单位等大量获取，但准确性较低。因而选择正确合理的资料来源成为正式调查主要内容之一。

整理分析资料。调查结束后，将收集到的大量分散、零星的资料进行归档，去掉不合逻辑可疑的成分，加以编辑、整理，列示有关数据。对整理过的资料采用相关性分析、时间序列分析和回归分析进行统计，找出各种变量之间的内在联系，预测园林企业未来发展趋势。

补充调查。非正式调查结束后，对于忽略的专题或变动较快的因素，可决定是否进行补充调查。

撰写调查报告。调查结束后的最终成果就是向组织相关领导者提交一份书面报告。调查报告有不同的类型和格式，但一般情况下都包括以下几个部分：

报告的摘要，简短明了，一般包括调查的主要发现、主要结论和建议；报告的详细目录，包括正文和附录每一部分的大小标题；

报告的正文，一般包括调查的基本情况、主要发现、对结果的讨论、总结和建议等等；

报告的附录，一般包括问卷、图表、技术细节说明、实施细节说明等等。

2）园林市场调查的方法

市场调查过程中，信息的收集往往通过三种方法：文案调查法、实地调查法和网络调查法。前两者的本质区别是：实地调查法是获得第一手资料，而文案调查法获得的是第二手信息。

文案调查法。文案调查法是通过查阅、阅读、收集历史和现实的各种资料，通过甄别、统计分析得到与调查问题相关的各种信息的调查方法。因此文案调查法又称信息分析法、间接调查法或室内调查法。此法的优点是可以充分利用第二手信息，节省调查费用，但是要求调查人员有较强的专业知识和分析能力。

实地调查法。实地调查法按照所用的形式不同，可以分为访问法、观察法和试验法。选择哪一种调查方法与调查目标、调查对象和调查人员的素质有关，其反馈率、真实性以及调查费用各有特点。访问法是将所拟调查的事项，以面谈、电话或书面向被访问者提出询问，以获得所需信息的调查方法。这是一种最常用的市场营销调查方法。访问法根据调查者要求被访问者回答问题的表达方式不同，可分为口头访问法和书面访问法；根据访问过程的控制程度可以分为结构式访问和非结构式访问；根据调查者和被调查对象接触方式不同，可以分为面谈调查法、电话调查法、邮寄调查法和留置调查法四种。不同调查方法各有优缺点，所以选择调查方法必须在不同方法之间进行比较，以便选择最适宜的市场调查法。

观察法。观察法是由调查人员或采用仪器设备，对所选人或事物进行系统的观察记录，以获取信息的一种方法。其特点是被调查者在不知晓的情况下接受调查的。观察法是收集第一手信息的重要方法，其优点主要是能收集到被调查者无法直接用词语表达的信息，信息准确性高、客观、真实。当然也会存在只能观察其表面现象，难以观察内在本质和成本较高等缺陷。

试验法。试验法是指从影响调查对象的若干因素中选择一个或者几个因素作为试验因素，在控制其他因素均不发生变化的条件下，观察试验因素的变化对调查对象的影响程度。试验法的最大特点是调查对象置于非自然状态下进行调查，试验法的优点在于可以有效控制试验环境，调查结果更精确，信息客观，排除了人为主观因素估计偏差等影响，但同时也存在着有时控制难度大等问题。

网络调查法。网络调查也叫网上调查，是指利用互联网了解和掌握市场信息的方式。网络调查和其他传统的调查方式相比，在组织实施、信息采集、信息处理和调查效果等方面具有明显的优势。

3.3.2　园林市场预测

预测是根据客观事物的发展趋势和变化规律，对特定对象未来发展趋势或状态做出科学的推测和判断。市场预测是指在市场调查的基础上，运用预测理论和方法，对影响市场供求变化的因素的未来趋势和可能水平做出估计与测算，为决策提供依据的过程。简而言之，市场预测就是对商品生产、流通、销售的未来变化趋势或状态进行的科学推测与判断。市场预测具有服务性、描述性和局限性三大特征。

服务性。市场预测是为决策者服务的。预测的科学性是决策科学化的前提，预测的最终目的是要取得决策的成功，因此在预测时一定要把握好服务性这一特点，根据决策的不同要求选择不同方法，采取不同手段，真正使市场预测成为决策的前提和基础。

描述性。市场预测是认识客观事物、掌握客观规律的一种科学方法。它按一定的程序，通过不同的方法对各种可能出现的情况、结果和水平做出客观科学的描述。这种描述，一方面反映了预测具有科学性，不是主观随意的猜想，另一方面也反映了预测具有近似性，即这种描述肯定是有误差的。

局限性。人们在从事预测工作时，由于受经验、知识、时间、条件、认识、工具等诸多方面的限制，对未来的认识总会有一定的局限性。任何事物的发展都有其规律，但这种规律只能在事物的发展过程中逐步地被人们所认识，因此市场预测总是存在局限性的。

3.3.2.1　市场预测的原则及程序

市场预测实质上是一种特殊的经济分析过程，为了实现这一经济分析过程，必须具备三个要素：一是要有一定的经济理论作指导，二是要有调查统计资料作为分析依据，三是要有科学的预测手段和预测方法。此外，具体必须遵循下列原则：连续性原则、类推性原则、关联性原则、可控制性原则、取样原则、投入一产出原则。

完成一项正式的市场预测通常要经历八个步骤：

确定预测目标。预测目标应规定预测的对象、内容、范围、要求、期限、参加的人员，并用书面的形式确定下来，即编制预测计划。

收集整理信息。科学的市场调查工作是做好预测的基础。拥有的信息越充分，分析就能越深刻、越详细，预测的准确度就会越高。市场预测时应对市场调查收集的信息进行加工整理，辨别信息的真实性、完整性和可用性，按照预测的目的和要求，使其系统化、条理化。

选择预测的方法。在预测时，方法的选择首先应根据预测的内容和目标、市场供需形态和掌握的信息情况而定，另外要考虑预测费用的多少和对预测精度的要求，因为影响预测的因素众多且经济事物本身非常复杂，因此要将定性分析和定量分析相结合，并采用几种不同的预测方法进行比较验证。

建立预测模型。预测模型是对预测对象发展规律的近似模拟。对收集到的资料，采用一定的方法加以整理，尽量使其能够反映出预测对象未来发展的规律性，然后利用选定的预测技术确定或建立可用于预测的模型。

评价模型。即根据收集到的有关未来情况的资料，对建立的预测模型加以认真的分析和研究，评价其是否能够应用于对未来实际的预测。

利用模型进行预测。即在假设过去和现在的规律能够延续到未来的条件下，进行计算或推测出预测对象发展的未来结果。

分析预测结果。利用模型得到的预测结果有时并不一定与预测对象发展的实际相符，因此要分析预测误差产生的原因。

分析评价预测结果，得出预测报告。市场预测的最终目的是为决策进行服务的，所以预测过程的最后阶段就是对预测工作进行全面的分析、评价和总结，以得出预测报告(图3-15)。

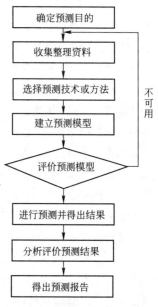

图 3-15　市场需求预测程序

3.3.2.2　市场预测的方法

市场预测的方法很多，总体上可以分为两大类：定性预测方法和定量预测方法。定性预测方法是应用定性信息进行预测的方法，其预测结果可以是一组数据，也可以是关于未来需求本质特征的一种定性描述。定量预测方法则通常是通过某些模型的运算给出关于未来需求的数量描述。

定性预测是预测者根据自己挖掘的实际情况，结合实践经验和专业水平对园林企业发展前景的性质、方向和程度作出的判断，也称为判断预测或调查预测。这种方法的准确程度取决于预测者的经验、理论、业务水平、掌握的情况和分析判断能力。定性预测综合力强，需要的数据较少，能考虑到无法定量的因素。具体方法有个人判断法、集合意见法和专家意见法等。

定量预测是根据准确、及时、系统、全面的调查统计资料和经济信息，运用统计方法和数学模型，对园林企业经济现象未来发展规模、水平、速度和比例关系的测定。定量预测法包括时间序列预测和回归预测法两类。时间序列预测是将预测目标的历史数据按照时间的顺序排列为时间序数，然后分析其随时间的变化趋势，外推预测目标的未来值。在时间序列预测中，最常用的预测方法有序列分析法、移动平均法和指数平滑法等。

序列分析法。这是将预测对象的一组观测值按时间顺序加以排列，再运用数学方法使其外延来预测未来的变化。序列分析法是将预测对象视为时间的函数关系，其前提条件是市场处于稳定状态，过去的变化在未来时期还会重现，所以没有考虑预测对象与其他因素的联系。由于在实际经济活动中，市场的主要性质及其特征不可能在较长时期都保持不变，市场变化是绝对的，在较短时期内保持的是一种相对稳定性。所以，序列分析法常被用于短期预测。

市场变化的时间序列值是许多因素共同作用的结果。这种时间序列既表现为一定的规律性，也表现为一定的无规律性。时间序列的变化通常有四种情形：一是随机变动，即指市场在许多影响较小的因素和未知因素综合作用下发生的不规则变动；二是循环变动，指的是变动周期不固定，在具体的分析中，若无法判明循环变动的方向，它也就成为了随机变动；三是周期性变动，这指的是因季节、购买习惯等因素的影响而呈现的周期性有规律变动，如因节假日、季节等因素所导致呈现的某种程度的鲜切花消费规律；四是长期趋势变动，它反映了市场整体不可逆转的发展方向，如社会财富的不断增加，新产品不断取代旧产品的过程等。

移动平均法。根据时间序列资料，逐项推移，依次计算一定项数的时序平均数，边移动边平均，得到一个由移动平均数构成的新的时间序列，借以反映长期趋势的方法。当时间序列的数值由于受周期的变动和不规则变动的影响，起伏较大，不易显示发展趋势时，可采用此法消除这些因素的影响。其计算公式为：

当前预期值＝(前 1 期实际值＋前 2 期实际值＋⋯＋前 n 期实际值)/期数

$$即 M_{t+1} = (X_t + X_{t-1} + \cdots + X_{t-n+1})/n \tag{3-8}$$

式中　M_{t+1}——预测值；

　　　X_t——第 t 期数据；

　　　n——移动平均数；

　　　t——期数序号。

指数平滑法。利用过去的资料用平滑系数进行预测的一种方法。相对于移动平均法，指数平滑法减少了对历史数据存储量的要求，同时根据数据预测期的远近分别给以不同大小的权数，也较为合理。其计算公式为：

$$M_{t+1} = aX_t + (1-a)M_t \tag{3-9}$$

式中　M_{t+1}——预测值；

　　　X_t——第 t 期实际数据；

　　　M_t——第 t 期预测值；

　　　a——平滑系数。

根据平滑次数不同，指数平滑法分为一次指数平滑法、二次指数平滑法和三次指数平滑法。

回归预测法。回归预测又称因果预测，通过研究自变量与因变量之间的相关关系，建立表达两者关系的数学模型，通过输入自变量的数据，预测因变量的发展趋势。根据自变量和因变量之间关系拟合的直线或曲线称为回归直线或曲线，表现这条直线或曲线的数学公式叫回归方程。回归预测按自变量的个数多少分为一元回归和多元回归，而按自变量和因变量的关系分为线性回归和非线性回归。

3.4 园林市场营销

3.4.1 市场营销概念及特征

国内外学者对市场营销已下了百种定义，企业界的理解更是各有千秋。一般认为市场营销就是组织产品销售和促进产品销售，以满足人们的需求和欲望（图 3-16）。它包括调查研究市场需求、选择目标市场、制定产品开发策略、商标包装销售渠道的选择、销售促进、广告公共关系以及价格制定等。

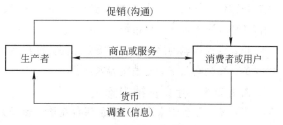

图 3-16 简单市场营销示意图

市场营销并非一成不变的，随着商品经济的不断纵深发展，为了适应瞬息万变的市场，适应经济发展的需要，市场营销总是在不断充实不断完善中发展，并形成自己完整的体系。它在发展过程中体现如下特点：

现代市场营销强调企业必须以消费者需求作为市场经营活动的中心和出发点。能否满足消费者的需要，是企业能否生存和发展的关键；

现代市场营销的研究范围已不像过去一样局限于流通领域，也不是静态地研究分析市场营销因素，而是研究如何从生产到消费，又从消费反馈到生产的整个经营活动的规律；

市场营销也不是单纯的研究市场营销技巧或销售方法，它从企业长远战略目标出发，通过研究市场营销组合策略，运用现代科学技术的新成果，形成了组织和指导整个企业整体活动的一门管理科学。

3.4.2 园林市场营销观念

纵观世界商品经济发展的历史，市场营销观念大致经历了生产观念、产品观念、推销观念、营销观念、社会营销观念和大市场营销观念几个阶段。

3.4.2.1 生产观念

由于生产力水平较低，社会产品难以满足广大消费者的需求，企业经济活动注重于降低产品价格，开发新产品。消费者购买行为决定于生产者能否供应某一产品及该产品的价格是否低廉。

3.4.2.2 产品观念

当市场供求基本平衡，生产处于饱和状态时，生产者的注意力由产品的数量逐渐转移到产品的质量上。产品的质量越高，性能越好，越具有特色，就越容易为消费者接受，不断提高产品的质量就成为企业经营行为的指导思想。

3.4.2.3 推销观念

对销售的研究日益成为企业经营的重点，越来越引起经营者的重视。企业使用可以获得的各种资源，提供最佳的产品，然后在市场上发现对该产品感兴趣的消费者，再通过大规模促销和兜售，劝说消费者购买。

3.4.2.4 营销观念

进入该阶段，由于生产者和消费者之间不断重复的双向信息交流，使得生产者很容易找到自己的市场定位，从而具有明确的市场目标。企业在确定目标市场的前提下，研究如何建立一套生产机制以适应或进入这一目标市场。

推销观点强调的是生产者的需要，而营销观点则考虑通过产品以及产品的生产、供应和消费等相关的一系列行为来满足消费者的需要。

3.4.2.5 社会营销观念

多年来，不少国家面临着产品过早淘汰，资源大量浪费，环境严重污染等社会问题。为解决这类社会问题，出现了社会营销观点。根据社会营销观点，在进行营销决策时，企业不仅要考虑到消费者的利益，而且要兼顾企业自身的利益和社会的利益。

我国的园林业营销观念发展经过了两个完全不同的阶段。在 20 世纪 90 年代中期以前，园林主要是高度集中的计划阶段。

20 世纪 90 年代前阶段。我国自 1956 年全行业实行社会主义改造，全民所有制和集体所有制经济在园林经济体系中占有绝对的优势，逐步发展成统一计划、集中管理的园林经济体制。园林绿化的规划、设计、计划、施工，绿化材料的生产、流通，园林绿地的养护管理，游览地区的商业服务以及科研教育等一切与园林有关的各个单位、各个部门都纳入到园林统一计划、集中管理的体制之中。在这一阶段，园林属于政府部门，没有任何真正的市场行为。无需主动寻找消费者，不需要任何的促销活动，其主要任务是为消费者服务，不考虑获利。

进入 90 年代以后阶段。随着我国经济体制改革进入全面深入改革阶段，遵照经济体制改革的精神，对园林所包括的业务单位从经济性质上进行分类，大致分为绿化材料生产单位、花木商业单位、园林工业单位、园林施工单位、园林设计单位、园林科研单位、园林教育单位、园林服务单位、公共绿地养护管理单位和行政管理单位 10 大类。除对没有直接经济收入的单位采取事业单位的性质管理外，其他的都按照市场经济原则，实行独立核算，自负盈亏。在这种背景下，园林企业部门开始意识到必须主动地将自有的产品推向市场，展示给消费者。全面的市场营销观念和方法逐渐地被园林企业界所认可。传统的销售过渡到比较成熟的市场营销。园林企业的市场行为从简单的销售走向了在调查、研究、预测市场需求的基础上，设计产品和调整产品结构，确定现实目标市场和促销策略，预测未来潜在市场并进行先期的市场培育，确实抓好市场销售并融进市场促销。同时，注重消费者对园林产品质量的反映和处理，抓好售后服务，为进一步搞好产品的生产和销售提供反馈信息。

3.4.3 园林市场营销策略

园林市场营销策略包括产品策略、价格策略、流通策略和促销策略，由于其英文均以字母"P"❶ 开头，故简称"4P"策略。

3.4.3.1 产品策略

产品策略是指园林企业如何根据自己的优势和特点，在激烈的市场竞争中适时地生产出园林产品和服务。主要包括新产品开发策略、品牌策略和园林产品的实际内容三个方面。

1）新产品开发策略

没有疲软的市场，只有疲软的产品。园林企业需要不断创新，不断开发新产品。市场营销中的新产品包括全新产品、换代新产品、改造新产品和仿制新产品四种。开发新产品具有较大的风险，园林企业必须根据市场需要、竞争动态和企业实力，正确选择新产品开发战略。真正做到"人无我有，人有我特，人特我新"，从而在市场竞争中永远处于主动地位。

2）品牌策略

品牌就是产品的牌子，是卖者给产品规定的商业名称。在激烈的市场竞争中，品牌可以起到多方面的效果。但是要使一个品牌成功地打入市场，往往需要花费巨额的费用，万一经营失利，会使得企业信誉和其他产品的销售受到损失。对于消费者已经有较多认识的园林产品，生产者也可以不提供产品质量、生产来源以及辨认标志等资料，而是依靠品牌的良好信誉赢得消费者的认同。

3.4.3.2 价格策略

价格策略的主要内容包括价格制定策略和价格管理策略。价格制定策略主要是针对现行的园林产品，如何制定适宜的价格，恰当地体现园林市场中的供求关系，以及市场诸要素变动之后对园林产品价格的调整。定价方法主要有成本加成法和收支平衡定价方法两种。

1）成本加成定价法

成本加成定价法是在平均单位成本的基础上，加上一定比例的预期利润和税金成本，作为商品的销售价格。具体包括按平均成本加成定价、按总成本加成定价和按可变成本加成定价三种。

按平均成本加成定价，其计算公式为：

$$单位价格 = 单位平均成本 \times (1 + 加成率)$$

按总成本加成定价，其计算公式为：

$$单位价格 = (总成本 + 总成本 \times 利润率)/产量$$

按可变成本加成定价，其计算公式为：

$$单位价格 = (变动成本 + 可变成本 \times 利润率)/产量$$

成本加成定价法的优点是计算简单，管理方便。缺点是完全割裂了需求与竞争的关系，成本的计算口径也不统一，很多属于估算分摊，缺乏科学性和准确性。

---

❶ 产品策略：product policy；价格策略：price policy；流通策略：ploce policy；促销策略：promotion policy。

2）收支平衡定价法

又称盈亏平衡定价法，是企业在已知固定成本和生产单位产品的可变成本的情况下，求出企业在什么样的价格水平下，达到多大的销售量，从而实现收支平衡，获得利润。其公式为：

收支平衡点的销售量＝固定成本/（单位商品价格－单位商品可变成本）

价格管理策略主要是指从维护消费者和生产者各自的利益这一法律角度出发，对产品的价格从制定到执行到调整所采取的各种监督和管理措施。

3.4.3.3 流通策略

流通策略也就是将各种类型的园林产品通过何种途径传递到园林消费者手中。流通策略主要包括园林产品销售渠道的选择、产品营销中介的建立及产品营销渠道计划的制定。流通策略对于更好地满足园林消费者的需求，使园林企业最快最便捷地进入目标市场，缩短产品传递的过程，节省产品的销售费用起到积极的作用。因此流通策略正确与否和流通渠道选择适宜与否在某种程度上决定着园林旅游产品市场营销的成败。流通渠道是指产品由生产者向消费者转移过程中所经过的路线。选择流通渠道一般有三种基本策略。

1）广泛分销

指生产者尽可能通过许多负责任的批发商、代理商和零售商推销其产品。

2）选择性分销

指生产者在同一地区仅通过几个精挑细选的比较适合的中间商来推销其产品。

3）独家分销

指生产者在一定地区一定时间内只选择一家中间商（批发商、代理商或零售商）推销其产品。企业和中间商双方通过协商签订独家经销合同，规定中间商不再经销其他竞争者的产品。

由于园林产品标准化和通用化程度较高，一般采取广泛分销的方式，有时生产者也会在产品进入市场后改为有选择的分销方式。

3.4.3.4 促销策略

促销是促进产品销售的简称。从市场营销角度看，促销策略是指企业通过人员和非人员的方式，沟通企业和消费者之间的信息，引发、刺激消费者的消费欲望和兴趣，使其产生购买行为的活动的计划制定。由定义可以看出，促销包括人员销售和非人员销售两类。前者是指派销售人员进行面对面的推销，后者是指利用文字广播图像等进行推销。在园林行业中，有的企业主要采用人员推销，有的企业采用非人员推销，下面分别介绍其特点：

1）园林人员推销

所谓园林人员推销，就是园林企业从业人员直接与园林消费者或潜在消费者接触、洽谈、宣传介绍园林产品或服务，以达到促进销售目的的活动过程。其不仅满足园林消费购买者对产品或服务的使用价值需求，而且还能满足他们对园林产品与服务的各种信息需求、服务需求和心理需求，且推销过程机动灵活，效果好。但园林人员推销的开支大、费用高，对推销人员的素质要求也很高，使得园林人员推销的运用受到一定的限制。

2) 园林产品广告

广告即"广而告之"之意。作为促销手段的广告是指由广告主以付费的形式通过媒体作公开的宣传，达到影响消费者行为，促进销售相关园林产品目的的非人员促销方式。广告以其大众化、重复性及表现力成为一种富有大规模激励作用的信息传播技术。园林企业如何有效地发挥旅游广告的作用，取决于其对园林广告的有效管理过程(图3-17)。

3) 营业推广

营业推广是指能在短期内迅速刺激需求，促成消费者或中间商大量购买某一特定产品的促销活动。园林营业推广包括多种具体形式，如通过发放景区游览优惠券、奖券；开展诸如插花竞赛、鲜活植物新品种竞赛，开展园林消费附带赠品等多种形式来实现营业推广。其共同特点是刺激性强，激发需求快，能临时改变顾客的购买习惯，短期效果比较明显。但有效期短，如持续长期运用则不利于塑造产品形象。

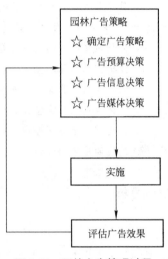

图3-17 园林广告管理过程

4) 公共关系

公共关系是指企业在市场营销活动中为改善与社会公众的关系，增进公众对企业的认识、理解与支持，树立良好的企业形象，从而促进产品销售的一系列活动。公共关系活动的主要形式有新闻报道、赞助、安排特殊活动等。公共关系对促销来说是一种间接的方式，不能直接实现现实经济效益，但有第三者说话，可信度高，影响面广，利于迅速塑造被传播对象的良好形象。不少企业将其盈利拿出一部分来进行慈善捐赠或投资于公益事业。虽然这些捐赠不能立即给企业带来现实的经济效益，但却能给企业树立良好的社会形象，能为企业赢得一个良好的生存氛围和社会环境。园林企业广泛宣传园林绿化所带来的生态环境的改善和居住环境的美化，无疑能使其拥有更好的企业形象。例如在地产界，为了提高楼盘的品位房价，经营者常以小区优质、高档绿化为噱头，大做"园林小区"的概念性文章，以此来提升企业形象和楼盘的品质，从而最终达到提高房价的目的。

本章推荐参考书目

[1] 梁东，刘建堤. 市场营销学. 北京：清华大学出版社，2006.

[2] 胡志强，何国华等编著. 管理经济学. 武汉：武汉大学出版社，2005.

[3] (美)詹姆斯 R. 麦圭根(James R. McGuigan)，R. 查尔斯·莫耶(R. Charles Moyer)，弗雷德里克 H. B. 哈里斯(Frederich H. deB. Harris)，(中)李国津著. 管理经济学(中国版·原书第10版)[M]. 北京：机械工业出版社，2006.

[4] 叶德磊主编. 微观经济学(第二版). 北京：高等教育出版社，2004.

复习思考题

1. 什么是收入效应、替代效应、园林需求、园林供给、需求价格弹性、需求收入弹性、供给价格弹性、市场均衡、供求规律、园林市场调查、园林市场预测？

2. 简析市场经济的特征、影响园林供求的因素及园林供求弹性的特性。

3. 简析需求与需求量、供给与供给量变动的特点和供求法则的基本内容。

4. 简要分析产业竞争的五种竞争力量。

5. 试析市场结构类型及其特点。

6. 试述园林市场调查和市场预测的方法及其特点。

7. 简述园林市场营销"4P"策略的内涵。

案例分析

花卉市场供求影响因素分析

2007年4月21日，华西都市报第二版以一篇题为"一角买一朵玫瑰遭冷落"的报道，报道了四川省成都市三圣花乡花农种植红玫瑰遭遇市场冷落：

阳春三月，成都三圣花乡又一次迎来了玫瑰的丰收季节。2000多亩的花圃里，朵朵玫瑰鲜艳欲滴。然而，由于市场的严重饱和以及品种的结构问题、春旱等多种因素的影响，三圣乡的玫瑰几近"滥市"，每把(10枝)价格仅能卖到1元钱。

"100朵！10元。"在龙舟路，一位小伙子只花了10元钱，就从三圣乡花农张大姐手里买来了一大把红玫瑰，而在情人节或其他重大节日里，同等数量的红玫瑰要卖到千元以上！

三圣乡幸福村花农缪大哥说，由于天旱，已开的玫瑰花容易干死，所以他们不得不收割掉所有的玫瑰花，但玫瑰花不畅销，"只有把花瓣摘下来晒干，等人收去做香料或用作玫瑰浴了，我现在光干花瓣就晒了几十斤"。

花瓣晒干后出售，实属无奈之举。因为花农心中都明白，干花瓣也不会卖很高的价钱。

三圣花乡的红玫瑰品质本属上乘，却为何遭到了冷落呢？据市中心一大型花店的刘先生介绍，由于圣诞、元旦、春节、情人节等重要节日已过，每年冬季和初春是玫瑰花的销售旺季。而前段时间，成都气温较低，本地玫瑰完全处于"冬眠"状态。因此，成都花农们只得眼睁睁地看着来自广州、昆明等外地的玫瑰花赚走成都人的钞票。等到现在本地玫瑰花大量上市时，玫瑰销售旺季已去。

品种单一也是制约三圣乡玫瑰热销的一个重要因素。据了解，三圣乡有2000多亩玫瑰园，但其中种植的绝大部分都是红玫瑰。而近年来，白玫瑰、黑玫瑰、黄玫瑰等其他品种的玫瑰越来越受到消费者青睐，红玫瑰渐渐失宠。

此例充分说明市场供求变动受到多种因素的影响，园林花卉市场消费多元化和市场竞争的激烈程度有增无减。由此，要求生产经营者认真分析市场供求关系和各种影响因素及其主导影响因素，有效地满足市场需求，只有在市场消费中具备一定的市场引导力，才能获得市场的认可，在竞争中立于不败之地。

第 4 章　园林企业经营

学习要点

掌握园林企业经营的含义和基本特征、园林企业的经营思想、经营战略；

掌握园林行业的特点、园林企业经营的常规形式及其适用范围；

理解园林企业文化建设。

园林产品既可能是公共产品，也可以是法人产品。公共产品也可以实行政府管理，社会监督，企业经营，法人产品实行企业经营则是一种普遍现象。因此，园林的企业经营是构成园林经济管理的重要内容。

4.1 园林企业经营概述

4.1.1 企业及其特征

通常所说的企业是指从事生产、流通、服务等经济活动，以产品或服务满足社会需要并获得盈利，依法设立，实行自主经营、自负盈亏、具有独立或相对独立的法律人格的经济组织。这一概念包括四个方面的含义：

企业必须是营利性组织，以追求利润最大化为目标。企业经营的主要目的就是获取盈利，只有盈利才能保证企业的生存和发展壮大。

企业必须是以自己的产品和劳务服务社会，肩负社会责任的组织。生产型企业为社会提供所需的商品，非生产型企业为社会提供所需的服务，尽管不同的企业提供的产品差异很大，但共同的特点是企业以自己的产品和劳务服务于社会。同时作为社会组织的企业，通过盈利发展壮大，承担起社会责任与义务。

企业必须是自主经营、自负盈亏的独立的经济组织。自主经营是指企业按客观规律和市场需求，对企业的生产经营活动依法自主决策。企业应当有明确的产权关系和健全的经营机制，能够根据自身的利益和内外部条件进行自主经营。自负盈亏是指企业能独立承担自主经营而引起的全部经济责任，对自己的行为和经营后果负责。自主经营和自负盈亏体现了企业权利与义务的有机统一。

企业是依法设立的经济实体。企业要依法设立，取得法人资格，即企业能以自己的名义独立地享有民事权利和承担民事义务。根据民法通则的规定，社会组织必须同时具备下述条件才能取得法人资格：

依照法律和法定程序成立；

具有符合国家规定数额的独立财产，这是企业法人作为民事主体的根本保证；

具有自己的名称、组织章程、经营机构和经营场所，企业名称是企业法人区别于其他法人的标志；

能够独立承担民事责任。

4.1.1.1 企业的产生和发展

企业是国民经济的细胞，是人们从事生产、交换、分配等经济活动的基本单位。社会经济的基本单位是随着社会生产力水平的发展而变化的。从原始社会到奴隶社会，再发展到封建社会，商品生产虽然有所发展，但基本上都是以手工劳动为基础的自给自足的自然经济，生产社会化程度很低，氏族与家庭是当时社会经济的基本单位。随着商品经济的高度发展和机器的采用，社会生产组织形式发生了根本变革。社会生产的基本单位由家庭作坊演变成资本家雇佣大批工人，使用现代化生产设备，高度社会化的企业。

企业是社会生产力发展到一定水平的产物，是商品经济的产物，并随着人类社会的进步、生产力的发展、科学技术水平的提高不断发展和进步。纵观企业的发展历史，大致经过以下几个时期。

手工业生产时期。即从封建社会的家庭手工业到资本主义社会初期的工场手工业时期。这一时期手工业生产规模逐渐扩大，产业结构逐渐扩宽，工场内部形成分工，开始采用机器生产。

工厂生产时期。伴随着机械生产，生产效率显著提高，并形成了一批掌握生产技术和工艺的产业队伍。同时，工厂内部分工细化，生产走向社会化。

企业生产时期。随着企业生产规模空前扩大，产生了垄断企业组织。企业采用新技术、新设备，不断进行技术革命，使生产技术有了迅速发展，并建立了一系列科学管理制度，产生了一系列科学管理理论。随着管理权与所有权的分离，企业形成了一支专门的工程技术队伍和管理队伍。企业之间的竞争日益激烈，跨国公司开始出现并不断发展壮大。

4.1.1.2　企业的功能

企业是社会财富的主要创造者。企业作为国民经济活动中的基本单位，是市场经济活动的主要参与者。企业的生产过程就是创造新价值的过程，整个社会的收入都依赖于企业的生产活动。在现代社会经济中，企业一方面为整个社会提供其所必需的商品和服务，另一方面又是职业和收入的主要源泉。

企业是推动社会生产力发展和经济技术进步的主要力量。追逐利益最大化的内在动机与优胜劣汰的外在竞争压力要求企业必须不断更新观念，采用新技术和新设备，扩大生产规模，提高生产效率，从而推动社会生产力不断向前发展。

企业是经济增长和经济发展的主要动力，企业的发展状态影响整个社会经济生活发展水平。在生产领域，企业是生产的现场，企业通过合理组织生产力，使人、财、物得到有效的利用。在交换领域，企业是实现交换的基本环节，企业通过同原材料、生产设备设施的供应者、产品用户、运输单位、设计科研机构形成各式各样的交换关系，从而形成整个社会的生产和再生产条件。在分配领域，职工要从企业得到工资、奖金、津贴等，国家要从企业得到税金。国家的政治、经济、文化生活等很大程度上也受到企业经营活动成果的影响。

由此可见，企业不仅决定着市场经济的发展状况，而且决定着社会经济活动的生机和活力，企业是最重要的市场主体，在社会经济生活中发挥着巨大的作用。

4.1.1.3　企业的特征

企业是从事生产、流通、服务等活动的经济组织。企业是社会生产的基本经济单位，是从事商品生产和经营活动的盈利性的经营实体。企业只有在生产经营过程中获得利润，才能生存和发展。

企业是一个社会性组织。企业自身是一个系统，按照自身的规律有序地运行，通过交换生产经营成果(产品或服务)与消费者或其他生产单位发生经济联系，满足社会一定的需要并获得盈利。另一方面，企业又是社会大系统中的子系统，企业的产、供、销不仅仅是经济问题，同时还受政治、法律、道德、心理、社会等因素的制约和影响。企业不仅要为拥有者创造利润和财富，还必须对社会发展、政治进步、文化繁荣发挥重要作用。

企业具有独立的经济利益。企业既是生产力的基础组织，又是生产关系的凝结者。企业为了自身的发展，为了获得更多、更大的利益，积极主动地发展自己的生产力。企业作为一种营利性组织，其行动的最高也是唯一目的，是获得尽可能多的盈利，实现利润最大化。

企业是社会经济力量的基础，企业生产力的总和构成社会生产力。企业生产经营的目的在于创造财富，满足人民不断增长的物质文化生活的需要，努力增加利润，为整个社会谋福利。企业就生产力的发展来看，它是整个社会经济的基本单位，在客观上构成社会经济力量的基础。

4.1.1.4 企业分类

按企业经营方向和技术基础可划分为工业、农业、运输业、建筑安装业、邮电业、商业、金融业和其他社会服务业等企业。

工业企业是从事工业生产、经营活动，具有法人资格的营利性经济组织。

农业企业是从事农、林、牧、副、渔业等生产经营活动，具有较高的商品率，实行自主经营、独立经济核算，具有法人资格的营利性经济组织。

运输企业是利用运输工具专门从事运输生产或直接为运输生产服务的营利性经济组织。

建筑安装企业是从事土木建筑和设备安装、工程施工的营利性经济组织。

邮电企业是专门办理信息传递业务的企业。

商业企业是从事商品交换活动，把商品从生产领域输送到消费领域，实现商品的使用价值，并从中获得盈利的企业。

金融企业指的是专门经营货币和信用业务的企业。

其他社会服务业指的是如旅游企业就是凭借旅游资源，以服务设施为条件，通过组织旅游活动向游客出售劳务并从中获取利润的服务性企业。

按企业承担经济责任大小划分为个人独资企业、合伙制企业、合作制企业、公司制企业等。

个人独资企业是指依照《中华人民共和国个人独资企业法》设立的由一个自然人投资，财产为投资者个人所有，并以其个人财产对企业债务承担无限责任的经营主体。个体企业一般规模较小，内部管理机构简单。

合伙制企业是指由两个或两个以上的个人(合伙人)依法签订合伙协议联合经营的企业组织。合伙人共同出资经营、共享收益、共担风险，并对合伙债务承担无限连带责任。合伙制企业可以由其中的一位合伙人出面经营，也可以由若干合伙人共同承担。

合作制企业是指一种劳动者自愿、自助、自治的经济组织，以合作制为基础，实行以劳动合作与资本合作相结合，按劳分配与按股分红相结合，职工共同劳动，共同占有生产资料，利益共享，风险共担，股权平等，民主管理的企业法人组织。

公司制企业是指由两个以上股东出资建立的能够独立地对自己经营的财产享有民事权利、承担民事义务的组织。它具有以盈利为目的，具备法人资格，必须依法成立等特点。

在公司制成立三百多年的发展历史中，形成了各种类型的公司。可按公司责任关系划分为无限责任公司、有限责任公司、股份有限公司等。

按企业销售收入与资产总额大小可划分为特大型企业、大型企业、中型企业、小型企业等。

特大型企业是指按生产规模大小被国家认定其规模为最高档次的企业。这些企业生产规模很大，技术设备先进，对整个国民经济和各地区、各部门的发展有着举足轻重的影响。

大型企业是指相对于中小型企业而言，劳动力、劳动手段、劳动对象和产品生产集中程度高的企业。大型企业国家投资多、生产规模大、技术设备先进，是国家建设的重点，在国民经济中起着重要骨干作用。

中型企业是指生产规模居于大型企业与小型企业之间的企业。国家投资较多，生产规模较大、技术设备较先进，但资金技术水平及劳动力、生产资料的集中程度低于大型企业。

小型企业是指生产规模小的企业。小型企业的劳动力和生产资料集中程度低，但其具有投资少、建设周期短、经营弹性大、市场应变能力强等优点。

按资源密集程度可划分为劳动密集型企业、资金密集型企业、技术密集型企业和知识密集型企业等。

劳动密集型企业是指技术装备程度低，需要使用大量劳动力从事生产经营活动的企业。

资金密集型企业是指单位劳动占用资金较多的企业。

技术密集型企业是指采用现代科学技术装备较多，生产经营要求现代科学技术水平较高的企业。

知识密集型企业是指综合运用现代科学技术知识的企业。

按企业所有制形式不同可划分为公有制企业、私有制企业及混合所有制企业等。

公有制企业的资产所有权属于国家或集体，包括全民所有制企业和集体企业。全民所有制企业亦称国有企业，是以生产资料全民所有制为基础，国家出资兴办的从事商品生产和经济活动的企业，国有企业是我国国民经济的支柱。集体所有制企业是以生产资料的劳动群众集体所有制为基础的企业，按设置区域又分为城镇集体所有制企业和乡镇集体所有制企业。

私有制企业指的是生产资料归私人所有，主要依靠雇工从事一切生产经营活动的企业。私有制企业包括三资企业(中外合资经营企业、中外合作经营企业和外资企业)和私营企业两类。

混合所有制企业是指不同所有制经济成分在企业内部相融合的经济组织形式。常见的有混合股份制企业、混合合作制企业、股份合作制企业。

园林企业按主营业务分类可分为园林材料生产经营企业、园林绿化工程设计与建设企业、园林旅游服务企业和园林绿地养护服务企业等。

园林材料生产经营企业，主要从事苗木、花卉、盆景、草皮的生产经营，园林培养土、介质、肥料、药剂的生产经营以及各类园林器具、公园设施的生产经营活动，实行自主经营、独立经济核算，具有法人资格的营利性经济组织。

园林绿化工程设计与建设企业，是从事园林规划、设计、施工，园林水景、灯光、假山、喷泉喷雾的设计建造以及园林建筑等生产经营活动的企业。

园林旅游服务企业，是充分利用风景园林资源开展旅游活动，从中获取利润的服务性企业。

园林绿地养护服务企业，是从事园林绿化养护、绿地保洁服务的企业。

4.1.2 园林企业经营

4.1.2.1 园林企业经营的概念

经营是指商品生产者以市场为对象，以商品生产和商品交换为手段，使企业的目标、内部条件及外部环境达成动态平衡的一系列有组织的活动。

园林企业经营是园林企业的经济系统根据企业所处的外部环境和条件，把握机会，发挥自身的特长和优势，为实现企业总目标而进行的一系列有组织的活动。园林企业经营包含了企业为实现其预期目标所进行的一切经济活动，包括企业经营目标、经营方针、经营思想、经营计划、经营战略，以及生产、供应、销售、服务等活动的全部内容。

这个概念可以从以下四个方面来理解：

第一，园林企业是经济系统。园林企业系统是由项目部门、生产经营部门、设计施工部门及营销、采购、财务等科室组成的。项目部门、生产经营部门、设计施工部门、各科室又由若干职能部门(单元)组成，系统具有层次性，系统内有上位系统和下位系统之分。从企业角度看，企业是上位系统，企业内部各部门、各生产单位，相对于企业而言是下位系统或子系统。而企业对国民经济来说又是下位系统，是国民经济的子系统。园林企业具备经济系统的一切基本特征和功能，包括企业拥有相对完整的经济结构，是生产、分配、消费、流通四个环节的统一体。企业的生产、分配、消费、流通四个环节的活动是企业经济系统自我循环的过程。企业具有相对独立和完整的运行机制，生产、分配、消费、流通四个环节之间互相转化，企业内部的循环与外部输入输出的结合，形成了企业完整统一的运行机制。园林企业系统运行过程如图4-1所示。

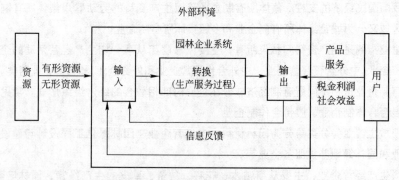

图4-1　园林企业系统运行过程

第二，园林企业经营活动要重视外部环境。园林企业系统是一个开放的经济系统，其经营活动与环境是紧密相连的。园林企业经营活动不仅要受到自然环境、社会环境、经济环境以及自身经济实力、技术条件、地域条件的影响和制约，同时，政策导向、法律规范、人们的生活水平、消费习惯、习俗等因素也会对其产生影响。因此，企业要善于捕捉和利用外部环境提供的机会和条件，谋求自身的生存和发展。园林企业内部与外部环境的关系如图4-2所示。

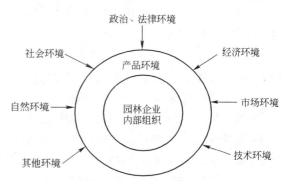

图4-2   园林企业内部与外部环境的关系

第三，园林企业经营要发挥自身的优势和特长。园林企业个性化差异较大，在生产经营活动中要对自身发展的长处有充分的认识和分析，合理地利用人、财、物、技术、信息等内部资源，充分发挥自身的优势和特长，以提高企业的竞争能力。

第四，园林企业经营要为实现目标而开展综合性活动。园林企业目标的实现有赖于综合性活动的开展。园林企业的经营目标是多元的，但基本目标是向社会提供适销对路的产品和优质服务，同时必须实现价值的增值，获得经济效益，保证自身经济系统循环顺畅地进行，为企业的发展提供有利条件。

4.1.2.2   园林企业经营的构成要素

园林企业经营是以园林商品的生产、流通、服务等经济活动为主要内容。同一般企业一样，其生产经营必须由劳动力、劳动资料和劳动对象等基本要素组成。具体而言，园林企业经营是以园艺植物为中心的生产经营活动，其企业经营应具备土地、人力、物力、财力、技术、管理和信息等基本要素。

土地。土地是园林企业从事生产经营活动的必要生产资料，是重要的经营条件。影响土地的主要因素包括土地权属、面积和位置等，企业应根据自身条件，合理解决土地问题。

人力。人员状况是园林企业经营的成功之本，只有拥有一支高素质的职工队伍，企业才可能立于不败之地。企业现有的人员素质状况，将对企业的经营带来直接的影响。企业员工的旺盛士气和过硬的业务素质，是企业经营成功的基础。

财力。财力是企业现有资本状况及其筹措资金的能力。不同性质和规模的园林企业，将有不同的财力要求。园林企业经营必须要拥有一定数量的资金，才能保证正常的生产经营活动。

物力。物力主要指园林企业的物质设备和原材料供应等状况。不同类型的园林企业对物质设备设施有不同的要求。比如城市园林绿化企业应该拥有修剪车、喷药车、洒水车、挖掘机、打坑机、各种工程模具、模板、绘图仪和信息处理系统等。企业应当综合权衡其财力和物力状况，以选定适宜的经营项目。

技术。不同类型的园林企业对技术有不同的要求，如针对城市园林绿化企业而言，根据建设部

《城市园林绿化企业资质管理办法》和《城市园林绿化企业资质标准》的有关规定，需要具有园艺植物种植、养护等方面的技术和相关的技术人员。企业应当根据现有的技术状况，选择相应的经营项目。

管理。管理水平的高低是园林企业经营成败的关键。健全的管理制度、科学的管理方法、合理的组织结构是提高企业管理水平的根本保证。

信息。信息是园林企业经营决策的基础，信息是否灵敏、准确、畅通，将直接影响到经营项目的选择和经营效果。这里的信息是指同企业经营活动有关的信息、情报和资料，主要是市场信息。

4.1.2.3 园林企业经营的特征

一般企业经营都具有这些特征：企业经营要与企业环境相适应，不断开拓市场，增大消费群体。企业经营过程是一个决策过程，使企业外部环境、内部条件与经营目标达到动态平衡。企业经营要树立全局观念、长远观念、效益观念、开拓创新观念等基本经营指导思想。

园林企业有着与一般企业相类似的基本特征，其经营管理与一般企业有许多相似之处。但对于以种植业经营为主的企业而言，由于种植资源的特殊性，种植对象的个体差异性，种植管理技术的专业性，园林企业提供的产品和服务又表现出与一般企业所不同的特征。

第一，园林企业经营周期长，其经营成果受自然界因素的制约。如种植企业对园艺植物的培育是一个漫长的过程，绿化施工企业提供的产品要相当长的时间其效果才能得以体现。在种植、绿化、施工、管护等环节遇到恶劣的自然环境，就会给经营成果带来很大的影响。

第二，园林企业经营的多层次性。由于园林行业的特点和我国园林行业的管理机制，园林企业经营的项目不是单一的，种、养、护、施工等往往交织在一起。根据国家建设部 1992 年 5 月颁布实施的《城市园林绿化当前产业政策实施办法》的定位，"园林树木、花卉和其他绿化材料的培育、养护同属于种植业，有第一产业的性质；园林绿化施工及专用设备、材料制造，与建筑业和制造业相似，有第二产业的性质；利用风景园林资源开展旅游服务，则属于第三产业"。因此，对企业而言，是多元化经营，多目标经营，多层次经营。对经营管理者而言，要求既要懂专业，又要懂管理和市场。

第三，园林企业的地域性经营突出。由于园艺植物受气候、土壤等自然环境因素影响较大，园林企业地域性经营明显。园林企业必须因地制宜地组织生产，才能产生良好的综合效益。

由于园林企业的地位和功能，企业的经营越来越受到外部环境的影响。经营方式多样，经营方法灵活，经营渠道畅通，讲求经营效益是园林企业经营的核心。

4.1.3 园林企业经营思想

企业的经营思想也称为企业的经营哲学，是企业在经营活动中对发生的各种关系的认识和态度的总和，是企业从事生产经营活动的基本指导思想，它由一系列的观念所组成。园林企业对某一关系的认识和态度，就是某一方面的经营观念。园林企业无论是否已经认识到、自觉或不自觉，客观上都存在着自己的经营思想。

园林企业在经营过程中需要处理的关系涉及到方方面面，其经营思想的内容相当广泛。由于人们对企业经营中的主要关系的认识存在差异性，因此，对企业经营思想的主要内容的认识也存在区别。这里介绍下列基本观念的时候，并不排除其他观念在一定条件下的重要性，也不排除其他的一些观念是由下列观念派生而来。

市场观念，是园林企业处理自身与顾客之间关系的经营思想。顾客需求是企业经营活动的出发点和归宿，是企业的生存发展之源。企业生产什么、生产多少、什么时候生产以及生产的产品和提供的服务以什么方式去满足顾客的基本需求是市场观念的基本内涵。

竞争观念，是园林企业处理自身与竞争对手之间关系的经营思想。竞争就其本质而言，就是优胜劣汰。竞争存在于企业生产经营活动的全过程。市场竞争具有客观性、排他性、风险性和公平性。作为园林企业管理者必须要树立竞争观念，要敢于竞争，善于竞争，使市场竞争成为促进企业发展的一种强大推动力。

效益观念，是园林企业处理自身投入与产出之间关系的经营思想。企业以一定的资源投入，经过内部转换，输出社会和市场所需要的产品。效益观念的本质就是以较少的投入带来较大的产出，处理好投入、转化和产出的综合平衡。

质量观念，质量是一定标准的使用价值，一般包括产品性能、寿命、可靠性和安全性。以产品质量和数量满足社会需要，是企业存在的社会性目的。园林企业要树立质量第一的思想，依据市场需求和用户要求，不断开发新产品和改造老产品，增加产品的花色、品种和规格，优化产品结构，为消费者提供优质产品和良好服务。

创新观念，是园林企业处理现状和变革之间关系的经营思想。创新是企业抓住市场的潜在机会，对经营要素、经营条件和经营组织的重新组合，以建立效能更强、效率更高的新的经营体系的变革过程。企业的创新观念主要体现在以下三个方面：一是技术创新，包括新产品开发、老产品的改造、新技术和新工艺的采用以及新资源的利用；二是市场创新，即新市场的开拓；三是组织创新，包括变革原有的组织形式，建立新的经营组织。

长远观念，是园林企业处理自身近期利益与长远发展关系的经营思想。近期利益和长远发展是一对矛盾统一体，商品生产的特点是扩大再生产，然而投资者和职工当前的利益又不能不考虑。企业领导者如何兼顾这对矛盾，是长远观念的核心。

人才观念，涉及到"识才"、"育才"、"用才"问题。在现实社会中，凡有一技之长，能胜任特种工作的人都可视为人才。人才的培养是长期的、连续的在职教育。园林企业在人才观念上要做到用人所长，德长为本，才长为主，扬长避短，优化人才结构。

信息观念，当今社会已进入信息时代，信息是一种重要的资源。竞争的成败在很大程度上取决于掌握信息的速度和数量。与园林企业经营有关的信息主要有市场需求信息、原材料及半成品供应信息、货币和资本市场信息等。

社会观念，是园林企业处理自身发展关系的经营思想。企业之所以能存在，就在于能对社会做出某些贡献。除了生产适销对路的产品外，企业还负有诸如对国家、生态环境、文化教育事业、社区发展、就业、职工福利和个人发展等社会责任。社会观念的本质，就是谋求企业与社会的共同发展。企业的发展为社会做出了贡献，社会的发展又为企业的发展创造了一个良好的外部环境。

4.2　园林企业经营形式

园林企业经营形式是在一定的所有制条件下，实现园林企业再生产过程的经营组织、结构、规模、责权利关系及生产要素的组合形式。

园林企业经营形式的核心在于明晰其责权利关系，使之实现恰当的结合，以调动生产经营者的积极性。因此，在选择企业经营形式时，首先必须弄清企业经营主体责权利的结合状况。任何一个经营者都要以物质利益为动力，并运用经营权力，调配人财物力，组织生产经营活动。其责权利的结合状况关系到具体经营形式的选择。

4.2.1　承包经营与租赁经营

4.2.1.1　承包经营

园林企业承包经营是按照所有权和经营权分离的原则，以承包合同的形式，明确所有者与经营者的责权利关系，使经营者实行自主经营、自负盈亏的一种经营形式。

承包经营具有的特点：它是社会主义公有制经济体系中的一种经营形式；提高了经营者生产经营的积极性。生产经营活动与经营者的自身利益紧密结合，充分调动了经营者生产经营的积极性；提高了劳动者的技术素质。随着科学技术在园林行业生产中的应用，促进了生产经营者的科学文化水平；实现各生产要素的有效结合。生产经营者能最大限度地有效运用各项生产要素，取得最佳的综合效益。

园林企业在实行承包经营时，要密切结合园林行业的特点，科学确定承包的指标体系，既要考虑经济效益指标，也要考虑生态效益、社会效益指标，并适当确定承包期。同时要建立有效的管理和监督体系，以避免由承包经营带来的企业短期化行为。

4.2.1.2　租赁经营

园林企业租赁经营，是在所有权不变的前提下，园林企业将一部分(或全部)生产资料租赁给集体或个人经营，承租方向出租方交付租金并对企业实行自主经营，在租赁关系终止时，返还所租财产。

租赁经营和承包经营虽然都是所有权和经营权相分离的经营形式，但二者有很大区别，主要表现在：承包经营是承包上缴利润指标以及由此产生当事人之间的其他权利义务关系，租赁经营是承租方对企业财产进行租赁经营，并向出租方交纳租金；承包经营多适用于大中型国营企业，而租赁经营则多适用于小型国营企业和集体企业；发生亏损时，承包企业只要用企业的自有资金补偿即可，租赁经营的承租方则必须以抵押财产进行补偿；在承包经营的情况下，承包期间新增资产的所有权性质与承包前的企业所有权性质是一致的，而在租赁经营的情况下，租赁期间承租方用其收入追加投资所添置的资产，则属于承租方。

租赁经营能使企业活力增强，对市场反应灵敏，但企业经营易产生短期行为，它比较适合技术不太复杂、经济效益较差、市场不太稳定的中小型企业。实行租赁经营必须对企业资产进行科学评估，合理确定租赁费用，保证企业资产不流失。

4.2.2 股份合作制

股份合作制企业是以合作制为基础，实行以劳动合作与资本合作相结合，按劳分配与按股分红相结合，职工共同劳动，共同占有生产资料，利益共享，风险共担，股权平等，民主管理的企业法人组织。

股份合作制企业是从我国农村经济中产生和发展起来的。20世纪80年代初期，一些在解决温饱后的农村地区，乡镇企业发展开始起步，需要一定的资金积累。对于乡镇企业这类点大面广的农村基层经济组织，局限于所有制性质的差别，国家不可能直接进行投资，乡村集体经济的家底很薄，客观上需要农民集资入股，然而在当时受各种主客观因素的限制，乡镇企业不可能实行规范的股份制，因而一种由农民集资入股，并参与企业生产劳动和经营管理的经营方式便应运而生。由于它既解决了企业发展的资金不足，又密切了职工与企业的关系，还使农民获得了较高收益，并吸引他们关心企业的经营和发展，从而受到更多人的欢迎。为此，农业管理部门在研究总结这一经验后，于1990年发布了《农民股份合作企业暂行规定》，对这一做法进行了规范和推广，股份合作制企业便在全国不少地区的农村和乡镇企业中推广开来。近些年来，在城市小企业改革中，各地借鉴农村改革的经验，积极试行股份合作制，从而使这一原产自农村的企业经营方式走向城市，开始发挥更大的作用。

股份合作制企业有以下特点：劳动和资本相结合，企业职工共同劳动，共同出资，既是企业的劳动者，又是企业的出资人；在分配上，实行按劳分配与按股分红相结合的分配方式；企业属于集体经济性质，是独立的企业法人，以企业全部资产承担民事责任，出资人以出资额为限对企业的债务承担责任。

4.2.3 股份制企业

股份制企业是指两个或两个以上的利益主体，以集股经营的方式自愿结合的一种企业组织形式。它是适应社会化大生产和市场经济发展需要、实现所有权与经营权相对分离、利于强化企业经营管理职能的一种企业组织形式。在现代化建设中，股份制有利于调整经济结构；有利于筹集建设资金，促进社会需求结构合理化和经济综合平衡；可以进一步明确产权关系，有利于正确分离所有权和经营权，使企业管理体制进一步合理化；可以为建立适合现代化大生产和多方集中投资建设的新体制，提供十分有益的经验。

股份制企业主要有三种类型，一是法人持股的股份制，二是企业内部职工持股的股份制，三是向社会公开发行股票的股份制。我国股份制企业主要有股份有限公司和有限责任公司两种组织形式。

股份制企业主要有以下特点：

一是发行股票，作为股东入股的凭证，一方面借以取得股息，另一方面参与企业的经营管理。

二是建立企业内部组织结构，股东代表大会是股份制企业的最高权力机构，董事会是最高权力机构的常设机构，总经理主持日常的生产经营活动。

三是具有风险承担责任，股份制企业的所有权收益分散化，经营风险也随之由众多的股东共同分担。

四是具有较强的动力机制，众多的股东都从利益上去关心企业资产的运行状况，从而使企业的重大决策趋于优化，使企业发展能够建立在利益机制的基础上。

股份制企业和股份合作制企业在经营上主要区别有：

第一，在集资方式上，股份制企业面向社会募集股份，股份合作制企业向企业内部募股。

第二，在合资方式上，股份制一般仅是资本的联合，而股份合作制是在劳动合作的基础上的资本联合，企业职工共同劳动，共同占有和支配生产资料。

第三，在表决方式上，股份制实行一股一票制，股份越多，表决时越有发言权，而股份合作制则实行一人一票制，企业实行民主管理，决策体现多数人的意愿。

第四，在股份的操作上，股份公司的个人股份经批准可上市交易，而股份合作制的职工个人股不得上市交易，企业职工利益共享，风险共担。

第五，在分配方式上，股份制实行按股分红，而股份合作制除了按股分红外，还有按劳分配。

第六，在适用范围上，股份制作为现代企业的一种资本组织形式，不具有基本制度属性。而股份合作制是我国城乡群众在改革中产生的新事物，是公有制的组成部分。

当然，股份制与股份合作制也有共同的地方，如资本采取股份形式，股东以其认购的股份承担有限责任，企业以其全部资产独立承担民事责任等。

4.2.4　现代企业制度

4.2.4.1　现代企业

现代企业是建立在劳动分工基础上拥有现代企业制度、现代科学技术、现代经营技术、经营权完整的经济组织。

现代企业的特征：

第一，现代企业比较普遍地运用现代科学技术手段开展生产经营活动，拥有现代化的管理。企业的规模日益壮大，管理层次越来越多，管理幅度也越来越大。同时，企业与社会的联系程度大大紧密，企业所承担的社会责任也大大提高。

第二，现代企业内部分工协作的规模和细密程度极大地提高，劳动效率呈现逐步提高的态势。

第三，现代企业经营活动的经济性和盈利性。现代企业的基本功能是从事商品生产、交换或提供服务，经济性是现代企业的显著特征。现代企业又是为赢利而开展商品生产、交换或从事服务活动的，赢利性构成了现代企业的根本标志。

第四，现代企业的环境适应能力不断增强。企业竞争已从本地化、国内化过渡到国际化、全球化。企业所面临的环境更加复杂多变，多因素的影响大大胜于单一因素的作用，而且每一因素的变化节奏明显加快。

第五，企业发展已由一业为主向多元化经营发展。现代企业把许多单位置于控制之下，企业规模庞大，经营地点分散，经营类型多样，经营产品丰富。

4.2.4.2 现代企业制度

1) 现代企业制度的含义

现代企业制度是指以市场经济为前提，以规范和完善的企业法人制度为主体，以有限责任制度为核心，适应社会化大生产要求的一整套科学的企业组织制度和管理制度。现代企业制度的核心内容包括规范和完善的企业法人制度，严格而清晰的有限责任制度，科学的企业组织制度，科学的企业管理制度，运行环境是市场经济体制，生产技术条件是社会化大生产。

现代企业制度有着十分丰富的内涵，它是当前最为发达的一种企业体制。我国社会主义市场经济条件下建立现代企业制度，主要包括现代企业产权制度、现代企业组织制度、现代企业管理制度三个方面的主要内容。

现代企业产权制度，产权归属的明晰化、产权结构的多元化、责任权利的有限性和治理结构的法人性是现代企业产权制度的基本特征。园林企业建立现代企业制度，首先要求对其进行公司化改造，明晰企业的产权划分和归属主体，在此基础上引导出多元化的投资来源。同时，根据投资的多少，确立对称的责任和权利。在所有权与经营权分离的前提下，企业依照自己的法人财产开展各项经济活动，独立地对外承担民事权利和民事义务。

现代企业组织制度，所有者、经营者和生产者之间，通过公司的决策机构、执行机构、监督机构，形成各自独立、责权分明、相互制约的关系，并以国家相关的法律法规和公司章程加以确立和实现。现代企业组织制度有两个相互联系的原则，即企业所有权和经营权相分离的原则，以及由此派生出来的公司决策权、执行权和监督权三权分离的原则。在此原则基础上形成股东大会、董事会、监事会和经理层并存的组织机构框架。按其职能，分别形成权力机构、执行机构、监督机构和管理机构。

现代企业管理制度，有一套股东大会、董事会、监事会与经理层相互制衡的公司治理结构，具有正确的经营思想和能适应企业内外环境变化、推动企业发展的经营战略，建立适应现代化生产要求的领导制度，拥有熟练地掌握现代管理知识与技能的管理人才和具有良好素质的职工队伍，在生产经营各个主要环节普遍地、有效地使用现代化管理方法和手段，建设以企业精神、企业形象、企业规范等内容为中心的企业文化。

现代企业产权制度、现代企业组织制度、现代企业管理制度三者之间相辅相成，它们共同构成了现代企业制度的总体框架。

2) 现代企业制度的基本特征

现代企业制度的基本特征可以概括为产权清晰、权责明确、政企分开、机制灵活、管理科学等几个方面。

产权清晰。产权清晰是指产权在法律上和经济上的清晰。产权在法律上的清晰是指有具体的部门和机构代表国家对国有资产行使占有、使用、处置和收益等权利，以及国有资产的边界要"清晰"。产权在经济上的清晰是指产权在现实经济运行过程中是清晰的，它包括产权的最终所有者对产权具有极强的约束力，以及企业在运行过程中要真正实现自身的责权利的内在统一。

权责明确。健全的法人制度使企业各方权责明确，即合理区分和确定企业所有者、经营者和劳动者各自的权利和责任。法人制度的核心是法人财产制度，法人财产制度的核心则是确立企业法人产权。企业拥有出资者投资形成的全部法人财产权，并以其拥有的全部法人财产，依法自主经营，自负盈亏，照章纳税，独立承担民事责任；依法维护所有者权益，对出资者承担资产保值增值的责任；所有者按其出资额，享受资产收益、重大决策和选择管理者的权利，对企业债务承担相应的有限责任；公司在其存续期间，对由各个投资者投资形成的企业法人财产拥有占有、使用、处置和收益的权利，并以全部法人财产对其债务承担责任；经营者受所有者的委托，享有在一定时期和范围内经营企业资产及其他生产要素并获取相应收益的权利；劳动者按照与企业的合约拥有就业和获取相应收益的权利。企业破产时，出资者只以投入企业的资本额对企业承担有限责任。出资者与法人是平等的民事主体关系。

政企分开。一方面要求政府将原来与政府职能合一的企业经营职能分开后还给企业，另一方面要求企业将原来承担的社会职能如住房、医疗、养老、社区服务等分离后，交还给政府和社会。政企分开的基本含义是实现三分开，一是实现政资分开即政府的行政管理职能与国有资产的所有权职能的分离，二是在政府所有权职能中实现国有资产的管理职能同国有资产的营运职能的分离，三是在资本营运职能中实现资本金的经营同财产经营的分离。

机制灵活。企业在经营管理活动过程中，完全按照国内外市场需求组织生产经营活动，面向市场。在国家宏观调控下，各类企业在市场中平等竞争，优胜劣汰，实现企业的和社会生产的良性发展。

管理科学。管理科学规范是一个具有广泛意义的概念。从广义上看，它包括了企业组织合理化的含义，如"横向一体化"、"纵向一体化"、公司结构的各种形态等。一般而论，规模较大、技术和知识含量较高的企业，其组织形态趋于复杂。从较为具体的意义上说，管理科学要求企业管理的各个方面，如质量管理、生产管理、供应管理、销售管理、研究开发管理、人事管理等方面科学化。

3）完善现代企业制度的途径

建立现代企业制度的总体构想。建立现代企业制度，必须从战略上对国民经济的布局进行调整，采取多种形式，区别对待。对涉及国家安全、国防、尖端技术、某些特定行业、特殊产品的企业，由国家直接控制和管理。对基础产业和支柱产业中的骨干企业，国家要实行控股。对国有小型企业，可改组为有限责任公司、股份合作制企业，亦可采取承包、租赁方式实行国有民营，还可进行拍卖、实行产权转让。

建立科学有效的法人治理结构。科学有效的公司治理结构必须在产权明晰和改革国有资产管理体制的基础上，通过公司股权结构的多元化，强化所有者的约束，进一步明确董事会的权力、责任和法律地位，对经营者实行有效的监督与激励机制。同时，准确地界定党委会在公司中的保证监督作用，加强工会和企业职工在公司治理结构中参与民主管理的组织制度建设。

降低企业负债率，加快发展资本市场。解决企业债务问题，防止不良债务比率上升。同时，积极稳妥地发展资本市场，运用发行债券和股票等方式筹措资金。

建立和完善社会保障体系。建立和完善社会保障的运行机制，实行统一税率、统一基数、统一办法、统一管理。

面向市场着力转换企业经营机制，逐步形成企业优胜劣汰、经营者能上能下、人员能进能出、收入能增能减、技术不断创新等机制。

4.2.5 园林企业经营战略

4.2.5.1 经营战略的概念

战略一词来源于希腊文 strategos，其含义是"将军"。当时，这个词的意思是指挥军队的艺术和科学。今天，在经营中运用这个词，是用来描述一个组织打算如何实现它的目标和使命。大多数组织为实现自己的目标和使命，可以有若干种选择，战略与决定选用何种方案有关。战略包括对实现组织目标和使命的各种方案的拟定和评价，以及最终选定将要实行的方案。

企业要在复杂多变的环境中求得生存和发展，必须对自己的行为进行通盘谋划。20世纪60年代以前，在某些企业中虽然也存在着类似于这种谋划的活动，但所使用的概念不是经营战略，而是长期计划、公司计划、企业政策或企业家活动等。直到20世纪60年代，美国的 H. I. 安索夫的《企业战略论》一书出版后，经营战略才以一种具有科学性的概念，开始在企业管理学中使用。

根据人们对经营战略的认识，我们把经营战略定义为在符合和保证实现企业使命的条件下，在充分利用环境中存在的各种机会的基础上，确定企业同环境的关系，规定企业从事的经营范围、成长方向和竞争对策，合理地调整企业结构和分配企业的全部资源，从而使企业获得某种竞争优势。

4.2.5.2 园林企业经营战略的特点

全局性。园林企业的经营战略是以企业的全局为对象，根据企业总体发展需要制定的。它所规定的是企业的总体行动，它所追求的是企业的总体效果，虽然它必然包括企业的局部活动，但是这些局部活动是作为总体行动的有机组成部分在战略中出现，所以，经营战略具有综合性和系统性。

长远性。园林企业的经营战略，既是企业谋取长远发展要求的反映，又是企业对未来较长时期内如何生存和发展的通盘筹划。虽然它的制定要以企业外部环境和内部条件的当前情况为出发点，并且对企业当前的生产经营活动有指导、限制作用，但是，这一切也都是为了更长远的发展，是长远发展的起步。凡是为适应环境条件的变化所确定的长期基本不变的行动目标和实现目标的行动方案都是战略。而那种针对当前形势灵活地适应短期变化，解决局部问题的方法都是战术。

抗争性。园林企业经营战略是关于企业在激烈的竞争中如何与竞争对手抗衡的行动方案，同时也是针对来自各方面的许多冲击、压力、威胁和困难，迎接这些挑战的行动方案。它与那些不考虑竞争、挑战而单纯为了改善企业现状、增加经济效益、提高管理水平等为目的的行动方案不同。只有当这些工作与强化企业竞争力量和迎接挑战直接相关、具有战略意义时，才能构成经营战略的内容。

纲领性。园林企业经营战略规定的是企业总体的长远目标、发展方向、发展重点和前进道路，以及所采取的基本行动方针、重大措施和基本步骤，这些都是原则性的、概括性的规定，具有行动纲领的意义。它必须通过展开、分解和落实等过程，才能变为具体的行动计划。

经营战略的上述特性，决定了经营战略与其他决策方式、计划形式的区别。根据上述特性，园林企业经营战略又可理解为园林企业对具有长远性、全局性、抗争性和纲领性的经营方案的谋划。

4.2.5.3 园林企业经营战略分类

园林企业经营战略可以按照不同的标准进行分类。一般来说，通常有以下几种分类方法。

第一，依据企业经营战略的目的分为竞争战略和成长战略。竞争战略是园林企业在特定产品与市场范围内，为了取得优势，维持和扩大市场占有率所采取的战略，重点是提高市场占有率和销售增长率。成长战略是园林企业确定以成长为目标，开拓新的经营领域、建立新的利润增长点、保证企业获得成长机会所采取的战略。

第二，依据竞争态势分为发展战略、维持战略和紧缩战略。发展战略是促进园林企业经营不断发展的一种战略，具有不断开发新产品新市场和掌握市场竞争主动权的特点。维持战略是园林企业的生产经营在一定时期内采取以守为攻，伺机而动，以安全经营为宗旨，回避风险的一种战略。紧缩战略是园林企业在特定时期采取缩小生产规模或放弃某些产品生产的一种战略，这是一种战略性撤退，以利于企业集中优势，改变经营中的不利地位。

第三，依据企业成长方向分为产品战略、市场战略和投资战略。产品战略包括了产品创新战略、产品开发战略、产品换代战略、产品多样化战略等，增强产品的竞争力是其目标。市场战略包括市场渗透战略、市场开拓战略、市场细分战略、国际市场战略、市场营销组合战略等，其目的是把握市场机会，扩大市场份额。投资战略是一种投资分配战略，它主要包括市场投资战略、技术发展投资战略、企业联合与兼并投资战略等。

第四，依据战略层次分为公司总体战略、经营单位战略和职能部门战略。公司总体战略是园林企业最高层次的战略，它是关系企业全局发展的、整体的、长期的战略行为。经营单位战略是一种分散经营战略，主要针对不断变化的外部环境，研究企业内的各个经营单位在各自的经营领域里如何有效地竞争，如何保证企业整体的竞争优势，以及各经营单位如何有效地控制资源的分配和使用。职能部门战略是按经营职能分别确定绩效与运用经营资源，其内容是企业的生产、销售、技术、财务等职能部门为追求企业竞争优势而制订的长期规划。

4.2.5.4 园林企业经营战略的构成要素

经营范围，是园林企业从事生产经营活动的领域，又称为企业的定域，它反映出园林企业目前与其外部环境相互作用的程度，也可以反映出企业战略计划与外部环境发生作用的要求。确定一个园林企业的经营范围，应该以那些与企业最密切相关的环境为准。因此，对于大多数园林企业来说，应该根据自己所处的行业地位，自己的产品优势和市场条件来确定经营范围。

资源配置，是园林企业过去和目前资源和技能配置的水平和模式。资源配置的好坏会极大地影响企业实现自己目标的程度。因此，资源配置又称为企业的特殊能力。企业资源是企业现实生产经营活动的支撑点。企业只有以其他企业不能模仿的方式，取得并运用适当的资源，形成自己的特殊技能，才能很好地开展生产经营活动。如果企业的资源贫乏或处于不利的境况时，企业的经营范围便会受到限制。

竞争优势，是园林企业通过其资源配置的模式与经营范围的决策，在市场上所形成的与其竞争对手不同的竞争地位。竞争优势主要来自产品成本和质量，企业拥有的特殊资产和专门知识，通过设置障碍来阻止竞争对手进入，借助更多的资源或者更大的投入在市场上挤垮竞争对手等四个方面。

协同作用，是园林企业从资源配置和经营范围的决策中所能寻求到的各种共同努力的效果，包括投资协同作用、作业协同作用、销售协同作用、管理协同作用。投资协同作用，产生于企业内各经营单位联合利用企业的设备、共同的原材料储备、共同研究开发的新产品，以及分享企业专用的工具和专有的技术。作业协同作用，产生于充分地利用已有的人员和设备，进行最终产品的生产所产生的优势。销售协同作用，产生于企业的产品使用共同的销售渠道、销售机构和推销手段，企业可以节约促销费用，获得较大收益。管理协同作用，企业的经营领域扩大到新的行业时，管理人员可以利用在原行业中积累起来的管理经验，有效地指导和解决问题，做到不同的经营单位分享以往的管理经验。

4.3　园林企业文化建设

4.3.1　园林企业文化结构
4.3.1.1　企业文化的含义
企业文化和企业形象是关系到企业生存与发展的一个重要的观念。近年来，企业文化的建设、企业形象的树立越来越受到众多园林企业的重视。

企业文化是企业在发展中形成的一种企业员工共享的价值观念和行为准则，是运用文化的特点和规律，以提高人的素质为基本途径，以尊重人的主体地位为原则，以培养企业经营哲学、企业价值观和企业精神等为核心内容，以争取企业最佳综合效益为目的的管理理论、管理思想和管理方式。1982 年，美国的迪尔和肯尼迪出版了第一本系统探讨企业文化的权威之作《企业文化——企业生存的习俗与礼仪》，提出了企业文化理论，强调"企业即人"，认为企业中人、财、物的管理应是一个有机系统，其中人处于管理的中心和主导地位。企业的最高目标在于满足人的物质需要和精神需要。企业文化就是强调企业精神、全体员工共同的价值取向，以及在此基础上形成的凝聚力和向心力。

狭义的企业文化是企业生产经营实践中形成的一种基本精神和凝聚力，以及企业全体员工共有的价值观念和行为准则。

广义的企业文化除了上述内容外，还包括企业员工的文化素质，企业中有关文化建设的措施、组织、制度等。从企业文化结构层次看，又可分为三层：

物质文化层，属企业文化的表层，是企业文化结构中的最外层，包括企业的产品和企业文化建设的硬件设施。

制度文化层，属企业文化的中间层，它是企业文化中人与物结合的部分，是保证企业目标实现的一种强制性的文化，包括企业中的习俗、习惯和礼仪、成文的或约定俗成的制度等。

精神文化层，属企业文化的核心层，是企业文化的中心内容，它决定了企业物质文化、行为文化和制度文化的形态，包括生产经营哲学、以人为本的价值观念、思想观念、美学意识、管理思维方式等。

4.3.1.2 园林企业文化的构成要素

企业环境，是园林企业文化生成的背景和条件，包括企业内部环境和外部环境。内部环境主要有行业性质、经营宗旨、企业发展历史、企业人员素质、技术力量等。外部环境主要包括地域、社会文化、政治制度、经济体制、社会道德规范等因素。

价值观念，是人们对事物意义的评判标准。园林企业的价值观就是企业全体成员在面对问题时所持有的某种一致的看法，它是企业经营的基础和核心，规定全体员工的共同一致的方向和行为准则，指导企业整体的活动和形象。

企业规章制度，分为有形制度和无形制度。有形制度是由文字明确规定的，企业成员能够直接感受到的，企业用奖惩办法着力推行的制度。无形制度在企业内潜移默化地起作用。企业文化作为一种典型的无形制度，对企业的效率、竞争力产生影响。

企业英雄，是园林企业价值观的"人格化"，是企业里卓越地体现企业价值观的员工或员工群体。他们可能是企业的创始人、领导、技术发明者，也可能是企业的一般员工。

文化仪式，是园林企业内部特有的、已经成为习惯、约定俗成的一系列文化活动的总称。包括人际交往的基本形式、日常工作仪式、表彰仪式、庆典仪式等。通过各种具体的文化仪式，使价值观演化成种种有形的范例，促使企业成员不断得到自我教育和熏陶，让他们从意识和潜意识中产生对这个文化的强烈认同感。

企业形象，是社会公众和企业职工对企业的整体印象和评价。对企业服务人员的素质、公共关系、经营作风、产品质量、产品包装、产品商标、售后服务等方面的印象和评价，都是园林企业形象的具体表现。

4.3.1.3 园林企业文化的功能

导向功能。园林企业文化对企业成员的思想行为和企业整体的价值取向起着导向作用，通过文化的培育来引导成员的行为与心理，使人们在潜移默化中接受共同的价值观念，自觉地调整个人的追求目标，并使之与企业目标协调一致。

约束功能。约束行为的表现形式是园林企业的规章制度、道德规范、人际关系准则。企业文化所传播的价值观告诉职工，什么是应该提倡的，什么是应该反对的。文化形成的约束并非通过制度、权利等硬性管理手段实现，而是通过群体归属感、认同感、自豪感的诱导来实现，是一种"软性"约束。

激励功能。通过园林企业文化，将会产生一种积极的激励机制，引导职工树立正确的价值取向、道德标准和整体信念，使职工充分认识到自己工作的意义，从而焕发出高度的主人翁责任感，激发出拼搏精神，为企业的生存和发展做出更大的贡献。

凝聚功能。园林企业文化是企业全体成员共同创造并一致认同的价值观、企业精神、企业目标、道德规范、行为准则等，它反映了企业成员的共同意识。在这种"共同意识"支持下，会大大增强个体的"主人翁"意识和个体对群体的依赖性，从而产生强大的向心力和凝聚力。

辐射功能。园林企业文化不但对本企业产生作用，而且还会对社会产生影响。优质的产品和优良的服务态度、良好的经营状况和积极向上的精神面貌，都会扩大企业的知名度和在社会上的影响力。企业文化不但对企业的发展起着巨大的推动作用，还会影响和带动其他企业及社会人员竞相仿效。

4.3.2　园林企业文化建设

4.3.2.1　园林企业文化建设的内容

1) 企业物质文化

园林企业物质文化是由企业员工创造的产品和各种物质设施等构成的器物文化，它是一种物质形态的表层企业文化，是企业行为文化和企业精神文化的显现和外化结晶。

企业环境，是企业文化的一种外在象征，它体现了企业文化的个性特点，包括工作环境和生活环境两个部分。工作环境就是要为职工提供良好的劳动氛围，生活环境包括企业员工的居住、休息、娱乐等客观条件和服务设施等方面。

企业器物，包括企业产品、生产资料、文化实物等方面的内容，其核心内容是企业产品。产品以市场为存在前提，其存在价值体现出企业精神。

企业标识，是企业文化的可视象征之一，是体现园林企业文化个性化的标识，包括企业名称、企业象征物等。

2) 企业行为文化

园林企业行为文化是企业人在生产经营、人际关系中产生的活动文化，它是以人的行为为形态的中层企业文化，以动态形式作为存在形式。

企业目标，是以企业经营目标形式表达的一种企业观念形态的文化。企业目标作为一种意念、一种符号、一种信号传达给企业员工，引导企业员工的行为。

企业制度，它是一种行为规范，是为了达到某种目的，维护某种秩序而人为制定的程序化、标准化的行为模式和运行方式。

企业民主，是企业政治文化问题。它作为企业文化的一个方面，包括职工的民主意识、民主权利、民主义务等内容。充分发挥企业民主，有利于确定企业员工的主人翁地位，有利于改善干群关系，有利于提高企业在市场竞争中的应变能力。

企业文化活动，是企业员工在生产经营、学习娱乐中产生的文化，具有功能性、开发性和社会性的特点。园林企业文化活动有文体娱乐性活动、福利性活动、技术性活动、思想性活动等形式。

企业人际关系，是园林企业员工在社会生活中发生的人际交往关系，包括企业中领导与被领导之间的纵向关系和同事之间的横向关系。

3) 企业精神文化

园林企业精神文化，是企业在生产经营中形成的一种企业意识和文化观念，它是一种以意识形态为存在形式的深层企业文化，是由企业的精神力量形成的一种文化优势，是由企业的文化心理积淀的一种群体意识，是企业文化中的核心文化。

企业哲学，是对企业全部行为的一种根本指导。企业哲学的根本问题是企业中人与物、人与经济规律的关系问题。

企业价值观，是企业决策者对企业性质、经营目标、经营方式的取向所做出的选择。价值观是企业生存、发展的内在动力和企业行为规范制度的基础。

企业精神，是现代意识与企业个性结合的一种群体意识。现代意识，是现代社会意识、市场意识、质量意识、信念意识、效益意识、文明意识、道德意识等汇集而成的一种综合意识。企业个性，是企业的价值观念、发展目标、服务方针和经营特色等的具体体现。

企业道德，是调整企业之间、员工之间关系的行为规范的总和。一方面，企业道德是企业经营管理理论与实践的一种必然产物，另一方面，企业道德又是人们在实践中求生存、谋发展的主体性的强烈表现。

4. 3. 2. 2 园林企业文化建设的程序

分析评估阶段。在规划园林企业文化建设时，首先要调查了解企业的历史、现状和特点以及企业的社会环境、企业在同行业中的地位等资料，认真分析研究，做出科学的定位和评估。

设计阶段。在调查分析的基础上，根据园林企业本身的特点，结合企业目标、企业精神、企业价值观、企业道德、企业制度、企业风貌等方面，发动广大职工参与讨论和设计，提出具有本企业特色的企业文化建设的目标，成为大家共同遵守的行为准则。

培育和执行阶段。企业文化建设的目标一经提出，就应加以具体化。在培育和执行园林企业文化时，应着重从四个方面入手：一是要企业领导者强有力的指挥；二是要将目标层层分解，使其落实到各个管理层次；三是要发动企业全体成员参加；四是要大力宣传和提倡，以便形成舆论，使新的观念不断深入人心，久而成俗，为广大职工认同和接受。

总结和提高阶段。企业文化在培育执行过程中，一方面会经常暴露出一些问题，需要不断地加以分析研究和改进，另一方面企业外部环境和企业内部条件在不断变化，企业文化的内容就应不断地进行总结和优化，使其成为适应我国市场经济体制需要的具有中国特色的园林企业文化。

4. 3. 3 园林企业文化与企业形象

4. 3. 3. 1 企业形象的含义

1) 企业形象的含义

企业形象一词来源于英文 Corporate Identity，在国外又称为 Corporate Image，缩写为 CI，译为"企业形象"或"企业识别"。

企业形象可以从不同的角度予以界定。就企业与公众的关系而言，企业形象是公众对企业在运作过程中表现出来的行为特征和精神风貌的总体性评价和综合性反映，是企业的外观现象和内在本质、物质文明和精神文明的有机统一。就企业角度而言，企业形象是企业的无形资产，是企业文化的集中体现。

2）企业形象的功能

树立良好的企业形象，是企业文化建设的重要组成部分，它不仅对创建品牌、增强企业竞争力、提高企业经营管理水平和经济效益等方面发挥重要作用，同时还有助于企业赢得顾客信任、吸引优秀人才、获得企业间的协助与合作，帮助企业推进社会主义精神文明建设。

增强消费信心。社会公众对企业的印象和评价，实际上裁定的是企业可信与否。良好的企业形象，使社会公众产生信任和依赖感，愿意与之发生经济利益上的联系。显然，增强公众对企业的信任和赞誉，就意味着企业有了广阔的市场发展空间和良好的前景。

提升消费文明。企业取信于民，对内可以产生强大的凝聚力，对外可引导消费潮流和提升消费文明。因为，企业负有推动经济进步和社会发展的责任。只有企业形象卓著的企业，才能带动和引导消费文明，建立企业与社会和谐相处，形成共同发展的良好局面。

创造良好的经营环境。企业诚信可靠，形象良好，社会公众拥戴，不仅会带来资金融通上的便利，政府主管部门也会大力支持其发展，企业的产、供、销、服务就易于协调和畅通，而且会不断扩大贸易伙伴的范围，有更自由的选择空间。

4.3.3.2　园林企业形象的特征

客观性。园林企业形象是企业实态的表现，是企业一切活动在社会面前的展示，是客观真实的，具有客观性的特征。诸如企业的名称、地点、经营的资产以及产品、商标、质量、信誉等，都应该是真实可信的。良好的园林企业形象是有客观标准的，它由企业良好的经营管理实态、良好的企业精神、良好的员工素质、良好的企业领导作风、良好的企业制度、良好的企业产品以及整洁的生产经营环境等客观要素所构成。这些构成要素都是客观实在，是人们能够直接感知的，它不以人们的主观意志为转移。

整体性。园林企业形象是由企业内部诸多因素构成的统一体和集中表现，是由全方位的复杂因素综合形成的，是一个完整的有机整体，具有整体性的特征。园林企业的历史、知名度、经济效益、社会贡献等综合因素以及人员素质、经营和管理水平、物质设备设施等要素之间有着内在的必然联系，构成企业形象的每一个要素的表现好坏，必然会影响到整体的企业形象。园林企业在企业形象形成过程中，应把企业形象贯彻和体现在经营管理思想、决策以及经营管理活动之中，从企业的外部形象和内在精神的方方面面体现出来，依靠全体员工的共同努力，使企业形象的塑造成为大家的自觉行为。企业只有在所有方面都有上乘的表现，才能塑造出一个完整的全面的良好形象。

稳定性。社会公众一旦对园林企业形成某种认识、看法，企业形象便具有相对的稳定性。这是由于社会公众对企业的认识是一种理性认识和概括性评价。如果企业情况没有发生重大变化，则这种基本评价就不会发生明显变化。针对园林企业而言，企业形象的稳定性可能会导致两种不同的结果：形象良好的企业，因"名品"，"名牌"效应，会顺利发展；形象不良的企业，则因名声不好，而陷入困境。因此，每一个园林企业都应努力维护本企业的良好形象。

动态性。企业形象具有稳定性，但并不是一成不变的，还具有动态性或可变性的特征。随着时间的推移，空间的变化、企业行为的改变以及政治、经济环境变迁，企业形象始终处在动态的变化过程之中。这种动态的可变性，使得企业有可能通过自身的努力，改变公众对企业过去的旧印象和评价，一步一步地塑造出良好的企业形象。园林企业经营者必须明白，良好的企业形象的确立是企业员工长期奋斗、精心塑造的结果，在市场竞争空前激烈的态势下，要有强烈的危机意识和永不满足的精神。在企业形象塑造上没有终点，只有起点。只有不断开拓进取，创造佳绩，才能使企业形象越来越好。

传播性。企业形象的形成过程，实质上是企业实态借助一定的传播手段，为社会公众认识、感知并得出印象和评价的过程。换而言之，企业形象可通过直接或间接方式，在社会公众中传播、扩散，从而成为公众比较、识别、评价不同企业的依据，同时也为进行企业形象策划，树立与众不同的企业形象提供有利条件。

4.3.3.3　园林企业形象的构成要素

园林企业形象是企业实态的外在反映，企业形象由不同要素构成，基本上可分为三大类：有形要素、无形要素和企业员工。

具体而言，园林企业的有形要素包括企业的产品、技术设备、企业内外环境、广告与产品包装等内容。园林企业的无形要素包括企业的经营理念、企业精神、企业知名度与美誉度等内容。园林企业员工包括员工素质、职业道德、言谈举止等内容。这些要素从不同侧面体现园林企业的整体形象。其中，对企业影响较大的有产品形象、环境形象、员工形象、企业信誉等。

产品形象。产品或服务构成园林企业形象的基础，是企业形象中的决定性因素。一方面，公众通过园林企业的产品和服务与企业发生经济与社会的联系，并以此实现自身的经济利益。另一方面，园林企业通过向社会提供符合要求的产品和服务，树立和塑造自身形象，取得经济效益。

产品形象一般是由质量形象、技术形象和市场销售状况所构成。技术水平决定了产品质量，市场销售状况则是产品质量的综合反映。

环境形象。园林企业的外观形象反映企业的经济实力和规模，同时也反映企业的文明程度和管理水平。园林企业往往根据自身的特点和优势，打造精品工程，给公众留下深刻的印象，塑造特色环境形象。

员工形象。园林企业的运营都是靠员工来推动的，企业社会经济关系的展开，也是通过员工来进行的。因此，员工形象是企业形象塑造过程中，唯一具有主观能动性的因素。员工形象不仅包括员工的行为举止，服务态度等，还包括员工共同信守的价值观、经营理念等。显然，共同遵守的价值观、经营理念是员工形象确立的基础。企业家形象是员工形象中一个极其重要的组成部分。因为，企业家形象不仅会影响社会公众对其自身的评价，更重要的是，它会扩散、影响到企业的声誉和形象。在一定意义上讲，企业家实际上就是企业的化身，企业家形象实际上就是企业形象的代言人。

企业信誉。它作为无形要素折射企业的经营历程，并通过企业商标、商誉、企业名称等无形资产加以体现。园林企业的信誉度是建立在企业所提供的优质产品和优质服务基础之上的，并通过长期的经营活动所逐渐形成的。它不仅是园林企业发展历史的长期积淀的证明，更是在现实中发挥巨大的感召作用，即不仅影响现有消费者的购买行为，还会影响未来消费者的消费行为。企业信誉是树立和塑造园林企业形象的一项重要内容。

4.3.3.4 塑造园林企业形象的基本原则

差异性原则。塑造企业形象必须体现园林企业的个性特征，让公众在众多企业中所记忆、识别，并产生良好评价。园林企业形象塑造要突出行业特点，特别是体现本企业鲜明的个性和过人之处，形成与同行企业的明显区别，才能在市场中独树一帜，易为消费者和公众识别、记忆，进而产生印象和评价。贯彻差异性原则，可以确保企业形象的塑造与传播收到圆满的效果。

客观性原则。园林企业形象的树立以切实有效的行动为基础，消费者和社会公众最终评判企业优劣的尺度，是企业在社会经济中真实的行为。园林企业塑造企业形象要真实和可信，只有这样，其在公众中的传播与弘扬才会收到良好的预期效果。

系统性原则。园林企业形象的塑造应以战略眼光看待长远的发展，分阶段、分步骤从点滴做起，企业内部各部门应统一动作，协调配合，全方位出击，企业作为一个整体的形象，才能逐渐在社会中得以确立。同时，企业形象塑造应遵循严格的科学要求和技术性原则，以经营理念为核心，以行为输出为体现，以具有冲击力的视觉识别符号为表现形式，才能达到公众认识、识别企业和塑造良好企业形象的目的。

全员认同原则。园林企业形象关乎企业的发展和全体员工的利益，因而它不仅仅是企业领导或某一部门的事。确立企业形象必须让全体员工参与，让全体员工全身心地投入到企业形象的塑造工作中去。否则，企业形象塑造只能流于形式，难以取得实际的效果。

4.3.3.5 企业文化与企业形象的关系

园林企业文化是在一定的社会大环境影响下，经过企业员工的创造和提炼所形成的企业整体的价值观念、道德规范、行为准则、经营特色、管理风格及传统与习惯的总和，它的形成受到社会政治、经济、地域、人文、传统习俗及企业历史、员工素质、经营特点等多种因素的影响。园林企业形象是社会公众和企业员工对企业的整体印象和综合评价。

企业文化与企业形象密不可分，从一定意义上讲，企业形象是企业文化的一个组成部分，是企业文化的外化，是企业文化在传播和对外交往中的映射，企业文化则是企业形象的核心和灵魂，企业文化决定企业形象。企业形象与企业文化是一种标和本的关系，是从不同的角度反映企业特色，企业文化是从内部管理的角度反映企业优劣，企业形象是从社会评价的角度反映企业的好坏。两者之间的关系表现为以下几个方面。

企业文化是一种客观存在，而企业形象则是企业文化在人们头脑中的反映，属于主观意识形态范畴。如果没有业已存在的企业文化，就不会有公众心目中的企业形象。因此，企业文化是企业形象的根本前提，企业文化决定企业形象。

企业形象对企业文化的反映有一个过程。由于人们的认识过程受到客观条件和自身认识水平的限制，公众心目中形成的企业形象不一定是企业文化的客观真实或全面的反映，这就会造成企业文化和企业形象之间在某些方面存在着差距。随着公众对企业认识过程的不断深入，两者之间的差距会逐渐缩小。

企业形象不是对企业文化的全部反映。由于企业出于自身需要，企业文化的有些内容是不会通过媒介向外传播的。所以，企业文化与企业形象在内涵上存在差别。

企业形象的塑造对企业文化建设具有促进作用。企业树立起来的良好形象一旦名声在外，这种名声反过来又会给企业带来压力，从而约束企业的行为，迫使企业练好内功，提高内在素质，同时也给企业职工带来自豪感和工作动力。

本章推荐参考书目

[1] 黄凯. 园林经济管理（第2版）. 北京：气象出版社，2004.

[2] 苗长川，杨爱花. 现代企业经营管理. 北京：清华大学出版社，北方交通大学出版社，2004.

复习思考题

1. 什么是企业？企业具有哪些基本特征？

2. 阐述园林企业系统运行过程及其与外部环境的关系。

3. 园林企业在生产经营活动中应树立哪些基本观念？

4. 租赁经营和承包经营的主要区别表现在哪些方面？

5. 股份制企业和股份合作制企业在经营上的主要区别有哪些？

6. 现代企业制度的特征是什么？

7. 什么是企业经营战略？它有何特点？

8. 举例说明园林企业文化建设的意义、程序及与企业形象的关系。

案例分析

以水为魂、整合天津旅游❶
——企业(城市)经营战略、企业(城市)文化建设策划案例

2005年底，天津市规划局进行国际招标，对天津八座大型水库湖泊进行整合策划，题目为《天津市重点旅游区近期开发总体策划》，初选后，有四家规划机构入围竞争。招标机构公布结果，北京绿维创景规划设计院获国际竞标第一名。

---

❶ 资料来源：http://focus.lwcj.com/focus-28/focus-28-01-01.asp 北京绿维创景规划设计院　林峰　杨光

1 竞标方案具体剖析

1.1 天津规划局需求

需求一：将位置分散、特点不一且区位关系等各方面差异都很大的八个湖作为天津近期旅游开发的重点项目，形成了一种比较难以整合的资源状况，如何解决这个问题实际上是非常困难的，对参与竞标的这四家单位来说都是一个不小的挑战。

需求二：八个重点旅游区基本上都以水库形态呈现，要求策划不能缩小水面面积，不能减少水库容量，现场考察之后，绿维创景发现有些地方的资源格局尤其是水陆格局非常不利于进行旅游开发。

1.2 绿维创景策划思路——以水为魂，整合天津旅游

怎样有效地把这八个项目区整合到一个共同的主题、共同的核心吸引力之下，一起构架天津市重点开发的品牌和整体开发的理念，成为这个项目策划的关键问题。反之，如果不能把这八个旅游区整合到一个共同的结构、一个共同的品牌当中来，让它们处于一种比较浅层次的联系状态下，相互之间无关或者关系非常小，那么这个策划就有可能失败。

绿维创景首先思考天津市整体旅游应该如何发展，应该如何把握天津旅游的整体定位。有了这个整体的把握，项目组才能合理地思考重点旅游区的近期开发。因此，天津市旅游的整体发展成为了项目组必须研究的一个课题，绿维创景《天津旅游的总体定位与发展战略》专题研究提出的总体定位、形象口号如下：

天津旅游总体定位——北国休闲水都；

目标定位——中国休闲旅游目的地、北方水休闲胜地、京津冀休闲旅游中心；

天津旅游的形象口号——北国水都，天下乐津；

天津八乐——逗乐天津、娱乐天津；游乐天津、玩乐天津；康乐天津、享乐天津；欢乐天津、同乐天津。

山水旅游已经成为中国旅游发展市场接受度最高、最受市场追捧的产品形态(详见林峰博士2006年8月7日发表在中国旅游报上的《市场宠儿——山水生态休闲》)。以水资源为依托，项目组对天津旅游进一步思考，就形成了"北国休闲水都"的总体定位——一个在资源与市场整合中推导形成的结论。

2 城市文化提炼

着眼于天津市整体的旅游发展战略，通过资源、市场等多方面、系统的旅游综合研究，项目组发现了"水"对天津的重要性和特殊性。天津的水资源非常丰富，常说的"九河下梢"等就说明了水在天津自然地理、人文历史、社会中的重要地位，这对旅游发展来说非常有利。为了更深一步挖掘水资源与天津的关系，项目组作了《天津及其周边水资源专题研究报告》，得出一个结论：即天津拥有非常丰富的地上、地下水资源、地热资源，还有非常悠久丰富的水文化。

2.1 确定品牌

为了进一步明确北国水都的形态、风貌，项目组作了《"江南水乡"与"北国水乡"的差异性对

比专题研究报告》。通过这种对比，借力江南水乡，可以打造一个具有国际吸引力的新品牌——北国水乡。

2.2 产品序列组合

为了具体地操作、实现这个品牌，必须研究以水为基础的游憩方式，为此，项目组系统研究了全球的水休闲模式，形成了《国际国内水休闲游乐专题研究报告》，收罗了国内外几乎所有的具有市场吸引力的水休闲娱乐方式。

北国休闲水都＝水城＋水乡＋水景区＋海滨＋水镇

"北国休闲水都"是一个建设旅游目的地的系统工程：其一期工程(2006～2010年)，就是"北国水乡·津味八品"工程，即本项目策划的八大重点旅游区的有效整合。这样，八个看上去互不关联的同质性湖泊，在"北国水乡·津卫(味)八品"工程结构中，成为天津旅游目的地建设的品牌核心。"北国水乡"，把八大湖整合到一个品牌上；"津卫(味)八品"，形成一湖一品的产品差异，形成独特又互补的完美组合。

分析了八大旅游区的共同特征之后，项目组重点挖掘其差异性，使每个湖都具有独特的魅力，提出了"休闲胜景一湖一品"的产品设计原则。"休闲"代表功能，"一湖一品"表现了其产品差异性，最终形成了"津卫(味)八品"的总体定位和产品序列。

这个序列中，又有层次与重点，形成了"一个龙头、三大精品、四大特色旅游区"的系统构架，每个湖都有自己的定位、主体功能和产品构成，都非常好的结合了天津市旅游的整体发展和自身资源的特色。

经过以上的思考、研究和策划过程，绿维创景最终明确了八大旅游区应如何形成一个统一的品牌，应怎样形成一个具有内部差异性的、丰满的、系统的结构。

3 案例启示

独特吸引力与品牌提炼，是旅游策划规划的核心。本项目对"北国水乡"的提炼，是以资源挖掘、市场趋势分析、文化差异探索、游憩模式创新、风貌景观创意五个方面深度研究为前提，站在天津旅游目的地建设的高度上，实施系统整合的结果。

大胆创新水域水岸景观结构，突破水利形态局限，形成水库旅游的新模式。八个湖区基本上都是以前的农业水库，与需要作为景观的旅游区差别很大，水面与水岸的互动关系是其中最大的一个可以调整、可以操作的方面。在保证每个湖的水面面积、库容量不变的前提下，绿维创景大胆地改变了水面与陆地的结构，形成了多个水中岛、半岛，以及其他的一些水陆交叉的结构区。比如在银河景区，绿维创景打造出了"水乡大观园"、"天津EOD"这样的产品和功能，形成了大量的延伸到水中的陆地，从而形成了"水乡园林"这样的格局，甚至形成了生态办公区这样的旅游、商业房地产类型。

泛旅游产业链接互动理念的有效贯彻，是项目成功的重要因素。绿维创景方案深度结合泛旅游产业(康体、会展、娱乐、博彩、农业等)，系统整合天津旅游资源与城市发展，力求使本项目成为龙头，产生典型示范与龙头带动作用；特别强调把旅游产业与城市化发展及其他产业发展结合起来；

各个项目都结合了旅游城镇化发展、步行街区、生态人居社区、度假房地产等；这是绿维创景泛旅游产业链接互动理念有效贯彻的结果。

旅游城市经营与旅游房地产开发理念的深度应用。本项目是以旅游休闲产业为主导和城市建设相结合的一类项目。这些旅游区有一个共同的特点，就是均处于天津与城市可以互动的建设性区域，特别是团泊洼、官港、鸭淀、银河、东嘴、天嘉湖等至少六个区，都是处于城市发展的建设性区域。而绿维创景依托于独特的旅游城市经营模式，给出的解决方案均充分考虑依托于旅游休闲产业形成城市建设的快速发展，以城市经营的手法推动土地增值，达到良性经营的效果。

第 5 章　企业管理理论基础

学习要点

掌握管理的一般职能，管理的一般原理、管理的方法以及现代管理理论的特点；

理解管理学的形成和发展过程；

了解现代管理理论各学派研究的领域、方法及特点。

管理被作为一门学科进行系统研究，仅仅是最近一二百年的事。但是，管理实践却和人类的历史一样悠久长。管理渗透在人类活动的各个方面，亦是人类活动中最重要的内容之一。中国长城、埃及金字塔的建造，表明数千年前，人类已通过管理来完成规模浩大、数以千万人参加的大型工程。事实上，自从人们开始组成群体以实现个人无法达到的目标以来，管理工作就成为协调个体必不可少的因素。随着人类社会分工的纵深化发展，人们就越来越依赖集体的努力来完成任务，随着许多组织群体的壮大，管理工作也就显得愈发重要和必不可少了。

5.1 管理学的形成与发展

5.1.1 管理的概念

中国古代把开锁的钥匙称为管，《左传·僖公三十年》中就有"郑人使我掌其北门之管"。因此，管理从汉语词义上讲就是管理和处理之意。英语中 Management(管理)是指驾驭的技术。

管理作为一个科学概念，又该做何解释呢？

科学管理之父泰罗(F. W. Taylor)提出管理就是"确切知道你要别人去干什么，并使他用最好的方法去干"。泰罗认为管理就是指挥他人能用其最好的工作方法去工作。

诺贝尔经济学奖获得者赫伯特·西蒙(H. A. Simon)将管理界定为"管理即制定决策"。西蒙认为决策贯穿管理的全过程，管理的本质是决策，或者说是围绕着决策的制定和组织实施而展开的一系列活动。

"现代经营管理之父"亨利·法约尔(H. Fayol)认为，管理是所有的人类组织(企业、政治、宗教、慈善事业、军队以及其他各种行业)都有的一种活动，这种活动由五项要素构成：计划、组织、指挥、协调和控制。计划是指预测未来并拟定一个行动方案；组织是指建立一个从事活动的机构；指挥是指维持组织中人员按照要求进行活动；协调是指把所有的机构、人员和活动等结合起来，使之统一起来并和谐工作；控制是要使所有的事情都按照已定的计划和指挥的要求来完成。简而言之，管理就是计划、组织、指挥、协调和控制。

现代管理大师哈罗德·孔茨(H. Hoonrz)在他的著作《管理学》中对管理的定义是：管理就是设计并保持一种良好的环境，使人在群体里高效率地完成既定目标的过程。孔茨认为，管理包括计划、组织、人事、领导和控制五个职能；管理适用于任何一个组织机构并适用于组织的各级管理人员；管理关系到生产率，生产率包含个人和组织在完成任务时所表现出来的效益和效率，而效益是指达到目标的程度，效率是指以最少的资源来达到目标；管理目标就是创造盈余。孔茨的理论是在法约尔理论的基础上发展起来的，两者都强调管理是一种活动并且这种活动是由五要素构成的。与法约尔的理论相比较，孔茨的理论更为完善。这体现在两方面：一是提出管理是有目的的，其目的与组织的目标一致，在企业中，管理的目标就是创造盈余；二是达成组织的目标需要资源，资源的有限造成了供给是有价格的，这就使得在实现组织目标的过程中要考虑成本与收益的比较，要进行投入产出的衡量。他提出：管理关系到生产率(效率和效益)，管理就是要提高生产率。

斯蒂芬·P·罗宾斯(S. P. Robbins)认为，管理就是同其他人一起或通过其他人使活动完成得更加有效的过程，这个过程包括计划、组织、领导和控制 4 个职能。管理不仅追求效率，同时还必须使活动实现预定的目标，即追求活动的效果。与孔茨理论的唯一差异是，罗宾斯把管理的职能从五个精简为四个。综上所述，管理就是对组织资源进行有效整合，从而实现组织预定目标的过程。它同时追求效率(Efficiency)和效果(Effectiveness)。

5.1.2　管理学的发展

"管理学已经发展了较长的时间，管理学的思想已经显得比较丰富和复杂，这时如果不对管理学的思想轨道有个比较清晰的了解，那就难以明白管理学的深刻内容和体系，从而难以对管理学的发展有大的贡献。"(厄威克《管理备要》)

人类的管理活动历史悠久，但科学的管理是在资本主义产业革命以后产生的，随着工业生产的发展，资本主义企业管理经历了传统管理、科学管理和现代管理三个阶段。

5.1.2.1　传统管理阶段

传统管理阶段的时间是 18 世纪后期到 20 世纪初期，由手工业生产过渡到近代机械化早期，属资本主义自由竞争阶段。这时虽然出现了工厂，但还处于工厂发展的早期阶段，管理工作一开始并不很受重视。之后由于使用机器，劳动分工协作显得越来越重要，使管理工作也得到了前所未有的重视。但这一阶段管理内容主要是传授管理者的经验，这一阶段虽然出现了亚当·斯密、巴贝奇、欧文等科学管理思想的先驱，但还没有形成系统的、科学的管理理论。传统管理理论的特点表现为以下四个方面。

第一，"管"字当头。从管理思想上看，认为工人总是懒惰的，需要有人去督促、管理，特别强调强制性的管理。管理方式是专制型的、家长式的，完全凭管理者的意志进行管理。管理依据则是个人的经验和感觉，没有统一的原理和方法，依靠主观判断。生产效率的高低，产品质量的好坏全凭工人的技术和经验。

第二，传统管理阶段主要解决了分工和协作的问题。当时主要考虑如何节约时间，提高生产效率。生产、劳动和成本管理是管理的中心问题。

第三，工人和管理人员培养是"师徒方式"，没有统一标准。

传统管理时期虽然因改进机器设备，提高了生产率，但在管理上仍然是一种比较保守的低效率、粗放式管理，管理理论并未真正形成和出现。

5.1.2.2　科学管理时代

科学管理时代是 20 世纪初到 20 世纪 50 年代。此期资本主义发展到了垄断阶段，科学管理代替了传统的经验管理，资本主义企业管理进入了一个新阶段。

1) 科学管理理论

泰罗在《科学管理原理》一书中全面地阐述了科学管理理论。

(1) 作业方法标准化(动作研究)

泰罗把效率高的工人召集起来，手拿秒表计时，通过大量的观察，把各项工作分解，将其中科学的工序抽取出来，使各道工序标准化，并要求每一个工人都按标准干活，这就是作业方法标准化。目的是使作业方法科学化，以提高效率。

(2) 技术定额制订(时间研究)

技术定额制订主要是研究工作时间的科学利用，也称时间研究，就是将工作过程中每一个细节性动作按所需时间标准化，或者把工作所需时间细分到每一个具体的动作。每个工人的时间分为基本操作时间、生理自然时间、休息时间和辅助生产时间，并以此制订技术定额。

动作研究和时间研究合称工时研究。

(3) 差别计件工资制

就是根据作业标准和时间定额，规定不同的工资率(计件单价)，给付工人工资实行差别对待。完成和超额完成工作定额者，以较高的工资率计件支付工资；对完不成定额的工人，则按较低的工资率支付工资，并给工人一个通知书予以警告。奖励先进，惩罚落后。

(4) 计划职能和作业分离

即计划职责和执行职责的分离(职能管理的思想)。泰罗认为社会化大生产要求社会分工，因此，计划管理职能应与作业生产分离，专门抽出一部分人从事计划管理工作。计划只是管理人员的工作，工人的工作就是按计划人员制定的计划进行移动身体的工作。从此，企业职能科室产生了，也有了白领和蓝领工人之分。

(5) 例外管理原则

高级管理人员应把日常工作授给下级管理人员去完成，自己只保留对例外事件(突发的、以前未碰到过的事件)的决断权。例内事件按规章制度办，例外事件由领导研究决定，这是管理的一项重要原则，仍具有现实意义。

评价：泰罗科学管理理论在当时是一种创新，推动了资本主义的发展。列宁认为："泰罗制也同资本主义其他的进步东西一样，有两个方面，一方面是资产阶级剥削最巧妙的残酷手段；另一方面是一系列最丰富的科学成就，即按科学来分析人在劳动中的机械动作，省去多余的笨拙动作，制定最精确的工作方法，实行最完善的计算和监督制度等等。"列宁的这段话对我们仍有启发意义。

2) 组织经营理论

组织经营理论创始人法约尔(Henri Faye 1841～1925 年)，法国人，在其主要著作《一般管理与工业管理》中，首次提出了将经营和管理分开的概念。他认为经营是一个大概念，是对企业全局性的管理，而管理只是经营的一个职能，并在此基础上提出了经营的六项职能活动：技术活动(生产制造)、商业活动(供应和销售)、管理活动(生产指挥)、财务活动(资金的筹措和使用)、安全活动(设备、人员的防护)和会计活动(会计的核算)。这六种职能并不是相互割裂的，而是相互联系、相互配合，共同组成一个有机系统来完成企业生存与发展的目的(图 5-1)。

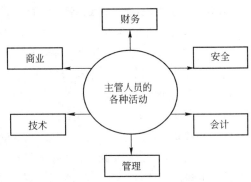

图 5-1　法约尔：组织经营的六项职能活动

法约尔提到的管理概念实际上是行政管理的概念，主要对高级管理人员起作用，它包括计划、组织、指挥、协调和控制等职能。

计划(预测)职能，研究未来和安排工作计划。计划是企业发展的方向和脉络。

组织职能，建立企业的物质和人事组织机构，把人员和物资都组织起来。

指挥职能，管理人员去做各项工作。

协调职能，把所有活动统一和联系起来。

控制职能，设法使一切工作都按已经规定的章程和已经下达的指示去做。

法约尔还提出了所谓行政管理的 14 条原则。

工作分工。通过工作分工，实现工作的专业化，使员工工作效率得以提高，从而获得更好的工作成果。

职权和职责。职权赋予管理者命令下级的相应权力。同时，责任应当与权力相匹配，凡行使职权的地方，就应当建立对等的责任。

纪律。员工必须遵守和尊重组织的规则，良好的纪律是有效的领导者造就的。违犯规则的行为必须予以惩罚。遵守纪律就是尊重协议，是员工对组织的一种爱护。因此，一个组织的纪律松弛是领导的责任。纪律不是可有可无的，而是不可或缺的，它是维系企业生存发展的根本。

统一领导。一个下级接受而且只能接受一个上级的领导，多头领导、越级领导必然导致管理混乱。

统一规划和指挥。每一个组织具有同一目标的组织活动，应当在一位管理者和一个计划的指导下进行，否则就失去了计划的指导性。

个人利益服从整体利益。任何员工个人或小群体的利益，不应当置于组织的整体利益之上，而应服从整体利益。

报酬。报酬和支付方法应当是公平的，并为员工和管理者提供最大可能的满足。

集中。集中是指下级参与决策的程度。决策制定是集中(集中于管理层)还是分散(分散给下属)，指的是职权的集中或分散的适当程度。

等级链。从最高管理层到最低管理者的直线职权代表一个等级链，信息应当按等级链传递。但是，如果遵循等级链有可能导致信息传递的延迟，则允许横向交流，条件是所有当事人同意并通知各自的上级。权力结构应是一个上小下大的梯形结构，上下结合，形成一个信息传递畅通的等级链。

秩序。这实质上是一项关于安排事物和人的组织原则。要做到人尽其才，物尽其用，保证一切工作都能按部就班地进行，即人员和物料应当在恰当的时候处在恰当的位置上。

公平。当主管人员对他的下属仁厚而公正时，则他的下属必将对他忠诚和尽责。

人员的稳定。员工的高流动率则是工作的低效率，管理者应当提供有规则的人事计划，并保证有合适的人选接替职务的空缺。

首创精神。要提倡主动、首创精神，提升员工的成就感。主管人员要有牺牲个人的"虚荣心"的精神，让下属人员去发挥主动性和首创精神。

团结精神。鼓励团队精神有利于在组织中建立起和谐和团结的氛围。

法约尔的上述主张成为管理学发展史上的一个里程碑。法约尔也被称为现代经营管理理论之父。

总之，科学管理阶段的特点是冲破了传统观念的束缚，使企业管理成为科学，对于提高效率，降低成本起到了重要作用。但是，科学管理的研究重点是生产管理，主要是对车间、企业内部的管理，很少涉及到市场经营管理。

5.1.2.3 现代管理阶段

现代管理阶段指的是 20 世纪 50 年代以后。第二次世界大战以后西方发达国家的政治、经济出现了新情况。表现在：第一，科学技术和工业生产迅速发展。科学技术的发展使得生产力空前发展，同时大量军工企业转为民用企业，企业规模空前扩大，产品和技术的更新大大加快。第二，生产社会化程度越来越高，市场竞争越来越激烈。由"时势造英雄"的买方市场进入了"英雄造时势"的卖方市场。由物资匮乏的计划供应时代到了物资丰富、竞争激烈的市场经济时代。第三，出现了前所未有的复杂产品和大型工程项目。要求更大规模、更高水平的分工协作、更高水平的组织管理和协调，提出了许多新问题。第四，一方面由于阶级矛盾加深，掀起了工人运动的高潮；另一方面由于生产社会化、现代化程度的提高，工人文化素质也在提高，使得资本家对人的看法有了改变，工人直接参与管理，出现了民主管理。

1）现代化管理和管理现代化

现代化管理指的是一定时期最先进的管理，它有历史性，泰罗的科学管理就是泰罗时代的现代化管理。管理现代化就是把当代自然科学和社会科学的最新成果运用到管理中去，使管理工作现代化，即在管理中运用现代的科学技术。

我国管理现代化包括如下六个方面的内容。

管理思想现代化（观念现代化）。观念也是一种资源。要求打破垄断，冲破过去旧的产品经济模式，冲破平均主义的模式，发展社会主义的市场经济，树立起市场、竞争、效率、信息、产品开发、服务、质量、人才观念等等。

管理组织现代化。适应现代经济发展的要求，依据现代化组织原则，建立高效率的组织。组织发展、改革的重点是体制、法制、机制。

管理方法现代化。要建立一整套适应现代化大生产和社会主义市场经济的科学管理方法。

管理手段现代化。包括一些定量化的管理方法和电子计算机在管理中的运用。

管理人员现代化。管理人员要具备现代化的管理思想和知识。

管理方式民主化。强调发挥每一个人的作用，每一个人都参与管理。

2) 现代化管理学派

管理学发展到现代化管理阶段，呈现出"百花齐放，百家争鸣"的局面，美国管理学者称之为"管理学派丛林"。

经验学派注重经验和案例对管理的作用，特别是企业家的经验总结。哈佛大学商学院的案例教学就是经验学派的经典体现，这一教学模式取得了极大的成功，其代表人物是德鲁克。

行为科学学派代表主要有：以梅奥在霍桑试验的基础上建立的人际关系学说；20世纪50年代美国的马斯洛提出的五层次需要理论；50年代心理学家赫兹伯格经过大量的调查和研究，在《工作与激励》书中提出的双因素理论，赫兹伯格认为人的需要可以划分为保健因素和激励因素。

社会系统学派把社会的各级组织看成是一个系统。代表人物是巴纳德，代表作是《组织与管理》和《经理人员的职能》等。

决策理论学派认为管理就是决策。决策分为程序性决策和非程序性决策。代表人物是诺贝尔奖获得者西蒙。

数理学派(管理科学学派)主张把一切管理行为当作数学模型来处理。代表人物是伯法。

系统管理学派强调将系统控制理论运用到管理中来。代表人物是卡斯特和罗森次韦克。

权变理论学派根据各种具体情况进行决策，强调随机应变，认为世界上没有一成不变的、普遍适用的"最好的"管理理论和方法。

经济分析学派(会计学派)强调用经济学的理论来分析管理现象。

综观上述各种学派的理论与观点，无外乎两大类型，即技术学派与行为学派。技术学派(管理科学学派)，实际是泰罗科学管理理论的继续和发展，他们认为管理是一种技术，像工业工程、运筹学、控制论、信息论、工效学、决策技术等就是这一时期发展起来的，使用数学模型是它的特点，局限性是忽视了人的作用。行为科学学派，它强调人的作用，认为生产管理效率的高低，不完全取决于物质，还取决于士气。代表人物是哈佛大学的梅奥教授，他首创了人际关系理论，并逐渐发展成行为科学。

5.1.3　现代管理理论的主要特点

现代管理理论是管理学者在总结管理科学不足的基础上逐渐形成的一种新的观念，不仅综合了"管理科学"理论中的方法和技术，还综合了"行为理论"，而且着眼"系统分析"和"权变理论"观点，使现代管理理论向一个统一的系统理论发展。现代管理理论也是为适应现代化大生产和生产力发展要求，综合运用自然科学、社会科学和管理科学的一系列最新成果，通过建立合理的管理体制和组织机构，采用科学的管理方法和现代化管理手段，使管理活动具有当代世界先进水平，从而做到最大限度地促进经济发展，取得最佳经济、社会和生态效益。

现代管理理论的特点可概括为强调系统化、重视人的因素、重视非正式组织的作用、广泛地运用先进的管理理论和方法、把效率和效果有机结合、重视理论联系实际、强调预见能力、强调不断创新以及强调权力集中等。

强调系统化。就是运用系统思想和系统分析方法来指导管理的实践活动，解决和处理管理的实际问题；就是从整体角度来认识问题，防止片面性。

重视人的因素。就是要注意人的社会性，对人的需求要予以研究和探索，在一定的环境条件下，尽最大可能满足人们的需要，以保证组织中全体成员齐心协力地为完成组织目标而自觉作出贡献。

重视非正式组织的作用。非正式组织是人们以感情为基础而结成的集体，这个集体有约定俗成的信念，人们彼此感情融洽。利用非正式组织就是在不违背组织原则的前提下，发挥非正式群体在组织中的积极作用，从而有助于组织目标的实现。

广泛地运用先进的管理理论和方法。随着社会的发展，科技的进步，先进的科学技术和方法在管理中得到充分的利用。

加强信息工作。及时准确地采集信息以便于组织的决策，主管人员必须利用现代技术，建立信息系统，以便有效、及时、准确地传递信息和使用信息，促进管理的现代化。把效率和效果有机结合起来。组织管理中同时追求效率和效果。

重视理论联系实际。从实践中来到实践中去，管理学在理论方面的研究和发展，被运用于管理实践，并不断在实践中总结，找出规律性的东西来完善管理理论。

强调预见能力。管理活动中要根据社会和客观环境的发展变化，科学地加以预测进行前馈控制。

强调不断创新。管理就意味着创新，就是在保证正常运行的状态下，不满足现状，利用一切可能的机会进行变革，从而使组织更加适应社会条件的变化。

强调权力集中。组织中的权力要趋向集中，以便进行有效的管理。随着高科技在管理中的应用而减少了管理层次，管理人员的权力集中更有利于统一指挥，统一管理。

5.2 管理学基本理论

无论在社会的什么领域或什么类型的组织中，管理活动都是按照一定的规律进行，而且这些规律不会因组织的性质或类别的不同而不同。从社会普遍存在的管理活动中概括总结出来的基本规律，包括一般原理、理论、方法等，构成管理学的基本内容。

5.2.1 管理职能

管理具有哪些基本职能呢？经过许多人的长期研究，至今还是众说纷纭。经典的提法是法约尔提出的计划、组织、指挥、协调和控制等五项职能；最常见的提法是厄威克的计划、组织和控制；

最新颖的提法是决策、组织、领导、控制和创新。本教材推介计划、组织、领导和控制为管理的基本职能，它将法约尔五职能中的指挥、协调职能合为领导职能。

5.2.1.1　计划

计划是指制定要达到的管理目标，并事先确定实现目标所需要的正确的行动方案。计划活动包括分析组织目前的环境、预测未来、确定目标、决策组织行动类型、选择组织行动方案，并且确定实现目标所需要的资源。

计划有各种类型，大到总体长远规划，小到具体行动计划。同时，计划是某种决策的具体化，没有做出决策前，不可能有真正的计划。

5.2.1.2　组织

组织是对人力、物力、财力、信息和其他实现目标所需资源的分配与协调。组织活动包括吸引人们加入组织、明确工作责任和分工、配置资源，以及创造条件使人、事和谐，以获得组织活动的最大成功。组织设计是执行组织职能的基础工作。组织设计的任务是提供组织结构系统图(图 5-2)和编制职务说明书。

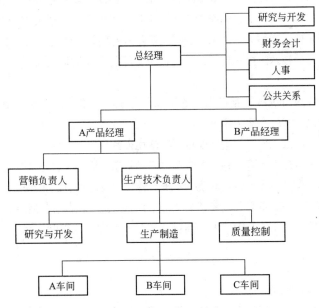

图 5-2　组织结构系统图

《职务说明书》要求能够简单而明确地指出：该管理职务的工作内容、职责与权力、与组织中其他部门和职务的关系，要求担任该项职务者所必须拥有的基本素质、技术知识、工作经验、处理问题的能力等条件。

5.2.1.3　领导

领导就是指导、激励人们努力工作，并与员工个人或群体沟通的管理活动。领导存在于组织内的各个部门和各个层次。领导包含着大量的与人交往的工作，因此领导者应当懂得管理心理学、个体和组织行为学，具有沟通能力、组织能力和激励能力等。

5.2.1.4 控制

控制是衡量和纠正下属人员的各种活动，从而保证事态的发展符合计划的要求。具体的控制活动有：根据管理目标制定绩效标准；通过收集绩效数据监督人员和部门的工作；提供管理方案执行进展的信息，并进行反馈；通过将绩效数据与标准比较，发现问题；采取行动纠正问题的措施。

5.2.2 管理环境

任何组织都不是独立存在的，组织目标的实现往往主要取决于组织所处环境的影响，了解环境及如何评价组织所处环境对组织的发展尤为重要。

环境是指对组织绩效起着潜在影响的外部机构或力量，分为一般环境和具体环境。

一般环境，包括那些对组织有潜在影响，但其相互关系尚不清晰的力量。这些力量主要有：政治、社会、经济、技术和自然因素等。政治条件，是一个组织在其中经营的所在国的总体稳定性及政府首脑对工商企业的作用所持的具体态度；社会条件，指管理层必须使其经营适应所在社会变化中的社会预期；经济条件，指利益、通胀率、可支配收入的变动、证券市场指数以及一般商业周期；技术条件，即企业产品的技术支撑；自然条件，指企业经营所处的地理位置及气候条件和资源禀赋状况。

具体环境是指与实现组织目标直接相关的那部分环境。组织具体环境的相关要素有：供应商、顾客、竞争者、政府机构和公众压力集团等。

一个具体环境因素经过一段时间会转变成一般环境因素，反之亦然。

稳定的和简单的环境是相当确定的，而越是动态和复杂的环境，其不确定性越大。

组织的环境常常表现出不确定性。环境的不确定性按照变动程度的大小分为动态环境(组织环境要素大幅度改变)和稳态环境(组织环境要素变化很小)。环境复杂程度是指组织环境中的要素数量及组织所拥有的与这些要素相关的知识广度。环境的高度不确定性，限制了管理者的决策及决定自身命运的自由。

5.2.3 管理一般原理

掌握管理原理有助于提高管理工作的科学性，避免盲目性。管理原理是不可违背的管理基本规律。实践证明，凡是遵循这些原理的管理，都是成功的管理，反之都有失败的记录。研究管理原理有助于掌握管理的基本规律。管理者只要掌握了管理的基本规律，面对任何纷繁杂乱的局面都可胸有成竹，管理井井有条。

5.2.3.1 系统原理

任何社会组织都是由人、物、信息组成的系统，任何管理都是对系统的管理。没有系统也就没有管理。系统原理不仅为认识管理的本质和方法提供了新的视角，而且它所提供的观点和方法广泛渗透到其他原理中起到统率的作用。

系统的特征表现为集合性、层次性和相关性。集合性，这是系统的基本特征，一个系统至少由两个以上的子系统构成。构成系统的子系统称为要素，也就是系统是由各个要素结合而成的，这就是系统的集合性。层次性，是指构成一个系统的子系统和子子系统分别处于不同的地位。系统本身也有宏观和微观之分，系统和子系统之间具有相对性。相关性，指的是系统内各要素之间相互依存、相互制约的关系。一方面表现为子系统和系统之间的关系，系统的存在和发展是子系统存在和发展的前提。另一方面，表现为系统内部子系统或要素之间的关系。系统原理的基本要点体现在以下五个方面。

1) 整体性原理

整体性原理指系统要素之间的相互关系及要素与系统之间的关系以整体为主进行协调，局部服从整体，使整体效果为最优。掌握整体原理应强调整体效果的最优，避免现实中的重局部轻全局，特别是局部之间不协调，相互推诿，从而损害全局利益现象的发生。

2) 动态性原理

系统作为一个运动着的有机体，其稳定状态是相对的，运动状态则是绝对的。系统不仅作为一个功能实体而存在，而且作为一种运动而存在。系统内部的联系就是一种运动，系统与环境的相互作用也是一种运动。掌握系统动态原理、研究系统的动态规律，可以使我们预见系统的发展趋势，树立超前观念，使系统向期望的目标顺利发展。

3) 开放性原理

完全封闭的系统是不存在的，任何有机系统都是耗散结构系统，系统与外界不断交流物质、能量和信息，才能维持正常运转和良性发展。管理工作中，任何试图把本系统封闭起来与外界隔绝的做法，都只能导致失败。明智的管理者应当从开放原理出发，充分估计到外界对本系统的影响，努力从开放中扩大本系统从外部吸入的物质，能量和信息。

4) 环境适应性原理

系统不是孤立存在的，它要与周围事物发生各种联系。这些与系统发生联系的周围事物的全体，就是系统的环境。环境也是一个更高级的大系统。系统对环境的适应并不是被动的，也有能动的，那就是改善环境。环境可以施加作用和影响与系统，系统也可施加作用与环境。

5) 综合性原理

所谓综合性就是把系统的各部分、各方面和各种因素联系起来，考察其中的共同性和规律性。任何一个系统都可以看作是由多要素为特定的目的而组成的综合体。系统的综合性原理包含两方面的含义，一方面是系统目标的多样性和综合性，另一方面是系统实施方案选择的多样性和综合性。

5.2.3.2 人本原理

世界上一切科学技术的进步，一切物质财富的创造，一切社会生产力的发展，一切社会经济系统的运行，都离不开人的服务、人的劳动和人的管理。人本原理就是以人为中心的管理思想。这是管理理论发展到 20 世纪末的主要特点。人本原理包括下述主要观点：员工是企业的主体；员工参与是有效管理的关键；使人性得到最完美的发展是现代管理的核心；服务于人是管理的根本目的。

5.2.3.3　责任原理

管理是追求效率和效益的过程。在这个过程中，要挖掘人的潜能，就必须在合理分工的基础上明确规定这些部门和个人必须完成的工作任务和必须承担的与此相应的责任。责任原理包含以下观点：明确每个人的责任；职位设计和权限委任要合理；奖惩分明、公正而及时。

5.2.3.4　效益原理

效益是管理的永恒主题。任何组织的管理都是为了获取某种效益。效益的高低可以看出管理水平，也直接影响着组织的生存和发展。效益原理的核心是效益评价，效益的评价可由不同主体(管理者、群众、专家、市场等)，从多个不同角度去进行，因此没有一个绝对的标准。不同的评价标准和方法，得出的结论也会不同，甚至相反。效益评价过程中应尽可能做到公正和客观。贯彻效益原理要求建立正确的效益追求观念，效益追求是管理活动的中心和一切活动的出发点，追求效益要有全局和长远的观点。

5.2.4　管理的基本方法

管理方法是在管理活动中为实现管理目标、保证管理活动顺利进行所采取的工作方式。管理原理必须通过管理方法才能在管理实践中发挥作用。管理方法是管理理论、原理的自然延伸和具体化、实际化，是管理原理指导管理活动的必要中介和桥梁，是实现管理目标的途径和手段，它的作用是一切管理理论、原理本身所无法替代的。管理实践的发展促进了管理学研究的深化，在吸收和运用多种学科知识的基础上，管理方法已逐渐形成一个相对独立、自成体系的研究领域。

管理方法一般可分为：管理的法律方法、管理的行政方法、管理的经济方法、管理的教育方法，它们构成一个完整的管理方法体系。此外，管理方法也有从一些特定的角度来分类，如：按照管理对象的范围可划分为宏观管理方法、中观管理方法和微观管理方法；按照管理方法的使用普遍程度可划分为一般管理方法和具体管理方法；按照管理对象的性质可划分为人事管理方法、物资管理方法、资金管理方法、信息管理方法等。

5.2.4.1　管理的法律方法

管理的法律方法是指国家根据广大人民群众的根本利益，通过各种法律、法令、条例和司法、仲裁工作，调整社会经济的总体活动和各企业、单位在微观活动中所发生的各种关系，以保证和促进社会经济发展的管理方法。法律方法中包括法律法规的健全和司法仲裁制度建设两方面的内容，这两项工作是相辅相成的，缺一不可。

法律方法的根本是实现全体人民的意志，并维护他们的根本利益，代表他们对社会经济、政治、文化活动实行强制性的、统一的管理。所以，法律方法既要反映广大人民的利益，又要反映事物的客观规律，调动和促进各个企业、单位和群众的积极性、创造性。

法律方法具有严肃性、规范性、强制性等特点，它的运用对于建立和健全科学的管理制度和管理方法，有着十分重要的作用。

法律是企业管理的基础和前提，企业应根据国家、政府的有关法律、法规制定自己的管理规范，保证必要的管理程序，有效地调节各种管理因素之间的关系，避免与法律、法规有悖而造成不必要的损失。

5.2.4.2　管理的行政方法

行政方法是指依靠行政组织的权威，运用命令、规定、指示条例等行政手段，按照行政系统和层次，以权威和服从为前提，直接指挥下属工作的管理方法。行政方法是通过行政组织中的职务和职位来进行管理，强调职责、职权、职位，而并非个人的能力和特权。因此，它具有权威性、强制性、垂直性、无偿性、稳定性等特点。

行政方法独特作用的表现：首先它对于组织内部统一目标，统一意志，统一行动，能够迅速有力地贯彻上级的方针政策，对全局活动实行有效的控制，尤其是对于需要高度集中和适当保密的领域，更具有独特的作用；其次，它是实施其他管理方法的必要手段，其他管理方法要发挥作用必须通过行政方法的中介来具体地组织和贯彻实施；第三，它可以强化管理作用，便于管理职能的发挥；第四，它能及时有效地处理一些特殊问题，有针对性地对具体问题发出命令和指示。

行政方法是管理功能的一个重要手段，但只有正确运用，不断克服其局限性，才能发挥它应有的作用。管理者应不断提高管理者的素质，建立领导就是服务的思想，经常深入实际获取必要的信息，使政令顺畅，避免管理者的官僚主义作风。

5.2.4.3　管理的经济方法

经济方法是根据客观经济规律，运用各种经济手段，调节各种不同经济利益之间的关系，以获取较高的经济效益与社会效益的管理方法。它包括价格、税收、信贷、工资、利润、奖金、罚款以及经济合同等。不同的经济手段在不同的经济领域中，可发挥不同的作用。经济方法具有利益性、关联性、灵活性、平等性等特点。

管理的经济方法其实质是围绕着物质利益，运用各种经济手段正确处理好国家、集体和个人之间的经济关系，在运用经济方法的过程中应结合教育等方法，重视整体上的协调和配合，最大限度地调动各方面的积极性、主动性、创造性和责任感，促进经济的发展和社会的进步。

5.2.4.4　管理的教育方法

教育是按照一定的目的，要求对受教育者从多方面施加符合社会发展要求的影响的一种有计划的活动。社会主义的教育方法是劳动群众自我完善和发展的有计划的活动，是加强社会主义精神文明的客观需要。

教育的根本任务是适应和满足社会主义建设的需要，培养有理想、有道德、有文化、有纪律的劳动者，提高人的思想素质和科学文化素质。

教育的主要内容包括：人生观及道德教育、爱国主义和集体主义教育、民主法制和纪律教育、科学文化教育组织文化建设等。可根据教育对象和内容的不同采取灵活多样的教育方式，讲求实效。

5.3　现代管理理论

20世纪50年代以来，在已有的古典管理理论、行为科学理论和管理科学理论的基础上，又出现了许多新的理论和学说，形成了许多学派，这些理论和学派是为了适应随着科学技术的进步，社会政治经济环境的复杂多变以及管理中遇到的复杂问题而产生的。

5.3.1　技术经济学

5.3.1.1　技术经济学的概念

技术经济学是一门研究如何使技术实践活动正确选择和合理利用有限资源，挑选最佳活动方案，从而取得最大的经济效果的学科；是一门技术学和经济学相结合的交叉学科；是介于自然科学和社会科学之间的边缘科学(图5-3)。

技术经济学学科中，经济处于支配地位。因此，其学科性质属于应用经济学的一个分支学科。技术经济学在西方被称为"工程经济"、"经济性分析"，日本称之为"经济工程学"，前苏联和东欧国家则称为"技术经济计算"或"技术经济论证"。

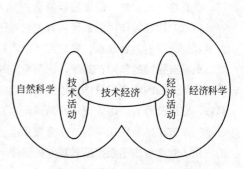

图5-3　技术经济学学科性质

技术经济学是根据现代科学技术和社会经济发展的需要，在自然科学和社会科学的发展过程中，互相渗透，互相促进，逐渐形成和发展起来的。

5.3.1.2　技术经济学的基本原理

第一，技术经济分析的目的是提高技术实践活动的经济效果，是指人们在使用技术的社会实践中效果与费用及损失的比较。

第二，技术与经济的关系是对立统一的辩证关系，技术经济学通过研究技术和经济的相互关系，探讨两者相互促进、协调发展途径的科学。

第三，技术经济分析的重点是科学地预见活动的结果。技术经济分析属于事前或事中主动的控制，即通过信息搜集、资料分析、制定对策来防止偏差。它要求人们面对未来，对可能发生的后果进行合理的预测，只有提高预测的准确性，客观地把握未来的不确定性，才能提高决策的科学性。

第四，技术经济分析是对技术实践活动的系统评价。由于不同利益主体追求的目标存在差异，对同一技术实践活动进行技术经济分析的立场不同、出发点不同、评价指标不同，因而评价结论有可能不同。为了防止一项技术实践活动在对一个利益主体产生积极效果的同时可能损害到另一些利益主体，技术经济分析必须体现较强的系统性。系统性主要表现在：①评价指标的多样性和多层性；②评价角度或出发点的多样性包括企业、国家、社会等；③评价方法的多样性包括定量、定性、动态、静态等评价。

第五，通过产出成果使用价值、投入相关成本、时间、价格、定额标准、评价参数等因素进行技术方案比较。

第六，技术创新是经济发展的不竭动力，技术创新促成了集约型生产方式，也提高了劳动生产率。

技术经济学基本原理反映出这一学科具有综合性、应用性、系统性、数量性、预测性和不确定性等特点。要求人们在运用这一学科解决相关问题时，必须处理好技术、经济、环境、社会等多方面的关系；应用相关学科的知识解决技术实践中遇到的经济问题；应注意系统的平衡；通过大量的数据进行分析计算；它是事前的估计和判断。

目前从整个世界看，技术最活跃的地方，就是经济增长最快的地方。

5.3.2　管理工程学
5.3.2.1　管理工程学的含义

管理工程学是研究企业如何组织有效生产、不断提高劳动生产率和经济效益的科学。管理工程学吸取数学、物理学和社会科学的理论知识，应用系统工程和工程设计的原理和方法，在给定的条件下使目标达到理想值，并能预测和评价其效果。也就是说，管理工程是把一定限度的人力、物力、财力和设备有效地组织起来，按照确定的设计模式和特定的工艺制造技术和方法，生产出市场需要的产品，并为用户提供服务工作。管理工程学科的发展和形成大体可分为传统管理、科学管理、管理科学和现代管理等阶段。管理工程学是综合运用系统思想、理论和系统工程的方法和技术研究管理活动而形成一门现代管理科学。因此，管理工程学也叫做管理系统工程学。

管理工程学在发展过程中，曾被称为产业工程学、企业管理工程学、生产经营工程学等。这些名称反映了这一学科内涵的演进。

管理工程学既然是现代管理科学的一种，所以它当然同一般管理学有共性，但同时又有自己的特殊性。一般管理学研究的是不同的管理思想、管理理论、管理的原理、原则和一般方法，它们都是理论性的"纯软件"；而管理工程学则明确地以系统思想、系统理论为指导，以系统工程的方法、程序、技术为手段来研究管理，并且运用了许多现代硬科学技术，是一门应用硬科学技术的软科学。管理工程学确实曾经以研究生产、产业、企业的管理为主，但又不限于此。

作为现代管理科学系列中的一门综合性新兴学科，管理工程学有它自己的一些特点：强调信息在管理工程中的重要基础作用，主张管理必须建立在预测的基础上；强调决策在管理工作中的关键作用，认为管理的效能取决于科学的决策；强调整体和部分的综合管理，追求"无缺点"的整体优化；强调利用现代数学和计算机手段，追求管理尽可能地计量化和程序控制化；强调人机的有机结合，承认和重视人的主导作用等。这些特点一方面表现了这一学科与一般管理学和其他部门管理学的联系和区别，另一方面也反映了它是对现代管理科学的一个更高更新的综合性发展。

5.3.2.2　现代管理工程学的研究内容

管理工程的基础理论和原理、原则的研究。管理工程的理论基础是系统科学，其中最主要的又是系统思想、系统理论和系统方法论。但管理工程学并不专门或孤立地研究这些理论，而是把这些理论同管理结合起来，从中得出管理工程的原理和原则，作为建立和发展管理工程学的指导思想。这方面的内容，也是管理学中系统管理学派研究的重点。因此可以认为，管理工程学属于系统管理学派的阵营，但又是一门相对独立的学科。

管理工程的方法和技术的研究。这一部分是管理工程学的主体内容，也是它最实用的部分。这一部分的内容较多，涉及到决策、规划、组织、人、财、物、信息、生产、经营等各个方面以及综合管理的方法和技术。

管理工程学研究方法的研究。管理工程学的研究方法，除了各种管理学研究通用的理论研究、经验和案例研究方法之外，还特别强调数学和现代科技方法，其中尤其注意模型方法和利用计算机进行的模拟实验方法等。

管理工程学发展历史的研究。其中，包括管理工程学知识体系的形成发展、不同阶段的特点、代表人物、代表著作以及历史经验的分析等。前面已经指出，管理工程学是 20 世纪 50 年代在系统科学、系统工程学、运筹学和管理科学的基础上产生、形成和迅速发展起来的。在这一过程中，英国学者古德和麦克霍尔的《系统工程》(1957 年)，美国理查德约翰逊关于系统管理的论著，西蒙和马奇著《管理决策新科学》(1960 年)等书，查尼斯著《管理模型和产业应用的线性规划》(1961 年)，艾隆著《管理工程文献》(1962 年)，艾尔森著《管理工程学和管理部门手册》(1971 年)，日本岛崎昭典著《管理工程学入门》(1973 年)，近藤次朗著《管理工程学》(1977 年)，人见胜人著《生产管理工程学》(1978 年)等，是从不同方面对管理工程学发展作出了贡献的重要人物和重要著作。

5.3.3 权变管理理论

进入 20 世纪 70 年代以来，权变理论在美国兴起，受到广泛的重视。权变理论的兴起有其深刻的历史背景，当时的美国社会不安、经济动荡、政治骚动，达到空前的程度，石油危机对西方社会产生了深远的影响，企业所处的环境很不确定。但以往的管理理论，如科学管理理论、行为科学理论等，主要侧重于研究加强企业内部组织的管理，而且以往的管理理论大多都在追求普遍适用的、最合理的模式与原则，而这些管理理论在解决企业面临瞬息万变的外部环境时又显得无能为力。正是在这种情况下，人们不再相信管理会有一种最好的行事方式，而是必须随机制宜地处理管理问题，于是形成一种管理取决于所处环境状况的理论，即权变理论，"权变"的意思就是权宜应变。

权变理论认为，在企业管理中要根据企业所处的内外条件随机应变，没有什么一成不变、普遍适用的"最好的"管理理论和方法。该学派从系统观点考察问题，其理论核心就是通过组织的各子系统内部和各子系统之间的相互联系，以及组织和它所处的环境之间的联系，来确定各种变数的关系类型和结构类型。它强调在管理中要根据组织所处的内外部条件随机应变，针对不同的具体条件寻求不同的最合适的管理模式、方案或方法。其代表人物有卢桑斯、菲德勒、豪斯等人。

美国学者卢桑斯(F. Luthans)在 1976 年出版的《管理导论：一种权变学》一书中系统地概括了权变管理理论。

第一，权变理论就是要把环境对管理的作用具体化，并使管理理论与管理实践紧密地联系起来。

第二，环境是自变量，而管理的观念和技术是因变量。这就是说；如果存在某种环境条件，若要更快地达到目标，就要采用某种管理原理、方法和技术。比如，如果在经济衰退时期，企业在供过于求的市场中经营，采用集权的组织结构，就更适于达到组织目标；如果在经济繁荣时期，在供不应求的市场中经营，那么采用分权的组织结构可能会更好一些。

第三，权变管理理论的核心内容是环境变量与管理变量之间的函数关系，这就是权变关系。环境可分为外部环境和内部环境。外部环境又可以分为两种：一种是由社会、技术、经济和政治、法律等所组成；另一种是由供应者、顾客、竞争者、雇员、股东等组成。内部环境基本上是正式组织系统，它的各个变量与外部环境各变量之间相互关联。

权变理论学派同经验主义学派有密切的关系，但又有所不同。经验主义学派的研究重点是各个企业的实际管理经验，是个别事例的具体解决办法，然后才在比较研究的基础上作些概括；而权变理论学派的重点则在通过大量事例的研究和概括，把各种各样的情况归纳为几个基本类型，并给每一类型找出一种模型。所以它强调权变关系是两个或更多可变因数之间的函数关系，权变管理是一种依据环境自变量和管理思想及管理技术因变量之间的函数关系，来确定的对当时当地最有效的管理方法。

应当肯定地说，权变理论为人们分析和处理各种管理问题提供了一种十分有用的方法。它要求管理者根据组织的具体条件，及其面临的外部环境，采取相应的组织结构、领导方式和管理方法，灵活地处理各项具体管理业务。这样，就使管理者把精力转移到对现实情况的研究上来，并根据对于具体情况的具体分析，提出相应的管理对策，从而有可能使其管理活动更加符合实际情况，更加有效。所以，管理理论中的权变或随机制宜的观点无疑是应当肯定的。同时，权变学派首先提出管理的动态性，人们开始意识到管理的职能并不是一成不变的，以往人们对管理的行为的认识大多从静态的角度来认识，权变学派使人们对管理的动态性有了新的认识。

但权变学派存在一个根本性的缺陷，即没有统一的概念和标准。虽然权变学派的管理学者采取案例研究的方法，通过对大量案例的分析，从中概括出若干基本类型，试图为各种类型确认一种理想的管理模式，但却始终提不出统一的概念和标准。权变理论强调变化，却既否定管理的一般原理、原则对管理实践的指导作用，又始终无法提出统一的概念和标准，每个管理学者都根据自己的标准来确定自己的理想模式，未能形成普遍的管理职能模式，权变理论使实际从事管理的人员感到缺乏解决管理问题的能力。

权变理论试图改变一种局面，变各派理论互相"诋毁"为相互"承认"，因此有管理学家说权变理论犹如一只装满管理理论的大口袋。在权变理论产生之初，不少管理学者给予它高度的评价，认为比其他一些管理理论有更光明的前景，是解决企业环境动荡不定的一种好方法，能使管理理论走出理论丛林之路。然而，没有过多久，他们就不得不承认，这个期望落空了。

5.3.4 目标管理理论

目标管理是管理者通过激励机制的作用，把企业组织或管理者的目标，转化成被管理者的目标，以实现由自我控制达成整体协调控制的一种管理技术。

目标管理的实质有二。第一，重视人的因素。行为科学和管理科学的结合；动机、行为、目标的结合。你如何看待员工，员工就会如何表现——"皮革马利翁"效应；第二，建立目标层次体系和目标网络。通过目标的层层分解和相互协调将责任、权力和利益也进行层层分解，来实现对人的管理。

目标管理一般分为三个阶段，即：目标设定阶段，目标实现过程阶段，成果评价阶段。

5.3.5 质量及标准化管理

5.3.5.1 质量管理

质量管理理论中把质量(Quality)定义为产品或服务满足顾客目标或需要的能力。主要有两项内容。

一是不断完善(Kaizen)。"不断完善"是日本商业术语"Kaizen"的意译，是指人员、产品和工艺要不断完善。对质量采取不断完善的办法，是指个人或组织不能在成就面前止步。不管事情做的多么好，个人或组织总可以做的更好。注重质量可以给组织带来丰厚的利润，但质量必须建立在顾客的需要上。

二是再造(Reengineering)。再造被定义为对经营过程彻底进行再思考和再设计，以便在业绩衡量标准(如成本、质量、服务和速度等)上取得重大突破。采取再造方法的组织要迅速学会对其所做的一切以及为何这样做提出疑问。再造首先确定组织必须做什么，然后确定如何去做。再造不把任何事想当然，它对"是什么"有所忽视，而对"应该是什么"相当重视。再造中最关键的部分是在组织的核心竞争力和经验的基础上确定它应该做什么，即确定它做的最好的是什么。然后确定需要做的事最好是由本组织来做还是由其他组织来做。采取再造方法的结果是组织规模的缩小和外包业务的增多。

5.3.5.2 标准化管理

标准化管理是一种基于信息技术的规范化的现代化管理。标准化管理主要内容有两项。

一是管理技术标准化，是把已经经管理实践检验是科学有效的管理技术方法总结，提炼为标准，再通过实施标准，使该管理技术方法获得更广泛、更有效的应用，从而获取更显著的效果的活动过程。21世纪是质量世纪，世界各国、各企业之间的质量竞争势必更加剧烈，而且，从产品质量竞争，扩展到企业组织质量，管理体系质量的竞争，企业管理人员乃至全体员工质量之间的竞争，因此，1987年首次发布的ISO 9000族标准，在1994年第一次修订后，又在2000年进行了第二次修订、补充、完善，使ISO 9000族标准成为更科学，更完善的国际标准。

ISO 9000族标准不仅适用于各类企业质量管理体系的建立和运行，而且还运用于医院、学校、科研机构、公用事业单位的质量体系建立和运行。还可扩展应用到政府行政、军队、警察等部门，以促进其采用系统管理技术(简称SMT)，提高其体系质量、管理水平和工作效率。

二是管理的标准化，是为了便于进行自身发展过程中快速复制，而这需要一个过程。它包含组织发展战略、流程、服务等贯穿组织全程管理的一项复杂的系统工程，并要有优秀的人才技术支持，因此，恰恰构成了企业之间难以复制和效仿的核心竞争力，在自身提升的同时，降低了竞争威胁，可以使企业的竞争优势获得极大提高。

任何经济现象的背后都有其特有的经济规律和准则，也就必然存在着一定的标准，只有标准化的东西才有可能得到快速的复制和推广。沃尔玛、麦当劳等跨国连锁巨头的成功一定程度上都得益于此，高度统一的标准化管理加上其先进的信息技术的应用，为其标准化提供了强有力的支持，大大加快了其扩张速度，降低了运营成本，占据了市场的主导地位。标准化的管理不是仅仅靠制定几条规则就可以实现的，它需要有强大的现代信息技术做后盾。计算机是最能够体现标准化的应用工具，可以把管理流程通过量化和程序化的方式进行规范，从而保障了标准化的顺利实施。而且标准化的管理意味着科学、严谨和规范，需要有相应的规则进行控制，同时增加了对量化指标和数据处理分析的要求，随着企业规模的不断发展，仅凭手工方式和人脑不可能做到，而且标准化的目的之一就是最大限度地排除人为因素和不确定因素的干扰，这些都必须通过信息技术手段的应用来实现。

5.4　现代管理理论基本内容

5.4.1　管理理念现代化

管理理念是指符合客观规律和当代社会要求的管理意识观念，即现代管理思想、观念、理论及方式方法在人们意识形态上的反映，并成为管理者观念上的共识和指导管理实践活动的准绳。它包括：战略观念、市场观念、用户观念、效益观念、竞争观念、时间观念、创新观念等。

5.4.2　管理组织科学化

管理组织是管理活动的载体。管理组织结构及制度安排必须适应社会化大生产和生产力发展的客观要求，具有高效和精悍的特征，同时又具备应环境变化而变化的动态适应性。在组织内部，科学合理的层级机制，权力制衡，健全的组织内部激励约束机制等，是实现现代组织管理的客观要求。

5.4.3　管理人员专业化

列宁指出："要管理就要内行，就要精通生产的一切条件，就要懂现代高度的生产技术，就要有一定的科学修养。"现代管理与传统管理最突出的差别表现在组织的科层化和管理分工。西方发达地区经济领域的这一变革始于 20 世纪 30 年代，一批职业经理开始登上经济舞台，主宰着西方经济的命运。这一现象被管理学家们称为"企业的管理革命"。

5.4.4　决策方式民主化

决策民主化是管理科学化的客观要求。只有建立健全民主制度，不断完善人民代表大会制度、职工代表大会制度和工会制度，使民主管理制度化、法制化；强化各级管理人员的民主意识，坚持解放思想、实事求是、群众路线的决策方针，形成民主、科学的决策氛围和决策机制；采取各种有效的措施，着力培养和树立人的主体意识，创造合乎人性和有利于人的全面发展的民主管理环境。

5.4.5 管理方法科学化

管理方法的科学化就是为了实现一定的管理目标，要求管理人员在管理活动中按客观自然规律和经济规律的要求，采用科学的管理模式和程序，针对不同的对象灵活地选择管理方法。内容包括：管理行为的文明化；管理程序规范化；管理计量分析准确化；管理控制标准化；管理决策最优化；管理手段电子化、自动化。

21世纪是信息社会，信息和知识是组织发展最为重要和关键的要素。在某种意义上，管理在很大程度上是对信息的收集、加工、处理、储存和利用。离开计算机和现代信息手段，管理现代化是不可想象的。

当前，我国同发达国家相比，科学技术方面的差距固然很大，但经营管理方面的差距更大。我们在实现生产技术现代化的同时，必须强调经营管理现代化，实行两者同时并举，不可偏废的方针。不少企业的管理实践证明，实行经营管理现代化，并不需要花很多投资就可获得巨大的经济效益。所以，可以把经营管理现代化看成是一种重要的资源，并开发和利用好这一资源。

5.5 园林企业现代化管理

园林企业是指一切和园林有关的包括设计、绿化、施工等企业。

我国园林企业现状是：在自然科学范围内，诸如规划、设计、植物繁殖、栽培、植物保护等从理论到实践，可以说是已经形成了一套比较完整的体系，当然还处在不断发展之中，但是属于社会科学范畴的经济与管理问题，还没有形成科学的体系，许多问题有待于探索。

园林企业的发展要靠科学，其中也包括管理科学。越来越多的事实让我们知道，管理科学是一种资源，同样的投入，由于管理水平不同，所取得的效益天壤之别。管理科学包括对人的管理，也包括通过人运用科学的管理技术，合理地调整管理体制，发挥人、财、物的最大效用。

园林企业的主体是人，一切生产经营活动，都是为了给人类创造良好的生存环境。它的客体是人类赖以生存的环境。建立在主体与客体之间的行政机关和相关的经济实体，它们的任务是解决人与环境之间的矛盾，也就是常说的创造人与自然和谐的生存环境。为了解决人与环境之间的矛盾，则要运用法制的、行政的、经济的、技术的手段，以达到相对的协调和统一。要通过经济理论与环境理论的有机结合，来揭示园林行业的运动规律和发展规律，运用法制、法规、政策、投资、分配、市场、服务等手段来推动园林企业的发展。

本章推荐参考书目

[1] 左振华主编. 管理学基础. 武汉：武汉理工大学出版社，2005.

[2] 孙义敏，杨杰主编. 现代企业管理导论. 北京：机械工业出版社，2002.

复习思考题

1. 试述管理理论发展的历史阶段及其各阶段的代表性学说的特点。
2. 模拟成立一个组织并画出组织结构系统图。
3. 现代管理学的主要特点有哪些？管理活动具有哪些基本职能？
4. 系统原理的要点有哪些？人本原理的基本内容是什么？
5. 现代管理工程学研究的内容有哪些？
6. 权变理论的实质及理论核心是什么？

第 6 章　园林生产过程管理(上)

学习要点

掌握可行性研究基本内容；招标文件、投标文件制作。

理解招标、投标、开标与决标的内涵；园林项目合同的履行、变更、转让、终止和解除。

了解可行性研究报告的作用、措施及审批程序；招投标的园林工程项目；园林工程招标程序；常见合同格式。

园林生产过程内容广泛而庞杂，行业生产所涉及的产业面也比较宽泛。本章主要介绍园林工程项目及园林花木生产经营过程管理内容。

6.1　园林建设项目的可行性研究

6.1.1　园林建设项目可行性研究的概念与作用

6.1.1.1　园林建设项目可行性研究概念

园林建设项目可行性研究是应用多学科有关理论与方法，对拟建项目进行综合论证的一种具有科学性、预见性和决策性的分析评价方法。

园林建设项目可行性研究是项目投资决策的基础工作和可靠依据。它的基本任务是：从技术、经济、生态及社会等多方面对拟建园林项目的影响因素和主要问题进行全面、系统的调查研究，分析评价，优选出生产上可行，技术上先进适用，经济上合理，社会效益显著的方案，为投资经营者提供决策参考与依据。

6.1.1.2　可行性研究的作用

可行性研究是建设前期工作的重要步骤，是编制建设项目设计任务书的依据。对建设项目进行可行性研究是基本建设管理中的一项重要基础工作，是保证建设项目以最小的投资换取最佳经济效益的科学方法，可行性研究在项目投资决策和项目运作建设中具有十分重要的作用。

可行性研究在建设前期中的作用。工程项目的可行性研究是确定项目是否进行投资决策的依据。社会主义市场经济投资体制的改革，把原由政府财政统一分配投资的体制变成了由国家、地方、企业和个人的多元投资格局，打破了由一个业主建设单位无偿使用的局面。因此投资业主和国家审批机关主要根据可行性研究提供的评价结果，确定对此项目是否进行投资和如何进行投资，是项目建设单位决策性的文件。

可行性研究与设计项目管理的关联作用。可行性研究是编制设计任务书的重要依据，也是进行初步设计和工程建设管理工作中的重要环节。可行性研究不仅对拟议中的项目进行系统分析和全面论证，判断项目是否可行，是否值得投资，而且要进行反复比较，寻求最佳建设方案，避免项目方案的多变造成的人力、物力、财力的巨大浪费和时间的延误。这就需要严格项目建议书、可行性研究报告的审批制度，确保可行性研究报告的质量和足够的深度。假如在设计初期不能提出高质量的、切合实际的设计任务书，不能将建设意图用标准的技术术语表达出来，自然也就无法有效地控制设计全过程。如果工程的初步设计起不到控制工程轮廓及主要功能的作用，或在只有一个粗略的方案时便草率地进入施工图设计，设计项目管理与施工肯定会出问题。

可行性研究以质量控制为核心，对项目的规模、建设标准、工艺布局、产业规划、技术进步等方面应实事求是地科学分析，提高可行性研究的深度和质量，通过可行性研究能真正做到科学地、独立地、不受任何干扰地把握好产业的发展方向。

6.1.2　做好可行性研究的措施

为适应社会主义现代化建设和市场经济体制改革的需要，我国勘察设计及工程咨询单位必须实现两大转变：一是改企转制，由过去的附属于部门的事业单位转变为独立的市场竞争主体，并建立现代企业制度。二是转变经营机制，由过去局限于特定行业开展单一业务的职能型机构，转变为面向投资建设全过程服务并按照市场机制进行的社会中介机构。在当前加强工程咨询勘察设计企业内部改革，努力提高队伍素质，具有十分重要的现实意义。

随着市场的不断开放，外国工程咨询设计机构正大量进入中国，国际竞争国内化的形势非常严峻。这就要求工程咨询设计单位要勇敢地走向市场，使可行性研究与设计工作上一个新台阶，转变观念、加强管理、增强技术人员的责任感。设计是将科学技术转化为生产力的桥梁，图纸上每一条线、每一个点和数字都代表着技术责任和一定数量的资金，设计质量的优劣对工程建设有直接的联系。因此在我国工程项目中推广和运用 nDIC❶ 条款是实现与国际惯例接轨、保证工程建设质量的重要途径。

可行性研究要以质量控制为核心，对项目的规模、建设标准、工艺布局、产业规划、技术进步等方面应实事求是地科学分析。从事可行性研究的人员要真正树立为国家、为建设业主服务的精神，熟悉国家和地方对项目建设有关法律、政策、规定，准确掌握有关专业知识，不断学习新技术，真正做到科学地、独立地、不受任何干扰地把握好产业的发展方向，提高可行性研究的深度和质量，为社会提供质量精良的产品。

据专家测算，在设计阶段可以控制 70%～85%的工程投资，后面的施工、材料、劳务只能控制15%～35%。设计咨询和设计审查都是国际上通行的作法和惯例，如果没有这些制度就难以和国际接轨。因此，要树立工程咨询和设计项目管理的权威，推进设计技术进步，确保投资效益的成效，必须坚持业内专家咨询原则。这对节省投资，提高勘察设计质量，维护社会公众利益和国家利益不受损失有着重要的意义。

6.1.3　园林建设项目可行性研究步骤

园林建设项目一般分为三个阶段，即投资前阶段、投资阶段和生产阶段。可行性研究主要在第一阶段，后两个阶段主要是实施和组织管理的阶段。

---

❶ nDIC：国际咨询工程师联合推荐《土木工程施工国际通用合同条件》。

投资前阶段的可行性研究，按其内容可分为：投资机会研究、初步可行性研究、详细可行性研究和决策 4 个阶段。

投资机会研究阶段。这一阶段的主要工作是鉴别投资机会，提出项目设想。此阶段具体任务主要是概略分析拟建项目背景、基础条件等，初步判断拟建项目的可取性。

初步可行性研究阶段。在上一阶段研究的基础上，进一步分析判断拟建项目的可行性。此阶段的具体任务是进行未来产品的市场预测，对生产和技术、工艺等条件进行分析，对项目的技术经济效果进行评价，甚至包括一些重要内容的专题研究等。

详细可行性研究阶段。这一阶段主要是进行技术经济论证及项目开发方案拟订等工作。其具体任务主要有技术经济分析、市场供需分析、原材料和能源等具体落实、最佳工艺生产技术的确定以及选址、人员培训、生产成本和盈利测算、评价经济效益等。这一阶段的中心任务是在提出多个可行性方案的基础上，进行方案优选，提出可行性研究综合报告。

决策阶段。这一阶段主要进行项目评估，也是可行性研究的最后一个阶段，是项目审批部门或贷款银行或其委托的专业机构依据国民经济发展规划和可行性研究报告，对投资项目的必要性及技术、财务和经济等的全面可行性复查和估价，从而决定项目可取与否。

园林建设项目可行性研究与项目评估之间是辩证统一、相互作用的关系。可行性研究是项目评估的基础，项目评估是可行性研究的延伸。可行性研究报告是项目评估的对象，项目评估的结果是对项目可行与否做出最后判断。可行性研究从企业微观经济效益考虑较多，而项目评估除对项目经济上的可行性研究做进一步分析外，更加着眼于对国民经济效益的分析。

6.1.4　园林工程项目可行性研究基本内容

园林工程项目可行性研究是对项目进行深入细致的技术经济论证的基础上做多方案的比较和优选，提出项目可行与否的结论性意见。一般情况下园林工程可行性研究基本内容主要有以下方面。

总论：园林工程项目建设的目的、性质、提出的背景和依据；

需求预测及拟建规模：园林工程建设项目的规模、市场预测的依据等；

选址及基础条件分析：园林工程项目建设的地点、位置、当地的自然资源与人文资源的状况，即现状分析；

方案设计：园林工程项目内容，包括面积、总投资、工程质量标准、单项造价等；

实施进度建议：园林工程项目建设的进度和工期估算；

资金筹措及成本估算：园林工程项目投资估算和资金筹措方式，如国家投资、外资合营、自筹资金等；

企业效益及国民经济评价：园林工程项目的经济效益、社会效益和生态效益分析；

结论：运用各种指标数据，从各方面分析拟建项目的可行性，分析存在的问题并提出建议；

附件：提供必要的图件、协议文件等所需的全部资料。

6.1.5　可行性研究报告的审批程序

6.1.5.1　可行性研究报告审批

国家发展和改革委员会现行规定审批权限有如下三种情形。

第一,大中型项目的可行性研究报告,按隶属关系由国务院主管部门或省、区、市提出审查意见,报国家发改委审批。其中,重大项目由国家发改委审查后报国务院审批。

第二,国务院各部门直属及下放、直供项目的可行性研究报告,上报前要征求所在省、区、市的意见。

第三,小型项目的可行性研究报告,按隶属关系由国务院主管部门或省、区、市发改委审批。

6.1.5.2　可行性研究报告批准后的主要工作

可行性研究报告批准后即国家同意该项目进行建设,列入预备项目计划。列入预备项目计划并不等于列入年度计划,何时列入年度计划,要根据其前期工作的进展情况、国家宏观经济政策和对财力、物力等因素进行综合平衡后决定。

建设单位在可行性报告获批后可进行下列工作:用地方面,开始办理征地、拆迁安置等手续;委托具有承担本项目设计资质的设计单位进行扩大初步设计,引进项目开展对外询价和技术交流工作,并编制设计文件;报审给水、供气、供热、排水等市政配套方案及规划、土地、人防、消防、环保、交通、园林、文物、安全、劳动、卫生、保密、教育等主管部门的审查意见,取得有关协议或批件;如果是外商投资项目,还需编制合同、章程、报经贸委审批,经贸委核发了企业批准证书后,到工商局领取营业执照,办理税务、外汇、统计、财政、海关等登记手续。

6.2　园林项目招投标管理

6.2.1　招投标概述

园林工程招标、投标同一般的工程的招标、投标一样,是一种商品交易行为,包括招标和投标两方面的内容。

工程招标是国际上广泛应用的达成建设工程交易的主要方式,其目的是为计划兴建的工程项目选择适当的承包单位。

一般是由唯一的买主(卖主)设定标底,招请若干个卖主(买主)通过秘密报价进行竞争,从中选择胜者达成交易协议,随后协议实现标底。

园林工程承包商应具备一定的条件,才能在投标竞争中获胜。首先,要具备一定的园林工程施工技术、经济实力和施工管理经验,完全能胜任将要承包的任务。另外,企业生产效率高,价格合理,信誉良好,是投标竞争获胜的重要条件。

招标投标中应坚持鼓励竞争,防止垄断的原则。为了规范招标活动,保护国家利益、社会公共利益和招投标活动当事人的合法权益,提高经济效益,保证项目质量,必须依照法律规范招投标行为。为此制定的《中华人民共和国招标投标法》已于九届人大第十一次会议通过,并于 2000 年 1 月

1 日起施行。

园林项目的招投标，主要有规划设计项目招投标和园林工程施工招投标两种，方式、程序基本一致，但由于园林工程施工项目招投标内容更复杂，要求的条件更具体，故本节主要以园林工程施工项目招投标为基本内容加以介绍。

6.2.2　招投标的园林工程项目

主要有项目的勘察、规划设计、施工、监理以及工程建设的重要设备、材料的采购等。按其社会关系和投资渠道可分为：大型基础设施、公用事业等关系社会利益、公众安全的园林工程建设项目；全部或部分使用国有资金或国家融资的园林工程建设项目；使用国际组织或外国政府贷款、援助资金的园林工程建设项目；集体、私营企业投资或援助资金的园林工程建设项目等。

园林工程施工招标应具备的条件包括建设单位招标应具备的条件和招标的园林工程建设项目应具备的条件两部分内容。

建设单位招标应具备的条件：

建设单位必须是法人或依法成立的其他组织；

建设单位有招标园林工程相应的资金或资金已落实，以及具有相应的技术管理人员；

建设单位有组织编制园林工程招标文件的能力；

建设单位有审查投标单位园林工程建设资质的能力；

建设单位有组织开标、评标、定标底能力。

不具备第二到第五项条件的园林工程建设单位，必须委托有相应资质的咨询、监理单位代理招标。

招标的园林工程建设项目应具备的条件：

项目概算已经批准；

建设项目正式列入国家、部门或地方的年度固定资产投资计划；

项目建设用地的征用工作已经完成；

有能力满足施工需要的施工图纸和技术资料；

项目建设资金和主要材料、设备的来源已经落实；

已经建设项目经所在地规划部门批准，施工现场已经完成"四通一清"或一并列入施工项目的招标范围。

园林工程施工招标可采用项目工程招标、分项工程招标、特殊专业工程招标等方式进行，但不能对分项工程的分部、分项工程进行招标。

6.2.3　招标方式

园林工程招标方式同一般建设工程招标一样，其招标方式可分为公开招标和邀请招标两种。

6.2.3.1　公开招标

公开招标是园林工程建设项目的主要方式。它是由招标人以招标公告的方式邀请不特定的法人或者其他组织投标，然后以一定形式公开竞争，达到招标目的的全过程。采用这种形式，可由招标单位通过国家指定报刊、信息网络或其他媒介发布招标公告，招标公告须载明招标人的名称、地址、性质、数量、实施地点及获取招标文件的办法等事项，并要求潜在投标人提供有关资质证明文件和企业业绩情况。

公开招标的优点：可以给一切法人资格的承包商以平等竞争的机会参加投标。招标单位有较大的选择范围，有助于开展竞争，打破垄断，能促使承包商努力提高工程质量，缩短工期，降低造价。

其缺点是：审查投标者资格及证书的工作量大，招标费用支出较多。

6.2.3.2　邀请招标

邀请招标是指招标人以投标邀请书的方式邀请特定的法人或其他组织投标。采用这种形式时，招标人应当向三个以上具备承包招标项目能力，资信良好的特定的法人或其他组织发出投标邀请书。

邀请招标不仅可节省招标费用，而且能够提高每个投标者的投标机率，所以对招投标双方都有利。但由于限定了竞争范围，把许多可能的竞争者排除在外，被认为不完全符合自由竞争、机会均等原则，所以邀请招标多在特定条件下采用，一些国家对此也作出了明确的规定：一是工程性质特殊，要求有专门经验的技术人员和熟练技工以及专用技术设备，只有少数承包公司能够胜任；二是公开招标费用过多，与工程投资不成比例；三是公开招标未能产生中标单位；四是由于工期紧迫或保密的要求等其他原因，而不宜公开招标。

6.2.3.3　议标

议标是建设单位和施工单位通过友好协商，最终确定工程造价的方式。议标一般是在工程量较小或在多个项目的招标中，其中一个标段因某种原因，造成招标无效的时候所采用的方式。如参加招标的单位数量不符合招标文件的要求，或所有参加招标的单位的投标报价都不符合招标单位的要求等。

6.2.4　园林工程招标程序

园林工程招标可分为准备阶段和招标阶段。按先后顺序应完成以下工作。

第一，向政府管理招标投标的专设机构提出招标申请。申请的主要内容包括：园林建设单位的资质；招标工程项目是否具备了条件；招标拟采用方式；对招标企业的资质要求；初步拟订的招标工作日程等。

第二，建立招标班子，开展招标工作。在招标申请被批准后，园林建设单位组织临时招标机构，统一安排和部署招标工作。

招标工作人员组成。一般由分管园林建设或基建的领导负责，由工程技术、预算、物资供应、财务、质量管理等部门作为成员。要求工作人员懂业务、懂管理、作风正派，必须保守机密，不得泄露标底。

此阶段的主要任务包括：编制招标文件；招标文件的审批手续；组织委托标底的编制、审查、审定；发布招标公告或邀请书，审查资质，发招标文件以及图纸技术资料，组织潜在投标人员勘察项目现场并答疑；提出评标委员会成员名单并核准；发出中标通知；退还押金；组织签定承包合同；其他该办理的事项。

第三，编制招标文件。招标文件应当包括招标项目的技术要求，对投标人资格审查的标准，投标及报价要求和评标标准等所有实质性要求以及拟签定合同的主要条款，如招标项目需要划分标段，则应在标书主件中载明。

第四，标底的编制和审定。

第五，发布招标人公告或招标特许证书。

第六，投标申请。投标人应具备承担招标项目的能力，具有国家规定的投标人资格。

第七，投标申请审查。招标单位及相关主管部门对投标申请进行审查的主要内容包括营业执照、企业资质等级证书、工程技术人员和管理人员、企业拥有的施工机械设备是否符合承包本工程的要求。同时，还要考察其承担的同类工程质量、工期及合同履行的情况。审查合格后，通知其参加投标；不合格的通知其停止参加工程招标活动。

第八，分发招标文件。包括设计图纸和技术资料，向审查合格的投标企业分发招标文件(包括设计图纸和有关技术资料等)，同时由投标单位向招标单位交纳投标保证金。

第九，踏勘现场及答疑。组织投标企业在规定的踏勘施工现场，对招标文件，设计图纸等提出的疑点，有关问题进行交底或答疑。对招标文件中尚须说明或修改的可以纪要和补充文件形式通知投标企业，投标企业在编制标书时纪要和补充文件与招标文件具有同等效力。

第十，接受标书(投标)。投标企业应按招标文件要求认真组织编制标书，标书编好密封后，在投标截止日期前送交招标单位。招标单位逐一验收，出具收条，妥善保存，开标前任何单位和个人不准启封标书。

6.2.5 招标文件

招标文件是作为建设项目需求者的建设单位向可能的承包商详细阐明项目建设意图的一系列文件的总称，也是投标单位编制投标书的主要客观依据。

招标文件通常包括下列五部分基本内容。

第一，工程综合说明。主要内容为：工程名称、规模、地址、发包范围、设计单位、场地和地基、土质条件、给水排水、供电、道路及通信情况、工期要求等。

第二，设计图纸和技术说明书。编制这部分内容的目的在于使投标单位了解工程的具体内容和技术要求，并能据此拟定施工方案和进度计划。设计图纸的深度可随招标阶段相应的设计阶段而有所不同。施工图阶段招标，则应提供全部施工图纸(可不包括大样)。

技术说明书应满足五个方面的要求：必须对工程的要求做出清楚而详尽的说明，使各投标单位都能有共同的理解，能比较有把握地估算出造价；明确招标过程适用的施工验收技术规范，保修期及保修期内承包单位应负的责任；明确承包单位应提供的其他服务，诸如监督分承包商的工作，防止自然灾害的特别保护措施，安全防护措施等；明确有关专门施工方法及指定材料产地或来源、标准以及可选择的代用品的情况说明；明确有关施工机械设备现场清理及其他特殊要求的说明。

第三，工程量清单和单价表。工程量清单是投标单位计算标价和招标单位评标底的依据。工程量清单通常以每一个体工程为对象，按分项、单项列出工程数量。工程量清单由封面、内容目录和工程表三部分组成。单价表是采用单价合同承包方式时投标单位的报价文件和招标单位评定标底的依据，常用的有工程单价表和工程工料单价表二种。

第四，合同的主要条款。完整符合要求的合同条款，既能使投标单位明确中标后作为承包人应承担的义务和责任，又可作为洽谈商讨签定正式合同的基础。合同主要条款包括以下各项：合同所依据的法律、法规；工程内容(附工程项目一览表)；承包方式(包工包料、包工不包料、总价合同、单价合同或成本加酬金合同等)；总包价；开工、竣工日期；图纸、技术资料供应内容和时间；施工准备工作；材料供应及价款结算办法；工程款结算办法；工程质量及验收标准；工程变更(包括停工及窝工损失的处理办法、提前竣工奖励及拖延工期罚款、竣工验收与最终结算、保修期内维修责任与费用、分包、争端的处理等)。

第五，要明确提交投标文件的截止时间和方式及开标的地点方式等。

6.2.6 投标

园林企业进行施工投标是其获得施工工程的必由之路，也是施工企业决策人、技术管理人员在取得工程承包权以前的主要工作之一。

6.2.6.1 园林工程投标工作机构和投标程序

投标工作机构。为了在投标中获胜，园林施工企业应设置投标工作机构。投标工作机构由施工企业决策人、总工程师或技术负责人、总经济师或合同预算部门、材料部门负责人、办事人员等组成投标决策委员会，以研究决策企业是否参加各项投标工作。

投标程序。园林工程投标程序与其他工程投标一样可参照如下程序进行。

报名参加投标——办理资格预审——取得招标文件——研究招标文件——调查投标环境——确定投标策略——制定施工方案——编制标书——投送标书。

6.2.6.2 园林工程投标资格预审

参加报名投标后，在申请投标资格预审时，园林施工企业应向招标单位提交的基本资料有：企业营业执照和资质证书；企业简历；自有资金情况；全员职工人数，包括技术人员，技术工人数量和平均技术等级，技术人员的资质等级证书，企业自有的主要施工机械设备一览表等情况；近年来曾承建的主要工程及质量情况；现有主要施工任务，包括在建和尚未开工程一览表等。

6.2.6.3 园林工程投标前的准备工作

1) 研究招标文件

资格预审合格后，取得招标文件，即进入投标前的准备工作阶段。这一阶段的工作重点是必须仔细认真研究招标文件，充分了解其内容和要求，发现应澄清的疑点。其过程为：研究工程综合说明，以对工程作整体性的了解；熟悉并详细研究设计图纸和技术说明书，使制定施工方案和报价有确切的依据，对不清楚或矛盾之处，要请招标单位解释订正；研究合同主要条款，明确中标后应承担的义务和责任及应享有的权利。其要点包括：承包方式，开竣工时间及提前或推后交工期限的奖罚，材料供应及价款结算办法，预付款的支付和工程款结算办法，工程变更及停工、窝工等造成的损失处理办法等；熟悉投标单位须知，明确招标要求，在投标文件中要尽量避免出现与招标要求不相符合的情况。

2）调查投标环境

投标环境是招标工程项目施工的自然、经济和社会条件。投标环境直接影响工程成本，因而要充分熟悉并掌握投标市场环境，才能做到心中有数。

投标环境主要内容有：场地的地理位置；地上、地下障碍物种类、数量及位置；土壤(质地、含水量、pH值等)；气象情况(年降雨量、年最高温度、最低温度、霜降日数及灾害性天气预报的历史资料等)；地下水位；冰冻线深度以及地震裂度；现场交通状况(铁路、公路、水路)；给水排水；供电及通信设施；材料堆放场地的最大可能容量，绿化材料苗木供应的品种及数量、途径以及劳动力来源和工资水平、生活用品的供应途径等。

3）投标策略

投标策略是能否中标的关键，也是提高中标效益的基础。投标企业应首先根据企业的内外部情况及项目情况，慎重考虑，作出是否参与投标的决策，然后在以下常见投标策略中选用合适的投标策略予以实施。

(1) 做好施工组织设计，采取先进的工艺技术和机械设备；优选各种植物及其他造景材料；合理安排施工进度；选择可靠的分包单位，力求以最快的速度，最大限度地降低工程成本，以技术与管理优势取胜。

(2) 尽量采用新技术、新工艺、新材料、新设备、新施工方案，以降低工程造价，提高施工方案的科学性，以此赢得投标成功。

(3) 投标报价是能否夺标的重要内容，是投标策略的关键。在保证企业相应利润的前提下，实事求是地以低报价取胜。

(4) 为争取未来优胜，宁可目前少盈利或不盈利，以成本报价在招标中获胜，为今后占领市场打下基础。

4）制定施工方案

施工方案是招标单位评价投标单位水平的重要资料依据，也是投标单位实施工程的基础。应由投标单位的技术负责人制定。内容包括：施工的总体部署和场地总平面布置；施工总进度和单项(单位)工程进度；主要施工方法；主要施工机械数量及配置；劳动力来源及配置；主要材料品种的规格、需用量、来源及分批进场的时间安排；大宗材料和大型机械设备的运输方式；现场水电用量、来源及供水、供电设施；临时设施数量及标准；特殊构件的特定要求与解决的方法等。

关于施工进度的表示方式，有的招标文件专门规定必须用网络图，有的文件规定亦可用传统的横道图。施工方案只要抓住重点，简明扼要即可。

5) 报价

报价是投标全过程的核心工作，对能否中标，能否盈利，盈利多少起决定性作用。

首先，要做出科学有效的报价必须完成以下工作。①看图：了解工程内容、工期要求、技术要求。②熟悉施工方案，核算工程量。③以造价部门统一划定的概(预)算定额为依据进行投标报价。如大型园林施工企业有自己的企业定额，则可以此为依据自主报价。④确定现场经费，间接费率和预期利润率，并要留有一定的伸缩余地。

第二，高度重视报价内容。我国现行园林建设工程费用构成见表6-1。

我国现行园林建设工程费用构成表　　　　　　　　　　表 6-1

费 用 项 目			参 考 计 算 方 法
直接工程费	直接费	人工费、材料费、施工机械使用费	∑人工工日概预算定额×工资单价×实物工程量 ∑材料概预算定额×材料预算单价×实物工程量 ∑机械概预算定额×机械台班预算单价×实物工程量
		其他直接费	按定额
	现场经费	临设费、现场管理费	土建工程：(人工费+材料费+机械使用费)×取费率 绿化工程：(人工费+材料费+机械使用费)×取费率 安装工程：人工费×取费率
间接费		企业管理费、财务费、其他费用	土建工程：直接工程费×取费率 绿化工程：直接工程费×取费率 安装工程：人工费×取费率
盈利		计划利润	(直接工程费+间接费)×计划利润率
税金		含营业税、城乡维护建设税、教育附加费	(直接工程费+间接费+计划利润)×税率

表6-1中的直接工程费包括直接费、其他直接费和现场经费。

直接费包括人工费、材料费和施工机械使用费，是施工过程中耗费的，构成工程实体并有助于工程形成的多项费用。

其他直接费指直接费以外的施工过程中发生的其他费用，如冬、雨期施工、夜间施工增加费、二次搬运费等。具体到单位工程来讲，可能发生，也可能不发生，需要根据现场施工条件而定。

现场经费指为施工准备、组织施工生产和管理所需的费用。

表6-1中的间接费是指虽不直接由施工过程所引起，但却与工程总体条件有关的园林施工企业为组织施工和进行经营管理以及间接为园林施工生产服务的各项费用。

表6-1中的盈利(计划利润)为按规定应计入园林建设工程造价的利润。税金则是指按税法规定应计入园林工程造价内的营业税、城建税和教育附加费。

第三，科学确定报价决策。报价决策的工作内容首先是计算基础标价，即根据工程量清单和报价项目单价表，进行初步测算，对有些单价可做适当调整，形成基础报价；然后要进行风险预测和盈亏分析；在前两项工作基础上，测算可能的最高标价和最低标价。

基础标价、测算的最低标价和测算的最高标价分别按下列公式进行计算。

$$基础标价 = \sum 报价项目 \times 单价$$

$$最低标价 = 基础标价 - (估计盈利 \times 修正系数)$$

$$最高标价 = 基础标价 + (风险损失 \times 修正系数)$$

考虑到在一般情况下，无论各种盈利因素或风险损失，很少有可能在一个工程上百分之百地出现，所以应加一修正系数，这个修正系数凭经验一般取值 0.5～0.7。

6.2.6.4 园林工程投标标书的编制和报送

1) 标书的编制

园林施工企业作出报价决定后，即进行标书的编制。

投标书一般包括：标书编制说明、总报价书、单项工程报价书、工程量清单和单价表、施工技术措施和总体布置以及施工进度计划图表、主要材料规格要求、厂家、价格、一览表等，但没有统一的格式，而是由地方招标管理部门印制，由招标单位发给投标单位使用。工程施工项目标书制作实例范本见附件。

2) 标书的投送

标书投送时，应从以下几个方面特别加以注意。

一是标书编制好后，要由负责人签署意见，并按规定分装、密封，派专人在投标截止日期前送达指定地点，并取得收据。邮寄时，一定要考虑路途时间。

二是投送标书时，须将招标文件包括图纸、技术规范、合同条件等全部交还招标建设单位，切勿丢失。

三是将报价的全部计算分析资料加以整理汇编，归档备查。

6.2.7 开标、评标与决标

6.2.7.1 开标

开标应按招标文件中确定的提交投标文件截止时间的同一时间公开进行。开标地点应为招标文件中预先确定的地点。开标会议由招标单位的法人或其指定的代理人主持，邀请所有投标人到场，也可邀请上级主管部门及银行等有关单位代表参加，如有必要还应请公证机关派公证员到场。

开标的一般程序是：

第一步，由招标单位工作人员介绍参加开标的各方到场人员和开标主持人，出示招标单位法定代表人证件或代理人委托书及证件。

第二步，开标主持人检验各投标单位法定代表人或其他指定代理人的证件、委托书等，并确认无误。

第三步，宣布评标方法和评标委员会成员名单。

第四步，开标时，由投标人或其委派代表检查投标文件的密封情况，也可由招标人委托公证机构检查并公证。经确认无误后，由工作人员当众拆封，宣读投标单位名称，投标价格和投标文件的其他主要内容。开封过程应当记录，并存档备查。

第五步，启封标书。开标主持人当众检查启封标书。如发现无效标书经上述评委确认，当场宣布该标书无效。

按我国现行有关规定，有下列情况之一者，投标书宣布无效：标书未密封；无单位和法定代表人或其他指定代理人的印鉴；未按规定格式填写标书，内容不全或字迹模糊；标书逾期送达；投标单位未参加开标会议。

第六步，按标书送达时间或以抽签方式排列投标单位唱标次序，并当众予以拆封，宣读各自投标书的要点。

第七步，当场公开标底。

如全部有效标书的报价都超过标底规定的上、下限幅度时，招标单位可宣布全部报价为无效报价，招标失败，另行组织招标或邀请协商。此时暂不公布标底。

6.2.7.2　评标

评标的原则是公平竞争、公正合理、对所有投标单位一视同仁。

评标委员会由招标人代表，技术、经济方面的专家5人以上组成，成员总数应为单数，其中技术经济专家不得少于成员总人数的2/3。召集人由招标单位法定代表人或其指定代理人担任。

评标在开标后立即进行，也可在随后进行。一般应对各投标单位的报价、工期、主要材料用量、施工方案、工程质量标准和工程产品保修养护的承诺以及企业信誉度进行综合评价，为择优确定中标单位提供依据。

常用的评标方法主要有加权综合评分法、接近标底法、加减综合评分法、定性评议法等。

6.2.7.3　决标

决标又称定标。评标委员会按评标办法对投标书进行评审后，应提出评标报告，推荐中标单位，经招标单位法人认定后报上级主管部门审批。当地招投标管理部门批准后，由招标单位在有效时期内发中标和未中标通知书。要求中标单位在规定期限内签定合同。未中标单位退还招标文件，领回投标保证金，招标即告结束。

开标到决标时间：小型园林工程不超过10天，大中型园林工程不超30天，特殊情况可适当延长。

中标单位确定后，一般情况下招标单位应在7天内给中标单位发送中标通知书，中标通知书发出30天内，中标单位应与招标单位签定工程承包合同。

6.3　园林项目合同管理

园林项目合同指园林生产过程中为明确甲方(业主、发包人)、乙方(设计单位、施工单位)权利和义务签订的协议。包括项目全过程合同或某阶段性合同，如可行性研究合同、规划设计项目合同和园林工程施工合同等。各类合同基本格式一致，只是具体项目内容根据具体情况有所变化，本节主要介绍园林工程施工合同。

6.3.1　园林工程施工合同概述

6.3.1.1　园林工程施工合同的概念与作用

园林工程施工合同是指发包人与承包人之间为完成商定的园林工程施工项目，确定双方权利和义务的协议。依据工程施工合同，承包方完成一定的种植、建筑和安装工程任务，发包人应提供必要的施工条件并支付工程价款。

园林工程施工合同是园林工程的主要合同，是园林工程建设质量控制、进度控制、投资控制的主要依据。在市场经济条件下，建设市场主体之间相互的权利义务关系主要是通过市场确立的，因此，在建设领域加强对园林工程施工合同的管理具有十分重要的意义。

园林工程施工合同的当事人中，发包人和承包人双方应该是平等的民事主体。承包、发包双方签订施工合同，必须具备相应经济技术资质和履行园林工程施工合同的能力。在对合同范围内的工程实施建设时，发包人必须具备组织能力；承包人必须具备有关部门核定经济技术的资质等级证书和营业执照等证明文件。

园林工程建设的发包人可以是具备法人资格的国家机关、事业单位、国有企业、集体企业、私营企业、经济联合体和其他社会团体，也可以是依法登记的个人合伙企业、个体经营者或个人，经合法完备手续取得甲方资格，承认全部合同条件，能够而且愿意履行合同规定义务(主要是支付工程价款能力)的合同当事人。发包人既可以是建设单位，也可以是取得建设项目总承包资格的项目总承包单位。

园林工程施工的承包人应是具备与工程相应资质和法人资格的，并被发包人接受的合同当事人及其合法继承人。承包人应是施工单位。

在园林工程施工合同中，工程师受发包人委托或者委派对合同进行管理，在园林工程施工合同管理中具有重要的作用(虽然工程师不是施工合同当事人)。施工合同中的工程师是指监理单位派的总监理工程师或发包人指定履行合同的负责人，其身份和职责由双方在合同中约定。

6.3.1.2　园林工程施工合同的特点

园林工程施工合同不同于其他合同，具有显著的特点。

特殊性。园林工程施工合同中的各类建筑物、植物产品，其基础部分与大地相连，不能移动。这就决定了每个施工合同中的项目都是特殊的，相互间具有不可替代性，这还决定了施工生产的流动性。植物、建筑所在地就是施工生产场地，施工队伍、施工机械必须围绕建筑产品不断移动。

长期性。在园林工程建设中植物、建筑物的施工，由于材料类型多、工作量大，施工工期都较长(与一般工业产品相比)，而合同履行期限又长于施工工期，因为工程建设的施工单位应当在合同签订后才开始，而需加上合同签订后到正式开工前的一个较长的施工准备时间和工程全部竣工验收后，办理竣工结算及保修期的时间，特别是对植物产品的管护工作需要更长的时间。此外，在工程的施工过程中，还可能因为不可抗力、工程变更、材料供应不及时等原因而导致工期顺延。所有这些情况，决定了施工合同的履行期限具有长期性。

多样性。园林工程施工合同除了应具备合同的一般内容外，还应对安全施工、专利技术使用、发现地下障碍和文物、工程分包、不可抗力、工程设计变更、材料设备供应、运输、验收等内容作出规定。在施工合同的履行过程中，除施工企业与发包人的合同关系外，还应涉及与劳务人员的劳动关系、与保险公司的保险关系、与材料设备供应商的买卖关系、与运输企业的运输关系等。所有这些，都决定了施工合同的内容具有多样性和复杂性的特点。

严格性。由于园林工程施工合同的履行对国家的经济发展、人民的工作、生活和生存环境等都有重大影响。因此，国家对园林工程施工合同的监督是十分严格的。

首先，合同主体监督的严格性。园林工程施工合同主体一般只能是法人。发包人一般只能是经过批准进行工程项目建设的法人，必须有国家批准的建设项目，落实投资计划，并且应当具备相应的协调能力；承包人则必须具备法人资格，而且应当具备相应的从事园林工程施工的经济、技术等资质。

第二，合同订立监督的严格性。考虑到园林工程的重要件和复杂性，在施工过程中经常会发生影响合同履行的纠纷，因此，园林工程施工合同应当采用书面形式。

第三，对合同履行监督的严格性。在园林工程施工合同履行的纠纷中，除了合同当事人及其主管机构应当对合同进行严格的管理外，合同的主管机关(工商行政管理机构)、金融机构、建设行政主管机关(管理机构)等，都要对施工合同的履行进行严格的监督。

6.3.2 园林工程施工合同的签订
6.3.2.1 园林工程施工合同签订的条件和原则

签订园林工程施工合同应具备的条件：初步设计已经批准；工程项目已经列入年度建设计划；有能够满足工程施工需要的设计文件和有关技术资料；建设资金已经落实；招标工程的中标通知书已经下达。

签订园林工程施工合同应遵守以下三大基本原则。

一是遵守法律、法规和计划的原则。订立园林工程施工合同，必须遵守国家法律、行政法规；对园林工程建设的特殊要求与规定，也应遵守国家的建设计划。由于园林工程施工对当地经济发展、社会环境与人们生活有多方面的影响，国家或地方有许多强制性的管理规定，施工合同人必须遵守。

二是坚持平等、自愿、公平的原则。签订园林工程施工合同的当事人双方同签定其他合同当事人双方一样，都具有平等的法律地位，任何一方都不得强迫对方接受不平等的合同条件。当事人有权决定是否订立合同和合同的内容，合同内容应当是双方当事人真实意思的体现。合同的内容应当是公平的，不能损害一方的利益，对于显失公平的合同，当事人一方有权申请人民法院或者仲裁机构予以变更或者撤销。

三是遵循诚实信用的原则。要求在订立园林工程施工合同时要诚实，不得有欺诈行为，合同当事人应当如实将自身和工程的情况介绍给对方。在履行合同时，施工当事人要恪守信用、严格履行合同。

6.3.2.2 园林工程施工合同签订的程序

签订园林工程施工合同的程序以要约和承诺两个阶段进行。

第一，要约阶段。要约是指合同当事人一方向另一方提出订立合同的要求，并列出合同的条款，以及限定其在一定期限内做出承诺的意思表示。

要约是一种法律行为。它表现在要约规定的有效期限内，要约人要受到要约的约束，受约人若按时和完全接受要约条款时，要约人负有与受约人签订合同的义务。否则，要约人对由此造成受约人的损失应承担相应的法律责任。

要约具有法律约束力，须具备4个条件：要约是特定的合同当事人的意思表示；要约必须是要约人与他人以订立合同为目的；要约的内容必须具体、确定；要约经受约人承诺，要约人即受要约的约束。

第二，承诺阶段。承诺是指当事人一方对另一方提出的要约，在要约有效期限内，做出完全同意要约条款的意思表示。

承诺也是一种法律行为。承诺必须是要约的相对人在要约有效期限内以明示的方式做出，并送达要约人；承诺必须是承诺人做出完全同意要约的条款，方为有效。如果要约的相对人对要约中的某些条款提出修改、补充、部分同意，附有条件，或者另行提及新的条件以及迟到送达的承诺，都不能视为有效的承诺，而被称为新要约。

承诺要具有法律约束力，必须具备3个条件：承诺须由受约人做出；承诺的内容应与要约的内容完全一致；承诺人必须在要约有效期限内做出承诺并送达要约人。

6.3.2.3 园林工程施工合同签订方式

园林工程施工合同签订的方式有两种，即：直接发包和招标发包。对于必须进行招标的园林建设项目的施工应通过招标投标确定工程施工企业。

首先，同其他合同一样，园林工程施工合同的签订受严格的时限约束，要求中标通知书发出后，中标的园林工程施工企业应与建设单位及时签订合同。依据招标投标法的规定，中标通知书发出30天内签订合同工作必须完成。签订合同人必须是中标施工企业的法人代表或委托代理人。投标书中已确定的合同条款在签订合同时一般不得更改，合同价应与中标价相一致。如果中标施工企业在规定的有效期限内拒绝与建设单位签订合同，则建设单位可不再返还其投标时在投资银行的保证金。建设行政主管部门或其授权机构还可视其情况给予一定的行政处罚。

6.3.3 园林项目合同的履行、变更、转让、终止和解除

6.3.3.1 园林工程施工合同的履行

园林工程施工合同履行是指合同当事人双方依据合同条款的规定，实现各自享有的权利，并承

担各自负有的义务。就其实质来说，是合同当事人在合同生效后，全面地、适时地完成合同义务的行为。

合同的履行是合同法的核心内容，也是合同当事人订立合同的根本目的。当事人双方在履行合同时，必须全面地、善始善终地履行各自承担的义务，使当事人的权利得以实现，从而为各社会组织及自然人之间的生产经营及其他交易活动的顺利进行创造条件。

依照合同法的规定，合同当事人双方应当按照合同约定全面履行自己的义务，包括履行义务的主体、标底、数量、质量、价款或报酬以及履行的方式、地点、期限等，都应当按照合同的约定全面履行。

园林工程施工合同履行必须遵守诚实信用的原则，该原则贯穿于合同的订立、履行、变更、终止等全过程。因此，当事人在订立合同时，要诚实，要守信用，要善意，当事人双方要互相协作，合同才能圆满地履行。诚实信用原则的基本内容，主要是合同当事人善意的心理状况，它要求当事人在进行民事活动中不得有欺诈行为，要恪守信用，尊重交易习惯，不得回避法律和歪曲合同条款。正当竞争，反对垄断，尊重社会公共利益和不得滥用职权等。

公平合理是园林工程施工合同履行的另一原则。合同当事人双方自订立合同起，直到合同的履行、变更、转让以及发生争议时对纠纷的解决，都应当依据公平合理的原则，按照合同法的规定，履行其义务。

签订园林工程施工合同的当事人不得擅自单方变更合同是合同履行的又一个重要原则。合同依法成立，即具有法律约束力，因此，合同当事人不得单方擅自变更合同。合同的变更，必须按合同法中有关规定进行，否则就是违法行为。

6.3.3.2　园林工程施工合同的变更

园林工程施工合同的变更与一般合同的变更相一致。

合同变更是指合同依法成立后，在尚未履行或尚未完全履行时，当事人依法经过协商，对合同的内容进行修改或调整所达成的协议。

合同变更时，当事人应当通过协商，对原合同的部分内容条款做出修改、补充或增加新的条款。例如，对原合同中规定的标底数量、质量、履行期限、地点和方式、违约责任、解决争议的办法等做出变更。当事人对合同内容变更取得一致意见时方为有效。

合同法规定："变更合同应当办理批准、登记等手续，必须依据其规定办理。因此当事人变更有关合同时，必须按照规定办理批准、登记手续，否则合同之变更不发生效力。"

当事人因重大误解、显失公平、欺诈、胁迫或乘人之危而订立的合同，受损害一方有权请求人民法院或者仲裁机构做出变更或撤销合同中的相关内容的决定。

6.3.3.3　园林工程施工合同的转让

园林工程施工合同的转让分为债权人转让权利和债务人转移义务两种。无论哪一种都必须办理批准、登记手续。

债权转让，是指园林工程施工合同债权人通过协议将其债权全部或者部分转让给第三人的行为，债权转让又称债权让与或合同权利的转让。

债务转移，是指园林工程施工合同债务人与第三人之间达成协议，并经债权人同意，将其义务全部或部分转移给第三人的法律行为。债务转移又称债务承担或合同义务转让。

合同法第八十七条规定："法律、行政法规规定转让权利或者转移义务应当办理批准、登记等手续的，依据其规定。"

法律、行政法规规定了特定合同的成立、生效要经过批准、登记，否则不能成立。因此，园林工程施工合同的权利转让或者义务转移也须经过批准、登记。因为，需要批准、登记的合同都是具有特定性质的合同，在批准、登记时，合同主体——当事人是重要的审查内容，无论是合同债权转让还是合同债务转移，都会引起合同主体的变化，所以要规定进行批准、登记等手续。

6.3.3.4　园林工程施工合同的权利义务终止

合同终止是指合同当事人双方依法使相互间的权利义务关系终止，即合同关系消除。合同法第九十一条规定："有下列情形之一的，合同的权利义务终止：

债务已经按照约定履行；

债务相互抵消；

债务人依法将标的物提存；

债权人免除债务；

债权债务同归于一人；

法律规定或者当事人约定终止的其他情形。"

现实交易活动中，合同终止原因绝大多数是第一种情形。按照约定履行，是合同当事人订立合同的出发点，也是订立合同的归宿，是合同法调整合同法律关系的最理想效果。

6.3.3.5　园林工程施工合同的解除

合同解除是指合同当事人依法行使解除权或者双方协商决定，提前解除合同效力的行为。合同解除包括：约定解除和法定解除两种类型。

约定解除合同。《中华人民共和国合同法》第九十三条规定；"当事人协商一致，可以解除合同。当事人可以约定一方解除合同的条件。解除合同的条件成熟时，解除权人可以解除合同。"

法定解除合同❶。当事人在行使合同解除权时，应严格按照法律规定行事，从而达到保护自身合法权益的目的。

《中华人民共和国合同法》第九十四条规定有下列情形之一的，当事人可以解除合同：

因不可抗力致使不能实现合同目的；

在履行期限届满之前，当事人一方明确表示或者以自己的行为表明不履行主要债务；

---

❶ 所谓法定解除是指在合同依法成立后尚未全部履行完毕以前，当事人基于法律规定的事由行使解除权，从而使合同效力归于消灭的行为。此种合同解除关键在于由法律规定解约事由，当条件成熟时，解除权产生，解除权人可直接行使解除权，将合同关系解除，而不必征得对方同意。

当事人一方迟延履行主要债务，经催告后在合理期限内仍未履行；

当事人一方迟延履行债务或者有其他违约行为致使不能实现合同目的；

法律规定的其他情形。

6.3.4 园林工程施工合同的管理

6.3.4.1 园林工程施工合同管理的意义

1) 有利于发展和完善社会主义园林工程市场经济

园林工程施工合同管理的目的及任务是发展和完善社会主义园林工程市场经济。我国经济体制改革的目标是建立社会主义市场经济，以利于进一步解放和发展生产力，增强经济实力，参与国际市场经济活动。因此，培育和发展园林工程市场，是我国园林系统建立社会主义市场体制的一项十分重要的工作。

为此，在园林工程建设领域中要加强园林工程市场的法制建设，健全市场法规体系，以保障园林工程市场的繁荣和园林业的发达。要达此目的，必须加强对园林工程建设合同的法律调整和管理，认真做好园林工程施工合同管理工作。

2) 有利于建立现代园林工程施工企业制度

现代企业制度的建立，对企业提出了新的要求，企业应当依据公司法的规定，遵循"自主经营、自负盈亏、自我发展、自我约束"的原则，这就促使园林工程施工企业必须认真地、更多地考虑市场的需求变化，调整企业发展方向和工程承包方式，依据招投标法的规定，通过工程招标投标签订园林工程施工合同，以求实现与其他企业、经济组织在工程项目建设活动中的协作与竞争。

园林工程施工合同，是项目法人单位与园林工程施工企业进行承包、发包的主要法律形式，是进行工程施工、监理和验收的主要法律依据，是园林工程施工企业走向市场经济的桥梁和纽带。订立和履行园林工程施工合同，直接关系到建设单位和园林工程施工企业的根本利益。加强园林工程施工合同的管理，已成为在园林工程施工企业中推行现代企业制度的重要内容。

3) 有利于规范园林工程施工市场主体、市场价格和市场交易

建立完善园林工程施工市场体系，是一项经济法制建设工程。它要求对市场主体、市场价格和市场交易等方面的经济关系加以法律调整。

市场主体进入市场进行交易，其目的就是为了开展和实现工程项目承包发包活动，也即建立工程建设项目合同法律关系。欲达此目的，有关各方主体必须具备和符合法定主体资格，也即共有订立园林工程合同的权利能力和行为能力，方可订立园林工程承包合同。

园林市场价格，是一种市场经济中的特殊商品价格。在我国，正在逐步建立"政府宏观指导，企业自主报价，竞争形成价格，加强动态管理"的园林建筑市场价格机制。

园林工程施工的市场交易，是指园林产品的交易通过工程建设招标投标的市场竞争活动，最后采用订立园林工程施工合同的法定形式，以形成有效的园林工程施工合同的法律关系。

4) 有利于提高园林工程施工合同履约率

牢固树立合同法制观念，加强工程建设项目合同管理，必须从项目法人、项目经理、项目工程师做起，坚决执行合同法和建设工程合同行政法规以及"合同示范文本"制度，从而保证园林工程建设项目的顺利建成。

5) 有利于开拓园林工程施工国际市场

努力发展和提高我国园林工程产业在国际工程市场中的份额，十分有利于发挥我国园林工程的技术优势和人力资源优势，推动国民经济的迅速发展。改革开放以来在开拓和开放国际工程承包、发包过程中，坚持贯彻"平等互利，形式多样，讲求实效，共同发展"的经济合作方针和"守约、保质、薄利、重义"的经营原则，在国际工程承包市场上树立了信誉，获得了国外先进的工程管理经验，加快了我国园林工程施工合同管理与国际园林工程施工惯例接轨的步伐。

6.3.4.2 园林工程施工合同管理的任务

一是发展和培育园林工程施工市场，振兴我国的园林工程施工业，建立开发现代化的园林工程施工市场。市场的模式应当是：市场机制(即供应、价格、竞争)健全，市场要素完备，市场保障体系和市场法规完善，市场秩序良好。为了形成高质量的园林工程施工的市场模式，必须培育合格的市场主体，建立市场价格机制，强化市场竞争意识，推动园林工程项目招标投标，确保工程质量，严格履行园林工程施工合同。

二是努力推行法人责任制、招标投标制、工程监理制和合同管理制。认真完善和实施"四制"并做好协调关系，是摆在园林工程建设管理工作面前的重要任务。现代园林工程管理中的"四制"，是一个相互促进、相互制约的有机组合体，是主体运用现代管理手段和法制手段，实现园林工程施工市场经济发展和促进社会进步的统一体。因此，工程建设管理者必须学会正确运用合同管理手段，为推动项目法人负责制服务；工程师依据合同实施规范性监理，落实工程招标与合同管理一体化的科学管理。

三是全面提高园林工程建设管理水平，培育和发展园林工程市场经济，是一项综合的系统工程，其中合同管理只是一项子工程。但是，工程合同管理是园林工程科学管理的重要组成部分和特定的法律形式。它贯穿于园林工程施工市场交易活动的全过程，众多园林工程施工合同的全部履行，是建立一个完善的园林工程施工市场的基本条件。因此，加强园林工程施工合同管理，全面提高工程建设管理水平，必将在建立统一的、开放的、现代化的、机制健全的社会主义园林工程施工市场经济体制中，发挥重要的作用。

四是有效控制工程质量、进度和造价。园林工程合同管理，是对园林工程建设项目有关的各类合同，从条件的拟订、协商、签署、履行情况的检查和分析等环节进行的科学管理，以期通过合同管理实现园林工程项目"三大控制"的任务要求，维护当事人双方的合法权益。

6.3.4.3 园林工程施工合同管理的方法和手段

1) 园林工程施工合同管理的方法

(1) 健全园林工程合同管理法规，依法管理

在园林工程建设管理活动中，要使所有工程建设项目从可行性研究开始，到工程项目报建、工程项目招标投标、工程建设承发包，直至工程建设项目施工和竣工验收等一系列活动全部纳入法制轨道，就必须增强发包商和承包商的法制观念，保证园林工程建设项目的全部活动依据法律和合同办事。

(2) 建立和发展有形园林工程市场

建立完善的社会主义市场经济体制，发展我国园林工程发包承包活动，必须建立和发展有形的园林工程市场。有形园林工程市场必须具备及时收集、存储和公开发布各类园林工程信息的三个基本功能，为园林工程交易活动，包括工程招标、投标、评标、定标和签订合同提供服务，以便于政府有关部门行使调控、监督的职能。

(3) 完善园林工程合同管理评估制度

完善的园林工程合同管理评估制度是保证有形的园林工程市场良性发展的重要保证，又是提高我国园林工程管理质量的基础，也是发达国家经验的总结。我国在这方面，还存在一定的差距。面临全球化进程加快的客观现实，我们只有尽快建立完善这方面的制度，使我国园林工程合同管理评估制度尽快与国际接轨，在激烈的竞争中立于不败之地，符合市场经济发展的基本要求。

一是合法性，指工程合同管理制度符合国家有关法律、法规的规定；

二是规范性，指工程合同管理制度具备规范合同行为的作用，对合同管理行为进行评价、指导、预测，对合同行为进行保护奖励，对违约行为进行预测、警示或制裁等；

三是实用性，指园林工程合同管理制度能适应园林建设工程合同管理的要求，以便于操作和实施；

四是系统性，指各类工程合同的管理制度是一个有机结合体，互相制约、互相协调，在园林工程合同管理中，能够发挥整体效应的作用；

五是科学性，指园林工程合同管理制度能够正确反映合同管理的客观经济规律，保证人们运用客观规律进行有效的合同管理，才能实现与国际惯例接轨。

(4) 推行园林工程合同管理目标制

园林工程合同管理目标制，就是使园林工程各项合同管理活动按照达到预期结果和最终目的的制度。其过程是一个动态过程，具体讲就是指工程项目管理机构和管理人员为实现预期的管理目标和最终目的，运用管理职能和管理方法对工程合同的订立和履行施行管理活动的过程。其过程主要包括：合同订立前的目标制管理、合同订立中的目标制管理、合同履行中的目标制管理和减少合同纠纷的目标制管理等五部分。

(5) 园林工程合同管理机关必须严肃执法

园林工程合同法律、行政法规，是规范园林工程市场主体的行为准则。在培育和发展我国园林工程市场的初级阶段，具有法制观念的园林工程市场参与者，要学法、懂法、守法，依据法律、法规进入园林工程市场，签订和履行工程建设合同，维护自身的合法权益。而合同管理机关，对违反合同法律、行政法规的应从严查处。

由于我国社会主义市场经济尚处初创阶段，特别是园林工程市场因其周期长、流动广、艺术性强、资源配置复杂以及生物性等特点，依法治理园林市场的任务十分艰巨。在工程合同管理活动中，合同管理机关应在严肃执法的同时，又要运用动态管理的科学手段，实行必要的"跟踪"监督，可以大大提高工程管理水平。

2) 园林工程施工合同管理的手段

园林工程施工合同管理是一项复杂而广泛的系统工程，必须采用综合管理的手段，才能达到预期目的。

(1) 普及合同法制教育，培训合同管理人才

认真学习和熟悉必要的合同法律知识，以便合法地参与园林工程市场活动。发包单位和承包单位应当全面履行合同约定的义务，不按照合同约定履行义务的，依法承担违约责任。工程师必须学会依据法律的规定，公正地、公开地、独立地行使权力，努力作好园林工程合同的管理工作。这就要进行合同法制教育，通过培训等形式，培养合格的合同管理人才。

(2) 建立专门合同管理机构并配备专业的合同管理人员

建立切实可行的园林建设工程合同审计工作制度，设立专门合同管理机构，并配备专业的管理人员。以强化园林建设工程合同的审计监督，维护园林工程建筑市场秩序，确保园林建设工程合同当事人的合法权益。

(3) 积极推行合同示范文本制度

积极推行合同示范文本制度，是贯彻执行中华人民共和国合同法，加强建设合同监督，提高合同履约率，维护园林建筑市场秩序的一项重要措施。一方面有助于当事人了解、掌握有关法律、法规，使园林工程合同签订符合规范，避免缺款少项和当事人意思表达不真实，防止出现显失公平和违约条款；另一方面便于合同管理机关加强监督检查，也有利于仲裁机构或人民法院及时裁判纠纷，维护当事人的合法权益，保障国家和社会公共利益。

(4) 开展对合同履行情况的检查评比活动，促进园林工程建设者重合同、守信用

园林工程建设企业应牢固树立"重合同，守信用"的观念。在发展社会主义市场经济，开拓园林工程建筑市场的活动中，园林工程建设企业为了提高竞争能力，应该认识到"企业的生命在于信誉，企业的信誉高于一切"的原则的重要性。因此，园林工程建设企业各级领导应该经常教育全体员工认真贯彻岗位责任制，使每一名员工都来关心工程项目的合同管理，认识到自己的每一项具体工作都是在履行合同约定的义务，从而保证工作项目合同的全面履行。

(5) 建立合同管理的信息系统

建立以计算机数据库系统为基础的合同管理信息系统。在数据收集、整理、存储、处理和分析等方面，建立工程项目管理中的合同管理系统，可以满足决策者在合同管理方面的信息需求，提高管理水平。

(6) 借鉴和采用国际通用规范和先进经验

现代园林工程建设活动，正处在日新月异的新时期，我国园林工程承包、发包活动的国际性更

加明显。国际园林工程市场吸引着各国的业主和承包商参与其流转活动。这就要求我国的园林工程建设项目的当事人学习、熟悉国际园林工程市场的运行规范和操作惯例，为进入国际园林工程市场而努力。

6.3.5　常见合同格式

6.3.5.1　园林工程施工合同文本主要内容

双方共同签订的协议书是园林工程施工合同示范文本的主要内容，又是园林工程施工合同文本中总纲性的文件，它规定了当事人双方最主要的权利和义务，规定了组成合同的文件及合同当事人履行合同义务的承诺，并要求合同当事人在该文件上签字盖章，具有法律效力。协议书的内容包括工程概况、工程承包范围、合同工期、质量标准、合同价款、组成合同的文件及双方的承诺等。

园林工程施工合同协议一般包括通用条款、专用条款和工程施工合同文本附件三部分。

园林工程施工合同中的通用条款是根据合同法等法律对承发包双方的权利义务作出的规定，除双方协商一致对其中的某些条款作了修改、补充或取消外，双方都必须履行。它是根据双方协商条款编写出来的一份完整的园林建设工程施工合同文件。

园林工程施工合同专用条款是考虑到园林建设工程的内容各不相同，工期、造价也随之变动。承、发包商各自的能力、施工现场的环境和条件也各不相同，通用条款不能完全适用于各个具体园林工程，必须对其作必要的修改和补充，但是所形成的通用条款和专用条款要成为双方统一意愿的体现。专用条款的条款号应与通用条款相一致，并由当事人根据工程的具体情况予以明确或者直接对通用条款进行修改、补充。

园林工程施工合同文本的附件则是对施工合同当事人权利义务的进一步明确，并使得施工合同当事人一目了然，便于执行和管理。

6.3.5.2　常见合同格式范本

现行使用的不少合同还不能称之为格式合同，由于没有推行格式合同，所以合同的格式比较多样化，其中不乏不够规范的合同格式(附件中列出有可供参考的常见合同格式范例)。

本章推荐参考书目

[1] 董三孝. 园林工程概预算与施工组织管理 [M]. 北京：中国林业出版社，2003.

[2] 梁伊任，杨永胜，王沛永. 园林建设工程 [M]. 北京：中国城市出版社，2000.

[3] 陈科东. 园林工程施工与管理 [M]. 北京：高等教育出版社，2002.

复习思考题

1. 简述园林投资项目可行性研究的概念、步骤和内容。

2. 简述园林工程项目招投标概念、主要内容条件和程序。

3. 园林工程投标前的准备工作有哪些？投标策略有哪几种？

4. 根据某一拟建园林工程项目编制一份招标文件。

5. 针对某一拟建园林工程项目做一本投标书。

6. 什么是园林工程施工合同，其作用和特点是什么？

7. 园林工程施工合同签订的条件、原则及程序是什么？

8. 根据某一拟建园林工程项目模拟签订一份设计或施工合同。

9. 试述园林工程施工合同的履行、变更、转让和终止的概念及相关法律规定。

10. 园林工程施工合同管理方法和手段有哪些？

附件 1 工程量表

××××(项工程甲)工程量表

编号	项目	简要说明	计量单位	工程数量	单价(元)	总价(元)

说明：*A.* 前 5 项由招标单位填列。后 2 项由投标单位填列。

B. 工程项目应按地下(±0.00)工程和上部工程分列。

C. 工程单价。我国习惯作法，一般仅列直接费，待汇总后再加各项独立费和不可预见费，并按规定百分比计算间接费和利润。

D. 计算工程量所用的方法和单价应在工程量表开头和末尾作以说明。

附件 2 单价表[❶]

××××工程单价表

编　号	项　目	简要说明	计量单位	近似工程量	单价(元)

注：近似工程量仅供投标单位报价参考。

××××工程工料单价表

编　号	工种或材料名称	规　格	计量单位	单价(元)

❶ 单价表：是采用单价合同承包方式时投标单位的报价文件和招标单位评定标底的依据，常用的有工程单价表和工程工料单价表两种。

附件3　投标资格预审表

投标资格预审表

企业名称：					法定代表人：		
企业所有制类别：					资质等级：		
企业主管单位：					经营范围：		
企业组建时间：					营业地址及电话号码：		
开户银行：					账号：		
资本金：					生产经营用固定资产：		
企业概况	自有人数	管理人员：　　人		其中技术人员	高级工程师：　　人	批准民工人数	
		固定工：　　人			工程师：　　人		
		合同工：　　人			助理工程师：　　人		
		合计：　　人			技术员：　　人		
	现有任务情况	今年计划开复工面积：　　m²			迄今已开复工面积：＿＿m²		
		今年计划竣工面积：　　m²			迄今已竣工面积：＿＿＿m²		
		注：上列开复工及竣工面积为截止到＿＿月底的数字					
拟投入本工程施工力量	本工程拟由＿＿＿＿分公司(工区、处)施工队施工			项目负责人姓名：		职务及职称：	
				技术负责人姓名：		职务及职称：	
	人员安排：						
	主要施工机械安排：						
	其他：						
审批意见	审批单位(印)			经办人(签名)　　　年　月　日			

附件4　标书范本❶

第一部分：封面

×××××项目投标文件

标书编号：×××

投标单位：×××

联系人：×××

联系电话：×××

联系地址：×××

电了邮箱：×××

(单位公章)

---

❶　"范本"中省略的地方根据具体要求填列。

第二部分：目录(略)

————————————

第三部分：竞标函

致：×××××××××××

根据贵方 ×××××× 项目谈判文件，项目编号：_____，正式授权代表下述签字人×××全权代表竞标人×××参加贵方组织的有关采购活动，提交下述文件正本一份，副本四份。

一、竞标报价表。

二、售后服务承诺书。

三、资质证明文件、竞标人须知第 12 条和第 13 条要求竞标人提交的全部文件。

四、竞标人基本情况登记表。

据此函，签字人兹宣布同意如下：

1. 按投标文件货物需求一览表和投标报价表，投标总报价(大写) 元人民币(¥)。其中：

A. 分标报价(大写)____元人民币(¥____)交货期：____；

B. 分标报价(大写)____元人民币(¥____)交货期：____；

C. 分标报价(大写)____元人民币(¥____)交货期：____；

D. 分标报价(大写)____元人民币(¥____)交货期：____。

2. 我方同意在竞标人须知规定的开标日期起遵循本竞标文件，并在竞标人须知第 14 条规定的竞标有效期满之前具有约束力，并有可能中标。

3. 我方承诺已经具备规定的当具备的条件：

(1) 具有独立的承担民事责任的能力；

(2) 具有良好的商业信誉和健全的财务会计能力；

(3) 具有履行合同所必需的设备和专业技术能力；

(4) 有依法缴纳税收和社会保障资金的良好记录；

(5) 参加此项采购活动前三年内，在经营活动中没有重大的违法记录。

4. 我方根据谈判文件的规定，承担完成合同的责任和义务。

5. 我方已仔细审核该谈判文件，我方知道必须放弃提出含糊不清或误解问题的权力。

6. 如果在竞标截止时间后的竞标有效期内撤回竞标或者有其他违约行为，贵方可对我方的竞标保证金不予以退还。

7. 同意应贵方要求提供与本谈判采购有关的任何数据或资料。

8. 我方完全理解贵方不一定要接受最低报价的竞标人为中标供应商的行为。

9. 若贵方需要，我方愿意提供我方做出的一切承诺的证明材料。

10. 我方将严格遵守《中华人民共和国政府采购法》第七十七条规定，供应商有下列情形之一的，处以采购金额5‰以上、10‰以下的罚款，列入不良行为记录名单，在一至三年内禁止参加政府采购活动，有违法所得的，并处没收违法所得，情节严重的，由工商行政管理机关吊销营业执照；

构成犯罪的，依法追究刑事责任：

(1) 提供虚假材料谋取中标、成交的；

(2) 采取不正当手段诽谤诋毁、排挤其他供应商的；

(3) 与采购人、其他供应商或者采购代理机构恶意串通的；

(4) 向采购人、采购代理机构行贿或者提供其他不正当利益的；

(5) 拒绝有关部门监督检查或提供虚假情况的。

与本谈判采购有关的正式通讯地址为：

地址： 邮政编码：

电话、电报、传真或电传：

法定代表人或委托代理人签名：

竞标人(公章)：

日期：

第四部分：法人授权委托书

兹授权 ×××× 同志为我方参加×××××××招标 (招标编号： ____)的竞标代理人，其代理权限为：全权代理

代理期限从____年____月____日至____年____月____日止

委托单位： (章) 法定代表人： (章)

签发日期： 年 月 日

附：

1. 代理人工作单位：

职务： 身份证号码： 性别： 年龄：

2. 委托人企业法人营业执照号码：

地址：

经济性质： 注册资金： 经营方式： 经营范围：

说明：

1. 法人授权委托书所签发的代理期限必须涵盖代理人所有签字的有效时间。

2. 委托书内容填写要明确，文字要工整清楚，涂改无效。

3. 委托书不得转借、转让，不得买卖。

4. 代理人根据授权范围，以委托单位的名义签订合同，并将此委托书提交给对方作为合同附件。

第五部分：技术规格偏离表

分标号	项号	货物名称或技术条款	竞标要求	竞标规格	偏离说明

竞标人盖公章：

法定代表人或委托代理人签字：

第六部分：实施方案(略)

第七部分：投标报价表 (略)

投标人盖公章：

法定代表人或委托代理人签字：

投标说明：

1. 投标人所投的每一个分标都必须加盖公章签字，否则无签字盖公章的分标投标无效。

2. 凡在"技术参数及性能(配置)要求"中表述为"标配"或"标准配置"的设备，投标人应在投标报价表中将其标配参数详细列明，否则该投标无效。

第八部分：售后服务承诺书(略)

第九部分：资质证明材料(略)

附件5　合同范本(一)

某市××小区小游园施工合同

建设单位(以下简称甲方)：××市××房地产有限责任公司

施工单位(以下简称乙方)：××市园林工程公司

根据"中华人民共和国经济合同法"和"建筑安装工程合同条例"等有关规定，为明确双方在施工过程中的权利、义务和经济责任，经双方协商同意签订本合同。

第一条　工程概况

1. 工程名称：××小区小游园绿地工程。

2. 工程地点：××大街××小区内。

3. 施工范围：绿地面积 0.65hm²。主要包括栽植工程、亭廊(含花架)工程、喷泉水景工程、置石工程、小品工程、不锈钢围栏工程及灯饰工程。

第二条　工程造价及承包方式

1. 工程造价：经双方确定本工程造价为人民币 28 万元(大写：贰拾捌万元整)。

2. 承包方式：采用大包干，即包工、包料、包工期。在承包范围内如遇材料变动，承包总价不变。如因设计变更或甲方主观变动而引起工程量变化的，变更范围内费用由甲方负责。工程所需交纳的税金已含在工程造价内，由乙方交纳。

第三条　工程质量

1. 乙方按施工图和设计技术说明书，并根据国家有关的绿地工程施工验收规范要求进行施工，保证工程质量。

2. 乙方应对全部现场操作、施工方法、措施的可靠性、安全性负完全责任。现场设专职质量、安全检查员，建立自检制度，做好自检记录。

3. 乙方所使用材料、设备及施工工艺应符合设计要求。

第四条　工期

1. 工期为 3 个月。开工期为 20××年×月×日。

2. 如遇以下情况者，工期相应顺延。

(1) 开工前甲方不能按时交出合同施工场地，清理障碍，接通水电。

(2) 甲方原因或者设计变更。

第五条　甲方责任

1. 向有关部门报建，申领开工执照。

2. 做好工程范围内三通一平，清除影响施工的障碍物。

3. 合同签定后，按要求提交技术资料，包括施工图三套，工程总平面图二套。

4. 组织设计单位施工图交底会审，提供测量基线、水准基点。

5. 委派现场工地代表，加强与乙方的联系，负责质量检查和监督设计施工技术等问题。

6. 按规定对主要工序进行中间检查验收。

7. 按合同规定向乙方支付费用

(1) 合同签立生效后三天内预付工程备料款，按总工程造价的 20% 核对，合人民币 5.6 万元。预付款的折扣办法为工程完成 50% 时开始折扣，且于竣工前全部扣清。

(2) 工程进度款分三次支付，第一次在施工至第 25 天，按总造价 25% 支付，计 7 万元；第二次在工程完成 85% 时，按总造价 55% 支付(含备料款)，计 15.40 万元；其余待工程全部正式验收签证后在保养期内分两期支付，竣工时支付造价的 15%，保养期满，甲乙双方验收后一次结清。

第六条　乙方责任

1. 按图纸要求，做好施工总平面布置，编制施工组织设计及总进度计划，提交甲方三份。及时配备机具、材料、组织技术力量和劳动力。

2. 按施工规范，保质、保量、保工期、保安全完成施工任务。验收签定后，三个月为绿化种植保养期，六个月为园林建筑小品保养期。在保养期内出现质量问题，由乙方负责。

3. 指定工程负责人，按规定处理技术、质量、安全等一切有关问题。

4. 负责本工程现场的保卫工作及劳动保护。

5. 按规定向甲方提供工程进度表。

第七条 竣工验收

1: 竣工验收按国家规定程序办理。乙方在工程全部竣工前五天和甲方先进行预验收，符合质量标准，经甲方同意，乙方正式交竣工报告。

2. 甲、乙双方一切的工程报告、进度计划、工期统计月报、施工会签等文件，需交甲方一式三份。

3. 工程已具备了竣工验收条件，甲方不能按期予以验收和接管，其看管维护费由甲方负责。

4. 在验收中发现质量不符合合同要求或剩余部分尾工时，乙方要按质检规定的时间完成。如不能按规定时间完成影响使用，甲方扣留5%的工程款。

第八条 奖惩规定

1. 工期奖：按照国家绿地建设评定标准，工程质量优良，工期每提前一天，甲方奖给乙方工期奖每天500元，工期奖最高奖不超过人民币5000元。

2. 罚款：乙方工期每延误一天，罚款500元，罚款最高额不超过人民币5000元。

3. 乙方在保证工程质量和不降低设计标准的前提下，提出修改设计的合理化建议，经甲方和设计单位同意，其节约价值，甲、乙双方各得50%。乙方采用新技术、新材料、新工艺等措施，节约的资金全部归乙方所有。

第九条 附则

1. 本合同经法律公证，由公证处监督执行。

2. 本合同如有未尽事宜，经协商可由甲乙双方签定附则规定，共同遵守。如单方面不履行本合同造成对方损失，则由责任方承担。

3. 执行合同中如有意见分歧，应协商解决，如达不成一致意见，则申请仲裁机关仲裁。

4. 本合同一式十份，具有同等法律效力。甲方执三份，乙方执七份，分别报送相关部门。

5. 本合同自双方正式签字后生效，至工程竣工验收，工程造价款结清后失效。

甲方(盖章)   乙方(盖章)

甲方代表(签字)   乙方代表(签字)

本工程代表(签字)   本工程代表(签字)

年 月 日   年 月 日

公证机关(盖章)

公证意见：

公证经办人

年 月 日

附件6 合同范本(二)

园 林 绿 化 工 程

施 工 合 同

工程名称：_____

工程地点：_____

建设单位：_____

施工单位：_____

建设单位：_____(以下简称甲方)

施工单位：_____(以下简称乙方)

依据《中华人民共和国合同法》、《中华人民共和国建筑法》及其他有关法律、法规和规章，本着互相协作、紧密配合，遵循平等、自愿、公平和诚实信用的原则，双方就本园林绿化工程施工事项，签订此合同以共同遵守。

一、工程内容及承包方式

1. 工程名称：_____

2. 工程地点：_____

3. 工程内容：_____

_____

4. 承包范围：_____

_____

5. 承包方式：_____

_____

6. 园林绿化所需的材料、植物品种、数量、规格型号：_____

_____

二、合同价款

乙方按工程施工范围、施工图纸提交一份工程预算书，按照《河南省市政工程单位综合计价》标准计价取费，人工、材料、机械调差按施工期间有关文件执行。

工程造价暂定为人民币____万元

三、合同工期

1. 本工程总工期_____天(日历从开工之日算起)

2. 开工日期：_____年_____月_____日

3. 竣工日期：_____年_____月_____日

四、付款方式

1. 合同签订后，甲方支付工程造价的_____%给乙方作为工程预付款；

2. 工程完工甲方初验合格后付款_____%，余款待保养期满(三个月)，甲方验收合格后十天内一次付清。

五、质量标准

工程质量标准：_____

六、双方责任

(一)甲方责任

1. 办理土地征用、拆迁补偿、平整施工场地等工作使施工场地具备施工条件；协调处理工程建设的内、外部关系，减少对工程建设的干扰因素，保证工程建设的顺利实施；

2. 负责办理施工报建手续，领取建筑许可证和施工许可证；

3. 将施工所需水、电、通信等线路从施工现场外部接至施工现场，保证施工期间的需要；

4. 组织施工单位、设计单位进行图纸会审及设计交底；

5. 对工程中出现的施工图纸问题及时处理，以利乙方工作的连续性；

6. 组织工程竣工验收，并按合同规定办理工程结算。

(二) 乙方责任

1. 按照国家有关技术规范和园林绿化工程技术操作规程及其施工图纸组织施工；

2. 承担绿化完工后的保养责任，保证绿化工程苗木成活率，保养期内补种苗木的保养顺延一个月；

3. 搞好施工现场的安全和文明施工管理；

4. 及时做好施工过程中的各种资料、材料的报验工作；

5. 对施工图纸有错误或不合理的地方，及时以书面形式反馈给甲方，由甲方研究处理后再行施工；

6. 工程竣工后，清理现场，做到人走场清。

七、双方约定

1. 如遇下列因素，合同价款进行调整：

(1) 工程设计变更；

(2) 工程现场签证；

(3) 发包人委托承包人承担的工作；

(4) 因发包人原因，造成承包人费用的增加。

_____

_____

2. 工程变更

工程中发生的一切变更，双方应及时履行签证手续，并作为补充结算款项。

_____

八、竣工验收

_____

九、竣工结算

_____

十、补充条款

_____

十一、本合同未尽事宜，甲乙双方本着实事求是、公平的原则及时协调，并以补充协议明确。

十二、合同争议

双方约定，本着互利互惠的原则，双方友好协商解决。

十三、合同生效与终止

本合同一式____份，双方代表签字加盖双方公章或合同专用章即生效，各执____份，具有同等法律效力；工程竣工验收合格、结算工程款后自动终止。

甲方：(公章)	乙方：(公章)
地址：	地址：
法定代表人：(签字)	法定代表人：(签字)
委托代理人：	委托代理人：
电话：	电话：
日期： 年 月 日	日期： 年 月 日

附件7　合同范本(三)

园林设计项目合同

委托方：××市政府 (以下简称甲方)

设计方：××××建筑设计院有限公司(以下简称乙方)

鉴于：甲方兹委托乙方承担中国××省××市××××整治工程项目(以下简称"本项目")的设计工作，乙方愿意接受甲方的上述委托并将认真履行本合同及合同中约定的设计义务。

甲方和乙方经友好协商，一致同意签订本设计合同(以下简称"本合同")，以明确双方在本项目的规划设计工作中的权利和义务。

1　本合同制定的法律依据

1.1　《中华人民共和国合同法》

1.2　与本项目相关的所有文件

2　项目基本情况

2.1　项目名称：×××整治工程项目

2.2　项目地点：××××××以及周边范围(详见甲方提供的项目红线图)。

2.3　项目规模：土地约____平方米，约合____亩，总建筑面积约为____平方米，总园林绿化面积约为____平方米。

2.4　项目性质：综合性滨河休闲绿化景观走廊。

3　设计内容和要求

3.1　语言：乙方提供中文版本的设计文件。

3.2　设计规范及标准：所有总体方案设计的准则及深度以中华人民共和国、××省及××市之建筑规划规范要求为依据。

4　设计服务内容及设计文件

4.1　服务阶段：对于本项目的规划设计服务包括以下两个阶段：

4.1.1 规划设计第一阶段：概念性规划设计和详细规划设计

4.1.2 规划设计第二阶段：施工图设计

4.2 专业服务范围

4.2.1 设计第一阶段

4.2.1.1 服务内容

(1) 实地考察并会晤甲方以及甲方指定的其他合作方。

(2) 对规划设计区域的实地踏勘，并且对工作提出建议。

(3) 分析并明确本区域整治的各种情况和限制条件，以及对规划设计方案的影响。

(4) 规划设计项目概念性方案，提供可行性方案，并加以分析比较，供甲方参考。

(5) 确定最佳方案，并就这些方案为甲方及政府主管部门作介绍及演示。

(6) 征询甲方、甲方指定的其他合作方和政府部门对设计内容的意见，对方案进行修改与调整并与之达成共识，以便为总体规划方案设计及今后的方案深化设计提供指导方向。并向甲方提交方案：

A ××河整治总体规划设计总平面图 1：1000；

B ××河河滨绿化园林景观详细规划图；

C ××河河滨道路详细规划图；

D 各类分析图：

>交通分析图(比例自定)

>绿化分析图(比例自定)

>地块分析图(比例自定)

>景观分析图(比例自定)

>分期实施示意图(比例自定)

E 总平面设计说明与主要经济指标；

F 整个设计方案文本 10 套和资料光盘 1 套。

4.2.1.2 预计完成时间

本合同签约后一个月完成。

4.2.2 设计第二阶段

4.2.2.1 服务内容

(1) 在第一阶段方案设计获得甲方及政府有关部门批准，并在第一阶段的方案基础上，作深化设计(建筑设计和园林景观设计)，第二阶段设计应在获得甲方及政府有关部门批准后正式开始。

(2) 设计过程中，根据需要为甲方和政府部门人士做方案介绍及演示，征求其反馈意见，以确保方案最后送审时得以顺利通过。

为甲方及市政府主管部门作最后方案送审的讲解及演示。

4.2.2.2 预计完成时间：45 天。

4.2.2.3 提交图纸内容：

- 河滨公园，滨河小品和街道家具设计设计施工图；
- 主要节点、建筑、设施、风景效果图；
- 主要建筑，景观，设施的平面、立面、剖面图；
- 绿化配置图；
- 其他施工图纸。

5 设计费及支付方式

5.1 设计费用

设计第一阶段：人民币 40 万元。

设计第二阶段：人民币 60 万元。

5.2 设计费用支付方式

设计第一阶段：

(1) 设计合同签定当日，甲方支付乙方合同额的 30% 为首期设计费；

(2) 提交第一阶段设计方案后，甲方支付乙方合同额的 40% 为中期设计费；

(3) 第一阶段设计完成后，甲方支付乙方合同额的 30% 为最后设计费。

设计第二阶段：

(1) 设计合同签定当日，甲方支付乙方合同额的 30% 为首期设计费；

(2) 提交第一阶段设计方案后，甲方支付乙方合同额的 40% 为中期设计费；

(3) 第一阶段设计完成后，甲方支付乙方合同额的 30% 为最后设计费。

6 各方责任

6.1 甲方责任

甲方应按本合同规定的金额和时间向乙方付费。

6.2 乙方责任

6.2.1 乙方应保证其一切与本项目相关的工程设计活动，均遵守和符合中华人民共和国有关建设工程的法律和法规，并承担因其违法而产生的一切法律后果。

6.2.2 乙方应按中华人民共和国规定的技术规范、标准以及本合同的约定进行设计，并按照本合同规定的内容、时间及份数向甲方交付设计文件。

7 适用法律

本合同应依照中华人民共和国的法律进行解释和执行。

8 不可抗力

8.1 本合同的"不可抗力"指不可预见、不可避免的和不可克服的事件，包括但不限于战争、地震、火山爆发、火灾和水灾等。

8.2 本合同任何一方如在履行其合同义务时受到不可抗力事件之阻止、妨碍或拖延，应在此类事件发生之日起 14 个工作日内书面通知另一方，并同时出具国内有关公证机关签发的有效证明，以表明情况及不能全部或部分执行的原因。

8.3 在发生不可抗力的情况下，双方应协商评估该事件对本合同继续履行的影响，协商决定是否终止本合同或部分中止本合同义务或推迟履行本合同。

9 争议的解决

因履行本合同发生的、或与本合同有关的所有争议，均应通过友好协商方式加以解决。如果在发生争议后 15 个工作日内未能以协商方式解决，则这种争议应向甲方所委托设计项目的所在地人民法院提起诉讼，人民法院的判决对双方都有约束力。

10 合同的变更、解除和终止

10.1 本合同的变更需双方协商一致，并以书面补充协议的方式进行。

10.2 除不可抗力情况外，若甲方未按合同的约定向乙方支付合同项下的费用，逾期超过 30 个工作日，或乙方未按本合同的约定向甲方提交合同项下的设计义务，逾期超过 30 个工作日，守约方可以解除本合同。

11 合同生效

本合同自甲方和乙方的法定代表或其授权代表签字后生效。

12 通知

12.1 本合同要求的或允许给出的任何通知、要求或承诺，均应以书面形式递交。任何这类通知、要求或承诺，如由一方亲自递交给对方授权代表，则递交之时即认为接收方已经接收；如为传真发送，则认为发出后即被接收方收到；如按下列地址，以快递形式发出，则认为在寄出后的 10 个工作日为收到。

12.2 接收方应在收到任何通知、要求或承诺 48 小时内，向发送方书面确认其接收行为。

13 其他

13.1 本合同的每条标题只为方便而设，标题应不限制、改变或影响本合同的含义。

13.2 本合同包括以下附件，各附件均是本合同不可分割的部分，具有与本合同相同的法律效力。

14 本合同一式四份，甲乙双方各执两份。

甲方：××市人民政府　　　　　　　　　乙方：××市××建筑设计院有限公司

代表签字　　　　　　　　　　　　　　　代表签字

公章　　　　　　　　　　　　　　　　　公章

日期　　　　　　　　　　　　　　　　　日期

第 7 章　园林生产过程管理（下）

学习要点

掌握园林设计管理及设计过程的基本内容，园林施工承包方式与类型；

理解园林工程施工管理的意义、任务和作用，花木经营的方式；

了解园林工程施工程序，园林花木产业特点。

对于传统园林设计管理的理解，人们往往把"园林"、"设计"、"管理"几个词分解开来，把它们的词义简单相加，仅仅理解为在园林规划设计过程中任务分配、工期安排、人员组织等方面的管理。但是，随着现代园林学科和行业的发展，这种理解愈发显得比较粗放，缺乏系统性管理意识，已经不能完全适应时代需要。

7.1　设计管理的内涵

学术界对设计管理的界定众说纷纭，人们也很难理解其真正含义。原因在于设计管理中的"设计"与"管理"有着较广泛的外延。况且"设计"类型多种多样，不同设计类型有着不同的管理模式。

7.1.1　设计

设计一词源于意大利语 desegno，意思为"艺术家心中的创作意念"。设计的英文单词为"design"，是由词根"sign"和前缀"de"构成。词根"sign"含有标记、方案、计划、构思、构想等意义，前缀"de"含有实施、做等动态语意。进入工业社会以后，设计的概念超越了"纯艺术"或"绘画美术"的范畴，内涵更趋广义化。"design"的基本含义是"为实现某一目的而设想、筹划和提出方案"，它表示一种思维、创造过程，以及将这种思维创造的结果以符号(语言、文字、图样及模型等)表达出来。

从中文词义角度理解设计，以构词来看，设计为"设"与"计"组合而成。设：古汉语中作动词，有陈列、安排、建立、假设等意，因此又有设置、设想、设法、设施等复合词的组成与使用。计：在古汉语中动词、名词兼用，作名词时有计谋，做动词时有计算、计议、考核、审核、筹划的意义。《汉语大辞典》中的设计解释为：在正式做某项工作前，根据一定的要求，预先制定方法、图样等。可见汉语"设计"的意义与英文"design"意义相对应。

综上所述，设计就是"把一种计划、规划、设想、问题解决的办法，通过视觉的方式传达出来的活动过程"。

设计的核心内容包括三个方面：

一是计划、构思的形成；

二是视觉传达方式；

三是计划通过传达之后的具体应用。

作动词时意义是"过程",作名词时意义是"方案与结果"。

设计,是为了创造性地满足人类对物质文化制品的要求,其满足的方法也有三个:

一是充分利用科学、技术、艺术、生产、营销和消费的可能;

二是充分利用计划、组织、指挥、控制、人才和资本的可能;

三是充分利用材料、结构、形状、比例、尺度、肌理、色彩和平面、立体、空间及环境的可能。

这也说明设计涉及的范围越来越广泛,设计的内涵正在不断扩大,渗透到了人们生活中的方方面面。其间同样包括有生产、营销和计划等管理手段。

7.1.2 设计管理

现代经济生活中,设计日益成为一项有目的、有计划,与各学科、各部门相互协作的组织行为。在此背景下,缺乏系统、科学、有效的管理,必然造成盲目、低效的设计和没有生命力的产品,从而浪费大量的时间和宝贵的资源,给企业带来致命的打击,同时设计师的思想意图也不可能得到充分的贯彻实施。设计作为一门边缘性学科,它有着自身的特点和科学规律,并且与科研、生产、营销等行为的关系愈来愈紧密,在现代经济生产中发挥着越来越重要的作用。因此,不了解设计规律和特点的管理,以及对设计管理的不力,都会造成企业其他各项管理工作的不力。所以,设计是管理的需要,管理也是设计的需要。

虽然设计管理的蓬勃发展是近十几年的事,但设计管理一词的出现却可以追溯到20世纪60年代,1965年由英国官方正式提出。

由于设计管理兼具设计和管理两方面学科的内容,基于对"设计"和"管理"这两方面从不同的出发点就会有两种不同的理解,所以在语义上一直存在着分歧,它随着使用者的不同而有不同的诠释,学术界关于其定义的争论由此而来。

设计管理的定义可归纳为以下两大类。

一类是基于设计师层面,即对具体设计工作的管理。如:欧洲设计管理知名人,B&O公司设计管理负责人士彦根·巴尔苏(J. Palshoj)认为:设计管理就是选择适当的设计师,协调他们的工作,并使设计工作与产品和市场政策一致。英国设计师米歇尔·法瑞(Michael Farry)于1966年提出:"设计管理是一种功能,它界定设计中的问题,寻找合适的设计师,且尽可能的使设计师在既定的预算内及时解决设计问题。"

一类是基于企业管理的层面,即对特定企业的新产品设计以及为推广这些产品而进行的辅助性设计工作所做的战略性管理与策划。如:韩国产业设计振兴院院长郑庆源认为,设计管理是一个研究领域,设计管理作为一个管理的战略工具,研究管理者、设计师和专家的知识结构,用以实现组织目标并创造有生命力的产品。设计管理旨在有组织地联合创造性及合理性去完成组织战略,并最终为促进环境文化做出贡献。彼得·乔布(Peter Gorb)先生关于设计管理的观点是:设计管理就是项目经理为了实现共同目标,对现有可利用的设计资源进行有效调用。

另外,也有基于消费者及企业、设计师、消费者三者合一的层面来探讨设计管理的定义。

世界著名的《设计管理杂志》(Design Management Journal)编辑托马斯·沃尔(Thomas Walton)对各种关于设计管理的看法作了如下归纳:

第一,设计就是想象力——有策略的管理设计,把设计管理当作实现梦想的具有远瞻性的领导者;

第二,一般来说,组织本身就有平衡幻想与事实的功能;

第三,超越价值管理的界限,设计管理其实是态度管理;

第四,设计管理是核心策略,创办人帮助最后的使用者了解公司;

第五,设计管理从对公司有利的建议入手,它与实际相联系,如想象、任务、目标战略和行为计划。

设计在现代经济生活中越来越成为一项有目的、有计划,与各科学、各部门相互协作的组织行为,所以以上定义无论从哪个角度理解都有失偏颇。可以说,在现代企业行为中,不管是以设计为背景,还是以管理为背景去理解,设计管理的基本内涵已经逐步走向一致,即设计管理包括战略性设计管理和实务性设计管理两个层次。

战略性设计管理是指站在战略性高度,将设计作为企业运作的一个重要组成部分,对整个企业的各项活动灌注相应的企业设计理念,并进行相应的规划与指导。

实务性设计管理是确保企业具有一个运转良好的设计部门,作为企业在设计方面的智囊,并实施具体的设计任务。

综上所述,设计管理就是研究如何在各个层次整合、协调设计所需的资源和活动,并对一系列设计策略与设计活动进行管理,寻求最合适的解决方法,以达成企业的目标和创造出最有效的产品(或沟通)的过程。

这一概念表明设计管理是根据市场需求,有计划、有组织地对设计过程进行研究与管理的活动;是通过积极而有效地调动设计师的创造性思维和设计理念,把市场与消费者的认识体现在新产品开发中,以更新、更科学合理的方式影响和改变人们的生活,并为企业获得最大效益而进行的一系列设计策略与设计活动的管理。

7.1.3 设计管理的目的与功能

设计管理的基本出发点就是提高产品开发设计的效率,其目的是确保企业有效利用设计资源达到其经营目标,是对以用户为中心的产品、视觉传达系统和环境在资源上的开发、组织、策划和监控。设计管理使企业的运作走向良性循环,企业要依循设计的原则和策略在企业开发生产经营活动中对各部门进行指导,以实现设计目标,使产品增值。成功地运用设计管理,可使企业在战略策划阶段就蕴含经营策略,策略优势为产品和企业在竞争中奠定良好的基础。

同时,由于设计管理跨越企业中传统的部门界线,形成一种新的、更加紧密的组织结构,有助于建立起一种协调整合优势系统,能够使设计介入和参与更多的企业开发决策过程,使消费者的利益和心愿得到更多的体现。

设计管理能为企业全部设计行为提供专门的技术知识及能力支撑，并保证公司外部可咨询的设计师与公司动作保持一致。设计管理在组织设计行为中起核心作用，因为设计管理能有效地保证企业设计获得足够的资源配置；调节公司各设计领域；改善设计方法；提高技术和综合设计资源的效率；培训设计人员，以保证他们在生产发展中全力地参与。

设计管理可令组织行为满足企业哲学或管理战略，使设计管理在建立及实施设计战略时起积极作用，调节设计管理与设计师的行为范围。

设计管理能体现公司形象，并通过设计提高竞争力。

设计管理能激发并监督整个设计活动。在整个设计过程中，设计管理能提出每个问题的解决办法并将他们引向正确的方向。

设计管理为创造设计活动提供最优越的环境，它能使高级行政部门和与设计有关的专家所组成的合作系统保持下去并发挥良好的作用。

7.1.4　设计管理过程

设计管理的实施与一般管理过程联系紧密。若设计管理过程是以一般管理过程的方式建立起来，则两者就易于保持一致性，分为计划设计、组织设计、指挥设计、控制设计等四个方面的设计管理。

计划设计指的是为设计确定目标、制定短期或长期的计划安排，选择最合适的过程，并预先在此领域内确定未来行动的主要任务。

组织设计是指根据已定计划，为设计构建组织结构，它包括设计资源的技能及配置。

指挥设计是指挥全体员工和设计组织执行预定计划的行为。

控制设计是为设计确定直接的设计行为，并判断是否要按预先的计划进行。

高水平设计管理中，计划是设计的关键。低水平设计管理中，指挥监督和控制则显得尤为重要。

7.2　园林设计管理

目前，学术界关于设计分类还存在争议。设计通常可分为四个方面：环境设计、产品设计、包装设计、图形设计等。设计管理则是针对以上四类设计活动所进行的一种管理。由于园林艺术(学科)的综合性特征以及学科发展的特殊性，实在不好单纯地划归在某一类当中。有人提出在设计分类中增列园林(景观)设计，也有人认为环境设计的范畴很广，涵盖园林(景观)设计。对于环境设计和园林设计的交叉和重叠，这里没有讨论的必要。但不可否认，园林设计肯定是设计学科中的一类。为了表述的方便和系统性，本书界定园林设计管理是针对园林设计活动所进行的一种管理。

园林艺术是审美与实用功能相结合的艺术，所进行的创造性的构思与规划设计主要通过图纸、模型等表达，对土地空间利用、景观艺术构成和材料、工艺、形态、色彩、功能等各方面从社会的、经济的、技术的、艺术的角度进行综合考虑与处理，使之满足人们视觉、心理、实用、经济等的物质功能、环境功能与审美功能的需求。园林企业设计管理与其他企业设计管理一致,但园林设计的产品(或设计的对象)之精神性、艺术性、社会性更为强烈。因此,园林业的设计管理相比一般的设计管理有其特殊性。如前所述,一般的企业设计管理包括战略性设计管理和实务性设计管理两个层次。

针对目前我国园林企业以私有企业为主,管理水平较低,普遍缺乏战略性设计管理的现状,本书主要是从实务性设计管理入手探讨园林企业设计管理。

实务性设计管理包括如下几个模块:

一是设计物资资源管理;

二是设计过程管理;

三是设计质量管理;

四是设计人力资源管理;

五是知识产权和品牌等无形资产管理。

园林企业设计管理也应该包括这几个部分。其中,对设计物资资源管理、设计人力资源管理、设计质量管理、无形资产管理等始终贯穿于设计管理过程。而对设计过程的管理是设计管理的主线,亦是本节主要探讨内容。

7.2.1 园林设计师管理

园林企业的设计活动最终是通过设计师来实现的,设计师的组织管理就成了设计管理最重要的工作内容之一。从工作性质和工作方式看,园林设计是一个需要较大弹性时间、想象空间、环境空间的工作。

由于园林设计工作的固有特点,若管理人员对设计工作的理解不够深入,往往会表现在对设计师的管理无从下手。

7.2.1.1 园林设计管理症结表现

1) 自由松散

设计师有外出现场踏勘、参观调研、材料选择等需在公司外部去完成的大量工作,要求时间上比较自由,形式上显得较为松散,容易给企业管理者产生混乱的感觉,并难以用具体、有效的管理制度加以管理。

2) 效率不高

由于设计师常常习惯于使自己适应于所接受的一次性工作之中,而没有充分考虑自身工作与其他工作和企业整体之间的内在联系,这容易导致设计师的工作"游离"于企业目标之外。另外,设计师也有可能放任那些追求新奇而不切合实际的想法,自恃设计的"创造性"和"个性"而过分固执己见,导致实际工作效率不高。

3) 成本过大

设计的不成熟或与相关部门、设计团队其他人员沟通不够,导致方案过多反复修改、多次出图(装订设计文件)、汇报方案,从而造成设计成本过高,给企业造成经济浪费。

4) 跳槽频繁

设计师频繁跳槽致使企业的设计工作难以保持一致的、连续的识别特性，给消费者或用户识别企业的产品和服务带来麻烦，从而影响企业的市场竞争力。

7.2.1.2 设计师团队管理

团队的协同作用已为各方共识并受到管理者的高度重视。现代园林设计问题复杂多样，没有人能回答所有问题，也没有人具备处理所有问题的水平。良好的多职能团队更可能产生有效的方案。园林企业内部的项目组织或项目部本身就是一个团队。项目的总目标必须分解成若干级子目标并落实到具体责任者，并充分发挥团队职能，通过团队协作与管理，使各项子目标能有效达成，项目总目标才能得以实现，这显然不是个人力量所能达到的。

园林设计师受雇于特定的企业，主要是参与设计工作。园林设计就是一个设计团队团结协作的过程，是设计团队通力合作的行为。设计师一般不是单独工作，而是由一定数量的设计师组成企业内部的设计部门——团队，来协调一致地开展工作，保证设计的连续性，这就需要从设计师的组织结构和设计工作分工两方面做出适当安排。一方面要保证设计团队与项目设计有关的各个方面的直接交流，另一方面也要建立起评价设计的基本原则和规范。为此，必须采取有效措施对设计师团队进行有效的组织管理。

1) 营造良好的环境氛围

从工作性质和工作方式上看，园林设计是一个需要较大弹性时间、想象空间、环境空间的工作岗位，由于设计工作的这些固有特点，创造一个符合设计工作特点的宽松工作环境是十分必要的，这有助于设计师灵感的闪现和思维的发散、创新。

2) 合理分配设计任务

现代设计已经融入了团队创新时代。企业在进行某一园林项目设计时，需要多个设计师的协同合作。设计师们从不同的角度去理解项目内容和要求，然后进行有效的沟通，通过合作与协作，可以大大提高设计效率和质量。不同设计人员的分工协作，可最大限度地拓展思维，寻求到新的设计突破点，才能设计出好方案。根据园林设计项目的规模、内容，一般涉及总体设计、建筑设计、结构设计、竖向设计、种植设计、电气设计、管网设计、项目投资概预算等多方面内容，从而需要多种专业设计师(如：风景园林师、建筑师、结构师、园艺师、预算师等)共同组成设计团队来完成这些任务。企业派发给每位设计师的任务应切实可行，无论设计师之间分工如何，只要能将各自的工作做到"完美"，就是一个设计能力非常出色的设计师，也是设计管理取得的可喜成效。当然，这里的"完美"肯定是必须在各专业设计师的沟通交流下才能达到的，体现的就是团队合作精神。

3) 制定设计进程计划

设计计划的制定是按照企业上级管理部门对设计部门(团队)的工作进程的总体要求，根据设计团队的工作情况而制定的严密并可操作的设计工作时间进程。设计进程计划要求具体排出实施细节。一般按照设计程序及其内容根据总体时间要求细化到每天的工作内容及工作量，可以采用文字描述的形式制定工作计划，也可采用图表的形式(借鉴园林工程施工进度管理横道图等形式)制定工作进度表。

4) 定期进行质量审核

设计管理人员应会同相关部门定期参与设计质量审核。量化考核是设计质量考核的必要手段。经过量化的图纸、图像、文件、表格、报告等都是检查设计质量的实际内容。品质的成长也需要一定的数量来保证。目前，企业对于设计质量的最终认定审核，是以设计方案是否通过专家会议评审而得到甲方认可(或中标)为标准，设计质量的高低直接与专家(或甲方)的认可度挂钩。

5) 建立激励机制

明确可兑现的由设计产生利益(精神、物质)的奖励条件，以此提高设计师的工作热情和效率，保证他们在合作的基础上合理公平竞争。只有在这样的基础上，设计师的创作灵感才能得到充分的发挥。

7.2.2　园林设计创新

园林设计创新，一方面指设计手法的创新，另一方面指设计内容的创新。但不管哪一方面的创新，都直接关系到园林设计项目成败，是设计工作中极为关键内容。虽然园林设计创新最直接的表现是设计师的能力、态度和职业道德，在某种程度上这些不是园林设计管理者可以左右的，但是企业设计管理人员必须明确和重视，应将其视为设计管理的一项工作内容加以重视。

有设计就要有创新，创新的基础是知识的积累和灵感的迸发，是设计人员进行创造性思维的结果。设计人员要打破习惯性思维，变换角度，开阔视野，才能使自己的创造力得到更充分的发挥。

创造性思维是指有创建的思维，即通过思维，不仅能揭示事物的本质，而且能在此基础上提供新的、具有社会价值的产物。创造性思维有扩散思维与收敛思维、逻辑思维与形象思维、直觉思维与灵感思维等多种形式。

园林设计中，努力发掘创造性思维的能力，充分注意扩散思维和收敛思维的辩证统一，准确把握逻辑思维和形象思维的巧妙结合，善于捕捉直觉思维和灵感思维的"闪光和亮点"，这样才有可能设计出新颖、独特、有创意的作品。

创造性思维具有以下五大特点：

独创性。创造性思维所要解决的问题通常是不能用常规、传统的方式来予以解决的。它要求重新组织观念，以便产生某种至少以前在思维者头脑中不存在的、新颖的、独特的思维，这就是它的独创性。独创性要求人们敢于对司空见惯或"完美无缺"的事物提出怀疑，敢于向传统的陈规旧习挑战，敢于否定自己思想上的"框框"，从新的角度分析问题、认识问题。

连动性。创造性思维又是一种连动思维，它引导人们由已知探索未知，开拓思路。连动思维表现为纵向、横向和逆向连动。纵向连动针对某现象或问题进行纵深思考，探寻其本质而得到新的启发。横向连动则通过某一现象联想到特点与它相似或相关的事物，从而得到该现象的新应用。逆向连动则是针对现象、问题或解法，分析其相反的方面，从顺推到逆推，以另一角度探索新的途径。

多向性。创造性思维要求向多个方向发展，寻求新的思路。可以从一点向多个方向扩散，也可以从不同角度对同一个问题进行思考、辨析。

想像性。创造性思维要求思维者善于想像,善于结合以往的知识和经验在头脑里形成新的形象,善于把观念的东西形象化。爱因斯坦有一句名言:"想像力比知识更重要,因为知识是有限的,而想像力概括着世界上的一切,推动着进步,并且是知识进化的源泉。"只有善于想像,才有可能跳出现有事实的圈子,才有可能创新。

突变性。直觉思维、灵感思维是在创造性思维中出现的一种突如其来的领悟或理解。它往往表现为思维逻辑的中断,出现思想的飞跃,突然闪现出一种新设想、新观念,使对问题的思考突破原有的框架,从而使问题得以解决。

创新本身就意味着不拘一格,不局限也不依赖于某种特定的模式,以下诸多方面都是孕育创新的土壤:多项现有技术的有机结合或综合运用往往会产生意想不到的效果;对已有知识的创造性总结和应用常常带来重大的突破;突发奇想但经过科学论证或实验证明所产生的新思路、新方法、新技术;新知识与现有知识的合理嫁接;产品功能上的兼收并蓄和去粗取精;学科间的交叉、交融和借鉴;新技术、新材料、新工艺的有机结合及应用;科学研究中的新发现和新成果应用于工程实践等。

由此可以进一步总结出园林设计过程中多种行之有效的创新技法。

智力激励法,又称集智法、激智法,即通过集会让设计人员用口头或书面交流的方法畅所欲言、互相启发进行集智或激智,引起创造性思维的连锁反应。

提问追溯法,根据研究对象系统地列出有关问题,逐个核对讨论,从中获得解决问题的办法和创造性发明的设想,或是针对园林作品的希望点(或缺点),逐点深入分析,寻找解决问题的新途径。

联想类推法,通过相似、相近、对比几种联想的交叉使用以及在比较之中找出同中之异、异中之同,从而产生创造性思维和创新的方案。

反向探求法,采用背离惯常的思考方法,通过逆向思维、转换构思,从功能反转、结构反转、因果反转等方面寻求解决问题的新途径。

系统搜索法,把整个设计看作是一个系统,从设计初始状态开始,分析各个任务阶段、各个部分影响整个设计的因素,逐步向前搜索,获取该系统问题解决的多种办法并求得解决问题的最佳方案。

组(综)合创新法,将现有的技术或作品通过艺术原理、功能原理、构造方法的组合变化,或者通过已知的东西作媒介,将毫无关联的不同知识要素结合起来,摄取各种作品或技术的长处使之综合在一起,形成具有创新性的设计技术思想或新作品。

知识链接法,创新是一个动态的和复杂的作用过程和知识流,它包括知识的产生、开发、转移和应用,这四个阶段构成一条"知识供应链"。把创新过程看作一个集成化的系统,在这个知识链中,客户、设计师、工程师是涉及整个创新过程的伙伴,必须捆绑在一起才能发挥最大作用。他们都应明确什么知识内容才能满足使用者最大需求、知识转移的特征和形式是什么、最后使用者是谁及其何时需要使用这些知识。涉及创新的所有信息流和通信流对全体伙伴都是开放的,在每个知识供应者和知识使用者之间建立信息反馈，使信息交换更为有效，知识供应链中每一个伙伴能够感受到整个系统和他们自己都从中获得巨大利益，认识到自己是链中不可缺少的重要环节。该方法适于更大范围内、更高层面上的创新。

当前风景园林创新实践和建筑创新实践一样，存在一些误区，主要表现在以下方面。

首先，创新目的不明确。一些风景园林从业人员对于创新目的并不明确，他们的创新单单是为了取得竞标的成功或者满足甲方的要求。因此，他们对创新的探索道路是艰难和曲折的，其创新成果也很难取得成功。

其次，创新手段较肤浅。许多设计师在其创作过程中反对形式的千篇一律，提倡丰富多样与地方形式和民族形式的融合，这些无疑都值得肯定。但是，他们的创新活动过分集中于外表与形式，而不考虑其他的内容，创新手段有时显得肤浅和表面化。

第三，创新属性欠完善。一些建筑创作只着重于技术的创新，如结构、材料或物理性能等方面的创新。他们认为除了技术科学，无其他创新可言。诚然，技术在设计领域相当重要，因为风景园林实践归根结底还是有赖于工程结构。然而，对人文、社会、艺术等属性的过分轻视同样是不正确的。

当今时代是一个高度现代化、信息化的社会，新材料、新技术的不断涌现使我们目不暇接，随之而来的新思潮、新观念对中国的传统文化艺术带来了前所未有的冲击。中外文化、新旧文化的碰撞正在各个领域呈现出来。

如何对待传统文化和外来文化呢？背离传统的设计必然成为无源之水、无本之木，显然是不可取的，当然对传统文化符号的简单继承和挪用将使设计艺术丧失时代个性，而对外来文化的盲目模仿与抄袭也是不明智的。

风景园林设计的发展需要顺应时代潮流，要继承和创新同举。当前国内风景园林领域，许多从业人员正在不懈地进行着创新实践。值得注意的是创新内容应该注重实用性，注重本质特征，注重设计人员内在观念创新，技术科学创新与形式科学创新同时并举，更为重要的是不断探索理论与创作方法的创新。

园林创新可以从历史传统中生成，如果人们认识到中国园林的传统是开放、发展的，人们就可以从传统中获得丰富的资源，而创新就是对这个资源发掘、提炼的过程。首先，要用现代思维去重新审视传统；其次，要有选择地继承传统、发展传统、变革传统。不破不立，变革是创新的根本动力，但是不能矫枉过正，要遵循园林艺术和技术自身的发展规律。变革而不割断历史的延续性，转换而不失去园林的民族文化本源性。

具体地，人们可以将传统园林中最具活力的部分与现实环境及未来发展空间相结合，将传统园林最具特色的部分转换成现代视觉表象下的崭新空间韵律节奏，寻找到适宜新时代的"载体"去容纳园林传统特质，最终把园林传统的内在精神、地域形式转换入世界的当代语境。

园林规划设计实践中，往往由于业主(甲方)特殊要求、基地立地条件等各种因素的限制，使设计师常有"巧妇难为无米之炊"之感，给规划设计增加了难度。但是，也正因为如此，园林规划设计才充满了挑战性和魅力，越有难度的命题做好了才越有价值。真正优秀的设计师在分析各种现状条件的基础上往往有出其不意的创意，成为做出"无米之炊"的"巧妇"。

7.2.3 园林设计过程管理
现以设计步骤来分析园林设计各个阶段的内容、要求及其管理。

7.2.3.1 任务书阶段
任务书阶段是设计的最初阶段，这个阶段工作做得越细致越周到，对以后的设计工作的开展越有好处。

设计任务书，也叫计划任务书，是确定基本建设项目、编制设计文件的主要依据。设计任务书是对策划工作要点通过系统的分析，得出决策性的文件。作为开发建设目标与规划设计工作方向的主要信息传递手段，设计任务书较全面准确地反映了策划结论的主要信息点，以使设计成果体现系统性、超前性、可行性和应变性的要求，也是设计师进行设计的依据。

设计方(俗称"乙方")，在这个阶段要充分了解业主(俗称"甲方")意图，搞清楚项目的概况，包括建设规模、投资规模、可持续发展等内容。特别要明确业主对这个项目的总体框架构想和基本实施内容。前者确定了项目的性质，后者确定服务对象。只有把握住这两项内容，才能正确制定规划总原则。同时，还要明白业主的具体要求、愿望，以及对设计所要求的造价和时间期限等内容。

园林是社会历史发展的产物，必然会反映出鲜明的时代特征和社会特点。不管业主的主观愿望如何，园林作品都将恰如其分的体现出其社会地位。设计方在理解和接受业主意图时必须遵循社会正常秩序、伦理道德和国家法律规范的约束。面对业主无视社会正常秩序的要求，作为有明辨是非能力的设计团队来说应该予以抵制，尽量说服业主放弃无理要求(特别是针对公共建设项目的业主代表的是广大老百姓的利益)，如不能这样做，所创造出来的园林作品不但会对业主、对社会带来物质与精神的损失，而且对该设计团体的未来也会造成无法估量的负面影响。

设计方对业主的意图进行整理并得到业主认同后，应在公证人员的监督下由业主签字生效，以避免日后因为设计反映了业主意图却得不到业主认可所带来的麻烦。业主在设计过程中难免会有新的意图，在不影响设计阶段和进展的情况下尽量予以采纳，但是对违反或者打乱设计过程、违背法律规范和伦理道德的业主新意图应不予采纳，这些内容也应该在最开始的公证书当中予以明确。

7.2.3.2 基地调查和分析阶段
基地调查和分析应该尽可能的详细和清楚。

接受任务以后，业主会选派熟悉基地情况的人员，陪同设计方至基地现场踏勘，收集规划设计前必须掌握的原始资料。这些资料包括：

所处地区的气候条件，气温、光照、季风风向、水文、地质土壤(酸碱性、地下水位)；

周围环境，主要道路，车流人流方向；

基地内环境，湖泊、河流、水渠分布状况，各处地形标高、走向等。

设计方结合业主提供的基地现状图(又称"红线图")，对基地进行总体了解，对较大的影响因素做到心中有底，今后作总体构思时，针对不利因素加以克服和避让，有利因素充分地合理利用。此外，还要在总体和一些特殊的基地地块内进行摄影，将实地现状的情况带回去，以便加深对基地的感性认识。如业主无法提供现状图（或相关资料），则可请测绘人员进行各种有效的测绘，小型规模的项目可由设计方进行实地踏勘粗测，费用由业主承担。

基地实地踏勘收集资料后，在进行设计前要对基地现状进行分析，绘出现状分析图，并形成分析文字材料，作为后阶段一切分析和设计所需的基础。

7.2.3.3　方案设计阶段

方案设计阶段可以分为概念设计阶段（初步设计阶段）和二次方案阶段（方案改进阶段）。

1) 概念性设计阶段

概念性设计是近几年设计界出现的新词汇，是从国外"引进"的一种说法，关于其含义的准确界定和设计的深度要求目前在学术界、行业界都仍然存在争议。

"概念性设计"是从城市规划中的"概念性规划"这个词义引申发展起来的。概念性规划是对具体项目表达一些规划想法，力求创新，跟战略规划一样都不是法定文件，是为业主服务的一种变通办法。在国外，概念性规划往往被理解为空间发展战略规划研究。在国内，目前规划界对概念性规划主要有两种理解：一种是在城市总体规划之后所做的类似城市发展总体战略性规划；还有一种是贯穿于整个城市规划体系中的理念性规划，其中城市形象设计占有突出地位。

就目前国内所谓的概念性设计而言，实际就是方案初步设计阶段——理念性设计，主要是在对基地详细深入调查分析基础上，进行总体构思立意，提出所谓的设计"概念"，这些概念往往是模糊的，需要进一步（在方案改进阶段）结合实际去印证、深化、细化并使之合理。

基地现场踏勘及收集资料后，就必须立即进行整理、归纳，以防遗忘那些较细小的却有较大影响因素的环节。在接下来的概念性设计——总体规划设计构思阶段，必须认真阅读业主提供的"设计任务书"（或"设计招标书"）。设计任务书中详细列出了业主对建设项目各方面的要求：总体定位、性质、内容、投资规模、技术经济及设计周期等。这里强调：要特别重视对设计任务书的阅读和充分理解，"吃透"设计任务书最基本的"精髓"。进行总体构思时，要将业主提出的项目总体定位作一个构想，并与抽象的文化内涵以及深层的警示寓意相结合进行立意，同时必须考虑将设计任务书中的规划内容融合到有形的规划构图中去。构思草图只是一个初步的规划轮廓，接下去要结合已收集到的原始资料将草图进行补充、修改。逐步明确总图中的入口、广场、道路、湖面、绿地、建筑小品、管理用房等各元素的具体位置。经过这次修改，会使整个规划在功能上趋于合理，在构图形式上符合园林景观设计的基本原则：美观、舒适（视觉上）。

本阶段的概念性设计主要是设计方自我构思创作阶段，一般不给甲方提供设计文件，但是这个阶段的构思立意同样也有一些必要的图件在沟通、反馈时展示给业主，其所有权并不归业主。因为，这部分工作可能会由于在团体投标中流标而前功尽弃，甚至有些恶意的业主就是希望不费力而获得不同设计团队设计师的设计分析和构思立意，暗中传递给早已指定的设计团队。设计方可以将分析、构思立意讲解给业主听，但是这些分析、构思自始至终都不应该被业主所有，而应该作为设计团队的总体设计经验被设计团队长期保存。换言之，在这个阶段不要轻易将设计图纸、文件等资料毫无保留的交给甲方。

当然，现在国内很多业主往往把概念性设计作为一个阶段单独招标，其图纸要求就必须按照招标书的要求完成并提交，此类情况则另当别论。

本阶段的设计文件内容主要包括图纸和文字内容。

图纸部分有：总体平面图、总体鸟瞰效果图、细部透视效果图、平面视线分析图、区域划分分析图、节点透视效果图、节点平面分析图、交通平面分析图、游线平面分析图、园林小品器物意向表现图。

文字部分有：概念性设计说明书、整体形象设计说明、植物景观设计说明等。

2) 二次方案阶段(方案改进阶段)

概念性设计阶段的成果还不是一个完全成熟的方案。设计人员此时应该虚心好学、集思广益，多渠道、多层次、多次数地听取各方面的建议，向其他设计师讨教并与之交流、沟通，更能提高整个方案的新意与活力。

由于大多数项目的设计甲方在时间要求上往往比较紧迫，因此设计人员特别要注意两个问题：第一，只顾进度，一味求快，最后导致设计内容简单枯燥、无新意，甚至完全搬抄其他方案，图面质量粗糙，不符合设计任务书要求；第二，过多地更改设计方案构思，花过多时间、精力去追求图面的精美包装，而忽视对规划方案本身质量的重视。这里所说的方案质量是指：规划原则是否正确，立意是否具有新意，构图是否合理、简洁、美观，是否具可操作性等。

整个方案确定之后，图文的包装必不可少。当前图文包装正越来越受到业主与设计单位的重视。虽然业界对此褒贬不一，过分的精美、豪华的包装甚至是浪费。但是，合理的包装也是从侧面体现设计水平(设计师艺术修养)的一个方面。

最后，将方案的设计说明、投资匡(估)算、水电设计的一些主要节点，汇编成文字部分；将方案的平面图、功能分区图、绿化种植图、小品设计图，全景透视图、局部景点透视图，汇编成图件部分。文字部分与图纸部分的结合，就形成一套完整的规划方案文本。

3) 反馈阶段

业主拿到方案文本后，一般会在较短时间内给予一个答复。答复中会提出一些调整意见：包括修改、添删项目内容，投资规模的增减，用地范围的变动等。针对这些反馈信息，设计人员要在短时间内对方案进行调整、修改和补充。

现在各设计单位电脑出图已相当普及，因此局部的平面调整还是能较顺利按时完成的。而对于一些较大的变动，或者总体规划方向的大调整，则要花费较长一段时间进行方案调整，甚至推倒重做。

对于业主的信息反馈，设计人员如能认真听取反馈意见，积极主动地完成调整方案，则会赢得业主的信赖，对今后的设计工作能产生积极的推动作用；相反，设计人员如马马虎虎、敷衍了事，或拖拖拉拉，不按规定日期提交调整方案，则会失去业主的信任，甚至失去这个项目的设计任务。

一般调整方案的工作量没有前期工作量大，大致需要一张调整后的规划总图和一些必要的方案调整说明、匡(估)算调整说明等，但它的作用却很重要，以后的方案评审会以及施工图设计等，都是以调整方案为基础进行的。

4) 方案设计评审阶段

由有关部门组织的专家评审组，集中一天或几天时间，召开一个专家评审(论证)会。出席会议的人员，除了各方面专家外，还有建设方领导，市、区有关部门的领导以及项目设计负责人和主要设计人员。

设计方项目负责人一定要结合项目的总体设计情况，在有限的时间内，将项目概况、总体设计定位、设计原则、设计内容、技术经济指标、总投资估算等诸多方面内容，向领导和专家们作一个全方位汇报。汇报必须详略得当，尽量做到讲解透彻、直观、针对性强。在方案评审会上，宜先将设计指导思想和设计原则阐述清楚，然后再介绍设计布局和内容。设计内容的介绍，必须紧密结合先前阐述的设计原则，将设计指导思想及原则作为设计布局和内容的理论基础，而后者又是前者的具体化体现。两者应相辅相成，缺一不可，切不可造成设计原则和设计内容南辕北辙。

方案评审会结束后几天，设计方会收到打印成文的专家组评审意见。设计负责人必须认真阅读，对每条意见，都应该有一个明确答复，对于特别有意义的专家意见，要积极听取，立即落实到方案修改稿中。

5) 扩初设计阶段

设计者结合专家组的方案评审意见，进行深入一步的扩大初步设计(简称"扩初设计")。在扩初文本中，应该有更详细、更深入的总体规划设计平面图、总体竖向设计平面图、总体绿化设计平面图、建筑小品的平、立、剖面图(标注主要尺寸)。地形特别复杂的地段，应该绘制详细剖面图。剖面图中，必须标明主要空间地面标高(路面标高、地坪标高、室内地坪标高)、湖面标高(水面标高、池底标高)。

扩初文本应该有详细的水、电气设计说明，如有较大用电、用水设施，要绘制给水排水、电气设计平面图。

6) 扩初设计评审阶段

扩初设计评审会上，专家们的意见不会像方案评审会那样分散，而是比较集中，也更有针对性。设计负责人的发言要言简意赅，对症下药。根据方案评审会上专家们的意见，设计方要介绍扩初文本中修改过的内容和措施。未能修改的意见，要充分说明理由，争取能得到专家评委们的理解。

一般情况下，经过方案设计评审会和扩初设计评审会后，总体规划平面和具体设计内容都能顺利通过评审，这就为施工图设计打下了良好的基础。总的来说，扩初设计越详细，施工图设计越省力。

7) 施工图设计阶段

施工图设计阶段是园林设计创意要通过园林工程施工落到实处，变为现实的先决条件，一丝一毫马虎不得。施工图设计阶段是根据国家相关规范和标准，按照已批准的初步设计文件和要求更深入和具体化设计，并编制施工组织计划和施工程序。其内容包括：施工设计图、编制预算、施工设计说明书。

(1) 施工图设计

进行施工图设计前，要再次进行现场踏勘。基地的再次踏勘，至少有三点与前一次不同：第一，参加人员范围的扩大，必须增加建筑、结构、水、电等各专业的设计人员；第二，踏勘深度的不同，前一次是粗勘，这一次是精勘；第三，掌握最新的、变化了的基地情况。现场情况发生了变化，必须找出对今后设计影响较大的变化因素，加以研究，然后调整随后进行的施工图设计。

当前，很多大工程、市(区)重点工程施工周期都相当紧促。往往先确定竣工期，然后从后向前倒排施工进度。这就要求设计人员打破常规出图程序，实行"先要先出图"的出图方式。一般来讲，在大型园林景观绿地的施工图设计中，施工方急需的图纸是：①总平面放样定位图(俗称方格网图)；②竖向设计图(俗称土方地形图)；③一些主要的大剖面图；④土方平衡表(包含总进、出土方量)；⑤水的总体上水、下水、管网布置图，主要材料表；⑥电力总平面布置图、系统图等。

同时，这些较早完成的图纸要做到两个结合：一是各专业图纸之间要相互一致，自圆其说；二是每一种专业图纸与今后陆续完成的图纸之间，要有准确的衔接和连续关系。

社会的发展伴随着大项目、大工程的产生，它们自身的特点使得设计与施工各自周期的划分已变得模糊不清。特别是由于施工周期的紧迫性，设计方只得先出一部分急需施工的图纸，从而使整个工程项目处于边设计边施工的状态。

而后进行的便是各个单体建筑小品的设计，包括建筑、结构、水、电的各专业施工图设计。另外，作为整个工程项目设计总负责人，往往同时承担着总体定位、竖向设计、道路广场、水体以及绿化种植的施工图设计任务。他不但要按时，甚至提早完成各项设计任务，而且要把很多时间、精力花费在开会、协调、组织、平衡等工作上，尤其是业主与设计方之间、设计方与施工方之间、设计各专业之间的协调工作更不可避免。往往工程规模越大，工程影响力越深远，组织协调工作就越繁重。从这方面看，作为项目设计负责人，不仅要掌握扎实的设计理论知识和丰富的实践经验，更要具有极强的工作责任心和良好的职业道德以及较高的管理水平和能力，才能担当起这一重任。

(2) 编制预算

施工图设计阶段还要进行施工图预算编制。它是实行工程总承包的依据，是控制造价、签订合同、拨付工程款项、购买材料的依据，同时也是检查工程进度、分析工程成本的依据。

施工图预算是以扩初设计中的概算为基础的。该预算涵盖了施工图中所有设计项目的工程费用：土方地形工程总造价，建筑小品工程总造价，道路、广场工程总造价，绿化工程总造价，水、电安装工程总造价等。

根据多数设计项目实际情况所得经验，施工图预算与最终工程决算往往有较大出入。其中的原因多种多样，影响较大的是：施工过程中工程项目的增减，工程建设周期的调整，工程范围内地质情况的变化，材料选用的变化等。施工图预算编制属于造价工程师的工作，但项目负责人脑中应该时刻有一个工程预算控制度，必要时及时与造价工程师联系、协商，尽量使施工预算能较准确反映整个工程项目的投资状况。

整个工程项目建成后良好的景观效果，是在一定资金保证下，优良设计与科学合理施工结合的体现。应该承认，某个工程的最终效果很大程度上由投资控制所决定。近年来，很多绿地建设中出现了单位面积造价节节攀升的现象，在这里且不讨论此现象的孰是孰非，但作为项目负责人应该有责任为业主着想，客观上因地制宜，主观上发挥各专业设计人员的聪明才智，在设计这一环节中平衡协调，做到投资控制。

(3) 施工设计说明书

说明书的内容是方案设计说明书的进一步深化。说明书应写明设计的依据，设计对象的地理位置及自然条件，园林绿地设计的基本情况，各种园林工程的论证叙述，园林绿地建成后的效果分析等。

8) 施工配合阶段

(1) 施工图的交底

业主拿到施工设计图纸后，会联系监理方、施工方对施工图进行看图和读图。看图属于总体上的把握，读图属于具体设计节点、详图的理解。之后，由业主牵头，组织设计方、监理方、施工方进行施工图设计交底会。在交底会上，业主、监理、施工各方提出看图后所发现的各专业方面的问题，各专业设计人员将对口进行答疑，一般情况下，业主方的问题多涉及总体上的协调、衔接；监理方、施工方的问题常提及设计节点、大样的具体实施。双方侧重点不同。由于上述三方是有备而来，并且有些问题往往是施工中关键，因而设计方在交底会前要充分准备，会上要尽量结合设计图纸当场答复，现场不能回答的，回去考虑后尽快做出答复。

(2) 设计师的施工配合

设计的施工配合工作往往会被人们所忽略。其实，这一环节对设计师、对工程项目本身恰恰是相当重要的。

业主对工程项目质量的精益求精，对施工周期的一再缩短，都要求设计师在工程项目施工过程中，经常踏勘建设中的工地，解决施工现场暴露出来的设计问题、设计与施工相配合的问题。如有些重大工程项目，整个建设周期就已经相当紧迫，业主普遍采用"边设计边施工"的方法。针对这种工程，设计师更要勤下工地，结合现场客观地形、地质、地表情况，做出最合理、最迅捷的设计。

其实，设计师的施工配合工作也随着社会的发展与国际间合作设计项目的增加而上升到新的高度。配合时间更具弹性、配合形式更多样化。俗话说，"三分设计，七分施工"。如何使"三分"的设计充分体现、融入到"七分"的施工中去，产生出"十分"的景观效果，是设计师施工配合所要达到的工作目标。

7.3 园林工程施工管理

园林工程是以市政工程原理为基础，以园林艺术理论为指导，进行研究工程造景技艺，并使其应用于实践的一门学科。其中心内容是：探讨在最大限度地发挥园林的综合功能的前提下，妥善处理工程设施与园林景观之间的协调统一关系，通过严格的成本控制和科学的施工管理，实现优质低价的工程产品。简言之，就是探讨市政工程的园林化。

园林工程施工管理是园林工程施工单位进行企业管理的重要内容，它是指从承接施工任务开始一直到工程竣工验收、交付使用的全过程中，对施工任务和施工现场所进行的全事务性内容的监控管理工作。包含在从施工准备、技术设计、施工方案、施工组织设计到组织现场施工、工程竣工验收、交付使用的全过程之中。

7.3.1 园林工程施工管理的意义、任务和作用

园林工程的施工管理是指运用现代管理理论和各种科学有效的管理方法，确保所承担的园林工程以最短的工期、严格的质量标准和尽可能低的造价，来实现施工项目的最大利润，并为将来取得良好的工程信誉为目的所进行的管理工作。其中造价、工期、质量标准称为约束工程的三要素。

园林工程施工管理是施工管理单位在特定的园址，按设计图纸要求进行实际施工的综合性管理活动。其基本任务是根据建设项目的要求，依照已审批的技术图纸和制定的施工方案对现场进行全面合理组织，使劳动资源得到合理配置，保证建设项目按预定目标优质、快速、低耗、安全的完成。

我国园林事业的不断发展和现代高科技、新材料的开发利用，使园林工程日趋综合化、复杂化和技术的现代化，因而对园林工程的科学组织及对其现场施工科学管理是保证园林工程既符合景观质量要求又使成本最小的关键性内容，其主要作用表现在以下几方面。

加强园林工程施工管理，是保证项目按计划顺利完成的重要条件，是在施工全过程中落实施工方案，遵循施工进度的基础。

加强园林工程施工管理，能保证园林设计意图的实现，确保园林艺术通过工程手段充分表现出来。

加强园林工程施工管理，能很好的组织劳动资源，适当调度劳动力，减少资源浪费，降低施工成本。

加强园林工程施工管理，能及时发现施工过程中可能出现的问题，并通过相应的措施予以解决。

加强园林工程施工管理，能协调好各部门、各施工环节的关系，使工程不停工、不窝工而有条不紊的进行。

加强园林工程施工管理，有利于劳动保护、劳动安全和开展技术竞赛，促进施工技术的应用与发展。

加强园林工程施工管理，能保证各种规章制度、生产责任、技术标准及劳动定额等得到遵循与落实，以使整个施工任务得以保质保量按时完成。

7.3.2 园林工程施工程序

园林工程作为建设项目中的一个类别，它必须遵循建设程序，即建设项目从设想、选择、评估、决策、设计、施工到竣工验收、投入使用、养护、保修，发挥社会效益的整个过程，而其中各项工

作必须遵循有其先后次序的法则。其建设程序可分为以下七个步骤。

第一步，根据地区发展需要，提出项目建议书；

第二步，在踏勘、现场调研的基础上，提出可行性研究报告；

第三步，有关部门进行项目立项；

第四步，根据可行性研究报告，编制设计文件，进行初步设计；

第五步，初步设计批准后，做好施工前的准备工作；

第六步，组织施工，竣工后验收并交付使用；

第七步，经过一段时间的运行，一般是 1~2 年期的保修养护管理，再进行项目后评价。

7.3.3　园林施工承包方式与类型

7.3.3.1　工程项目承包的概念与内容

1) 工程项目承包的概念

工程项目承包是一种商业行为，是商品经济发展到一定程度的产物。

园林建设工程项目承包的含义：是指在园林工程项目建设市场中，作为供应者的园林企业(即承包人)对作为需求者的建设单位(即发包人)作出承诺，负责按对方的要求完成某一园林建设工程项目的全部或其中一部分工作，并按商定的价格取得相应的报酬。在交易过程中，承发包双方之间存在着经济上、法律上的权利、义务与责任的各项公正、公开、公平的关系，并通过合同予以明确。它是社会经济市场条件下，园林工程项目实现的主要方式。

2) 工程项目承包的内容

工程项目承包的内容，就其工程项目本身而言，是指建设过程中各个阶段的全部工作。对一个承包单位来说，一项承包活动可以是建设过程的全部工作，也可以是某一阶段的全部或一部分工作。其内容可分为：项目的可行性研究；项目的工程勘察；项目设计；项目的材料和设备的供应；园林工程施工；提供劳务；工程项目的职工培训；工程项目管理。

工程项目管理是指对整个建设工程的组织管理工作。一般由专业咨询机构承担，在我国也可由工程总承包公司承担。分为为建设单位服务的工程项目管理和为施工单位的项目管理。

7.3.3.2　园林工程项目承包商及其分类与企业资质等级

1) 承包商及其分类

从事园林工程项目承包经营活动的企业，国际上通称园林工程项目承包商。

(1) 园林工程总承包企业

指从事园林工程建设项目全过程承包活动的智力密集型企业。应具备的能力是：工程勘察设计、工程施工管理、材料设备采购、工程技术开发应用及工程建设咨询等。

(2) 园林工程施工承包企业

指从事园林工程建设项目施工阶段的承包活动的企业。应具备的能力是：工程施工承包与施工管理。

(3) 园林工程项目专项分包企业

指从事园林工程建设项目施工阶段专项分包和承包限额以下小型工程活动的企业。应具备的能力是：在园林工程总承包企业和园林施工承包企业的管理下，进行专项园林工程分包，对限额以下的小型园林工程实施承包与施工管理。

2) 园林工程的企业资质

园林工程企业资质是指园林工程承包商的资格和素质，是园林工程承包经营者必须具备的基本条件。按我国现行规定，将承包商的建设业绩、人员素质、管理水平、资金数量、技术含量等作为主要指标，将不同的园林工程的建设施工企业按其资格和素质划分成2~4个资质等级，并规定了相应的承包工程范围，由国家规定的机构发给资质等级证。资质等级证要根据企业的变化，定期评定及时更换。

详细内容可查询国家建设部《关于〈建筑企业资质等级标准〉(试行)的通知》。

7.3.3.3 园林施工承包方式

1) 总承包

一个园林建设项目建设的全过程或其中某个阶段的全部工作，由一个承包单位负责组织实施，这个承包单位可以将若干个专业性工作交给不同的专业承包单位去完成，并统一协调和监督他们的工作。在一般情况下，建设单位仅同这个承包单位发生直接关系，这种承包方式叫做总承包。

2) 分承包

简称分包，是相对总承包而言的，即承包者不与建设单位发生直接关系，而是从总承包单位分包某一分项工程或某种专业工程，在现场上由总承包统筹安排其活动，并对总承包负责。分包单位通常为专业公司，一种是由建设单位指定分包单位与总承包单位签订分包合同，一种是由总承包单位自行选择分包单位签订分包合同。

3) 独立承包

它是指承包单位依靠自身的力量完成承包任务，而不实行分包的承包方式。通常适用于中小规模、没有特殊技术和设备要求的园林建设工程。

4) 联合承包

它是相对于独立承包而言的承包方式，即由两个以上的承包单位联合起来承包一项园林建设工程任务。由参加联合的各单位推定代表统一与建设单位签订合同，共同对建设单位负责，并协调他们之间的关系。但参加联合体的各单位仍是各自独立经营的企业，只是在共同承包的工程项目上根据预先达成的协议，承担各自的义务和分享共同的收益。

5) 直接承包

它是在同一工程项目上，不同的承包单位分别与建设单位签订承包合同，各自直接对建设单位负责。各承包商之间不存在总分包关系，现场可由建设单位或监理单位负责协调工作。

7.3.3.4 园林施工承包合同的签订

1) 园林建设工程施工承包合同

为完成园林施工项目，承、发包方一般要签订各类系列合同。

(1) 施工项目合同

这是建设单位和承包施工单位之间为完成某一园林施工项目，明确双方权利和义务而签订的协议。

(2) 施工准备合同

这是较大或较复杂的园林建设工程项目，在不具备直接签订施工承包合同的条件下，根据建设单位提供的国家批准建设任务书、投资计划和施工任务，做好准备工作，保证施工项目顺利开工，由建设单位与承包单位所签订的明确双方在施工准备阶段权利和义务的合同协议。

(3) 分包合同

在园林施工项目中，有些需要委托其他单位实施，接受单位为"分包"，委托单位为"总包"，"分包"与"总包"所签订的合同协议称为分包合同。合同主要内容应包括：工程量、工程造价和施工期限；双方的主要责任；安全生产、工程质量及施工验收办法、付款方式及工程结算；奖罚及纠纷的调解和仲裁，以及其他应该明确的事项。

分包合同通常有以下几种：

① 机械施工分包合同。包括土方、打桩、大型钢结构吊装、运输等。

② 设备安装分包合同。包括喷泉、喷灌设备的安装、照明设备的安装等。

③ 分项工程、单项工程分包合同。

(4) 物资供应合同

对于园林建设工程中用到的建筑材料、绿化材料，一般由施工承包单位与材料供应单位签订合同，合同内容明确材料的品种、规格、数量、质量、价格、交货期限和方式、结算方法和双方的责任。

(5) 成品、半成品加工定货合同

包括成品、半成品的品种、规格数量、质量要求和加工价格等。

一般施工承包的合同文件包括中标单位的投标书及其附件、合同书、合同条款、中标通知书、补遗书、设计图纸、工程说明书、技术规范和有关标准、工程量清单和单价表，以及在招标和合同执行过程中的一切来往电函、传真和设计变更记录等全部文件。

2) 合同的签订

施工单位通过竞标最终确定中标施工项目后，就要和建设单位签订书面的合同协议书，合同的签订意味着双方的权利和义务的确定。合同的内容主要包括：

(1) 所承担的施工工程的内容及工程完成的时间；

(2) 双方在保证完成任务的前提下所承担的义务和享有的权利；

(3) 工程的验收方法；

(4) 甲方支付工程款的数量、方式以及期限等；

(5) 未尽事宜双方本着友好协商的原则处理，力求完成相关工程项目。

7.3.3.5　园林工程施工的特点

1) 种植工程具有较强的季节性

园林建设的主体是有生命的植物，种植工程必须符合植物自身生长发育规律，才能提高成活率，降低造价。每种植物都有其最佳栽植期，如落叶树在落叶期为最佳栽植时期。

2）施工材料规范性较差

与其他建设相比，园林建设中的材料规范性较差。园林中的假山石单靠定量的方法无法确定它的价值；在进行行道树种植时，要求树木有统一的高度和胸径，而对自然式种植的树木，同一树种有规格上的变化更能丰富园林景观；园林施工中多样的立地条件也使一些园林规范无法正常使用。

3）施工图纸与施工现场具有差异性

由于种种原因，使得园林施工图纸的设计深度不够或对现场调查不够细致，造成施工图纸和现实情况存在一定的误差，需要在施工中进行调整，这在园林施工中是非常普遍的现象。

4）园林工程施工具有地域性

园林中的土建工程在不同的地区有不同的要求，种植工程的主体——植物更是随地区不同而出现品种上的差异和后期养护管理的不同。

5）园林工程施工注重审美与实用功能的统一性

园林工程施工要求所有建设都必须注重景观艺术性，满足观赏需要，同时景观设施也必须与实用结合，满足功能性的要求。

6）领导决策的盲目性影响施工质量

有些领导特别是刚分管园林行业的领导，对行业了解不够，用管理其他行业的方法管理园林行业，追求短平快，或是因为园林行业工程量投资较小而放在最后决策，忽视了行业季节性的特点，在项目审批通过时已经错过了苗木的最佳栽植时期，给施工带来困难，并造成投资较大，工程质量下降。

7.3.3.6 园林施工管理的内容

园林工程施工管理是一项综合性的管理活动。工程开工之后，工程管理人员与技术人员应密切配合，共同做好施工过程中的管理工作，其主要内容包括：

1）工程管理

即对整个工程的全面组织管理，包括前期工程及施工过程的管理，其关键是施工速度。它的重要环节有：做好施工前的各种准备工作；编制工程计划；确定合理工期；拟定确保工期和施工质量的技术措施；通过各种图表及详细的日程计划进行合理的工程管理，并把施工中可能出现的问题纳入工程计划内，做好必要的防范工作。

2）质量管理

根据工程的质量特性决定质量标准。目的是保证施工产品的全优性，符合园林的景观及其他功能要求。根据质量标准对全过程进行质量检查监督，采用质量管理图及评价因子进行施工管理；对施工中所供应的物质材料要搞好材料订购、验收、保管和领取工作，确保质量。

3）安全管理

搞好安全管理是保证工程顺利施工和保证企业经济效益的重要环节。施工中要杜绝劳动伤害，措施是建立相应的安全管理组织，拟定安全管理规范，落实安全生产的具体措施，监督施工过程的各个环节。如发现问题，要及时采取必要的措施努力避免或减少损失。

4) 成本管理

施工管理的目的就是要以最低投入，获得最好最大的经济收入。为此，在施工过程中应有成本观念，既要保证质量，符合工期，又要讲究经济效益。要搞好预算管理，做好经济指标分析，大力降低工程成本，增加盈余。

5) 劳务管理

工程施工应注意施工队伍的建设，特别是对施工人员的园林植物栽培管理技术的培训，除必要的劳务合同、后勤保障外，应做好劳动保险工作。加强职业的技术培训，采取有竞争性的奖励制度调动施工人员的积极性。与此同时，也要制定生产责任制，确定先进合理的劳动定额，保障职工利益，明确其施工责任。这是施工项目顺利完成的必要保障。

综上所述，施工管理包括了工程管理、质量管理、安全管理、成本管理和劳动管理。这五大管理应贯穿于整个项目的施工过程中。就具体的园林绿化工程，可具体归纳为以下几点：

第一，落实任务，签订工程承包合同；

第二，做好施工前各项准备，特别是现场施工条件的准备；

第三，编制施工计划，确定工期；

第四，抓好各种物资及机具、机械的供应准备工作，注意劳动力的合理组织和调配；

第五，布置合理细致的现场平面图并对其进行科学管理；

第六，对各工序各环节进行全面监控，及时发现问题，采取应急措施；

第七，搞好施工过程中的检查验收，特别是隐蔽性工程的现场检查和提前验收，最后组织工程交付验收工作；

第八，做好验收后栽种植物的养护和保修期的管理工作。

7.3.3.7 园林工程施工组织与管理

1) 施工前的准备工作

施工准备工作是保证工程顺利进行的重要一环，它直接影响工程施工进度、质量和经济效益，为此应引起足够的重视。

(1) 熟悉设计图纸和掌握工地现状

施工前，应首先对园林设计图有总体的分析和了解，体会其设计意图，掌握设计手法，在此基础上进行施工现场踏察，对现场施工条件要有总体把握，哪些条件可充分利用，哪些必须清除，哪些属市政设施要加以注意等。

(2) 做好工程事务工作

这主要是根据工程的具体要求，编制施工预算，落实工程承包合同，编制施工计划，绘制施工图表，制订施工规范、安全措施、技术责任制及管理条例等。

(3) 准备工作

通过现场平面布置图，进行基准点(控制点)测量，确定工作区的范围，搞好一通一平，并对整个施工区做全面监控。

布置好各种临时设施,道路应做环状布置,职工生活及办公用房可沿周边设置,仓库应按需而设,做到最大限度降低临时性设施的投入。

如需要占用其他类型的用地时,应做好协议工作,争取不占或少占其他用地。

组织材料、机具进场。各种施工材料、机具等应有专人负责验收登记,做好按施工进度安排购料计划,进出库时要履行手续,认真记录,并保证用料规格质量。

做好劳务的调配工作。应视实际的施工方式及进度计划合理组织劳动力,特别是采用平行施工或交叉施工时,更应重视劳力调配,避免窝工浪费。

2) 施工组织设计

园林工程施工组织设计是有序进行施工管理的开始和基础,是园林工程建设单位在组织施工前必须完成的一项法定的技术性工作。

(1) 园林工程施工组织设计的作用

园林工程施工组织设计是以园林工程(整个工程或若干单项工程)为对象编写的用来指导工程施工的技术性文件。其核心内容是如何科学合理地安排好劳动力、材料、设备、资金和施工方法这五个主要的施工因素。根据园林工程的特点和要求,以先进的、科学的施工方法与组织手段使人力和物力、时间和空间、技术和经济、计划和组织等诸多因素合理优化配置,从而保证施工任务依质量要求按时完成。

园林工程施工组织设计是应用于园林工程施工中的科学管理手段之一,是长期工程建设中实践经验的总结,是组织现场施工的基本文件和法定性文件。因此,编制科学的切合实际的、可操作的园林工程施工组织设计,对指导现场施工、确保施工进度和工程质量、降低成本等都具有重要意义。

园林工程施工组织设计,首先要符合园林工程的设计要求,体现园林工程的特点,对现场施工具有指导性。在此基础上,要充分考虑施工的具体情况,完成以下四部分内容:一是依据施工条件,拟定合理施工方案,确定施工顺序、施工方法、劳动组织及技术措施等;二是按施工进度搞好材料、机具、劳动力等资源配置;三是根据实际情况布置临时设施、材料堆置及进场实施;四是通过组织设计协调好各方面的关系,统筹安排各个施工环节,做好必要的准备和及时采取相应的措施确保工程顺利进行。

(2) 园林工程施工组织设计的分类

园林工程施工组织设计一般由五部分构成。

一是叙述本项园林工程设计的要求和特点,使其成为指导施工组织设计的指导思想,贯穿于全部施工组织设计之中。

二是充分结合施工企业和施工场地的条件,拟定出合理的施工方案。在方案中要明确施工顺序、施工进度、施工方法、劳动组织及必要的技术措施等内容。

三是在确定了施工方案后,在方案中按施工进度搞好材料、机械、工具及劳动等资源的配置。

四是根据场地实际情况,布置临时设施,材料堆置及进场实施方法和路线等。

五是组织设计出协调好各方面关系的方法和要求，统筹安排好各个施工环节的连接。提出应做好的必要准备和及时采取的相应措施，以确保工程施工的顺利进行。

实际工作中，根据需要，园林工程施工组织设计一般可分为中标后施工组织设计和投标前施工组织设计两大类。

第一大类：中标后施工组织设计。一般又可分为施工组织总设计、单位工程施工组织设计和分项工程作业设计等三种。

施工组织总设计是以整个工程为编制对象，依据已审批的初步设计文件拟定的总体施工规划。一般由施工单位组织编制，目的是对整个工程的全面规划和有关具体内容的布置。其中，重点是解决施工期限、施工顺序、施工方法、临时设施、材料设备以及施工现场总体布局等关键问题。

单位工程施工组织设计是根据经会审后的施工图，以单位工程为编制对象，由施工单位组织编制的技术文件。

分项工程作业设计多由最基层的施工单位编制，一般是对单位工程中某些特别重要部位或施工难度大、技术要求高，需采取特殊措施的工序，才要求编制出具有较强针对性的技术文件。例如园林喷水池的防水工程，瀑布出水口工程，园路中健身路的铺装，护坡工程中的倒渗层，假山工程中的拉底、收顶等。其设计要求具体、科学、实用并具可操作性。

第二大类：投标前施工组织设计。投标前施工组织设计，是作为编制投标书的依据，其目的是为了中标。主要内容包括：①施工方案、施工方法的选择，对关键部位、工序采用的新技术、新工艺、新机械、新材料，以及投入的人力、机械设备的决定等；②施工进度计划，包括网路计划、开竣工日期及说明；③施工平面布置，水、电、路、生产、生活用地及施工的布置，用以与建设单位协调用地；④保证质量、进度、环保等项计划必须采取的措施；⑤其他有关投标和签约的措施。

(3) 园林工程施工组织设计的原则

园林工程施工组织设计要做到科学、实用，这就要求在编制思路上应吸收多年来工程施工中积累的成功经验；在编制技术上要遵循施工规律、理论和方法；在编制方法上应集思广益，逐步完善。为此，园林工程施工组织设计的编制应遵循下列基本原则。

第一，遵循国家法规、政策的原则。

第二，符合园林工程特点，体现园林综合艺术的原则。

第三，采用先进的施工技术，合理选择施工方案的原则。

第四，周密而合理的施工计划、加强成本核算，做到均衡施工的原则。

第五，确保施工质量和施工安全，重视园林工程收尾工作的原则。

(4) 园林工程施工组织设计编制的程序

园林工程施工组织是一项复杂的系统工程，编制时要考虑多方面因素。其主要依据有园林建设项目基础文件；工程建设政策、法规和规范资料；建设地区原始调查资料；类似施工项目经验资料等。

施工组织设计必须按一定的先后顺序进行编制，才能保证其科学性和合理性。施工组织设计的编制程序如下：

熟悉园林施工工程图，领会设计意图，收集有关资料，认真分析研究施工中的问题；

将园林工程合理分项并计算各自工程量，确定工期；

确定施工方案，施工方法，进行技术经济比较，选择最优方案；

编制施工进度计划(横道图或网络图)；

编制施工必需的设备、材料、构件及劳动力计划；

布置临时施工、生活设施，做好"三通一平"工作；

编制施工准备工作计划并绘出施工平面布置图；

计算技术经济指标；

确定劳动定额；

拟订技术安全措施；

成文报审。

园林施工组织设计的内容一般是由工程项目的范围、性质、特点及施工条件、景观艺术、建筑艺术的需要来确定的。由于在编制过程中有深度上的不同，无疑反映在内容上也有所差异。但不论哪种类型的施工组织设计都应包括工程概况、施工方案、施工进度计划和施工现场平面布置等，简称"一图一表一案"。

工程概况是对拟建工程的基本性描述，目的是通过对工程的简要说明了解工程的基本情况，明确任务量、难易程度、质量要求等，以便合理制订施工方法、施工措施、施工进度计划和施工现场布置图。

施工方法和施工措施是施工方案的有机组成部分，施工方案优选是施工组织设计的重要环节之一。因此，根据各项工程的施工条件，提出合理的施工方法，拟订保证工程质量和施工安全的技术措施，对选择先进合理的施工方案具有重要作用。

园林工程施工计划涉及的项目较多，内容庞杂，要使施工过程有序，保质保量完成任务必须制订科学合理的施工计划。施工计划中的关键是施工进度计划，它是以施工方案为基础编制的。施工进度计划应以最低的施工成本为前提，合理安排施工顺序和工程进度，并保证在预定工期内完成施工任务。它的主要作用是全面控制施工进度，为编制基层作业计划及各种材料供应计划提供依据。工程施工进度计划应依据总工期、施工预算、预算定额(如劳动定额，单位估价)以及各分项工程的具体施工方案、施工单位现有技术装备等进行编制。

施工现场平面布置图是用以指导工程现场施工的平面图，它主要解决施工现场的合理工作问题。施工现场平面图的设计主要依据工程施工图、工程施工方案和施工进度计划。布置图比例一般采用1∶200～1∶500。

3) 园林工程施工现场管理

(1) 园林工程的组织施工

园林工程组织施工是根据园林工程施工方案、施工组织设计对施工现场进行有计划、有组织的均衡施工活动，其目的是科学合理组织劳动资源，按施工进度，完成施工任务。组织施工应处理好三个基础问题：施工中的全局意识；组织施工要科学、合理、实际；施工过程的全面监控。

(2) 园林工程施工总平面图的管理

施工总平面图的管理是指根据施工现场布置图，对施工现场水平工作面的全面控制活动。其目的是充分发挥施工场地的工作面特性，合理组织劳动资源，按进度计划有序地进行施工。

搞好施工总平面图的管理对工程顺利施工具有特殊意义。园林工程施工范围广、工序多，工作面分散，通过合理的现场布置，利于统筹全局，兼顾各施工点；利于资源的合理分配和调度；利于工程的质量和进度的监控；利于机具效率的充分发挥，从而保证施工的快速优质低耗，达到施工管理的目的。

(3) 施工过程中的检查工作

园林设施多是游人直接使用和接触的，不能存在丝毫隐患。为此，应特别注意工程施工过程中的检查验收工作，要把它视为确保工程质量必不可少的环节，并贯穿于整个施工过程中。

(4) 施工调度工作

施工调度是保证合理工作面上的资源优化，有效地使用机械、合理组织劳动力的一种施工管理手段。其中心任务是通过劳动力的科学组织，使各工作面发挥最高的工作效率。调度的基本要求是平均合理，保证重点，兼顾全局。

4) 园林工程施工基层管理

园林施工中基层的施工管理不可忽视。如基层施工作业计划的编制、施工任务单的管理、基层园林技术管理制度及工程质量的检验评定等，对确保园林工程质量、工期具有特殊意义，了解掌握这些专业管理知识，对园林施工管理大有裨益。

园林工程施工作业计划是根据年度计划和季度计划对基层施工单位(如工程队、班组)在特定时间内施工任务的行动的安排，它是季度施工任务的基层分解，由具体的执行单位操作的基层作业计划。

目前，施工作业计划多采用月度施工计划的形式，其下达的施工期限很短，但对保证年度计划的完成意义重大。因此，应重视月度施工作业计划的编制工作。

园林工程施工任务单是由园林施工单位(或工程公司)按季度施工计划，给施工单位或施工队所属班组下达施工任务的一种管理方式。通过施工任务单，基层施工班组对施工任务、工程范围更加明确，对工程的工期、安全、质量、技术、节约等要求更能全面把握。因此，有利于施工任务单位组织施工，可以达到保质保量，安全顺利施工的目的。

技术管理是指对企业全部生产技术工作的计划、组织、指挥、协调和监督，是对各项技术活动的技术要素进行科学管理的总和。搞好园林工程的技术管理工作，有利于提高园林工程企业技术水平，充分发挥现有设备能力，提高劳动生产率，降低园林工程产品成本，增强施工企业的竞争力，提高经济效益。

质量检验和评定是质量管理的重要内容，是保证园林作品能满足设计要求及工程质量的关键环节。质量检验应包含园林作品质量和施工过程质量两部分，前者应以安全程度、景观水平、外观造型、使用年限、功能要求及经济效益为主；后者则以工作质量为主，包括设计、施工、检查验收等环节。因此，对上述全过程的质量管理构成了园林工程项目质量全面监督的主要内容。

5) 园林工程的安全生产与事故处理

(1) 安全生产管理

安全生产管理是施工中避免发生事故，杜绝劳动伤害，保证良好施工环境的管理活动。它是保护职工安全健康的企业管理制度，是搞好工程施工的重要措施。因此，园林施工单位必须高度重视安全生产的管理，把安全工作落实到工程计划、设计、施工检查等各个环节，把握施工中重要的安全管理要点，做到未雨绸缪，安全生产。为此，应做好以下几方面工作：①各级领导和职工要强化安全意识，不得忽视任何环节的安全要求，加强劳动纪律，克服麻痹思想；②建立完善的安全生产管理体系，要有相应的安全组织，配备专人负责，做到专管成线，群管成网；③建立完善健全必要的安全制度，如安全技术教育制度、安全保护制度、安全技术措施制度、安全考勤制度和奖惩制度、伤亡事故报告制度及安全应急制度等；④严格贯彻执行各种技术规范和操作规程；⑤制定具体的施工现场安全措施，必须详细、认真按施工工序或作业类别制定相应的安全措施，并做好安全技术交底工作。

现场内要建立良好的安全作业环境，例如悬挂安全标志，标贴安全宣传品，佩戴安全袖章、徽章，举办安全技术讨论会、演示会，召开定期安全总结会议等。

(2) 事故处理

园林工程中应努力避免伤害事故和特性事故的发生。一旦出现安全事故时，就要以高度的责任感严肃认真对待，采取果断措施，防止事故扩大。

事故发生后，要首先抢救伤害人员，及时救治；同时应保护好事故现场，报告有关部门，组织人员进行事故调查，查明原因，分清责任；原因调查清楚后，要根据事故程度，严肃处理有关责任人员，并采取针对性措施，避免事故再次发生；要及时清理事故现场，做好事故记录工作。

7.4 园林花木经营管理

就商品花木的生产而言，经营管理水平的高低不但决定着花木生产的成败，还决定着生产的经济效益的高低。要满足市场对花木的需要，不仅要研究栽培管理技术，还应研究经营管理业务，掌握商品信息，有计划地进行生产和供销。

7.4.1 园林花木产业的特点

7.4.1.1 区域性

花木产品是鲜活的植物材料，对自然资源的依赖较强，尤其是受气候环境的影响较大，因此不同地区应根据各地的自然条件选择适合发展的花木种类。

再者，由于大部分花木种类不宜长途运输，在生产基地的建设中，一方面宜将生产基地建立在消费市场附近；另一方面应考虑当地的消费能力，如要追求规模建立超大基地，则要考虑产品异地运输而产生的运费和运输损失等问题。

7.4.1.2 应时性

花木是一种特殊的商品，同样的产品，在一定季节是赚钱的，而在另一个季节则可能赔钱。目前我国的花木消费季节性明显，主要集中在节假日，如"五一"、"十一"、元旦、春节等，其次是情人节、母亲节、教师节等。而花木的生长周期长，要想与未来的消费趋向和消费能力保持一致，需要花木生产企业对消费市场的走向有清楚的了解和正确的预测。

7.4.1.3 技术性

花木生产是一种高技术栽培。抛开技术性的育种企业不说，即使是一般的成花供应商，没有专门的技术人员，不了解栽培花木的生长发育规律和生态习性，其产品是不可能有竞争力的。目前花木的盈利生产多是使用设施栽培，不受季节和地区限制，周年进行生产，并通过各种促成或抑制栽培手段调控花期。另外，花木产品从生产到销售的各个环节，如花木的采收、分级、包装等，都要求有严格的技术规程才能保证产品的质量。

7.4.1.4 专业性

花木产品是有生命力的新鲜产品，其生产和流通的特点决定了花木的生产经营必须要有专业机构来组织实施。另外，花木生产的专业性还表现生产面积讲究规模效益，如国外花木公司通常只生产几种有优势的品种，行业内部分工协作，在种子种苗开发生产、产品规模化栽培、专业化运输销售及技术和售后服务等环节形成了彼此分工又紧密衔接的一个有机体。

7.4.1.5 高投入与高效益

花木产业是技术、资本与劳力密集型产业，用地少，用工多，设施投入和技术投入在种植业中都比较高。但是花木产业与传统农业相比，单位面积产值高，经济效益可成倍甚至几十倍增长。如日本 $1hm^2$ 的花木产值一般都在 5000 万日元，是葡萄的 10 倍，水稻的 50 倍。又如世界花木生产大国之一荷兰，花木生产面积占农业生产总面积的 7%，但产值却是农业总产值的 39%。

7.4.2 花木经营的方式

随着花木市场的建立和完善，我国的花木业正在从以庭院经济为主的专业户经营模式向专业化生产、规模化经营、企业化管理的产业化经营模式过渡。

7.4.2.1 分散经营

我国花木生产企业基本上是从农户及国有苗圃生产基础上发展起来的。一度以分散经营、小农经济为主体。这种经营方式比较灵活，是地区性生产的一种补充。但其最大弱点是规模小、劳动生产率低、市场交易成本高，导致花木产业经营的经济效益较低，缺乏市场竞争力。

7.4.2.2 产业化经营

花木产业化是在市场经济条件下，将花木的生产、分配、交换、消费各环节通过特定组织制度联系起来,提高经营效率的过程。其基本内涵是以市场为导向、以科学技术为动力、以质量为核心、以效益为目标,优化组合各种生产要素,对花木产业实行区域化布局、专业化生产、规模化经营、系列化加工、企业化管理、社会化服务,将花木生产的产前、产中、产后各个环节联结为一个完整的产业系统,实现产、供、销一体化经营格局。

1) 我国花木产业化经营的组织模式

从组织结构上看,主要存在三种,即公司企业模式、合作社模式和合同生产模式。从联结程度上看,主要有两种组织形式,即松散型(以产销合同为纽带进行产、加、销一体化经营)和紧密型(以产权关系为纽带的农工商一体化经营)。

(1) 公司企业组织模式

指以个人所有制、合伙制、企业公司制形态而出现的农工商综合体(企业)。在这个产权独立的决策实体里(个体的、合伙的或股份企业公司),对某种商品花木产品的生产、加工和销售相继各阶段进行统一的连续的经营。它区别于合作社模式和合同生产模式的基本点在于:它是所有权一体化的公司企业,拥有相对独立的生产基地。

(2) 合作社模式

我国主要有两种类型。一是混合型的股份合作经济组织。由从事生产的花农或联合体向"龙头"企业投资入股,或由"龙头"企业向花农自发组建的股份合作经济组织投资入股。如山东省东营市东方农工商一体化总公司,就是以农户家庭生产为基础,以花木产品加工、运销业为"龙头"的股份合作经济组织。公司股东中既有起"龙头"带动作用的花木产品加工、运销企业和农业服务部门,也有从事初级花木产品生产的花农。

专业合作社是另一类发育较完备的模式。在经营内容上,从事某种花木产品生产资料供应、产品收购、运输、储存和加工等一系列产前、产中、产后的一体化经营;在运营机制上,以共同的利益联结农民入社,对内不以营利为目的,盈余返还;在内部管理上,凭四证——社员证、产品销售证、生资供应证和股金证进行;在对外关系上,合作社代表农户社员的利益具有营利性,因而提高了花农的收入和交易地位。除由花农自我兴办的专业合作社之外,一些非实体性并具有合作社某些特征的农村专业协会也在花木产业化发展中表现出勃勃生机。例如,广东省顺德陈村花卉协会,是一个由镇政府指导成立,由政府领导、花卉种植专业村干部、花卉出口企业经理、花卉种植大户、花卉研究所技术员等方面人员组成。

(3) 合同生产模式

由独立的花木产品经营单位——花农、花木企业、花木批发和销售商等,根据经营的关联需要,彼此间签订合同,规定生产品种数量、质量规模、供货时间、价格水平,以及生产的技术服务等,确立缔约双方相应的权利与责任关系,也称产销合同。合同生产模式目前是我国花木产业化经营的一种主要形式,它在生产前就规定了生产什么(品种和标准)、生产多少(规模和数量)、为谁生产(不同层次产品的消费者)、怎样生产(技术和服务)、如何销售(渠道和价格)等。这在一定程度上避免生产的盲目性,从而减少花木生产者和销售者的市场风险。

2) 我国花木产业化经营的发展类型

(1) 龙头企业带动型

一是紧密型。即以国内外市场为导向，以龙头企业为主体，围绕一项或多项花木产品，实现市场牵动龙头、龙头带动基地、基地连结农户，形成"公司＋基地＋农户"的产加销一体化经营组织。龙头企业外连国内外市场，下连生产经营，形成利益同享、风险共担的经济共同体。公司按照市场要求，依靠自己的经济实力和掌握的市场信息，与花农签订产销合同，花农按合同生产、交售，公司为花农提供配套服务，并按合同收购、加工，把产品销往市场。花农在龙头公司的带动下，专心生产，减少了产前、产后的后顾之忧。

二是松散型。即龙头企业与花农主要通过市场进行交易。企业收购花木产品，价格随行就市，花农靠企业的信誉组织生产，企业与基地和花农的关系是一种不固定的松散关系。

(2) 主导产品带动型

利用当地良好的自然条件、资源优势和传统特色，结合市场需求联合起来，扩大规模，形成区域性主导花木产品。如江苏省利用是我国盆景艺术的主要发源地和现代商品化盆景的生产地的优势，率先进入国际市场，在荷兰建立了华艺盆景园艺有限公司专门经营盆景，现已初步形成了年出口10万盆盆景的生产能力。如今，分别在扬州、南通、苏州三市建立了较大规模的商品盆景生产基地，走规模经营、设施栽培、科学管理的外向型产业化发展之路。

(3) 生产基地带动型

通过建立相当规模的花木生产商品化、专业化、现代化基地，以高投入、高产出、高品质、高效益来带动市场，促进消费，活跃一方经济，致富一方百姓。如湖北长江花卉集团在宜昌建有大型切花生产基地，由于基地花木生产形成的比较效益的驱使，带动了附近近千户农民发展花木生产，搞活了一方经济。

(4) 专业市场带动型

通过培育花木市场，特别是专业批发市场，引导其所在地区或市场辐射区内的花农进行专业化生产和产、加、销一体化经营。如岭南花乡——广州芳村，利用本地悠久的栽花历史和便捷的交通条件等优势，以大批花木生产基地为后盾，建立了目前全国规模最大、具有一定特色、多功能的综合性花木市场。全国各地花商云集于此，从而极大地带动了该地区及周边辐射区内的花木专业化生产和产供销的一体化经营。

(5) 服务组织带动型

通过发展产科教一体化服务经济实体和市场中介组织，按照为花农服务和自愿互利的原则，帮助花木生产单位或花农解决生产经营中的困难，实现生产要素的优化组合，进行产、加、销一体经营，由此带动花木产业的发展。

(6) 花木能人带动型

以深谙技术、熟悉业务、经营有方且具有一定经济实力的花木业的能人，吸引一些花木小企业或花农加入产供销一体化经营，带动小生产的传统花木业向规模化、专业化商品生产转移。

(7) 科学技术成果带动型

应用高新技术进行名、优、特、新产品的开发和传统产品的更新换代，由此推动生产、加工、销售的配套发展和新市场的开拓。

7.4.2.3 花卉生产的产业结构与区域化

1) 花卉生产的产业结构

花卉产业是将花卉作为商品，进行研究、开发、生产、贮运、营销以及售后服务等一系列的活动。农业部统计的"花卉"是指以植物的花为主要劳动成果，或以观赏、美化、绿化、香化为主要用途的栽培植物，是农产品的一部分。

(1) 切花切叶

以多产高质量的切花或切叶材料为目的，要求栽培技术较高，国内的生产相对集中在经济较发达的地区。

鲜切花是 2000 年以后我国出口发展最快的花卉产品种类，主要出口地区依次是云南、浙江、上海、海南、广东和新疆，出口的国家和地区已经发展到 30 多个，其中以中国香港、日本、泰国、新加坡和俄罗斯为主。切叶出口种类实际上主要是富贵竹等切枝产品，我国的主要出口地区是广东，主要出口国家是荷兰、美国、马来西亚和日本等。

(2) 盆花及盆景

盆花包括家庭用花(如一二年生花卉和多年生宿根、球根花卉)、室内观叶植物、多浆植物、兰科花卉等。

盆花是目前我国出口量和出口金额最高的产品，出口额基本上呈逐年增长趋势。早在 20 世纪 80 年代我国就开始批量出口传统的盆景产品。进入 21 世纪，除了中国特色的传统盆栽品种外，一些现代的盆花品种由于规模化和专业化生产水平的提高也开始大规模出口到国外。其中较典型的是蝴蝶兰、富贵竹花笼、人参榕等。我国盆花出口的国家和地区多达 50 多个，但国内产地比较集中，主要集中在广东、福建、上海、浙江、北京、山东等地。

盆花在我国的消费是典型的节日消费，其中以元旦和春节为主。进口盆花的消费地区主要是广东、北京、山东、上海，进口的主要来源是韩国、荷兰和台湾省。

(3) 种苗

种苗生产是专门为花卉生产公司提供优质种苗的生产形式。所生产的种苗要求质量高、规格齐全、品种纯正，是形成花卉产业的重要组成部分。

2000 年前我国进口的花卉种苗种类主要集中在玫瑰、康乃馨、非洲菊等普通鲜切花种类上。2000 年后，由于国内花卉从业人员对国际知识产权保护意识的落后，致使国外种苗公司和育种公司对向中国输出新优花卉品种采取消极态度，切花品种种苗的进口逐渐减少。而与此同时，一些对扩繁技术要求高、扩繁周期长、产品品质对种苗要求高的盆花品种种苗进口却逐渐增大，如红掌、凤梨、一品红、竹芋等品种。我国花卉种苗的进口地区主要有广东、云南、山东、上海、北京、浙江。

我国花卉种苗的出口额近年来也有较快的增长，主要出口国家是荷兰、日本和韩国，而出口地区则比较分散，基本全国各地都有。

(4) 种球

种球生产是以培养高质量的球根类花卉的地下营养器官为目的的生产方式，是培育优良切花和球根花卉的前提条件。国外种球的生产由专门的公司组织，已形成了庞大的产业。

花卉种球是我国最主要的进口产品之一。由于种球繁育需要特殊的气候土壤和技术条件，并且花卉种球储藏需要装备精良的冷库设施。在我国多数花卉产品国产化程度得到大力提高的情况下，花卉种球却始终保持较高的进口量。进口的花卉种球主要是百合和郁金香，主要进口来源国是荷兰，其余少量来自智利、以色列和日本等。花卉种球的主要进口地区是云南、北京、浙江和上海。

(5) 种子

国外有专门的花卉种子公司从事花卉种子的制种、销售和推广，并且肩负着良种繁育、防止品种退化的重任。我国目前尚无专门从事花卉种子生产的公司，但不久的将来必将成为一个新兴的产业。

(6) 其他

花卉产品中还包括绿化苗木、草坪、食用与药用花卉、工业及其他用途花卉等。这些均是我国花卉产业中的传统项目。1998~2003 年，绿化苗木的销售额占整个花卉产业的近40%，草坪占5%左右。食用与药用花卉市场日益看好，主要用其提取食用色素、香料，用于食品糕点、饮料、医药等产品制作。目前在大中城市喝"花茶"已成为时尚，只需适时采摘鲜花进行干燥处理后即可饮用，市场价格极高，适用于泡饮的品种有红玫瑰、甘菊、贡菊、杜鹃、金莲花、金银花、辛夷花、紫罗兰、芙蓉花等，市场前景甚好。

2) 花卉生产的区划

从国际市场来看，由于受生产成本、环境保护、经济增长速度等因素的影响，发达国家花卉产业的发展速度已经放缓，而气候适宜、生产成本低的发展中国家，花卉生产正在迅速崛起。随着世界花卉生产与消费的分离，生产正由高成本的发达国家向自然条件优越、劳动力资源丰富、生产成本低廉的发展中国家转移。据欧洲有关花卉营销的专家对今后若干年世界花卉市场的供销格局的预测，世界的花卉生产与消费将分为三大部分：南北美洲、非洲与欧洲、亚洲与远东。亚洲将是花卉的主要供货地，而中国则是亚洲最有发展潜力的国家，有望成为国际上的花卉出口大国。

我国花卉产业的发展初期，花卉种植面积相对集中在沿海和经济发达地区。近年来，全国有二十几个省市将花卉业作为支柱产业来发展。2003 年全国花卉产业十强省市依次是江苏、浙江、广东、河南、河北、山东、福建、四川、湖南、湖北(2003 年《中国农业统计资料》)。

花卉是满足人们精神文化需求的特殊产品，全国范围内应形成整体布局，以降低生产成本，提高产品品质，形成特色经济和比较优势。"十五"期间，我国花卉业生产的区域布局如下：

切花切叶类：建立以云南为中心，广东、上海、辽宁等地为重点的产销网络，满足国内需求，扩大出口。

高档盆花及观叶植物：建立以广东为中心，北京、上海、天津、福建、海南、山东、河北等地为重点的产销网络，确保国内市场，减少进口量。

盆景：建立以江苏、广东、福建、四川、浙江、湖南为重点的商品盆景产销网络，在满足国内需求的同时，组织出口。

种苗：建立以北京、上海、浙江、江苏、云南、山东为主的种苗产销网络，在满足国内需求的同时，组织出口。

种球：建立以福建、云南、四川、陕西、甘肃、辽宁、新疆为重点的产销网络，逐步减少进口。扩大水仙等特有种球的出口。

种子：加强北京、山东、河北、内蒙古、甘肃、山西、云南、四川等地的种子基地建设，力求达到主要花卉种子国产化并批量出口。特别是要建立以内蒙古、甘肃、山东为核心的草业种子产销体系，引进培育适合我国需求的抗旱、抗寒、抗病的草坪新品种，稳固占领国内草坪种子市场。

药用花卉：在黑龙江、吉林、安徽、四川等适宜地区建立药用花卉生产基地，满足市场需要。

干花：加强内蒙古、河北、北京、云南、黑龙江等地干花材料的生产基地建设，进一步提高干花产品的设计水平和制作工艺，满足内需，扩大出口。

绿化苗木：因地制宜，自主发展，力争满足市场需要；食用和工业用花卉做到规模化生产和加工，以形成产业优势。

其他省市区可根据自身的特点，因地制宜地确定本地的区域布局，发展特色花卉。

7.4.2.4 花场的设计与建立

1) 生产场地的布局

(1) 综合性花场的布局

综合经营的花场应根据各类花卉对环境条件的不同要求以及栽培特点等进行合理规划，分别建立栽培区域。

草花区：露地种植一二年生草花、球根和宿根类草花的区域，要求有充足的光照；深厚、肥沃、排水良好的中性土壤；便于自流灌溉或安装喷灌设备。部分喜阴花卉需要遮荫条件，占地面积较大，其中可考虑塑料大棚、冷床等设备。

花木区：以盆栽或地栽木本花苗和培育大苗为主，要留出苗木假植、包装的场地，一般占地面积较大，其中可配备塑料大棚、温床、冷床等。

温室区：是现代化花场的重要组成部分，包括室温不同的温室、盆花场、荫棚等。各类温室在建造时最好能够集中，不但便于管理同时也便于集中供暖，以减少能源的浪费，但温室之间不能相互遮光和影响通风。锅炉房、配电房、工具房、培养土配料场、燃料堆放场等可安放在该区内。

种子及种苗繁殖区：是繁殖培育生产用的种子、种球、花苗的区域，根据不同要求可安排在露地或在温室内，一般占地面积小。为了避免花卉种子的天然混杂和人为混杂，应将种子繁殖区与草花区隔离。

水生花卉区：可利用花场内的水塘及低洼湿地，必要时可以开挖水塘或建造水池来培育水生花卉，丰富花圃景观和种植类型。池塘内的水应便于排放和更新。

景观区或示范区：作为综合性花场，为了便于生产操作与销售活动的有序开展，常常在入口附近辟一块地进行多种花卉的种植示范，创造出优美的园林景观，在提供娱乐休闲环境的同时起到宣传或销售的作用。

职工生活和办公区：职工宿舍和食堂等宜设在花场的角隅，不要和温室建筑群混在一起。办公和科研用房多设在花场中心或大门附近。

(2) 专业花场的布局

专业性花场是以生产某一种或某一类专门产品为目的。因此应根据生产目的、产品种类、供应对象和范围来选择设置地点。以生产盆花、切花为主的花场，因其产品供销的时间性很强，又不宜长途运输，故多设在城市近郊区。生产一二年生草花苗的花场也应设在城市近郊区，因为草花苗也不能经受长途运输。以生产露地苗木为主的花场，一般占地面积很大，而苗木通常能经受长途运输，可建在农村或半山区。以生产球根、种子为主的花场，其产品基本不受运输条件的限制，可根据土地规划等来确定设置地点。

专业花场的布局相对综合性花场简单，但对生产设备的要求更高。根据生产功能的要求可分设种苗区、露地栽培区和保护地栽培区，另外应设采后处理及贮藏车间。

2) 花场的用地

地栽场地：育苗和培养大苗用的花圃地，地下水位至少要在 1m 以下，并有深厚的土层。30cm 以上的表土最好是壤土或沙壤土，并含有丰富的腐殖质而形成团粒结构，土壤的 pH 值应在 6.5～7.5 之间。酸性过强土可施入适量石灰来加以中和；重碱土可以大量掺沙，严重时还应开挖排水沟排水洗碱，对生荒地要深翻晒茬，促进土壤风化，并施入大量有机肥料；对于板结僵硬的粘土地，必须换用好土加以改良。否则，都不能作花圃地使用。

盆花场地：盆花场地不需要优良的土壤条件，但地表必须排水流畅，特别是雨季不能积水。为此，有时必须把地面垫高，表层应铺盖炉渣、粗沙或碎石，防止黏土将盆底排水孔堵塞，造成盆土透水不畅。对于一些需要快速透水的盆花，如大丽花、白兰花、仙人掌类与多肉植物，还要用砖、石板、混凝土把它们支架起来，使盆土漏水更加流畅。

7.4.2.5 花木产品的销售管理

1) 花木产品的采收、分级、包装和运输

花木产品从产地流向各类市场和消费者需要经受时间和距离的考验，只有花场做好采收、分级、包装和运输工作，才能保证产品的质量。

(1) 盆花

分级和定价：出售的盆花应根据运输路途的远近，运输工具的速度以及气候条件等情况，来选择适度开放的盆花准备出售，然后按照品种、年龄和生长情况，结合市场行情定价。观花类盆花主要分级依据是株龄的大小、花蕾的大小和着花的多少。观叶盆花大多按照主干或株丛的直径、高度、冠幅的大小、株形以及植株的丰满程度来分级。苏铁及棕榈状乔木树种，常按老桩的重量及叶片的数目来分级。观果类花卉主要根据每盆植株上挂果的量决定盆花的出售价格。

包装和运输：盆花在出售时大多不需要严格的包装。大型木本或草本盆花在外运时需将枝叶拢起后绑扎，以免在运输途中折断侧枝或损伤叶片。幼嫩的草本盆花在运输中容易将花朵碰损或震落，有的需要用软纸把它们包裹起来，有的则需设立支柱裱扎，以减少运输途中的晃动。小型盆花在大量外运时为了减少体积和重量，常脱盆外运。用厚纸逐棵包裹，依次横放在大框或网篮内，可摆放3～5层。各类桩景或盆花则应装入牢固的透孔木箱内，每箱1～3盆，周围用毛纸垫好并用铅丝固定，盆土表面还应覆盖青苔保温。用汽车运输时，在车厢内应铺垫碎草或沙土，否则容易把花盆颠碎。用火车作长途运输时，必须把花盆和筐加以连接固定，否则火车站不予办理托运手续。在运输途中需专人随车照料。夏季运输时一定要注意遮荫和通风，随时喷水或浇水。冬季或早春必须作好防寒工作，并用篷车或保温车厢装运，或将盆花装入筐内，上下四周用8层毛纸围绕包裹。长途火车运输时必须用供暖车厢。

(2) 切花

采收：剪取切花应在植物组织内水分充足和天气凉爽时进行，切下的花枝应尽快放到荫凉湿润的场所。如果每天的采收量很大，则应在傍晚切取，通宵进行分级、记数和捆扎，以便清晨运往市场。大部分切花都应在含苞待放时切取，并根据气温的高低来灵活掌握。夏季切取时开放的程度应小些，冬季切取时开放的程度应充分些。还要根据切花的种类来掌握适时的采收时间，比如大丽花、菊花、一品红、马蹄莲等应切取接近盛开的；唐菖蒲、香石竹、郁金香、百合花、月季等则应切取半开的；腊梅、芍药、碧桃、海棠花、银芽柳以及盛夏季节的唐菖蒲，则应切取含苞待放的。

分级：在田间剪取切花时，应同时按照大小和优劣把它们分开，区分花色品种，并按一定的记数单位把它们放好，如果等全部采完后再进行分级和记数，不但费工费时，还会加大损耗。切花的分级定价的标准是花色和品种，还有花序长度、花枝上花朵的数目、花朵的大小和开放程度。

包装和运输：出场的切花要按品种、等级和一定的数量来捆绑花束，以便销售时选择、议价和计数。捆绑时既不要使花束松动，也不要过紧将花朵挤伤。每捆的计数单位因切花种类和各地习惯不同而不同，上海多以3～6枝为一小束；12枝为一中束；13～14枝为一大束。一些花朵硕大并向外伸展的切花，如朱顶花、铁炮百合等，则不能捆成大束。北京的切花的捆扎方法和上海不同，多以10、20、30等整数为单位捆成小束、中束、大束，不凑成打。总之，凡是花形大、比较名贵和容易蹧损的切花，每束的支数要少，反之每束的支数可多。在捆束的同时，应随手把下面多余的枝叶剪掉或摘掉。普通的切花花束出场时都不必包装。冬季温室中生产的切花则非常名贵，常用软纸把花束或花序包好，珍贵的安祖花、西洋兰花、铁炮百合等，还要用软纸把花头逐个包起来。在运输时多把大束的切花放在长方形的板条箱内，每箱可卧放数层，或用竹筐、网篮装运。在切花出现轻度萎蔫时装运常可减少一些损伤，以浸水后能恢复挺拔则最为理想，否则将降低产品质量。在运输途中要注意保湿，防止风吹日晒，冬季要用棉被将包装筐蒙盖起来，防止受冻。

(3) 球根

分级和定价：球根多按直径大小来分级。如北京的唐菖蒲球茎向外地出售时分5级，直径达6～7cm为一级品；4～5cm为二级品；3～4cm为三级品；2cm左右为四级品；更小的子球是五级品。

四级品培养一二年后才能开花。美人蕉的块茎则不能按大小来分级，而是按斤定价，晚香玉则是按墩定价。

包装和运输：球根的包装比较简单，除无皮鳞茎类的百合以及大丽花的根颈部分需加以保护外，其他球根类均可直接装筐、篓外运，但要在筐、篓内衬垫蒲包，也可装入纸箱。夏季运输时，要注意通风和防止霉烂，冬季要注意防冻。

（4）种子

采收和分级：适时采收才能获得充实而优良的种子。在采收、晾晒、吹筛和去果皮的过程中，一定要保证种类和品种的纯正，不允许有点滴的混杂。作为商品出售的种子必须充实饱满，发芽力强。分级标准则按千粒重或每克粒数为依据，有时还要进行发芽实验，把发芽率也作为分级的标准之一。

包装和出售：花木种子在出售时多用小纸袋来包装，纸袋的规格有 2cm×10cm、5cm×8cm 的长方形袋，也有 3.5cm×10cm 狭长形袋，纸袋的开口都在短边，以避免种子漏出。微粒种子需事先装入一个柔韧而薄的小纸袋内，然后再套入大纸袋中。为了防止种子受潮，一些出口的商品花卉种子都先装入一个软金属小袋内，并用热烫法将袋口封固，然后再装入一个彩色印刷的大袋内，袋外印有中、英、日等文字书写的商标、种名和品种名、采收日期、保存年限和简要栽培方法等，有的还印有这种花卉的彩色图片。

（5）苗木

起苗和分级：落叶木本可裸根起苗，但需将根系沾上泥浆保护，草花苗和常绿木本则需带有完好的土团。起苗后先按照株丛大小、株高、主干直径和侧枝的多少来分级。株行间夹杂的细弱小苗和将根系挖坏的大苗都应算做等外级，不能出圃。起苗后应立即假植或包装，一定要始终保持根系湿润。

包装和运输：草花苗多就近供应。为了提高装运效率，应事先把它们紧密地直立排放在浅筐内，然后再装车运走。落叶木本苗木将根系沾上泥浆后，应用竹篓、蒲包、湿干草等严密包裹，有时还要用苔藓包裹，并浇水以保持湿润。常绿木本苗木在包装前先要将土团加固，然后套上蒲包或草袋，外面再用草绳纵横捆绑，以装卸抛入时不会松散为标准。有些名贵的花木除需将枝叶拢起捆绑外，还要用牛皮纸把主干缠好，以防擦伤树皮，或者每株单独装筐。近年来在培育草花苗时已改用容器育苗法，这种容器是用塑料等复合材料制成联列式小盆，质地很轻，又便于剪开，每一组容器条带由 10～12 个小盆组成。在育苗时将育苗土装入小盆后，可直接在上面播种。花苗的计数、销售、运输和定植都非常方便，既可免于起苗、包装的麻烦，又能降低花苗的损耗、提高成活率。

2）花木产品的市场流通

（1）营销体系

花木产业的发展需要逐步建立健全符合我国国情的现代花木营销体系。

一是要加强花木保鲜、贮运和市场设施的建设；

二是花木市场建设要统筹规划，合理布局，逐步形成拍卖市场、批发市场、零售市场（花店、花摊）功能各一、层次分明的花木流通体系；

三是要在完善市场主渠道建设的基础上，推行网上购货、订单交易、连锁经营、代理制等现代营销方式；

四是要制定交易规则，提高市场透明度，加强对市场的规范性管理和有效监督。

(2) 流通环节

花木产品的市场流通环节有三条途径：

一是从生产者手中转到批发商；

二是从批发商到零售商的转移；

三是从零售商到消费者手中。

流通环节的顺畅与否直接影响花木交易成本、产品的鲜活程度和企业的效益。

第一，在交通相对便利、通信和人才资源集中的地区建立现代化拍卖交易中心。

综观荷兰、美国、日本、澳大利亚等国的花木交易都是采取拍卖形式运作。现代化拍卖交易中心一方面与全国的鲜花经销商连接，通过网络中心对各个网点进行集中控制，及时掌握反馈信息，确保营销渠道的畅通，实现快捷便利的交易；另一方面通过对花木生产者的有力约束，可以在很大程度上加强对花木品种及品质的控制，促进花木产品的升级换代。

我国应加快建立电子商务化的花木拍卖市场，以先进的交易手段、广泛的营销网络，全面、及时的信息渠道吸引国内外客商进入拍卖市场交易。这对于转变"以农民为主体的小规模分散式小生产面对大市场"的现状，促进我国花木产业升级、走向国际市场以及最终确立我国在亚洲的花木产销中心地位，都具有决定性的战略意义

第二，加大批发市场建设力度，完善市场功能。

我国现有的花木批发市场缺乏系统的建设规划，经营规模小，管理水平低，经济效益差。当前一方面市场管理法规的制定要完备，既要保障经营者的利益，又要保障消费者的利益，同时也要符合国家的法律制度；另一方面，市场的管理人员不仅要懂得管理知识，还要懂得花卉知识，才能高效地管理花卉市场；第三，应在花木主产区和重要集散地，重点改建或扩建一批全国性或区域性的大型花木批发市场及配送服务中心，完善配套设施，健全服务功能，加强市场的仓储、运输和信息网络等基础设施建设，增强市场的配套服务功能。

第三，发展花木零售业，逐步把花木零售网点延伸到城市社区。

目前国内花木生产增长远比消费增长快，而国际市场又很难迅速接纳我国急剧增长的花木产品。所以应尽一切可能发挥零售业的作用，积极引导消费，培育国内市场。要加强花木零售网络建设，大力发展连锁配送、电子商务等新的流通方式，尽快形成布局合理、设施完备、批发与零售相配套的花卉流通网络，引导国内花木消费。

本章推荐参考书目

[1] 董三孝. 园林工程概预算与施工组织管理 [M]. 北京：中国林业出版社，2003.

[2] 梁伊任，杨永胜，王沛永. 园林建设工程 [M]. 北京：中国城市出版社，2000.

［3］黄凯，张祥平. 园林经济管理 ［M］. 北京：气象出版社，2004.

［4］陈科东. 园林工程施工与管理 ［M］. 北京：高等教育出版社，2002.

［5］（美）莱若.G. 汉尼鲍姆著，（中）宋力译. 园林景观设计实践方法（第五版）［M］. 沈阳：辽宁科学技术出版社，2004.

复习思考题

1. 试述设计、设计管理及园林设计管理的含义。

2. 简述设计管理过程与园林设计管理症结表现。

3. 简述对设计师团队进行有效组织管理可采取的措施。

4. 试述创新思维的特点与园林设计过程中的创新技法。

5. 试述园林设计步骤及其相应的主要工作内容、要求和管理。

6. 简述园林工程施工管理的含义和内容，以及园林工程施工的程序和特点。

7. 试述园林工程施工组织设计的原则与园林工程施工基层管理基本内容。

8. 试述园林工程的安全生产与事故处理。

9. 试述园林花木产业的特点和我国园林花木产业化经营的组织模式与发展类型。

案例分析

案例（一）　某公园规划设计的基地调查和分析阶段工作内容

1. 掌握自然条件、环境状况及历史沿革

甲方对设计任务的要求及历史沿革。

城市绿地总体规划与公园的关系，以及对公园设计的要求。

城市绿地规划图，比例尺为 1：5000（1：10000）。

公园周边环境关系，环境特点，未来发展情况。如周边有无名胜古迹、人文资源等。

公园周边城市景观。建筑形式、体量、色彩等与周围市政的交通关系。人流集散方向，周边居民类型。

该地段能源情况。电源、水源以及排污、排水，周边有无污染源，如有毒害的工矿企业、传染病医院等情况。

规划用地的水文、地质、地形、气象等方面的资料。地下水位、年与月降水量；年最高最低气温的分布时间；年最高最低湿度及其分布时间；季风风向、最大风力、风速以及冰冻线深度等。重要或大型园林建筑规划位置尤其需要地质勘察资料。

植物状况。本地原有植物种类、生态、群落组成，树龄、观赏特点等。

建园所需主要材料的来源与施工情况。如苗木、山石、建材等情况。

甲方要求的园林设计标准及投资额度。

2. 获取相关图件资料(由甲方提供)

地形图。根据面积大小提供 1∶2000、1∶1000、1∶500 园址范围内总平面地形图。图纸应明确以下内容：设计范围(红线范围、坐标数字)；园址范围内的地形、标高及现状物(现有建筑物、构筑物、山体、水溪、植物、道路、水井)，还有水系的进出口位置、电源等的位置。现状物种要求保留利用、改造和拆迁等情况要分别说明。四周环境与市政交通联系的主要道路名称、宽度、标高点数字以及走向和道路、排水方向；周围机关、单位、居住区的名称、范围以及今后发展状况。

局部放大图。1∶200 图纸主要为提供局部详细设计用。该图纸要满足建筑单位设计，及其周围山体、水溪、植被、园林小品及园路的详细布局。

须保留使用的主要建筑的平、立面图(平面图位置注明室内、外标高；立面图要标明建筑物的尺寸、颜色等内容)。

现状植被图(1∶200，1∶500)。主要标明要保留树木的位置，并注明品种、胸径、生长状况和观赏价值等。有较好观赏价值的树木最好附以彩色照片。

地下管线图(1∶500，1∶200)，一般要求与施工图比例相同。图内应标明要表明的给水、雨水、污水、化粪池、电信、电力、供暖、煤气、热力等管线的位置及井位等。除了平面图外，还要有剖面图，并需要注明管径的大小、管底或管顶标高、压力、坡度等。

3. 现场踏勘

一方面，核对、补充所收集的图件资料；另一方面，设计者到现场，可以根据周边环境条件，进入艺术构思阶段。现场踏勘的同时，拍摄一定的环境现状影像资料，以供进行总体设计时参考。

4. 编制总体设计任务文件

将所收集到的资料，经过分析、研究定出总体设计原则和目标，编制出进行公园设计的要求和说明。主要包括以下内容：

公园在城市绿地系统中的关系；

公园所处地段的特征及四周环境；

公园的面积和游人容量；

公园总体设计的艺术特色和风格要求；

公园的地形设计，包括山体水系等要求；

公园的分期建设实施程序；

公园建设的投资匡算。

案例(二)　方案设计阶段成果内容

方案设计阶段成果(图纸和文字)内容根据项目性质、规模情况，不同类型园林项目有细微差异，但基本内容不变。本案例以某公园规划设计为例，介绍本阶段工作成果内容。

第一部分　主要设计图纸内容

1. 区位图

区位图属示意性图纸，表示该公园在城市区域内的相对位置，要求简洁明了。

2. 现状图

根据已经掌握的全部资料，经分析、整理、归纳后，分成若干空间，对现状作综合评述。可以用圆形圈或抽象图形将其概括地表示出来。例如：经过对四周道路的分析，根据主次城市道路的情况，确定出入口的大体位置和范围。同时，在现状图上，可分析公园设计中有利和不利因素，以便为功能分区提供参考依据。

3. 分区图

根据总体设计原则、现状图分析，以不同年龄阶段游人活动规划，不同兴趣爱好游人的需要，确定不同的分区，划出不同的空间，使不同空间和区域满足不同的功能要求，并使功能与形式尽可能统一。另外，分区图可以反映不同空间、分区之间的关系。该图属于示意说明性质，可以用抽象图形或圆圈等图案予以表示。

4. 总体设计方案图（方案设计总平面图）

根据总体设计原则、目标，总体设计方案图应包括以下内容。

第一，公园与周边环境的关系。公园主要、次要、专用出口与市政关系，即面临街道的名称、宽度；周边主要单位名称，或居民区等；公园与周边园界是围墙或透空栏杆要明确标示。

第二，公园主要、次要、专用出入口的位置、面积，规划形式，主要出入口的内、外广场，停车场、大门等布局。

第三，公园的地形总体规划，道路系统规划。

第四，全园建筑物、构筑物等布局情况，建筑物平面要反映总体设计意图。

第五，全园植物景观设计。图上反映疏密林、树丛、草坪、花坛、专类花园等植物景观。

此外，总体设计应准确标明指北针、比例尺、图例等内容。

总体设计图，面积 $100hm^2$ 以上，比例尺多采用 $1:2000\sim1:5000$；面积在 $10\sim50hm^2$ 左右，比例尺用 $1:1000$；面积 $8hm^2$ 以下，比例尺可用 $1:500$。

5. 地形设计图

地形是全园的骨架，要求能反映出公园的地形结构。以自然山水园而论，要求表达山体、水系的内在有机联系。根据分区需要进行空间组织；根据造景需要，确定山地的形体、制高点、山峰、山脉、山脊走向、丘陵起伏、缓坡、微地形以及坞、岗、岘、岬等陆地造型。同时，地形还要表示出湖、池、潭、港、湾、涧、溪、滩、沟、渚以及堤、岛等水体造型，并要标明湖面的最高水位、常水位、最低水位线。此外，图上标明入水口、出水口的位置（总排水方向、水源、雨水聚散地）等。还要确定主要园林建筑所在地的地坪标高、桥面标高、广场高程以及道路变坡点标高。也必须注明公园与市政设施、马路、人行道以及公园邻近单位的地坪标高，以便确定公园与四周环境之间的排水关系。

6. 道路设计图

首先，在图上确定公园主要出入口、次要出入口与专用出入口，还有主要广场位置及主要环路位置，以及消防通道。同时确定主干道、次干道等的位置以及各种路面宽度、排水纵坡。并初步确定主要道路路面材料、铺装形式等。图纸上用虚线画出等高线，再用不同粗线、细线表示不同级别道路及广场，并将主要道路的控制标高注明。

7. 种植设计图

根据总体设计图布局、设计原则以及苗木情况，确定全园总构思。种植设计内容主要包括不同种植类型安排，如密林、草坪、疏林、树群、树丛、孤立树、花坛、花境、园界树、园路树、湖岸树、园林种植小品等内容。还有以植物造景为主的专类园，如月季园、牡丹园、香花园、观叶观花园中国、盆景园、观赏或生产温室、爬蔓植物观赏园、水景园；公园内的花圃、小型苗圃等。同时，确定全园基调树种、骨干造景树种，包括常绿、落叶乔木、灌木、草花等。种植设计图上，乔木树冠以中、壮年树冠冠幅(一般以5～6m)为制图标准，灌木、花草以相应尺度来表示。

8. 管线设计图

根据总体规划要求，解决全园上水水源引水方式，水的总用量(消防、生活、造景、喷灌、浇灌、卫生等)及管网的大致分布、管径大小、水压高低等，以及雨水、污水水量、排放方式，管网大体分布，管径大小及水的去处等。大规模工程，建筑量大，北方冬天需要供暖，则要考虑供暖方式，负荷多少，锅炉房位置等。

9. 电气规划图

为解决总用电量、用电利用系数、分区供电设施、配电方式、电缆数设以及各区各点照明方式及广播、通信等的位置。

10. 园林建筑布局图

要求在平面上，反映全园总体设计中建筑在全园的布局，主要、次要、专用出入口的售票房、管理处、造景等各类园林建筑平面造型，大型主体建筑，展览性、娱乐性、服务性等建筑平面位置及周围关系；还有游览性园林建筑，如：亭、台、楼、阁、榭、桥、塔等类型建筑的平面安排。除平面布局外，应画出主要建筑平、立面图。

第二部分 效果图

1. 鸟瞰图

设计者为更直观地表达公园设计意图，更直观地表达公园设计中各个景点、景物以及景区的景观形象，通过钢笔画、铅笔画、钢笔淡彩、水彩画、水粉画、中国画或其他绘画形式表现，都有较好效果。

鸟瞰图制作要点：

第一，无论采用一点透视、两点透视或多点透视、轴测画都要求鸟瞰图在尺度、比例上尽可能准确反映景物形象。

第二，鸟瞰图除表现公园本身，又要绘出周边环境，如公园周边道路交通等市政关系；公园周边城市景观；公园周边山体、水系等。

第三，鸟瞰图应注意"近大远小、近清楚远模糊、近写实远写意"的透视法原则，以达到鸟瞰图的空间感、层次感、真实感。

第四，一般情况，除了大型公园建筑，城市公园的园林建筑和树木比较，树木不宜太小，而以约15~20年树龄高度为绘图依据。

2. 细部透视效果图

3. 节点透视效果图

4. 主体景观、主要建(构)筑物透视效果图

第三部分　设计说明书

总体方案除图纸外，还要求有一份文字说明，全面地介绍设计者的构思、设计要点等内容，具体包括以下几个方面：

位置、现状、面积；

工程性质、设计原则；

功能分区；

设计主要内容(山体地形、空间围合，湖池、堤岛水系网络，出入口、道路系统、建筑布局、种植规划、园林小品等)；

管线、电信规划说明；

管理机构。

第四部分　工程总匡算

规划方案阶段，可按面积(hm^2、m^2)，根据设计内容、工程复杂程度，结合常规经验匡算。或按工程项目、工程量，分项估算再汇总。

以上四个部分内容汇编成册，形成一套完整的设计文件(俗称设计文本)。

第 8 章　园林生产要素管理

学习要点

掌握人力资源、园林人力资源规划、园林物资管理、园林产品、园林设备管理的含义；

掌握园林人力资源管理的职能与措施、园林项目人力资源管理的基本内容和园林产成品的特点；

理解制定人力资源规划的原则与程序、园林人力资源管理工作分析及职务说明书编写、园林工程竣工验收的依据、标准与程序；

了解设备管理的基本原则、成本费用的特征与管理、园林产成品验收的标准及程序、园林物资、财务管理、园林管理信息系统的规划与建立等。

园林生产要素涉及人、财、物、信息等内容。园林生产要素的有效管理能为园林企业和国民经济带来良好的综合效益，是园林企业取得良好经济效益的必要条件。

8.1　人力资源管理

现代企业的发展，日益显示出人的决定性作用。在企业的管理工作已进入到以人为中心的新时代，理应把人视为一种企业在激烈竞争中自下而上发展且始终充满生机活力的特殊资源来着力发掘和使用。对于园林企业来说，能否吸引、留住人才和保持一个适合人才成长的良好环境，造就一支高素质、高凝聚力的企业员工队伍，将成为园林事业成败的关键。

8.1.1　人力资源概念与特征

世界上存在物力资源、财力资源、信息资源和人力资源四种资源，其中最重要的是人力资源，它是一种兼具社会属性和经济属性的具有关键性作用的特殊资源。

狭义地讲，所谓人力资源，是指能够推动整个经济和社会发展的具有智力劳动和体力劳动能力的人的总和，它包括数量和质量两个方面。

从广义来说，智力正常的、有工作能力或将会有工作能力的人都可视为人力资源。

人力资源作为国民经济资源中一个特殊的部分，既有质、量、时、空的属性，也有自然的生理特征。一般来说，人力资源的特征主要表现在以下几个方面。

生物性。人力资源存在于人体之中，是有生命的"活"的资源，与人的自然生理特征相联系，具有生物性。

可再生性。人力资源是一种可再生的生物性资源。它以人身为天然载体，是一种"活"的资源，可以通过人力总体和劳动力总体内各个个体的不断替换更新和恢复过程得以实现，具有再生性，是用之不尽、可以充分开发的资源。第一天劳动后精疲力竭，第二天又能生龙活虎地劳动。

能动性。人力资源具有目的性、主观能动性和社会意识。一方面，人可以通过自己的知识智力创造工具，使自己的器官功能得到延伸和扩大，从而增强自身的能力；另一方面，随着人的知识智力的不断发展，人认识世界、改造世界的能力也将增强。

时代性与时效性。人力资源的形成过程受到时代的制约。在社会上同时发挥作用的几代人，当时的社会发展水平从整体上决定了他们的素质，他们只能在特定的时代条件下，努力发挥自己的作用。人力资源的形成、开发和利用都会受到时间方面的限制。从个体角度看，因为一个人的生命周期是有限的，人力使用的有效期大约是16～60岁，最佳时期为30～50岁，在这段时间内，如果人力资源得不到及时与适当的利用，个人所拥有的人力资源就会随着时间的流逝而降低，甚至丧失其作用。从社会角度看，人才的培养和使用也有培训期、成长期、成熟期和老化期。

高增值性。在国民经济中，人力资源收益的份额正在迅速超过自然资源和资本资源。在现代市场经济国家，劳动力的市场价格不断上升，人力资源投资收益率不断上升，劳动者的可支配收入也在不断上升。与此同时，高质量人力资源与低质量人力资源之间的收入差距也在扩大。

可控性。人力资源的生成是可控的。环境决定论的代表人物华生指出："给我12个健全的体形良好的婴儿和一个由我自己指定的抚育他们的环境，我从这些婴儿中随机抽取任何一个，保证能把他训练成我所选定的任何一类专家——医生、律师、商人和领袖人物，甚至训练成乞丐和小偷，无论他的天资、爱好倾向、能力、禀性如何，以及他的祖先属于什么种族。"由此可见，人力的生成不是自然而然的过程，它需要人们有组织、有计划地去培养与利用。

变化性与不稳定性。人才资源会因个人及其所处环境的变化而变化。在甲单位是人才，到乙单位可能就不是人才了。这种变化性还表现在不同的时间上，20世纪五六十年代的生产能手，到90年代就不一定是生产能手了。

开发的连续性。人力资源由于它的再生性，则具有无限开发的潜力与价值，人力资源的使用过程也是开发过程，具有持续性。人还可以不断学习，持续开发，提高自己的素质和能力，可以连续不断地开发与发展。

个体的独立性。人力资源以个体为单位，独立存在于每个生活着的个体身上，而且受各自的生理状况、思想与价值观念的影响。这种存在的个体独立性与散在性，使人力资源的管理工作显得复杂而艰难，管理得好则能够形成系统优势，否则会产生内耗。

消耗性与内耗性。人力资源若不使用，闲置时也必须消耗一定数量的其他自然资源，如食物、水、能源等，才能维持自身的存在。企业人力资源却不一定是越多越能产生效益。关键在于管理者怎样去组织、利用与开发人力资源。

人力资源对经济增长和企业竞争力的增强具有重要意义。

现代经济理论认为，经济增长主要取决于四个方面的因素：

新的资本资源的投入；

新的可利用的自然资源的发现；

劳动者的平均技术水平和劳动效率的提高；

科学的、技术的和社会的知识储备的增加。

显然，后两项因素均与人力资源密切相关。因此，人力资源决定了经济的增长。

当代发达国家经济增长主要依靠劳动者的平均技术水平和劳动效率的提高以及科学的、技术的和社会的知识储备的增加。实践中，发达国家也将人力资源发展摆在头等重要地位，通过加大本国人力资源开发力度，提高人力资源素质，同时不断从发展中国家挖掘高素质人才，来增加和提高其人力资源的数量和质量。

劳动者平均技术水平和劳动效率的提高、科学技术的知识储备和运用的相加是经济增长的关键。而这两个因素与人力资源的质量呈正相关。因此，一个国家和地区的经济发展的关键制约因素是人力资源的质量。

现代企业的生存是一种竞争性生存，人力资源自然对企业竞争力起着重要作用，人力资源对企业成本优势和产品差异化优势意义重大。

第一，人力资源是企业获取并保持成本优势的控制因素

高素质的雇员需要较少的职业培训，从而减少教育培训成本支出；高素质员工有更高的劳动生产率，可以大大降低生产成本支出；高素质的员工更能动脑筋，寻求节约的方法，提出合理化的建议，减少浪费，从而降低能源和原材料消耗，降低成本；高素质员工表现为能力强、自觉性高，无须严密监控管理，可以大大降低管理成本。

各种成本的降低就会使企业在市场竞争中处于价格优势地位。

第二，人力资源是企业获取和保持产品差别优势的决定性因素

企业产品差别优势主要表现在创造比竞争对手质量更好、创新性更强的产品和服务。显然，对于生产高质量产品而言，高素质的员工，包括能力、工作态度、合作精神对创造高质量的一流产品和服务具有决定性作用。对于生产创新型产品而言，高素质的员工，尤其是具有创造能力、创新精神的研究开发人员更能设计出创新性产品或服务。二者结合起来就能使企业持续地获得并保持差别优势，使企业在市场竞争中始终处于主动地位。

第三，人力资源是制约企业管理效率的关键因素

企业效率离不开有效的管理，有效的管理离不开高素质的企业经营管理人才。科学的人力资源管理，包括选人、用人、育人、培养人、激励人，以及组织人、协调人等使组织形成互相配合、取长补短的良性结构和良好气氛的一系列科学管理体系。企业发展依赖于一大批战略管理、市场营销管理、人力资源管理、财务管理、生产作业管理等方面的高素质管理人才。

第四，人力资源是企业在知识经济时代立于不败之地的宝贵财富

20 世纪 70 年代以来，知识经济时代的来临将人们对人力资源的认识提高到人力资本的高度，而且将智力资本视为人力资本的核心。知识经济是以知识为基础的经济。在知识经济时代，社会发展的方方面面面均依赖于知识，企业经济生产活动也不例外。其中，信息、知识、科技、创造力成为最重要的战略资源，而产生这些资源的唯一来源就是人。所以，在知识经济时代经济竞争的重点必然由物质资源、金融资本的竞争转向人才、人力资源、智力资本的竞争。

我国人力资源的数量、质量和结构都存在很大的问题，还不能适应现代化发展的需要。

人力资源质量总体水平低。虽然新中国成立后，我国人口资源的素质有了较大提高，但整体文化水平仍然很低。根据中国国家统计局 2006 年 3 月 16 日发布的《2005 年全国 1% 人口抽样调查主要

数据公报》，2005 年 11 月 1 日零时，全国 31 个省、自治区、直辖市和现役军人的总人口为 130628 万人(未包括中国香港、中国澳门、中国台湾省人口数)，全国人口年龄结构如表 8-1。

中国人口年龄、受教育程度结构表　　　　　　　　　　　　　表 8-1

年龄(岁)	人口数(万人)	占总人口百分数(%)	文化程度	人口数(万人)	占劳动力人口(%)(15~59 岁)
0~14	26478	20.27	大专及以上	6764	7.54
15~59	89742	68.70	高中(含中专)	15083	16.81
>60	14408	11.03	初中	46735	52.08
其中：>65	10045	7.69			

　　由表 8-1 可知：我国是一个人口资源大国，而不是一个人口资源强国；是一个劳动力资源大国，而不是一个劳动力资源强国。

　　国家人事部 2000 年发布消息，全国人才总量为 6075 万人，占人口总量的 4.8%，占劳动力人口总量的 6.8%。从人力资本的实力看，每千人中的科学家和工程师，日本为 6.3 人，以色列为 4.8 人，美国为 3.7 人，中欧和东欧为 2.1 人，而我国只有 1.2 人。这表明，我国不仅是一个人才资源贫国，也是一个高级人才短缺国。

　　我国人才面临结构危机。我国人才面临的结构危机主要表现在以下几个方面。一是人才专业结构不合理。根据最新的一项统计，教育、卫生、经济、会计四类专业技术人才占了全国专业技术人员总数的 70%，而新技术、新能源、生物技术、现代医学、环保等工程类专业人才远远不能满足需要，特别是高新技术和复合型的创新人才整体短缺。二是人才层次结构不合理。据人事部统计，截至 2004 年底，我国专业技术人员总数 4100 万人，企事业专业技术人员 2834 万人，其中：高级技术职位占 6.8%，中级占 32.2%，初级占 54.4%。三是人才年龄结构不合理。据新近的一项调查报告，目前，中国 100 多万高级职称的人才中，45 岁以下的占 6.3%，35 岁以下的仅占 1.1%，中国人才在结构上的断层危机已更突出地显现出来。

　　我国人才面临配置危机。由于我国人事管理制度和用人机制的改革远远落后于经济体制改革，从而使我国的人才配置矛盾得不到解决，形成了我国人才资源的配置危机。具体表现为：人才的行业分布不合理；人才的地区分布不合理；人才的城乡分布不合理；人才使用效率和效益低下。

　　我国人才面临机制危机。一是人才的高消费。有关资料显示，在人才市场上，90% 以上的用人单位对求职者有越来越高的学历要求，使得许多大学生、研究生从事一般人都能胜任的工作，这是在我国人才极度匮乏的背景下出现的不正常现象。人才的高消费给社会造成教育过度的假象。如果不能及时遏制这种现象的继续蔓延，将会对我国的教育事业产生极其严重的后果。二是人才的不合理流动和无序流动。国内的优秀人才向国外流动，国有企业人才向外资企业、民营企业流动，西部人才向东部流动，农村优秀人才向城市流动，使得原本人才就匮乏的部门或地区发展更加艰难。最新统计显示，在"三资"企业工作的中国人目前已近 1500 万人，其中担任管理和技术工作的人就有 200 万人，这些人才近三成辗转于世界各地，成为跨国流动人才。目前，中国自主择业的白领正逐步取代劳务输出的"蓝领",成为出国就业的主流。随着国际间人才竞争的升级,中国面临着第三次人才外流的危机。许多专家发出警告,加入世界贸易组织后,中国人才面临"第三次外流"高峰。与改革开放后前两次人才流失不同的是,这次人才外流是"在职"流失。

从就业人员就业区域的选择看,越来越多的人意识到,工作是为了生活,并把生活质量提高到了重要的地位,就业机会、发展空间、薪酬水平已不再是人们唯一关注的条件。而物价指数是不是太高、生活是不是舒适、空气够不够清洁、度假够不够方便,已成为人们选择职业的条件。

8.1.2 园林人力资源规划

人力资源规划处于人力资源管理活动的统筹阶段,它为人力资源管理确定了目标、原则和方法。人力资源规划的实质是决定企业的发展方向,并在此基础上确定组织需要什么样的人力资源来实现企业最高管理层确定的目标。

8.1.2.1 人力资源规划的含义

人力资源规划,又称人力资源计划,是指企业根据内外环境的发展制定出有关的计划或方案,以保证企业在适当的时候获得合适数量、质量和种类的人员补充,满足企业和个人的需求。是系统评价人力资源需求,确保必要时可以获得所需数量且具备相应技能的员工的过程。

人力资源规划主要有三个层次的含义:

第一,一个企业所处的环境是不断变化的。在这样的情况下,如果企业不对自己的发展做长远规划,只会导致失败的结果。俗话说:人无远虑,必有近忧。现代社会的发展速度之快前所未有,在风云变幻的市场竞争中,没有规划的企业必定难以生存。

第二,一个企业应制定必要的人力资源政策和措施,以确保企业对人力资源需求的如期实现。例如,内部人员的调动、晋升或降职,人员招聘和培训以及奖惩都要切实可行,否则,就无法保证人力资源计划的实现。

第三,在实现企业目标的同时,要满足员工个人的利益。这是指企业的人力资源计划还要创造良好的条件,充分发挥企业中每个人的主动性、积极性和创造性,使每个人都能提高自己的工作效率,提高企业的效率,使企业的目标得以实现。与此同时,也要切实关心企业中每个人在物质、精神和业务发展等方面的需求,并帮助他们在为企业做出贡献的同时实现个人目标。这两者都必须兼顾,否则,就无法吸引和招聘到企业所需要的人才,难以留住企业已有的人才。

许多企业管理者都非常重视经营计划、开发计划等,但对人力资源计划并不是十分重视。有的企业没有人力资源计划,或者将它"隐藏"在组织整体发展计划中一笔带过。实际上,企业任何计划都是由人来完成的,如果我们不重视对人的规划和管理,怎么能完成其他计划呢?有时感觉人力资源规划做了也没多大意义,计划没有变化快,到头来实现的也不过20%～30%。企业不愿进行人力资源规划的原因主要有以下几种。

第一,人力资源规划成效不太显著,或者根本看不到什么成效。也许人们只认识到企业的经营计划、市场营销计划等是重要的,而人力资源规划不是直接和企业的效益挂钩的,所以就显示不出多少价值。

第二，人力资源规划工作量太大。如果企业没有一个计算机管理的系统的员工信息库，仅前期普查工作就让人望而生畏。

第三，人力资源部门大部分时间被一些具体事务占领。

8.1.2.2　人力资源规划的作用与原则

人力资源规划的作用主要表现在以下几个方面：

1）有利于企业制定长远的战略目标和发展规划

一个企业的高层管理者在制定战略目标和发展规划以及选择方案时，总要考虑企业自身的各种资源，尤其是人力资源的状况。例如，海尔集团决定推行国际化战略时，其高层决策人员必须考虑到其人才储备情况以及所需人才的供给状况。科学的人力资源规划，有助于高层领导了解企业内目前各种人才的余缺情况，以及在一定时期内进行内部抽调、培训或对外招聘的可能性，从而有助于决策。人力资源规划要以企业的战略目标、发展规划和整体布局为依据；反过来，人力资源规划又有利于战略目标和发展规划的制定，并可促进战略目标和发展规划的顺利实现。

2）有助于管理人员预测员工短缺或过剩情况

人力资源规划，一方面对目前人力现状予以分析，以了解人事动态；另一方面，对未来人力需求做出预测，以便对企业人力的增减进行通盘考虑，再据以制订人员增补与培训计划。人力资源规划是将企业发展目标和策略转化为人力的需求，通过人力资源管理体系和工作，达到数量与质量、长期与短期的人力供需平衡。

3）有利于人力资源管理活动的有序化

人力资源规划是企业人力资源管理的基础，它由总体规划和各分类执行规划构成，为管理活动，如确定人员需求量、供给量、调整职务和任务、培训等提供可靠的信息和依据，以保证管理活动有序化。

4）有助于降低用人成本

企业效益就是有效地配备和使用企业的各种资源，以最小的成本投入达到最大的产出。人力资源成本是组织的最大成本。因此，人力的浪费是最大的浪费。人力资源规划有助于检查和预算出人力资源计划方案的实施成本及其带来的效益。人力资源规划可以对现有人力结构做些分析，并找出影响人力资源有效运用的"瓶颈"，充分发挥人力资源效能，降低人力资源成本在总成本中所占的比重。

5）有助于员工提高生产力，达到企业目标

人力资源规划可以帮助员工改进个人的工作技巧，把员工的能力和潜能尽量发挥，满足个人的成就感。人力资源规划还可以准确地评估每个员工可能达到的工作能力程度，而且能避免冗员，因而每个员工都能发挥潜能，对工作有要求的员工也可获得较大的满足感。

人力资源规划的原则：

第一充分考虑内部、外部环境的变化。人力资源规划只有充分考虑了园林企业内外环境的变化，

才能适应形势的发展，真正做到为企业发展目标服务。无论何时，规划都是面向未来的，而未来总是含有多种不确定的因素，包括内部和外部的不确定因素。内部变化包括发展战略的变化、员工流动的变化等；外部变化包括政府人力资源政策的变化、人力供需矛盾的变化，以及竞争对手的变化。为了能够更好地适应这些变化，在人力资源规划中，应该对可能出现的情况做出预测和风险分析，最好有面对风险的应急策略。所以，规避风险就成为园林企业需要格外小心的事情。

第二，开放性原则。开放性原则实际上是强调园林企业在制定发展战略中，要消除一种不好的倾向，即狭窄性——考虑问题的思路比较狭窄，在各个方面考虑得不是那么开放。

第三，动态性原则。动态性原则，是指在园林企业发展战略设计中一定要明确预期。这里所说的预期，就是对企业未来的发展环境以及企业内部本身的一些变革，要有科学的预期性。因为，企业在发展战略上的频繁调整是不可行的，一般来说，企业发展战略的作用期一般为 5 年，如果刚刚制定出来，马上就修改，这就说明企业在制定发展战略时没有考虑到动态性的问题。当然，动态性原则既强调预期，也强调企业的动态发展。企业在大体判断正确的条件下，做一点战略调整是应该的，这个调整是小部分的调整而不是整个战略的调整。

第四，使企业和员工共同发展。人力资源管理，不仅为园林企业服务，而且要促进员工发展。企业的发展和员工的发展是互相依托、互相促进的关系。在知识经济时代，随着人力资源素质的提高，企业员工越来越重视自身的职业前途。人的劳动，被赋予神圣的意义，劳动不再仅仅是谋生的手段，而是生活本身，是一种学习和创造的过程。优秀的人力资源规划，一定是能够使企业和员工得到长期利益的计划，一定是能够使企业和员工共同发展的计划。

第五，人力资源规划要注重对企业文化的整合。园林企业文化的核心就是培育企业的价值观，培育一种创新向上，符合实际的企业文化。松下的"不仅生产产品，而且生产人"的企业文化观念，就是企业文化在人力资源战略中的体现。

8.1.2.3 人力资源规划的分类

目前，许多西方国家的企业都把人力资源规划作为企业整体战略计划的一部分，或者单独地制定明确的人力资源规划，以作为对企业整体战略计划的补充。单独的人力资源规划即类似于生产、市场、研究开发等职能部门的职能性战略计划，都是对企业整体战略计划的补充和完善。无论采用哪种形式，人力资源规划都要与企业整体战略计划的编制联系起来。

按照规划时间的长短不同，人力资源规划可以分为短期规划、中期规划和长期规划三种。一般来说，一年以内的计划为短期计划。这种计划要求任务明确、具体，措施落实。中期规划一般为 1～5 年的时间跨度，其目标、任务的明确与清晰程度介于长期与短期两种规划之间，主要是根据战略来制定战术。长期规划是指跨度为五年或五年以上的具有战略意义的规划，它为企业的人力资源的发展和使用指明了方向、目标和基本政策。长期规划的制定需要对企业内外环境的变化做出有效的预测，才能对企业的发展具有指导性作用。

1987 年，布莱克和马西斯提出了不确定性大小的影响因素及其规划期长短之间的配合关系。如表 8-2 所示。

不确定性与计划期发展　　　　　　　　　　　　　　　　　　表 8-2

短期计划: 不确定/不稳定	长期计划: 确定/稳定
很多新竞争者	强大的竞争地位
社会经济条件迅速变化	社会、政治和技术方面的变化是渐进的
不稳定的产品或服务需求	强大的管理信息系统
变化的政治和法律环境	稳定的产品或服务需求
企业规模比较小	管理水平先进
管理水平落后(危机管理)	

　　人力资源规划要真正有效，还应该考虑企业规划，并受企业规划的制约，图8-1表明了企业规划对人力资源规划的影响。

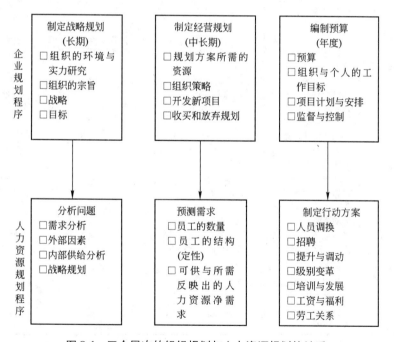

图 8-1　三个层次的组织规划与人力资源规划的关系

　　按照性质不同，人力资源规划可以分为战略规划和策略规划两类。总体规划属于战略规划，它是指计划期内人力资源总目标、总政策、总步骤和总预算的安排；短期计划和具体计划是战略规划的分解，包括职务计划、人员配备计划、人员需求计划、人员供给计划、教育培训计划、职务发展计划、工作激励计划等。这些计划都由目标、任务、政策、步骤及预算构成，从不同角度保证人力资源总体规划的实现。

8.1.2.4　人力资源规划的制定

1）人力资源规划内容

企业人力资源规划包括如下内容：

人力资源总体规划。是指在计划期内人力资源开发利用的总目标、总政策、实施步骤及总预算的安排；

人力资源业务计划。它包括人员补充计划、人员使用计划、人员接替和提升计划、教育培训计划、工资激励计划、退休解聘计划以及劳动关系计划等。

这些业务计划是总体规划的展开和具体化(表8-3)。

人力资源规划一览表　　　　　　　　　　　　　　　　　　　　　　表 8-3

计划类别	目　　标	政　　策	步　　骤	预　　算
总规划	总目标：绩效、人力资源总量、素质、员工满意度	基本政策：扩大、收缩、改革、稳定等	总体步骤：按年安排，如完善人力资源信息系统等	总预算：××万元
人员补充计划	类型、数量对人力资源结构及绩效的改善等	人员标准、人员来源、起点待遇等	拟定标准、广告宣传、考试录用、培训上岗	招聘、选拔费用
人员使用计划	部门编制、人力资源结构优化、绩效改善、人力资源职位匹配、职务轮换	任职条件、人员轮换范围及时间	略	按使用规模、类别、人员状况决定工资福利
人员接替与提升计划	后备人员数量保持、改善人员结构、提高绩效目标	选拔标准、资格、试用期、提升比例、未提升人员安置	略	职务变化引起的工资变化
教育培训计划	素质与绩效改善、培训类型与数量、提供新人员、转变员工劳动态度	培训时间的保证、培训效果的保证	略	教育培训总投入、脱产损失
工资激励计划	降低离职率、提高士气、改善绩效	工资政策、激励政策、反馈、激励重点	略	增加工资、预算
劳动关系计划	减少非期望离职率、改善雇佣关系、减少员工投诉与不满	参与管理、加强沟通	略	法律诉讼费
退休解聘计划	降低劳务成本，提高生产率	退休政策、解聘程序等	略	安置费

2）人力资源成本分析

进行人力资源规划的目的之一，就是为了降低人力资源成本。人力资源成本，是指通过计算的方法来反映人力资源管理和员工的行为所引起的经济价值。人力资源成本是企业组织为了实现自己的组织目标，创造最佳经济和社会效益，而获得开发、使用、保障必要的人力资源及人力资源离职所支出的各项费用的总和。人力资源成本分为获得成本、开发成本、使用成本、保障成本和离职成本五类。

人力资源获得成本，是指企业在招募和录用员工过程中发生的成本，主要包括招募、选择、录用和安置员工所发生的费用。

人力资源开发成本，是指企业为提高员工的生产能力，为增加企业人力资产的价值而发生的成本，主要包括上岗前教育成本、岗位培训成本、脱产培训成本。

人力资源使用成本，是指企业在使用员工劳动力的过程中发生的成本，包括维持成本、奖励成本、调剂成本等。

人力资源保障成本，是指保障人力资源在暂时或长期丧失使用价值时的生存权而必须支付的费用，包括劳动事故保障、健康保障、退休养老保障、失业保障等费用。

人力资源的离职成本，是指由于员工离开企业而产生的成本，包括离职补偿成本、离职低效成本、空职成本。

当然，定量分析内容不仅仅包括以上指标，它只是提供了一个思路。数据的细化分析是没有止境的，比如，在离职上有不同部门的离职率(部门、总部、分部)、不同人群组的离职率(年龄、种族、性别、教育、业绩、岗位)和不同理由的离职率；在到岗时间分析上，可以把它分为用人部门提出报告，人力资源部门做出反应，刊登招聘广告、面试、复试、到岗等各种时间段，然后分析影响到岗的关键点。当然，度量不能随意地创造数据，我们最终度量的是功效，即如何以最小的投入得到最大的产出。

对企业来说，它需要人力资源部门根据实际工作收集数据和对数据进行分析，以便及早发现问题和提出警告，进行事前控制，指出进一步提高效率的机会。如果没有度量，就无法确切地知道工作是进步了还是退步了，人力资源管理部门通过提高招聘、劳动报酬和激励、规划、培训等一切活动的效率，来降低企业的成本，提高企业的效率、质量和整体竞争力。

对人力资源管理工作者来说，他必须适应企业管理的发展水平。有了度量，可以让规划、招聘、培训、咨询、薪资管理等工作都有具体的依据；让员工明白组织期望他们做什么，将以什么样的标准评价，使员工能够把精力集中在一些比较重要的任务和目标上，为人力资源管理工作的业绩测度和评价提供了相对客观的指标。

3) 制定人力资源规划的程序

人力资源规划，作为企业人力资源管理的一项基础工作，其核心部分包括人力资源需求预测、人力资源供应预测和人力资源供需综合平衡三项工作。人力资源规划程序如图8-2所示。

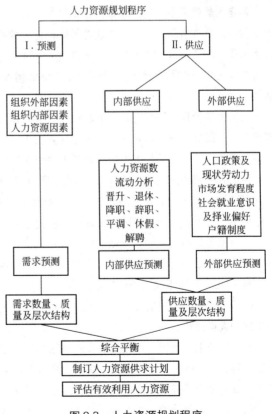

图8-2 人力资源规划程序

人力资源规划的过程大致分为以下几个步骤：

调查、收集和整理相关信息。影响企业经营管理的因素很多，比如，产品结构、市场占有率、生产和销售方式、技术装备的先进程度以及企业经营环境，包括社会的政治、经济、法律环境等因素是企业制定规划的硬约束，任何企业的人力资源规划都必须加以考虑。

核查组织现有人力资源。核查组织现有人力资源就是通过明确现有人员的数量、质量、结构以及分布情况，为将来制定人力资源规划做准备。它要求组织建立完善的人力资源管理信息系统，即借助现代管理手段和设备，详细占有企业员工各方面的资料，包括员工的自然情况、录用资料、工资、工作执行情况、职务和离职记录、工作态度和绩效表现。只有这样，才能对企业人员情况全面了解，才能准确地进行企业人力资源规划。

预测组织人力资源需求。预测组织人力资源需求可以与人力资源核查同时进行，它主要是根据组织战略规划和组织的内外条件，选择预测技术，然后对人力需求结构和数量进行预测。了解企业对各类人力资源的需求情况，以及可以满足上述需求的内部和外部的人力资源的供给情况，并对其中的缺点进行分析，这是一项技术性较强的工作，其准确程度直接决定了规划的效果和成败，它是整个人力资源规划中最困难，同时也是最关键的工作。

制定人员供求平衡规划政策。根据供求关系以及人员净需求量，制定出相应的规划和政策，以确保组织发展在各时间点上人力资源供给和需求的平衡。也就是制定各种具体的规划，保证各时间点上人员供求的一致，主要包括晋升规划、补充规划、培训发展规划、员工职业生涯规划等。人力资源供求达到协调平衡是人力资源规划活动的落脚点和归宿，人力资源供需预测是为这一活动服务的。

对人力资源规划工作进行控制和评价。人力资源规划的基础是人力资源预测，但预测与现实毕竟有差异，因此，制定出来的人力资源规划在执行过程中必须加以调整和控制，使之与实际情况相适应。因此，执行反馈是人力资源规划工作的重要环节，也是对整个规划工作的执行控制过程。

评估人力资源规划。评估人力资源规划是人力资源规划过程中的最后一步。人力资源规划不是一成不变的，它是一个动态的开放系统，对其过程及结果必须进行监督、评估，并重视信息反馈，不断调整，使其更加切合实际，更好地促进企业目标的实现。

人力资源规划的审核和评估工作，应在明确审核必要性的基础上，制定相应的标准。同时，在对人力资源规划进行审核与评估过程中，还要注意组织的保证和选用正确的方法。

4）制定人力资源规划的典型步骤

由于各企业的具体情况不同，所以，制定人力资源规划的步骤也不尽相同。下面是制定人力资源规划的典型步骤：

制定职务编制计划。根据组织发展规划和组织工作方案，结合工作分析的内容，确定职务编制计划。职务编制计划阐述了组织结构、职务设置、职务描述和职务资格要求等内容。制定职务编制计划的目的是为了描述未来的组织职能规模和模式。

制订人员配置计划。根据组织发展规划，结合人力资源盘点报告，制订人员配置计划。人员配置计划阐述了单位每个职位的人员数量、人员的职务变动、职务空缺数量的补充办法等。

预测人员需求。根据职务编制计划和人员配置计划，采用预测方法，进行人员需求预测。在预测人员需求中，应阐明需求的职务名称、人员数量、希望到岗时间等。同时，还要形成一个标明员工数量、招聘成本、技能要求、工作类别及为完成组织目标所需的管理人员数量和层次的分列表。

确定人员供给计划。人员供给计划是人员需求的对策性计划。人员供给计划的编制，要在对本单位现有人力资源进行盘存的情况下，结合员工变动的规律，阐述人员供给的方式，包括人员的内部流动方法、外部流动政策、人员的获取途径和具体方法等。

制订培训计划。为了使员工适应形势发展的需要，有必要对员工进行培训，包括新员工的上岗培训和老员工的继续教育，以及各种专业培训等。培训计划涉及培训政策、培训需求、培训内容、培训形式、培训考核等内容。

制定人力资源管理政策调整计划。人力资源政策调整计划，是对组织发展和组织人力资源管理之间关系的主动协调，目的是确保人力资源管理工作主动地适应形势发展的需要。计划中应明确计划期内的人力资源政策的调整原因、调整步骤和调整范围等。其中包括招聘政策、绩效考核政策、薪酬与福利政策、激励政策、职业生涯规划政策、员工管理政策等。

编制人力资源费用预算。编制人力资源费用主要包括招聘费用、培训费用、福利费用、调配费用、奖励费用、其他非员工的直接待遇，以及与人力资源开发利用有关的费用。

关键任务的风险分析及对策。任何单位在人力资源管理中都可能遇到风险，如招聘失败、新政策引起员工不满，这些都可能影响公司的正常运行。风险分析就是通过风险识别、风险估计、风险驾驭、风险监控等一系列活动来防范风险的发生。

人力资源规划编制完毕后，应先与各部门负责人沟通，根据沟通的结果进行反馈，最后再提交给公司决策层审议通过。

8.1.3　园林人力资源管理

21世纪园林事业、企业迅速发展，人力资源管理呈现崭新的发展趋势，新经济和网络经济极大地冲击着企业的方方面面，而人力资源作为园林企事业的核心资源势必首当其冲。

8.1.3.1　人力资源管理的含义

人力资源管理，是指对人力资源取得、开发、保持和利用等方面所进行的计划、组织、指挥、控制和协调的活动。它是研究并解决组织中人与人关系的调整、人与事的配合，以充分开发人力资源，挖掘人的潜力，调动人的生产劳动积极性，提高工作效率，实现组织目标的理论、方法、工具和技术的总称。囊括了企业人力资源经济活动的全过程，它采用科学的方法，对与一定物力相结合的人力进行合理的培训、组织和调配，使人力物力经常保持合理的比例，同时对企业员工的思想、心理和行为进行适当诱导、控制和协调，充分发挥他们的主观能动性，使人尽其才、事得其人、人事相宜，从而最大限度地实现组织的目标。

人力资源管理最关键的工作是在适当的时间，把适当的人选（最经济的人力）安排在适当的工作岗位上，以人事的协调来提高工作效率。

园林人力资源管理可以分为宏观、微观两个层次。宏观人力资源管理指的是对于全社会园林人力资源的管理，微观人力资源的管理是指对于园林企业、园林事业单位的人力资源管理。

8.1.3.2　人力资源管理的形成与发展历程

人力资源管理是随着企业管理理论的发展而逐步形成的。人力资源管理形成于20世纪初，即科学管理在美国兴起时期，迄今已有几十年历史。它是企业员工福利工作的传统做法与泰罗科学管理方法相结合的产物。随后兴起的工业心理学和行为科学对这门学科产生了重大影响，推动了它的发展，并使之走向成熟。

1) 科学管理与人事管理

19世纪末20世纪初，管理学才形成一门科学，在这一时期称为科学管理，泰罗是主要代表人物。就人事管理而言，泰罗倡导以下四点基本管理制度：

倡导劳资双方"合作"。劳资双方通常为分配而争吵，造成敌对和冲突，只要友好合作，就能提高劳动效率，获得收益，避免为分配而争吵。

倡导管理人员和工人合理分摊工作和责任。

使用工作定额原理。先通过工作研究制定标准的操作方法，然后对全体工人进行训练，让他们掌握，再据此制定工作定额。

实行有差别的、有刺激作用的计件工资制度，鼓励工人完成较高的工作定额。

科学管理提出的"劳动定额"、"工时定额"、"工作流程图"、"计件工资制"等一系列的管理制度与方法奠定了人事管理的基础。

2) 行为科学与人事管理

行为科学强调从心理学、社会学的角度研究管理问题。它重视社会环境和人们之间的相互关系对提高工作效率的影响，行为科学认为，生产不仅受到物理、生理的影响，而且还受到社会因素、心理因素的影响。不能只重视物理、生理因素，而忽视社会、心理因素对生产效率的影响。简单地说，行为科学重视人的因素，重视组织中人与人之间的关系，主张用各种方法调动人的工作积极性。

行为科学学派提出了新的人事管理措施：

管理人员不能只重视指挥、监督、计划、控制和组织，而更应重视员工之间的关系，培养员工的归属感和整体感；

管理人员不应只注重完成生产任务，而应把注意力放在关心人、满足人的需要上；

实行奖励时，提倡集体奖励，而不主张个人奖励；

管理人员的职能之一是进行员工与上级管理者之间的沟通，提倡在不同程度上让员工参与企业决策和管理工作的研究与讨论。

行为科学极大地丰富了现代人事管理的内容，主要表现为人事管理领域的扩大。除了对工作人员的选用、调遣、待遇、考核、退休等进行研究之外，还注意对人的动机、行为目的加以研究，力求了解工作人员的心理，激发他们的工作意愿，充分发挥他们的潜力。

行为科学使人事管理由静态逐渐发展为动态管理。由以往重视制度管理以求人事稳定、规章细密以求面面俱到，逐步发展到既注意规章制度严格，又注意规章制度的伸缩性，以适应管理对象的复杂多样。在企业允许的范围内尽量考虑个人差异，尊重个人自身的意志和愿望，尽量使他们的工作成绩与其追求和利益相一致。通过合理的配置，最大限度地激发工作人员的劳动积极性，提高工作质量和效率。

3）人事管理同人力资源管理

人力资源管理与人事管理代表了关于人的管理的不同历史阶段。人事部门的正式出现，大致在20世纪20年代。其背景是产业革命促成了工厂系统，不仅提供了众多的就业机会，也为工厂主提供了选择劳动力的机会。这样，就有专门部门来考虑人员组织利用以提高劳动生产率，如何用较少的人干较多的事，如何提高劳动生产率，就成为人事部门所考虑的问题。

在"人——生产力——产品"链条中，管理者以往习惯于通过合理地使用机器来降低成本。后来发现，改革人力资源的管理方式，开发人的潜在能力，充分发挥人的主观能动性更为重要。

从人事管理向人力资源管理的过渡，是一个历史演变过程。二者的差别主要表现在以下四个方面：

第一，人力资源管理的视野更宽阔。在我国，传统的劳动人事工作，考虑的是员工的录取、使用、考核、报酬、晋升、调动、退休等；人力资源管理则打破工人、职员的界线，统一考虑对企业所有体力、脑力劳动者的管理。

第二，人力资源管理内容更为丰富。传统人事管理部门是招募新人、填补空缺，即所谓"给适当的人找适当的事，为适当的事找适当的人"。人力资源管理不仅具有这种功能，还要担负规划工作流程、协调工作关系的任务。

第三，人力资源管理更加注重开发人的潜能。传统的人事管理以降低成本为宗旨，主要关心如何少雇人、多出活。而人力资源管理则首先把人看做是可以开发的资源，认为通过管理，可以创造出更大的，甚至意想不到的价值。其次，它非常关心如何从培训、工作设计与工作协调等方面开发人的潜能。因此，这种管理将实现从消极压缩成本到积极开发才能的转化，较人事管理具有更重大的意义。

第四，人力资源管理更具有系统性。传统的人事管理在我国企业中被分割成几部分。如劳资科管企业的工资及员工的调配；人事科管技术人员及科室人员的调配、晋升；教育科管员工的培训；党委组织部负责各级党政干部和党员的管理。人力资源管理将企业现有的全部人员，甚至包括那些有可能利用的企业以外的人员加以规划，制定恰当的选拔、培养、任用、调配、激励等政策，以便更有效地实现企业的目标。

总之，以往的人事管理者处在幕僚地位，只是为领导者提供建议，并不参与决策。随着人力资源管理地位的提高，人力资源管理部门上升为具有决策职能的部门。人力资源管理工作人员的职能，从简单地提供人员，到为人员设计安排合适的工作；从只管人，到管理人与工作的关系，人与人的关系，工作与工作的关系；从咨询到决策。两者的差异如表8-4所示。

人力资源管理同人事管理的差异比较 表 8-4

比 较 项 目	人 事 管 理	人力资源管理
管理视野	视人为成本	视人为资源
管理活动	多为被动使用	多为主动开发
管理内容	比较简单	比较丰富
部门性质	非生产与非效益部门	生产与效益部门

8.1.3.3 人力资源管理的目的和意义

人力资源管理的目的，一是为满足企业任务需要和发展要求；二是吸引潜在的合格的应聘者；三是留住符合需要的员工；四是激励员工更好地工作；五是保证员工安全和健康；六是提高员工素质、知识和技能；七是发掘员工的潜能；八是使员工得到个人成长空间。

人力资源管理对企业具有重大意义：一是提高生产率，即以一定的投入获得更多的产出；二是提高工作生活质量，是指员工在工作中产生良好的心理和生理健康感觉，如安全感、归属感、参与感、满意感、成就与发展感等；三是提高经济效益，即获得更多的盈利；四是符合法律规定，即遵守各项有关法律、法规。

人力资源管理的目标：取得最大的使用价值。发挥人的最大的主观能动性，激发人才活力。培养全面发展的人。

人力资源管理的最终结果(或称底线)，必然与企业生存、竞争力、发展、盈利及适应力有关。

8.1.3.4 人力资源管理的职能与措施

1) 获取

获取职能包括工作分析、人力资源规划、招聘、选拔与使用等活动。

工作分析是人力资源管理的基础性工作。在这个过程中，要对每一职务的任务、职责、环境及任职资格做出描述，编写出岗位说明书。

人力资源规划是将企业对人员数量和质量的需求与人力资源的有效供给相协调。需求源于组织工作的现状与对未来的预测，供给则涉及内部与外部的有效人力资源。

招聘与挑选应根据对应聘人员的吸引程度选择最合适的招聘方式，如利用报纸广告、网上招聘、职业介绍所等。挑选有多种方法，如利用求职申请表、面试、测试和评价中心等。

使用是指对经过上岗培训，给合格的人员安排工作。

2) 保持

保持职能包括两个方面的活动：一是保持员工的工作积极性，如公平的报酬、有效的沟通与参与、融洽的劳资关系等；二是保持健康安全的工作环境。

报酬是指制定公平合理的工资制度。

沟通与参与指的是公平对待员工，疏通关系，沟通感情，参与管理等。

劳资关系指的是处理劳资关系方面的纠纷和事务，促进劳资关系的改善。

3) 发展

发展职能包括员工培训、职业发展管理等。

员工培训是指根据个人、工作、企业的需要制定培训计划，选择培训的方式和方法，对培训效果进行评估。

职业发展管理指的是帮助员工制定个人发展计划，使个人的发展与企业的发展相协调，满足个人成长的需要。

4) 评价

评价职能包括工作评价、绩效考核、满意度调查等。其中绩效考核是核心，它是奖惩、晋升等人力资源管理及其决策的依据。

5) 调整

调整职能包括人员调配系统、晋升系统等。

人力资源管理的各项具体活动，是按一定程序展开的，各环节之间是关联的。没有工作分析，也就不可能有人力资源规划；没有人力资源规划，也就难以进行有针对性的招聘；在没有进行人员配置之前，不可能进行培训；不经过培训，难以保证上岗后胜任工作；不胜任工作，绩效评估或考核就没有意义。对于正在运行中的企业，人力资源管理可以从任何一个环节开始。但是，无论从哪个环节开始，都必须形成一个闭环系统，就是说要保证各环节的连贯性。否则，人力资源管理就不可能有效地发挥作用。人力资源管理系统如图8-3所示。

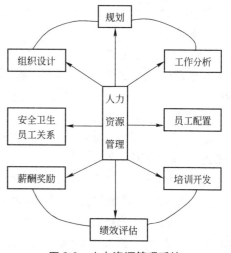

图8-3　人力资源管理系统

8.1.3.5　影响人力资源管理的环境因素

影响人力资源管理的环境因素分为内部环境因素与外部环境因素两大类。

内部环境因素主要有高层管理者的目标与价值观、企业战略、企业文化、企业的技术实力、企业的组织结构、企业的规模等。

外部环境因素主要有经济形势、人才市场动态、社会价值观、法律法规、国内和国际的竞争对手等。

8.1.3.6　人力资源管理的基本方针及主要政策

1) 人事思想

全体员工共同建设了企业，是企业之本，企业应坚持以宏大事业感召人，优厚待遇吸引人，优秀文化凝聚人，完善制度规范人，超强压力激发人，公平竞争激励人，创造条件成就人，使员工队伍始终保持努力进取、积极向上的态势。

2）招聘

企业应概括企业发展规划、任务需求招聘员工，诚纳英才。主要通过院校、人才市场、广告媒体、推荐等渠道和方式进行招聘。运用科学的招聘、评价程序，确保人才招聘质量。在满足基本用人要求的前提下，优先录用政府、社会各界和企业同仁推荐的人员，为国家、社会安定承担责任，为企业发展创造良好社会环境。

3）新老融合

新老员工的融合至关重要。企业应要求新老员工之间真诚合作，以企业整体利益和事业发展为重，尽快融为一体，优势互补，形成合力。新员工要承认老员工的贡献，脚踏实地，虚心学习老员工的优点，尽快融入企业，发挥作用；老员工要充分发挥榜样示范作用，以博大的胸怀、热情的态度，关心、支持、帮助和指导新员工，并从新员工身上汲取长处，共同进步。

4）厚待老员工

企业应关心、尊重老员工，充分肯定老员工的历史功绩和作用，并通过薪酬、福利保障、股权分配和授予荣誉等方式使老员工得到物质回报和精神鼓励。企业应为老员工提供学习深造的机会，帮助其提高知识水平和工作能力，跟上事业发展的步伐。

5）用人

企业各级领导都要学会用人，坚持公平、公正的用人原则，用人所长、避人所短，使智者居侧，贤者居上，能者居中，平者居下。

对新加入公司的管理人员实行试用期制，要首先进行基层实践，深入和全面了解公司情况。

干部任职实行见习经理制，根据见习期考核结果确定任职事项。

建立内部竞争上岗机制，激发员工的工作热情，为员工提供均等的发展机会，实现人尽其才，优势互补，给予员工更大的选择余地和成长空间。

企业应认为无功即过，鼓励多出成绩，允许工作中出现失误，但不允许犯重复性错误。各级领导要鼓励员工提出不同意见，善于使用有个性的员工，树立民主作风。

6）队伍建设

企业应致力于建设既能满足现实需要，又能面向未来、面向世界的具有竞争力的干部队伍、科技队伍、营销队伍和产业工人队伍。干部队伍要突出开拓创新、领导协调能力；科技队伍以技术带头人和技术骨干为核心，注重技术创新能力，形成合理的知识结构、能力结构和资历结构；营销队伍突出加强市场策划、市场开拓和营销网络管理能力；产业工人队伍注重提高整体素质和实际操作能力。

7）领导干部

领导干部的主要工作是出思路，定规矩，配班子，带队伍。不鼓励领导事必躬亲，但要对各项工作进行指导、督促、检查，及时解决工作过程中发生的问题，确保工作任务的完成。实现老中青三结合，形成梯队结构。要定期、不定期地进行交流、轮换，至少3～5年进行一次。

对干部要听其言，更要观其行。企业应主要根据德、能、勤、绩任免干部，干部必须富有事业心、责任感，团结合作，勤于学习，善于创新；必须具有充分利用、合理配置各种资源的能力，具备有条件要上、没有条件创造条件也要上的精神；必须既有理论水平，又有实干能力，并能率先垂范；高级干部必须既是理论家，又是实干家。

为领导干部提供优厚待遇，努力实现以丰养廉、以丰保勤、以丰促绩的目标。

8）举贤荐能

各级干部都应做到举贤荐能，积极为下属创造良好的事业发展机会，主动帮助、指导下属的成长，培养和选拔合格的接班人。对举荐、培养、提拔人才者予以奖励，并作为干部晋升的重要依据；对举贤荐能不积极或嫉贤妒能者要予以惩罚，并作为干部降职的重要参考条件。

9）考核

企业应建立合理的考核体系。通过对员工进行工作态度、能力和业绩考核，作为人员调配、干部任免、奖金分配、晋职晋级、奖惩和培训的基本依据。通过考核，寻找员工与其工作要求之间的偏差，经过动态调整，使二者相一致；同时，发现员工之间的差距，以激励先进、鞭策后进，推动员工共同进步。

10）潜能开发

企业应通过脱产学习、岗位培训、自学等方式有计划、有步骤地开发各类员工的潜能。鼓励员工依据企业发展需要、岗位工作要求制定职业生涯计划，并在组织上、经费上支持员工实施职业生涯计划。员工应当适应企业发展进程，紧跟时代步伐，通过学习更新知识，提高技能，重塑自我。员工每年至少脱产培训一周以上。科技人员和管理干部一般每五年更新一次知识，主要通过在国内外脱产培训、进修、攻读学位的方式进行。

11）激励

企业应始终关注员工的安全、富裕和自身价值的实现。想方设法寻找员工最迫切的需要，并在完成企业目标的前提下，尽可能给予满足。主要利用工资、晋职晋级、福利与保障、奖惩、股权分配和企业文化等手段，不断改善员工的生活、工作条件，提高员工的生活、工作质量，满足员工不同层次的要求。

12）工资

企业应根据地方的消费水平、物价水平决定员工底薪，根据劳动力市场供求状况决定各类员工工资水平，根据地区、行业工资水平、企业业绩与企业支付能力决定企业总体工资水平和工资增长幅度。

13）晋职晋级

企业应建立既科学又富有挑战性的晋职晋级机制，以适应企业发展的需要，实现员工自身价值。各级领导要准确把握晋职晋级原则，根据员工的实际表现，对其能力和特长做出准确评价，使员工得到合理晋升。

企业应对员工实行定期和不定期的晋职晋级制度。一般操作人员和职员随着工作年限的增加和业务水平的提高，定期晋级。表现优异、有培养前途的，可以晋升到管理岗位，具有突出专业技能的可以晋升到相应的专业岗位；专业人员根据相应的专业晋级制度进行晋升，业绩突出的可以破格使用。具有管理能力的，可以提拔到管理岗位；管理人员根据德、能、勤、绩，晋职晋级；有特殊贡献的，给予破格晋升。

晋职晋级制度是企业激励机制的重要组成部分，企业鼓励积极进取，拼搏向上，反对平庸和碌碌无为。

14）奖惩

企业应坚持有功必赏、有过必罚的方针，建立健全奖惩制度。奖励要坚持准确、快速、有效的原则；惩罚要慎重、适度，坚持惩前毖后、治病救人的原则；要坚持奖励为主、惩罚为辅；奖罚要具备一定力度，以起到激励和惩戒作用。

15）福利

企业应关心员工生活，想方设法为员工谋取福利；依据员工工作态度、资历、能力、业绩、岗位责任等免费分给员工住房或优惠售给员工住房；依据员工资历、能力、业绩、岗位责任等为员工配置汽车或提供购车担保；每年一次组织全体员工带薪旅游；对表现突出、业绩显著及身处关键岗位的员工给予带薪年假、疗养；免费为员工提供工作服或工作礼服；为远离生活区工作的员工或分公司提供免费午餐；为单身员工开设食堂，提供免费宿舍、浴室；为员工配置运动、娱乐设施，以促进开展员工业余体育活动，丰富员工业余文化生活；为员工提供各种营养保健用品或礼品，以体现企业对员工的关怀。

16）保险

企业应按国家和地方政府的规定，为符合条件的员工办理有关保险，包括养老保险、医疗保险、失业保险等；根据情况办理大病统筹；为工作环境相对较差的员工、户外作业及生产一线操作员工办理人身意外伤害保险；为司机办理车险等。

17）救济与抚恤

企业领导应崇尚扶危济困的传统美德，把企业看作大家庭。不仅对员工负责，而且对员工家庭负责；要根据企业承受能力，热诚援助陷入生活困境或遭遇不幸的员工。

18）股权激励

为增强员工的归属感和主人翁意识，奖励有突出贡献的员工，稳定队伍，避免经营管理者的短期行为，在适当的时候，企业应以员工持股的方式，将员工利益与企业利益连为一体。股权分配重点考虑勤于学习、善于创新、业绩突出的员工和在关键岗位起到关键作用的员工。

19）文化认同

企业应致力于将创业者与员工互动作用后形成的思想观念、经营理念转化为员工的价值观念、行为准则。要注重发挥高级管理人员的模范作用、老员工的示范作用，要加强思想工作，培养员工对企业文化的认同；通过新老员工的互动作用，推动企业文化向纵深方向发展。

20）思想工作

企业应视思想工作为沟通的重要方式，坚持疏通、引导、教育的工作方针，以情动人、以理服人的工作原则,耐心细致、百折不挠的工作方法,及时发现、及时解决的工作作风。通过思想工作,有计划、有目的地将企业文化传递给员工,使其了解企业、关心企业、热爱企业,将其注意力引到企业的发展目标和工作任务上来;及时了解员工所思所想,及时解决员工的困难与问题,暂时不能解决、不应解决或无法解决的,必须予以耐心解释,得到员工谅解;沟通员工之间的思想情感,化解矛盾、协调立场、理顺关系,使员工认识到根本利益的一致性,求同存异、和谐共处。

坚决反对任何形式的宗派主义。企业内部非正式组织必须具有包容性、开放性,不能具有排他性。通过思想工作,将非正式组织引导到接纳企业文化、实现企业目标的轨道上来,使其为企业所用,发挥良性作用。

21) 解聘

为了企业的长期发展,应要求员工勤于工作、乐于学习、奋发向上。为保持员工队伍活力和竞争力,每年必须保持一定的淘汰率。对骄傲自满、不思进取、碌碌无为的员工应予劝退;对不能胜任本职工作的员工应予解雇;对违法乱纪的员工应予开除。企业不要因为暂时的困难而大量解雇员工,应主要通过减薪与员工的共同努力共渡难关。绝不解雇勤勤恳恳、兢兢业业、有品行、有知识、有才华、有作为的员工。

8.1.3.7 工作分析

《三国志》有云:"非才而据,咎悔必至;非其人而处其位,其祸必速。"工作分析是人力资源管理的一个主要环节。搞好工作分析,可以为组织制定人力资源规划、进行人员招聘、员工培训与发展、绩效管理、薪酬管理等工作提供科学的依据,保证事得其人,人(员工)尽其才,人事相宜。

1) 工作分析的基本含义

工作分析又称职务分析,是指对某特定工作岗位作出明确规定,并确定完成这一工作需要有什么样的行为的过程。换言之,是对某项职务的工作内容和职务规范(任职资格)的描述和研究过程,即制定职务说明和职务规范的系统过程。

工作分析所涉及的概念及术语包括任务、职位、职务、职业、职务说明及职务规范。

任务是职务分析的最基本单位,是指关于某人做某事的具体描述,也即安排一位员工所完成的一项具体工作。

职位是职务分析的第二层次,是指一个人要完成的一组任务。职位是针对从事某项工作的人数而言,有多少职位,就有多少员工,例如,一企业需要7名程序员,即设有7个程序员的职位。

职务是指一级责任相似的职位,这些职位的性质、类别完全相同,完成工作所需条件也一样。例如,秘书就是一个职务。把具有相似特征的许多职务进行符合逻辑的组合,叫做职务分类。我们日常所用的"岗位"一词,兼具职务与职位的含义,不是一种严格的说法。

职业是由具有共同特点的一级职务组成。如"财会"、"销售"、"审计"等都各为一种职业。同一职业中包括有一系列不同复杂程度的职务。

职务说明,是指通过与员工交谈、实地考察等方法,明确工作责任、工作范围及任职资格的过程。

职务规范，是指完成某一职务所应具备的、最低限度的能力、知识、学历、社会经历等。

工作分析的主要内容是职务说明与职务规范，因此可以说职务分析就是为了制定正确的人事决策而收集有关情况，并以这些情况为依据而编制成职务说明与职务规范的过程。

2）工作分析的意义和作用

工作分析是现代人力资源管理所有职能，即人力资源获取、整合、保持与激励、控制与调整、开发等职能工作的基础和前提，只有做好了工作分析与设计工作，才能据此有效地完成人力资源管理工作(图 8-4)。

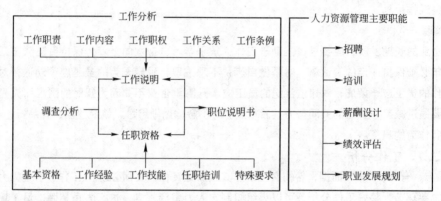

图 8-4　工作分析图

工作分析对于人力资源管理具有非常重要的作用。人力资源管理的每一项工作，几乎都需要得到工作分析的结果。

(1) 有利于合理安排员工工作

通过工作分析，可以明确一项工作的具体内容，以及该工作与其他工作的关系，从而制定出从事这项工作的人员所必需具备的任职资格，可以用来决定招聘与任用哪种人才。同时，职务分类也可以用作确定和实施选择候选人的遴选工具。这就使人力资源管理人员明确了招收的对象和标准，在组织人员考评时，能正确地选择考试科目和考核内容，避免了盲目性，保证了为事择人，任人唯贤，专业对口，事得其人。

(2) 有利于员工的培训

通过工作分析，明确了员工从事某项工作的行为和资格及素质要求。而这些要求和条件并非人人都能达到，因此，需要进行不断地培训与开发。工作分析可以提供工作内容和任职人员条件等完备的信息资料，使组织可以据此制定出培训计划，开展培训工作。

(3) 为制定合理的薪酬政策提供依据

工作分析可以为不同类型的职务确定合理的待遇，通过工作分析可以明确各个工作岗位在组织中所处的地位，该职务的员工所承担的责任，工作数量和质量要求，任职者的能力和知识等，从而为制定合理的报酬制度提供重要依据。

（4）有利于科学评价员工的工作实绩

通过工作分析，每一种职位的内容都有明确的界定，可以为考核提供合理的标准和依据。员工应该做什么，不应该做什么，应该达到什么要求，都十分清楚，为考核工作实绩提供了客观的标准，减少了绩效考评中的主观因素，为考核提供尺度，为晋升提供依据。

3）工作分析的用途和内容

（1）工作分析的用途

工作分析主要用于对组织结构设计的完善、人力资源规划的制定、人员的选拔与使用、培训计划的制定、绩效评估和职务评价几个方面。

（2）工作分析的内容

工作分析主要包括工作内容、工作手段、员工要求、工作绩效及其考核标准、职务背景和职务对人员的资格要求几个方面。

4）工作分析的方法

工作分析有多种方法，这些方法各有所长，在使用中可以结合起来，从各个角度收集信息，使工作分析的结果更全面。

（1）工作实践法

通过观察和访谈全面了解工作的过程，制定出"职务描述"和"任务描述"的规范标准。职务描述给出职务角色和职能及其与组织目标的关系，这部分是总体的描述，多用规范式定性标准；另一部分则是具体工作任务的内容，包括任务是如何做的，操作过程，如何与其他工作相衔接或交接；要指出任务的目的，为什么要这么做；最后，要给出完成任务的技术标准或是结果的形态是什么。这种方法的长处在于比较省时省力，对于一般的工作都可以使用，由工作人员收集的信息很丰富，较切合实际。

（2）关键事件法

这种方法可以和绩效评估系统结合起来使用。按照一定的标准选取绩效特别有效和特别无效的样本作为研究对象，寻找造成绩效差异的关键事件是什么，是怎么发生的，可能的原因是什么。在收集这些关键的事件时，可以采用产品（产品的数量、质量、记录、工作日记、生产记录等）分析与观察，采用访谈结合的方法，一旦收集到一定数量的事件后就可以将这些事件加以分类，分类按相应的工作领域标准进行划分。这种方法比较费时、费力。由于它所收集的都是典型的事例，因此对于防范事故，提高效率乃至确定工作标准起到很大的作用。而且这种方法能够揭示工作的动态性本质，它提出的问题更具可操作性。

（3）标准问卷法

上述两种方法都有一定不足，既缺乏数量化，也很难进行大范围内的比较。可以在以上工作的基础上，根据工作特性的普遍规律制订出标准的问卷来，研制和使用标准问卷是职务分析科学化的表现。用标准问卷法实际上是集中了高水平的分析人员的智慧经验，也可以覆盖相当大的工作领域。一旦设计出标准问卷（这个过程需要投入大量时间和费用）就可以在信度、效度都得到保证的基础上大面积推广使用。

5) 职务说明书的编写

职务说明又叫职务描述，它常与职务规范编写在一起，统称职务说明书。职务说明书的编写是在职务信息的收集、比较、分类的基础上进行的，是工作分析的最后一个环节。职务说明书包括以下基本内容：

职务概况。包括职务的名称、所属部门、等级以及说明书的编写日期等。

职务说明。主要包括：职务概要，指本职务的特征及工作范围；责任范围及工作要求；机器、设备及工作；工作条件及环境。

任职资格。是指任职人员应具备的知识、技能、经验、教育水平、性别、年龄、心智、体力等。

职务说明书在组织管理中的地位极为重要，不仅可以帮助任职人员了解其工作，明确其职责范围，而且还可以为管理者的决策提供参考。

因此，在编写职务说明书时，必须注意以下问题。

一是表述清楚。职务描述应当清楚地说明职务的工作情况，文字精炼，一岗一书，不能雷同，不能千岗一面，一岗概全。

二是指明范围。在界定职位时，要确保指明工作的范围和性质。此外，还要把重要的工作关系包括进来。

三是使用规范用语。规范工作说明书的描述方式和用语关系到工作说明书的质量。

四是职务说明书的详略与格式不尽相同。通常情况下，组织中较低级职位的任务最为具体，职位说明书可以简短而清楚地描述；而较高层次职位则处理涉及面更广一些的问题，只能用若干含义极广的词句来概括。

五是说明书可充分显示工作的真正差异。各项工作活动，以技术或逻辑顺序排列，或依重要性、所耗费时间多少的顺序排列。

六是职务说明书要注意滚动、完善。岗位说明书不应是一成不变的，要根据公司形势与时俱进，滚动完善。

为了减少"计划赶不上变化"带来的被动局面出现，可以在工作职责中加入一项"完成上级安排的其他工作"。这样，员工就不能再以职位说明书为由拒绝上司安排的临时工作任务。但是，应注明这一条是针对临时性工作而言的。

8.1.3.8 园林项目人力资源管理

对于园林项目而言，人们趋向于把人力资源定义为所有同项目有关的人，一部分为园林项目的生产者，即设计单位、监理单位、承包单位等的员工，包括生产人员、技术人员及各级领导；一部分为园林项目的消费者，即建设单位的人员和业主，他们是订购、购买服务或产品的人。

1) 园林项目人力资源管理的内容

园林项目人力资源管理是项目经理的职责，在园林项目运转过程中，项目内部汇集了一批技术的、财务的、工程的等方面的精英，项目经理必须将项目中的这些成员分别组建到一个个有效的团队中去，使组织发挥整体远大于局部之和的效果。为此，开展协调就显得非常重要，项目经理必须解决冲突，弱化矛盾，必须高屋建瓴地策划全局。

园林项目人力资源管理属于微观人力资源管理的范畴。园林项目人力资源管理可以理解为针对园林人力资源的取得、培训、保持和利用等方面所进行的计划、组织、指挥和控制活动。

具体而言，园林项目人力资源管理包括以下内容：

园林项目人力资源规划；

园林项目岗位群分析；

园林项目员工招聘；

园林项目员工培训和开发；

建立公平合理的薪酬系统和福利制度；

绩效评估。

2) 园林项目人力资源的优化配置

(1) 施工劳动力现状

随着国家用工制度的改革，园林企业逐步形成了多种形式的用工制度，包括固定工、合同工和临时工等形式。形成劳动力弹性供求结构，适应园林工程项目施工中用工弹性和流动性的要求。

(2) 园林项目劳动力计划的编制

劳动力综合需要计划是确定暂设园林工程规模和组织劳动力市场的依据。编制时首先应根据工种工程量汇总表中列出的各专业工种的工程量，查相应定额得到各主要工种的劳动量，再根据总进度计划表中各单位工程工种的持续时间，求得某单位工程在某段时间里的平均劳动力数。然后用同样方法计算出各主要工种在各个时期的平均工人数，编制劳动力需要量计划表(表8-5)。

劳动力需要量计划表　　　　　　　　　　　　　　　　　表 8-5

序号	工种名称	施工高峰需用人数	年				年				现有人数	多余(+)或不足(-)人数

表8-5中的工种名称除生产人员外，还应该包括附属辅助用工(如机修、运输、构件加工、材料保管等)以及服务和管理用工；劳动力需要量计划表应附有分季度的劳动力动态曲线。

(3) 园林项目劳动力的优化配置

园林项目所需劳动力以及种类、数量、时间、来源等问题，应就项目的具体状况做出具体的安排，安排得合理与否将直接影响项目的实现。劳动力的合理安排需要通过对劳动力的优化配置才能实现。

园林项目中，劳动力管理的正确思路是：劳动力的关键在使用，使用的关键在提高效率，提高效率的关键是调动员工的积极性，调动积极性的最好办法是加强思想政治工作和运用科学的观点进行恰当的激励。

园林项目劳动力优化配置的依据主要涉及项目性质、项目进度计划、项目劳动力资源供应环境等。

不同的园林项目所需劳动力的种类、数量是不同的，所以劳动力的优化配置的依据首先是不同特点的项目，应根据项目的具体情况以及项目的分解结构来加以确定。

劳动力资源的时间安排主要取决于项目进度计划。例如，在某个时间段，需要什么样的劳动力，需要多少，应根据在该时间段所进行的工作活动情况予以确定。同时，还要考虑劳动力的优化配置和进度计划之间的综合平衡问题。

园林项目不同或项目所在地不同，其劳动力资源供应环境也不相同，项目所需劳动力取自何处，应在分析项目劳动力资源供应环境的基础上加以正确选择。

园林项目劳动力优化配置首先应根据项目分解结构，按照充分利用、提高效率、降低成本的原则确定每项工作或活动所需劳动力的种类和数量；然后再根据项目的初步进度计划进行劳动力配置的时间安排；接下来在考虑劳动力资源的来源基础上进行劳动力资源的平衡和优化；最后形成劳动力优化配置计划。

8.2 园林物资与设备管理

园林物资管理和设备管理是指在国家政策、企业战略、园林项目目标指导下，对园林生产、建设、养护、管理、服务工作中所需要的原料、材料、燃料、动力、机器、设备和工具等物质资料的计划组织、供应和管理的总称，是园林绿化企业和项目管理的组成部分之一。

8.2.1 园林物资管理

园林绿化部门工种很多，所需要的物资种类也是很复杂的。一切常用的生产资料、生活资料几乎都有涉及。所需要的物资品种和规格也是繁多的。随着生产的发展，先进技术的运用，社会分工和协作关系日益深化，物资管理工作将更加繁重。

园林企业物资管理，是指对园林企业生产经营过程中所需各种物资进行计划、采购、验收、保管、供应，及节约使用和综合利用等一系列组织管理工作的总称。是园林企业生产经营管理工作的重要内容，也是园林企业生产前的一项复杂的准备工作。从一定意义上说，也是各种物资使用和消耗的过程。

园林工程项目物资管理是指对园林生产过程中的主要物资、辅助物资和其他物资的计划、订购、保管、使用所进行的一系列组织和管理活动。主要物资是指施工过程中被直接加工、能构成工程实体的各种物资，如各种乔、灌、草本植物以及钢材、水泥、沙、石等；辅助物资指的是在施工过程中有助于产品的形成，但不构成工程实体的物资，如胶粘剂、促凝剂、润滑剂、肥料等；其他物资则是指不构成工程实体，但又是施工中必需的非辅助物资，如燃料、油料、砂纸、棉纱等。

园林工程实行物资管理的目的，一方面是为了保证施工物资适时、适地、按质、按量、成套齐备地供应，以确保园林工程质量和提高劳动生产率；另一方面是为了加速物资的周转，监督和促进物资的合理节约使用，以降低物资成本，改善项目的各项技术经济指标，提高项目未来的经济收益水平。

8.2.1.1　园林物资管理的基本任务和基本要求

园林物资管理的任务可简单归纳为全面规划、计划进场、严格验收、合理存放、妥善保管、控制发放、监督使用、准确核算。

1) 园林物资管理的基本任务

(1) 保证供应

在园林绿化事业中，如果物资供应中断，供应不足，或落后于生产建设事业的需要，就会影响生产业务工作的进行。因此，首先要根据生产建设事业的发展对物资的需要，制订物资供应计划，按质、按量、按品种、按时间、成套齐备地采购和供应生产业务的需要，以保障顺利完成各项生产业务计划。

(2) 合理地使用和节约物资

园林绿化事业确保合理地使用物资、节约物资，是加强物资管理重要工作之一，物资管理部门要克服"重供轻管"的思想。除了保证供应以外，还要管理物资的使用和节约物资，加强物资消耗的管理，与生产业务部门密切配合，制定物资消耗定额，严格物资的发放制度，促使生产部门精打细算，节约使用物资，降低物资消耗。

(3) 合理储备物资

为了以较少的资金，去完成较多的生产建设任务，必须合理控制储备量，物资周转越快，物资的作用发挥就越大，为社会创造的财富就越多。日常工作中经常出现的弊病是仓库过量储备，形成积压浪费。这除了因管理制度的缺陷所引起外，缺乏经济核算，没有相应的责任制度也是很重要的原因。每个单位都应该加强库存决策，制定合理的物资储备定额，加速资金周转。

(4) 建立和健全物资管理的各项规章制度

物资采购过程中，要严格贯彻执行国家政策法令、园林企业及园林项目目标，尽量地选用资源丰富、价格低廉、经济适用的物资，降低采购成本和运输费用，以及其他流通费用；执行计划采购，限额用料，加强验收、保管、发料手续、健全原始记录、财务、报表制度；减少物资损耗，堵塞漏洞，保障财产的安全。

(5) 严格实行经济责任制

严格实行经济责任制就是要把任务、责任、权利、利益结合起来，充分调动职工群众的积极性和创造性，做到多、快、好、省。

2) 园林物资管理的基本要求

(1) 加强计划管理

加强物资工作的计划性，必须从生产建设任务的计划阶段开始。在制订生产建设计划的同时，制定物资计划，相应地提出品种、数量、规格和时间的要求，作为物资供应工作的依据，克服物资工作的盲目性。在制订生产建设计划的时候，也要充分考虑物资供应的可能性。

根据计划协调供应、运输、生产之间的关系，用供应计划或合同方式固定下来，各方严格遵守合同。这样有利于供需见面，减少中间环节。降低流通费用，加速资金周转。对于园林专用和小额物资，可以根据就近就地的原则，由基层单位自行采购。

园林事业单位、园林企业对所属单位储存过量或闲置的物资，可以在单位、项目之间相互调剂，以减少积压，克服浪费。

(2) 制订合理的物资储备定额

物资储备定额是指在一定条件下为保证生产建设顺利进行所必需的、最经济合理的物资储备数量的标准。

物资储备是保证生产、建设事业顺利进行的必要条件，也是核定一个单位流动资金的重要组成部分之一，基层单位在编制物资计划过程中，除了计划各种物资的需要量以外，还必须合理地确定各种物资的储备定额。

一个单位、项目的物资储备通常包括经常储备和保险储备两部分。经常储备是指前后两次进货之间，保证生产业务正常进行所需要的物资储备。库存量不断地减少，不断地补充，经常在最大储备和最小储备之间变动，就形成了经常储备。保险储备是为了生产建设事业的特殊需要而建立的一种特殊储备。保险储备往往受季节、气候等因素的影响而变化，如病、虫害防治必需的药械，防台、防汛专用器材的储备等。

(3) 制订先进合理的物资消耗定额

物资消耗定额，是指在一定的技术条件下，完成单位生产建设任务，所必需消耗物资数量的标准。包括原料、材料、燃料、动力的消耗定额。物资消耗定额的高低，是反映一个单位生产技术水平和管理水平的重要标志。例如，在单位面积内各种不同植物不同肥料的施肥数量等。物资消耗定额应该由技术部门和物资部门共同制订。

制订物资消耗定额的方法，一般有技术计算法、统计分析法和经济估计法三种。

技术计算法。根据技术需要在科学计算的基础上吸收实际操作经验，确定最经济合理的物资消耗定额。

统计分析法。根据以往生产中物资消耗的统计资料，经过分析研究，并考虑计划期内生产技术条件的变化因素，来制订物资消耗定额。采用这种方法要有完整的统计资料。

经济估计法。是由生产工人和技术人员根据生产经验，并参考有关技术文件和生产技术条件等变化因素制订的。这种方法比较简单易行，但科学性较差。

(4) 做好仓库物资管理

做好仓库管理工作，对保证生产需要，节约使用物资，合理储备，加速资金周转，降低生产成本，保护国家和企业利益都具有重要意义。

根据园林生产建设业务特点，要特别注意做好废旧物资的回收利用工作。例如：旧建筑物改建中拆下的旧砖瓦、门窗、木料等。类似可以回收利用的东西是很多的，这是节约物资充分挖掘物资潜力的一大来源。

开展物资的综合利用。物资的综合利用是依靠科学技术，提高管理水平的重要标志。园林部门可以综合利用的材料很多，如植物的花、果实、种子等。物资管理部门要列为自己的职责任务，主动配合生产业务部门把园林副产品的综合利用搞好。

仓库管理日常工作主要包括物资的验收、保管、发放和清仓盘点几个环节。

物资的验收入库是做好仓库管理工作的基础，也是管好物资的先决条件。物资的验收工作一定要把好入库前的数量关、质量关、单据关。要做到四个不收：凭证不全不收，手续不齐不收，数量不符不收，质量不合格不收。只有当单据、数量和质量验收无误后，才能办理入库、登账、建卡等手续。

物资保管工作应当做到物资不短缺、不变质，不同的品种、规格不混号。同时，物资的存放要便于发放、检验、盘点和清仓。物资在保管过程中必须建立和健全账卡档案，及时掌握需、购、供、耗、存的情况，财务部门应经常与仓库部门建立定期的对账制度，真正做到账、卡、物相符。

物资的发放是仓库管理工作的重要环节，必须做到全心全意为生产服务，坚持实行送料制，做好三个面向（面向生产，面向基层，面向群众），四到现场（供应人员、物资计划、送料、回收到现场）。

定期进行清仓盘点工作。仓库的物资流动性很大，为了及时掌握物资的变化情况，避免物资的短缺丢失，保持账卡物相符，每一个单位都必须进行经常的定期的清仓盘点工作。做好清仓盘点工作是充分挖掘物资潜力，变死物为活物，变无用为有用的重要措施，每一个单位必须重视这项工作，并把它制度化。

3）园林物资管理工作的要点

队、组用料要订计划，计划要经生产业务部门核定；

核定的计划要送到仓库备案。计划内的材料如果仓库没有或者不够，要由仓库及时填制请购单请购；

请购单要经负责人批准。采购人员要根据批准的请购单进行采购，不要搞计划（请购单）外的采购；

材料购入，不论进仓或者堆在现场，都要验收，都要记入料账。验收要填验收单（或收料单），验收单要有采购员、材料保管员的签名或盖章。并且要登记入账之后，财务才能核付料款；

队、组领料要指定专人（如工具保管员）办理，要填领料单，要经过队组长签名或盖章同意，仓库才能凭单发料，并要记入料账。不论从仓库里发料或者从现场料堆里发料，都同样办理手续；

队、组余料要及时退库。退库要填红字领料单，仓库要用红字记入（发出）料账，队、组不要设"小仓库"；

材料保管员要对经手保管的器材物资的数量、质量、安全、调度负责。要及时做好记账、算账、报账工作。每到季末、年末要对库存物资进行全面清点；

材料保管员每月要根据领料单或料账，按队、组分类汇总，公布领用物资报表，同时要报送财务；

财务与料务要密切配合，要根据计划预算和采购、收料、领发单等凭证，随时对账查物，做到账账相符，账卡相符，账表相符；

材料保管员要照规定向上级物资部门报送报表，报表要保质、保量及时正确，报表要经财务会核，领导签名或盖章。

8.2.1.2 园林物资现场管理

物资的现场管理是物资管理的重要环节，直接影响着工程的安全、进度、成本控制等内容。

1) 物资现场管理的基本内容

(1) 物资计划管理

项目开工前，向企业物资部门提出物资需用量计划，作为供应备料依据；在施工中，根据工程变更及调整的施工预算，及时向企业物资部门提供调整供料月计划，作为动态供料的依据；根据施工图纸、施工进度，在加工周期允许时间内提出加工制品计划，作为供应部门组织加工和向现场送货的依据；根据施工平面图对现场设施的设计，按使用期提出施工设施用料计划，报供应部门作为备料的依据；按月对物资计划的执行情况进行检查，不断改进物资供应。

(2) 物资验收管理

物资进场时必须进行物资的品种、规格、型号、质量、数量、证件等内容的验收，验收的依据是物资的进料计划、送样凭证、质量保证书或产品合格证。验收工作应按质量验收规范和计量检测规定进行，做好验收记录、办理验收手续。

(3) 材料的存储与保管

进库的物资应验收入库，建立台账。物资的放置要按平面布置图实施，做到位置正确、保管处置得当、堆放符合保管制度，尤其是园林植物等有生命的物资。施工现场的材料必须防火、防盗、防雨、防变质、防损坏并尽量减少二次搬运；材料保管要日清、月结、期盘点、账实相符。

(4) 物资的领发

凡有定额的工程用料，凭限额领料单领发材料。工程中，限额用料的方式主要有三种，即分项限额用料、分层分段限额用料、部位限额用料。超限额的用料，用料前应办理手续，填写限额领料单，注明超耗原因，经项目部物资管理人员签发批准后实施；物资领发应建立台账，记录领发状况和节约、超支状况。

(5) 物资的使用监督

现场物资管理责任者应对现场物资的使用进行分工监督。监督的内容包括：是否合理用料，是否严格执行配合比，是否认真执行领发料手续，是否做到谁用谁清、随清随用、工完料退场地清，是否按规定进行用料交底和工序交接，是否做到按平面图堆料，是否按要求保护物资等。检查是监督的手段，要做到"四有"，即情况有记录、原因有分析、责任有明确、处理有结果。

(6) 物资回收

施工剩余物资必须回收，及时办理退料手续，并在限额领料单中登记扣除。剩余物资要造表上报，按供应部门的安排办理调拨或退料。设施用料、包装物及容器，在使用周期结束后应组织回收，并建立回收台账，处理好相应经济关系。

(7) 周转物资的现场管理

各种周转物资(如模板、脚手架等)均应按规格分别码放，阳面朝上，垛位见方；露天存放的周转物资应夯实场地，垫高30cm，有排水措施，按规定限制高度，垛间应留通道；零配件要装入容器保管，按合同发放；按退库验收标准回收，做好记录；建立维修制度，按周转物资报废规定进行报废处理。

2) 竣工收尾阶段物资管理方法

估计未完工程用料，在平衡的基础上，调整原用料计划，控制进场，防止剩余积压，为完工清场创造条件。

提前拆除不再使用的临时设施，充分利用可以利用的旧料，节约费用，降低成本。

及时清理、利用和处理各种破、碎、旧、残料、料底和建筑垃圾等。

及时组织回收退库。对设计变更造成的多余材料，以及不再使用的周转材料，及时作价回收，以利于竣工后迅速转移。

做好施工现场物资的收、发、存和定额消耗的业务核算，办理各种物资核销手续，正确核算实际耗料状况，在认真分析的基础上找出经验与教训，在新开工程项目上加以改进。

3) 节约物资成本的主要途径

合理确定物资管理重点。一般而言，占成本比重大的物资、使用量大的物资、采购价格高的物资应重点管理，此类物资最具节约潜力。

合理选择物资采购和供应方式。物资成本占工程成本的绝大部分，而构成工程项目物资成本的主要成分就是物资采购价格。物资管理部门应拓宽物资供应渠道，优选物资供应厂商，加强采购业务管理，多方降低物资采购成本。

合理订购和存储物资。物资订购和存储量过低，容易造成物资供应不足，影响正常施工，同时增加采购工作与采购费用；物资订购和存储量过高，将造成资金积压，增加存储费用，增加仓库和堆场的面积。

合理采用节约物资的技术措施和组织措施。施工规划(施工组织设计)要特别重视对物资节约技术、组织措施的设计，并在月度技术、组织措施计划中予以贯彻执行。

合理使用物资。既要防止使用不合格物资，也要防止大材小用、优材劣用。可以利用价值工程等现代管理工具，在不降低功能和质量的前提下，寻找成本较低的代用材料。

合理提高物资周转率。模板、脚手架等周转物资的成本不仅取决于物资单价，而且与物资的周转次数有关。提高周转率可以减少周转物资的占用，减少周转物资的成本分摊，有效地降低周转物资的成本。

合理制定并执行物资领发管理制度。要凭限额领料单领发材料，建立领发料台账，记录领发状况和节约、超支状况，加强物资节约与浪费的考核和奖惩。

合理做好物资回收。班组余料必须回收，同时做好废料回收和修旧利废工作。完工后，要及时清理现场，回收残旧材料。

大力研究和推广节材新技术、新材料、新工艺。

8.2.2 园林产成品管理

8.2.2.1 产品管理概述

1) 产品的概念

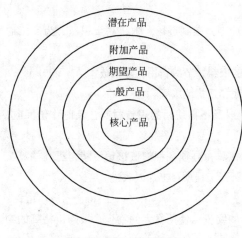

图 8-5 产品的五个层次

以现代观念对产品进行界定。产品是指为注意、获取、使用或消费以满足某种欲望和需要而提供给市场的一切东西。电视机、化妆品、家具等有形物品已不能涵盖现代观念的产品。产品的内涵已从有形物品扩大到服务(如美容、咨询)、人员(如体育、影视明星等)、地点(如桂林、维也纳)、组织(如保护消费者协会)和观念(如环保、公德意识)等；产品的外延也从其核心产品(基本功能)向一般产品(产品的基本形式)、期望产品(期望的产品属性和条件)、附加产品(附加利益和服务)和潜在产品(产品的未来发展)拓展，即从核心产品发展到产品五层次(图 8-5)。

产品最基本的层次是核心产品，即向消费者提供的产品基本效用和利益，也是消费者真正要购买的利益和服务。

消费者购买某种产品并非是为了拥有该产品实体，而是为了获得能满足自身某种需要的效用和利益。产品核心功能需依附一定的实体来实现，产品实体称一般产品，即产品的基本形式，主要包括产品的构造外形等。

期望产品是消费者购买产品时期望的一整套属性和条件。

延伸产品是产品的第四个层次，即产品包含的附加服务和利益，主要包括运送、安装、调试、维修、产品保证、零配件供应、技术人员培训等。附加产品来源于对消费者需求的综合性和多层次性的深入研究。营销人员必须正视消费者的整体消费体系、同时又必须注意因延伸产品的增加而增加的成本，消费者是否愿意承担。

产品的第五个层次是潜在产品，潜在产品预示着该产品最终可能的所有增加和改变。

现代企业产品外延的不断拓展缘于消费者需求的复杂化和竞争的白热化。在产品的核心功能趋同的情况下，谁能更快、更多、更好地满足消费者复杂利益整合的需要，谁就能拥有消费者，占有市场，取得竞争优势。不断地拓展产品的外延部分已成为现代企业产品竞争的焦点，消费者对产品的期望价值越来越多地包含了其所能提供的服务、企业人员的素质及企业整体形象的"综合价值"。

2) 产品管理

(1) 产品管理的职能

产品管理组织形式并不是取代按营销功能划分的组织形式，只是在功能性管理组织中增加一个管理层次，由一名产品主管经理负责产品管理组织，下设几个产品大类经理，大类产品经理下再设各产品经理负责各具体产品的管理。产品管理的主要职责是对一种产品或产品线的营销运作负责，产品经理将管理一个创新的产品组合，与销售、营销和开发的员工协同工作，以确保最大获利能力。产品进入市场的通道拓展和实施有效的商业计划，开发和优化产品组合，常常能把产品引入新的市场。

(2) 产品管理的优点

产品管理为企业每一种产品或品牌的营销提供了强有力的保证；

增强了各职能部门围绕产品或品牌运作的协调性；

保持产品或品牌的长期发展和整体形象；

转变企业毛利实现的目标管理过程；

产品管理组织还有助于创造一种健康的内部竞争环境。

3) 产品管理与营销管理

(1) 营销管理

美国市场营销协会(AMA)1985年对营销管理的定义为：营销管理是计划和执行关于商品、服务和主意的观念、定价、促销和分销，以创造能符合个人和组织目标的交换的一种过程。分析、规划、执行和控制构成了营销管理过程。营销管理的对象是现代观念下的产品，包括实物产品、服务、观念、地点、组织、人员；营销管理的基础是交换，目的是满足各方需求；营销管理的实质是需求管理，即为满足消费者当前及潜在需求而努力。

(2) 产品管理与营销管理的区别

管理职能范围的区别。产品管理是营销管理的一个组成部分。营销管理的主要职能是对企业的全部营销活动进行分析、计划、实施和控制，对企业的全部产品或产品线负责。营销管理的范围包括对在顾客市场从事所有营销活动的管理。产品管理仅仅是产品经理对他所管理的一种产品或产品线的营销活动负责。营销管理的范围是全面的，产品管理的范围是部分的。表8-6是产品管理与营销管理的比较。

产品管理与营销管理比较   表8-6

职能与时效	产品管理	营销管理
责任范围	窄：单一产品或产品线	宽：产品的投资组合
决策范围	以战术为主	以战略为主
时　间	短期(常为一年或更短)	长期

产品管理与营销管理的联系。从广义的观点来看，产品管理与营销管理的职能是一致的，都是对管理的对象进行营销计划、营销组织、营销实施和营销监督的过程，他们都运用相同的营销理论指导其管理工作。从狭义的观点来看，在同一组织中，产品管理是营销管理的有机组成部分。

4）产品管理的三个阶段

产品管理从其过程来看，可以分为三个相对独立又密切相关的阶段：

产品开发阶段。这一阶段从产品的创意形成开始，经过创意筛选、概念发展及定位、营销计划的制定、商业分析、产品开发、小批量生产直到大批量生产。这是一个产品从无到有、从抽象到具体、从设想到工业化生产的创造性过程，也叫 TTM(Time to Maker)。产品是否成功，直接取决于该阶段工作的有效性和创造性。

产品销售阶段。这一阶段主要包括产品的试销和大批量销售阶段，要将产品及时有效地送到恰当的顾客手中，也叫 TTC(Time to Customer)。这一过程包括确定价格政策、建立物流体系和分销渠道、进行有效的促销及沟通策略、对产品的包装、形象定位进行设计等一系列活动。产品销售的好坏直接取决于该阶段的策略是否得当、组织是否有效、计划是否周密。

产品消费阶段。这一阶段主要是指顾客购买产品之后到产品完全被消费或产品寿命结束的全过程。这一过程的主要任务是让消费者满意、培养顾客忠诚，因此也叫 TTS(Time to Satisfaction)。它包括对消费者的培训、引导、沟通，解决消费者在消费过程中遇到的问题，提供相应的服务，创造消费者参与的机会等。

8.2.2.2 园林产成品的特点

园林产成品主要是指园林工程产品，园林工程的产品是建设供人们游览、欣赏的游憩环境，形成优美的环境空间，构成精神文明建设的精品，它包含一定的工程技术和艺术创造，是山水、植物、建筑、道路、广场等造园要素在特定境域的艺术体现。因此，园林工程和其他工程相比有其突出的特点，并体现在园林工程施工管理的全过程之中。

1）生物性

植物是园林最基本的要素，特别是现代园林中植物所占比重越来越大，植物造景已成为造园的主要手段。由于园林植物品种繁多、习性差异较大、立地类型多样，园林植物栽培受自然条件的影响较大。为了保证园林植物的成活和生长，达到预期设计效果，栽植施工时就必须遵守一定的操作规程，养护中必须符合其生态要求，并要采取有力的管护措施。这些就使得园林工程具有明显的生物性特征。

2）艺术性

园林工程的另一个突出特点是它作为一门艺术工程，具有明显的艺术性。园林艺术是一门综合性艺术，涉及到造型艺术、建筑艺术和绘画、雕刻、文学艺术等诸多艺术领域。要使竣工的工程项目符合设计要求，达到预定功能，就要对园林植物讲究配置手法，各种园林设施必须美观舒适，整体上讲究空间协调，即既追求良好的整体景观效果，又讲究空间合理分隔，还要层次组织得错落有序，这就要求采用特殊的艺术处理，所有这些要求都体现在园林工程的艺术性之中。缺乏艺术性的园林工程产品，不能成为合格产品。

3）广泛性

园林工程的规模日趋大型化，要求协同作业，加之新技术、新材料、新工艺的广泛应用，对施工管理提出了更高的要求。园林工程是综合性强、内容广泛、涉及部门较多的建设工程。

大的、复杂的综合性园林工程项目涉及到地貌融和、地形处理、建筑、水景、给排水、园路假山、园林植物栽种、艺术小品点缀、环境保护等诸多方面的内容；

施工中又因不同的工序需要将工作面不断转移，导致劳动资源也跟着转移，这种复杂的施工环节需要有全盘观念统筹管理，有条不紊地进行；

园林景观的多样性导致施工材料也多种多样，例如园路工程中可采取不同的面层材料，形成不同的路面变化；

园林工程施工多为露天作业，经常受到自然条件(如刮风、冷冻、下雨、干旱等)的影响，而树木花卉栽植、草坪铺种等又是季节性很强的施工项目，应合理安排，否则成活率就会降低，加之其艺术性也受多方面因素影响，必须综合地、仔细地考虑。

4）安全性

园林工程中的设施多为人们直接利用，现代园林场所又多是人们活动密集的地段、点，这就要求园林设施应具备足够的安全性。例如建筑物、驳岸、园桥、假山、石洞、索道等工程，必须严把质量关，保证结构合理、坚固耐用。同时，在绿化施工中也存在安全问题，例如大树移植注意地上电线、挖沟挑坑注意地下电缆，这些都表明园林工程施工不仅要注意施工安全，还要确保工程产品的安全耐用。

8.2.2.3 园林产成品验收的概念、作用和标准

1）园林工程竣工验收的概念和作用

当园林工程按设计要求完成全部施工任务并可供开放使用时，施工单位就要向建设单位办理移交手续，这种接交工作称为项目的竣工验收。竣工验收既是项目进行移交的必须手续，又是通过竣工验收对建设项目成果的工程质量、经济效益等进行全面考核评估的过程。凡是一个完整的园林建设项目，或是一个单位的园林工程建成后达到正常使用条件的，都要及时组织竣工验收。

园林建设项目的竣工验收是园林建设全过程的一个阶段，它是由投资成果转为使用、对公众开放、服务于社会、产生效益的一个标志，因此竣工验收对促进建设项目尽快投入使用、发挥投资效益、对建设与承建双方全面总结建设过程的经验或教训都具有十分重要的意义和作用。

2）园林工程竣工验收的依据和标准

(1) 竣工验收的依据

上级主管部门审批的计划任务书、设计文件等；

投标文件和工程合同；

施工图纸和说明、图纸会审记录、设计变更签证和技术核定单；

国家或行业颁布的现行施工技术验收规范及工程质量检验评定标准；

有关施工记录及工程所用的材料、构件、设备质量合格文件及验收报告单；

承接施工单位提供的有关质量保证等文件；

国家颁布的有关竣工验收文件。

(2) 竣工验收的标准

园林建设项目涉及多种门类、多种专业，且要求的标准也各异，加之其艺术性较强，故很难形成国家统一标准，因此对工程项目或一个单位工程的竣工验收，可采用分解成若干部分，再选用相应或相近工种的标准进行(各工程质量验评标准内容详见有关手册)，一般园林工程可分解为土建工程和绿化工程两个部分。

土建工程的验收标准。凡园林工程、游憩、服务设施及娱乐设施等土建建筑应按照设计图纸、技术说明书、验收规范及建筑工程质量检验评定标准验收，并应符合合同所规定的工程内容及合格的工程质量标准。不论是游憩性建筑还是娱乐、生活设施建筑，不仅建筑物室内工程要全部完工，而且室外工程的明沟、踏步斜道、散水以及应平整建筑物周围场地，都要清除障碍物，并达到水通、电通、道路通。

绿化工程的验收标准。施工项目内容、技术质量要求及验收规范和质量应达到设计要求、验收标准的规定及各工序质量的合格要求，如树木的成活率、草坪铺设的质量、花坛的品种、纹样等。

8.2.2.4 验收准备工作

竣工验收前的准备工作，是竣工验收工作顺利进行的基础，承接施工单位、建设单位、设计单位和监理工程师均应尽早做好准备工作，其中以承接施工单位和监理工程师的准备工作尤为重要。

1) 承接施工单位的准备工作

(1) 工程档案资料的汇总整理

工程档案是园林工程的永久性技术资料，是园林工程项目竣工验收的主要依据。因此，档案资料的准备必须符合有关规定及规范的要求，必须做到准确、齐全，能够满足园林建设工程进行维修、改造和扩建的需要。

(2) 施工自验

施工自验是施工单位资料准备完成后在项目经理组织领导下，由生产、技术、质量、预算、合同和有关的工长或施工员组成预验小组。根据国家或地区主管部门规定的竣工标准、施工图和设计要求、国家或地区规定的质量标准的要求，以及合同所规定的标准和要求，对竣工项目按分段、分层、分项地逐一进行全面检查，预验小组成员按照自己所主管的内容进行自检、并做好记录，对不符合要求的部位和项目，要制定修补处理措施和标准，并限期修补好。施工单位在自验的基础上，对已查出的问题全部修补处理完毕后，项目经理应报请上级再进行复检，为正式验收做好充分准备。

(3) 编制竣工图

竣工图是如实反映施工后园林工程的图纸。它是工程竣工验收的主要文件，园林施工项目在竣工前，应及时组织有关人员进行测定和绘制，以保证工程档案的完备和满足维修、管理养护、改造或扩建的需要。

竣工图编制的依据是施工中未变更的原施工图，设计变更通知书，工程联系单，施工洽商记录，施工放样资料，隐蔽工程记录和工程质量检查记录等原始资料。

竣工图必须做到与竣工的工程实际情况完全吻合，不论是原施工图还是新绘制的竣工图，都必须是新图纸，必须保证绘制质量，完全符合技术档案的要求，坚持竣工图的校对、审核制度，重新绘制的竣工图，一定要经过施工单位主要技术负责人的审核签字。

(4) 进行工程与设备的试运转和试验的准备工作

一般包括：安排各种设施、设备的试运转和考核计划；各种游乐设施尤其关系到人身安全的设施，如缆车等的安全运行应是试运行和试验的重点；编制各运转系统的操作规程；对各种设备、电气、仪表和设施做全面的检查和校验；进行电气工程的全面负责试验，管网工程的试水、试压试验；喷泉工程试水等。

2) 监理工程师的准备工作

园林建设项目实行监理工程的监理工程师，应做好以下竣工验收的准备工作：

监理竣工验收的工作计划。监理工程师首先应提交验收计划，计划内容分为竣工验收的准备、竣工验收、交接与收尾三个阶段的工作。每个阶段都应明确其时间、内容及标准的要求。该计划应事先征得建设单位、施工单位及设计等单位的意见，并达到一致。

总监理工程师于项目正式验收前，指示其所属的各专业监理工程师，按照原有的分工，对各自负责管理监理监督的项目的技术资料进行一次认真清理。大型的园林工程项目的施工期往往是1～2年或更长的时间，因此必须借助以往收集的资料，为监理工程师在竣工验收中提供有益的数据和情况，其中有些资料将用于对承接施工单位所编的竣工技术资料的复核、确认和办理合同责任，工程结算和工程移交。

拟定验收条件，验收依据和验收必备技术资料是监理单位必须要做的又一重要准备工作。监理单位应将上述内容拟定好后发给建设单位、施工单位、设计单位及现场的监理工程师。

竣工验收的组织：一般园林建设工程项目多由建设单位邀请设计单位、质量监督及上级主管部门组成验收小组进行验收。工程质量由当地工程质量监督站核定质量等级。

8.2.2.5　园林产成品验收程序

1) 竣工项目的预验收

竣工项目的预验收，是在施工单位完成自检自验并认为符合正式验收条件，在申报工程验收之后和正式验收之前的这段时间内进行的。委托监理的园林工程项目，总监理工程师应组织其所有各专业监理工程师来完成。竣工预验收要吸收建设单位、设计、质量监督人员参加，而施工单位也必须派人配合竣工验收工作。

由于竣工预验收的时间长，又多是各方面派出的专业技术人员，因此对验收中发现的问题多在此时解决，为正式验收创造条件。

预验收工作大致可分为以下两大部分：

第一，竣工验收资料的审查。认真审查好技术资料，不仅是满足正式验收的需要，也是为工程档案资料的审查打下基础。

第二，工程竣工的预验收。园林工程的竣工预验收，在某种意义上说，它比正式验收更为重要。因为正式验收时间短促不可能详细、全面地对工程项目——查看，而主要依靠对工程项目的预验收来完成。因此所有参加预验收的人员均要以高度的责任感，并在可能的检查范围内，对工程数量、质量进行全面地确认，特别对那些重要部位和易于遗忘的部分都应分别登记造册，作为预验收的成果资料，提供给正式验收中的验收委员会参考和承接施工单位进行整改。

预验收的主要工作包括：

组织与准备，即参加预验收的监理工程师和其他人员，按专业或区段分组，并指定负责人，由其组织预验收成员熟悉资料、制定方案、明确检查重点，做好必要的准备工作。

组织预验收：检查中，分成若干专业小组进行，划定各自工作范围，以提高效率并可避免相互干扰。

园林建设工程的预验收，要全面检查各分项工程。总监理工程师应填写竣工验收申请报告送项目建设单位。

2）正式竣工验收

正式竣工验收是由国家、地方政府、建设单位以及单位领导和专家参加的最终整体验收。大中型园林建设项目的正式验收，一般由竣工验收委员会（或验收小组）的主任（组长）主持，具体的事务性工作可由总监理工程师来组织实施。

正式竣工验收的工作程序是：

准备工作：向各验收委员会单位发出请柬，并书面通知设计、施工及质量监督等有关单位；拟定竣工验收的工作议程，报验收委员会主任审定；选定会议地点；准备好一套完整的竣工和验收的报告及有关技术资料。

正式竣工验收实施：由验收委员会主任主持验收委员会会议。会议首先宣布验收委员会名单，介绍验收工作议程及时间安排，简要介绍工程概况，说明此次竣工验收工作的目的、要求及做法；由设计单位汇报设计施工情况及对设计的自检情况；由施工单位汇报施工情况以及自检自验的结果情况；由监理工程师汇报工程监理的工作情况和预验收结果；在实施验收中，验收人员可先后对竣工验收技术资料及工程实物进行验收检查；也可分为两组，分别对竣工验收的技术资料及工程实物进行验收检查。在检查中可吸收监理单位、设计单位、质量监督人员参加。在广泛听取意见、认真讨论的基础上，统一提出竣工验收的结论意见，如无异议，则予以办理竣工验收证书和工程验收鉴定书；验收委员会主任或副主任宣布验收委员会的验收意见，举行竣工验收证书和鉴定书的签字仪式；建设单位代表发言；验收委员会会议结束。

8.2.2.6　园林产成品的移交

园林产成品的移交，一般主要包含工程移交和技术资料移交两大部分内容。

1）工程移交

一个园林工程项目虽然通过了竣工验收，并且有的工程还获得验收委员会的高度评价，但实际中往往或多或少地还可能存在一些漏项以及工程质量方面的问题。因此监理工程师要与承接施工单位协商一个有关工程收尾的工作计划，以便确定正式办理移交。由于工程移交不能占用很长的时间，因而要求施工单位在办理移交工作中力求使建设单位的接管工作简便。当移交清点工作结束后，监理工程师签发工程竣工交接证书。签发的工程交接书一式三份，建设单位、承接施工单位、监理单位各一份。工程交接结束后，承接施工单位即应按照合同规定的时间抓紧完成对临建设施的拆除和施工人员及机械的撤离工作，并做到工完场地清。

2）技术资料的移交

园林建设工程的主要技术资料是工程档案的重要部分，因此，在正式验收时就应提供完整的工程技术档案。由于工程技术档案有严格的要求，内容又很多，往往又不仅是承接施工单位一家的工作，所以常常只要求承接施工单位提供工程技术档案的核心部分，而整个工程档案的归整、装订则留在竣工验收结束后，由建设单位、承接施工单位和监理工程师共同来完成。在整理工程技术档案时，通常是建设单位与监理工程师将保存的资料交给承接施工单位来完成，最后交给监理工程师校对审阅，确认符合要求后，再由承接施工单位档案部门按要求装订成册，统一验收保存。此外，在整理档案时一定要注意份数备足。

8. 2. 2. 7　园林产成品的回访、养护及保修保活

园林工程项目交付使用后，在一定期限内施工单位应到建设单位进行回访，对该项工程的相关内容实行养护管理和维修。对由于施工责任造成的使用问题，应由施工单位负责修理，直至达到能正常使用为止。

回访、养护及维修体现了承包者对工程项目负责的态度和优质服务的作风，并在此过程中进一步发现施工中的薄弱环节，以便总结经验、提高施工技术和质量管理水平。

1）回访的组织与安排

在项目经理领导下，由生产、技术、质量及有关方面人员组成回访小组，必要时，邀请科研人员参加。回访时，由建设单位组织座谈会或听取会，听取各方面的使用意见，认真记录存在的问题，并查看现场，落实情况，写出回访记录或回访记要。

绿化工程的日常管理养护。保修期内对植物材料的浇水、修剪、施肥、打药、除虫、搭建风障、间苗。

2）保修保活的范围和时间

保修、保活范围。一般来讲，凡是园林施工单位的责任或者由于施工质量不良而造成的问题，都应该实行保修。

养护保修保活时间。自竣工验收完毕次日起，绿化工程一般为一年，由于竣工当时不一定能看出所栽植的植物材料是否成活，需要经过一个完整的生长期的考验，因而一年是最短的期限。土建工程和水、电、卫生和通风等工程，一般保修期为一年，采暖工程为一个采暖期。保修期长短也可依据承包合同为准。

3) 经济责任

园林工程一般比较复杂，修理项目往往由多种原因造成，所以，经济责任必须根据修理项目的性质、内容和修理原因诸多因素，由建设单位、施工单位和监理工程师共同协商处理。

4) 养护、保修、保活期阶段的管理

实行监理工程的监理工程师在养护、保修期内的监理内容，主要检查工程状况、鉴定质量责任、督促和监督养护、保修工作。

养护保修期内监理工作的依据是有关建设法规、有关合同条款(工程承包合同及承包施工单位提供的养护、保修证书)。如有些非招标施工项目，则可以合同方法与承接单位协商解决。

检查的方法。检查的方法有访问调查法、目测观察法、仪器测量法3种，每次检查不论使用什么方法都要详细记录。

检查的重点。园林建设工程状况检查的重点应是主要建筑物、构筑物的结构质量，水池、假山等工程是否有不安全因素出现。在检查中要对结构的一些重要部位、构件重点观察检查，对已进行加固的部位更要进行重点观察检查。

养护、保修工作主要内容是对质量缺陷的处理，以保证新建园林项目能以最佳状态面向社会，发挥其社会、环保及经济效益。监理工程师的责任是督促完成养护、保修的项目，确认养护、保修质量。各类质量缺陷的处理方案，一般由责任方提出、监理工程师审定执行。如责任方为建设单位时，则由监理工程师代拟，征求实施的单位同意后执行。

养护、保修、保活工作的结束。监理单位的养护、保修责任为1年，在结束养护保修期时，监理单位应做好以下工作：将养护、保修期内发生的质量缺陷的所有技术资料归类整理；将所有期满的合同书及养护、保修书归整之后交还给建设单位；协助建设单位办理养护、维修费用的结算工作；召集建设单位、设计单位、承接施工单位联席会议、宣布养护、保修期结束。

8.2.3 园林设备管理

8.2.3.1 设备管理概述

设备是固定资产的重要组成部分。在国外，设备工程学把设备定义为"有形固定资产的总称"，它把一切列入固定资产的劳动资料，如土地、建筑物(厂房、仓库等)、构筑物(水池、码头、围墙、道路等)、机器(工作机械、运输机械等)、装置(容器、蒸馏塔、热交换器等)，以及车辆、船舶、工具(工具夹、测试仪器等)等都包含在其中。在我国，只把直接或间接参与改变劳动对象的形态和性质的物质资料才看作设备。

一般认为，设备是人们在生产或生活上所需的机械、装置和设施等可供长期使用，并在使用中基本保持原有实物形态的物质资料。

设备管理，是指以设备为研究对象，追求设备综合效率与寿命周期费用的经济性，应用一系列理论、方法，通过一系列技术、经济、组织措施，对设备的物质运动和价值运动进行全过程(从规划、设计、制造、选型、购置、安装、使用、维修、改造、报废直至更新)的科学管理。这是一个宏观的设备管理概念，涉及政府经济管理部门、设备设计研究单位、制造工厂、使用部门和有关的社会经济团体，包括了设备全过程中的计划、组织、协调、控制、决策等工作。

园林设备是园林施工过程中所需要的各种器械用品的总称，是园林企业进行生产所必不可少的物质技术基础。加强对园林设备的管理，正确选择机械设备，合理使用、及时维修机械设备，不断提高机械设备的完好率、利用率，提高机械效率，及时地对现有设备进行技术改造和更新，对多快好省地完成施工任务和提高企业的经济效益有着十分重要的意义。

园林工程项目本身所具有的技术经济特点，决定了园林机械设备的一些特点。例如，施工的流动性决定了机械设备的频繁搬迁和拆装，使机械的有效作业时间减少，利用率低；机械设备精度降低，磨损加速，机械设备使用寿命缩短；机械设备的装备配套性差，品种规格庞杂，增加了维护和保修工作的复杂性等。

园林机械设备的使用形式有企业自有、租赁、外包等。

实行机械化生产，是园林现代化的努力方向。运用现代技术，广泛地使用机械操作，才能逐步改变传统的耕作方法，摆脱繁重的体力劳动，降低劳动强度，提高劳动生产率。提高生产质量和服务质量。诸如：整地、播种、排灌、植物保护、装卸、运输等笨重体力劳动，应该逐步采用机械作业，代替人工操作。

设备管理是企业生产经营管理的基础工作；设备管理是企业产品质量的保证；设备管理是提高企业经济效益的重要途径；设备管理是搞好安全生产和环境保护的前提；设备管理是企业长远发展的重要条件。

园林行业技术装备比较落后，机械化程度不高，是目前比较突出的问题。为了适应园林业的发展，必须采用先进的技术装备，提高机械化、现代化程度，提高劳动生产率。

从具体生产看，在园林行业中，不少工种属于手工艺性质的劳动，不可能用机械代替。这类产品的生产就有必要保持手工操作特色。通过科学的园林设备管理，既达到提高劳动生产率的目的，又有利于提高园林艺术质量。

8.2.3.2 设备管理的特点

一是技术性，作为企业的主要生产手段，设备是物化了的科学技术，是现代科技的物质载体。因此，设备管理必然具有很强的技术性。

二是综合性。设备管理的综合性表现在：现代设备包含了多种专门技术知识，是多门科学技术的综合应用；设备管理的内容是工程技术、经济财务、组织管理三者的综合；为了获得设备的最佳经济效益，必须实行全过程管理，它是对设备使用期内各阶段管理的综合；设备管理涉及物资准备、设计制造、计划调度、劳动组织、质量控制、经济核算等许多方面的业务，汇集了企业多项专业管理的内容。

三是随机性。许多设备故障具有随机性，使得设备维修及其管理也带有随机性质。为了减少突发故障给企业生产经营带来的损失和干扰，设备管理必须具备应付突发故障、承担意外突击任务的应变能力。这就要求设备管理部门信息渠道畅通，器材准备充分，组织严密，指挥灵活；人员作风过硬，业务技术精通；能够随时为现场提供服务，为生产排忧解难。

四是全员性。现代企业管理强调应用行为科学调动广大职工参加管理的积极性，实行以人为中心的管理。设备管理的综合性更加迫切需要全员参与，只有建立从厂长到第一线工人都参加的企业全员设备管理体系，实行专业管理与群众管理相结合，才能真正搞好设备管理工作。

8.2.3.3 设备管理的基本原则

设备管理要"坚持设计、制造与使用相结合，维护与计划检修相结合，修理、改造与更新相结合，技术管理与经济管理相结合"的原则。

设计、制造与使用相结合的原则。这一原则是为克服设计制造与使用脱节的弊端而提出来的。这也是应用系统论对设备进行全过程管理的基本要求。

从技术上看，设计制造阶段决定了设备的性能、结构、可靠性与维修性的优劣；从经济上看，设计制造阶段决定了设备寿命周期费用的90%以上，只有从设计、制造阶段抓起，从设备使用期着眼，实行设计、制造与使用相结合，才能达到设备管理的最终目标在使用阶段充分发挥设备效能，创造良好的经济效益。

贯彻设计、制造与使用相结合的原则，需要设备设计、制造企业与使用企业的共同努力。对于设计制造单位来说，应该充分调查研究，从使用要求出发为用户提供先进、高效、经济、可靠的设备，并帮助用户正确使用、维修，做好设备的售后服务工作。对于使用单位来说，应该充分掌握设备性能，合理使用、维修，及时反馈信息，帮助制造企业改进设计，提高质量。实现设计、制造与使用相结合，主要工作在基层单位。但它涉及不同的企业、行业，因而难度较大，需要政府主管部门与社会力量的支持与推动。至于企业的自制专用设备，只涉及企业内部的有关部门，结合的条件更加有利，理应做得更好。

维护与计划检修相结合。这是贯彻"预防为主"、保持设备良好技术状态的主要手段。加强日常维护，定期进行检查、润滑、调整、防腐，可以有效地保持设备功能，保证设备安全运行，延长使用寿命，减少修理工作量。但是维护只能延缓磨损、减少故障，不能消除磨损、根除故障。因此，还需要合理安排计划检修(预防性修理)，这样不仅可以及时恢复设备功能，而且还可为日常维护保养创造良好条件，减少维护工作量。

修理、改造与更新相结合。这是提高企业装备素质的有效途径，也是依靠技术进步方针的体现。

在一定条件下，修理能够恢复设备在使用中局部丧失的功能，补偿设备的有形磨损，它具有时间短、费用省、比较经济合理的优点。但是如果长期原样恢复，将会阻碍设备的技术进步，而且使修理费用大量增加。设备技术改造是采用新技术来提高现有设备的技术水平，设备更新则是用技术先进的新设备替换原有的陈旧设备。通过设备更新和技术改造，能够补偿设备的无形磨损，提高技术装备的素质，推进企业的技术进步。因此，企业设备管理工作不能只搞修理，而应坚持修理、改造与更新相结合。

专业管理与群众管理相结合。专业管理与群众管理相结合，这是我国设备管理的成功经验，应予继承和发扬。首先，专业管理与群众管理相结合有利于调动企业全体职工当家作主，参与企业设备管理的积极性。只有广大职工都能自觉地爱护设备、关心设备，才能真正把设备管理搞好，充分发挥设备效能，创造更多的财富。其次，设备管理是一项综合工程，涉及的技术复杂、环节多、部门多、人员广。所以，将合理分工的专业管理和有广大职工积极参与的群众管理有机结合，两者互相补充，定会收到良好成效。

技术管理与经济管理相结合。设备存在物质形态与价值形态两种运动。针对这两种形态的运动而进行的技术管理和经济管理是设备管理不可分割的两个侧面，也是提高设备综合效益的重要途径。

技术管理的目的在于保持设备技术状态完好，不断提高它的技术素质，从而获得最好的设备输出(产量、质量、成本、交货期等)；经济管理的目的在于追求寿命周期费用的经济性。技术管理与经济管理相结合，就能保证设备取得最佳的综合效益。

8.2.3.4　设备管理的内容与任务

设备管理的内容。设备管理的内容是对设备运动全过程的管理。它包含设备运动的两种形式：一是物质运动；二是资金运动。设备的物质运动是指设备的计划、设计、制造、购置、安装、调试、验收、使用、维护、修理、更新、改造直至报废的全过程。而资金运动表现为设备的最初投资、维修费用支出、折旧费用计算、改造更新、资金筹措、积累和支出等。

设备管理的任务。企业设备管理的主要任务是对设备进行综合管理，保持设备完好，不断改善和提高企业装备素质，充分发挥设备效能，取得良好的投资效益。综合管理是企业设备管理的指导思想和基本制度，也是完成上述主要任务的基本保证。正确贯彻执行国家的方针政策，制订适合企业实际情况的设备管理的规章制度。以设备的寿命周期作为设备管理的对象，力求设备在一生中消耗的费用最少，设备的综合效率最高。设备的设计和制造应以系统化的观点，力求在使用中达到准确、安全、可靠，在维修中便于检查与修理，使设备达到较高的利用率。按技术先进、经济合理、技术服务好的原则，正确选购设备，为企业提供优良的技术设备。节省管理费用和维修费用，保证设备始终处于良好的技术状态。搞好设备的更新与改造，提高设备的现代化水平。

8.2.3.5　园林设备的使用与维修

1) 设备的使用

设备寿命长短、效率和精度的高低，一方面取决于设备本身设计结构和各技术参数的先进性、合理性，另一方面还取决于设备的使用。正确合理地使用设备，保持其良好的性能和应有的精度，发挥设备应有效率，既可保证正常生产、减少磨损，又可延长其寿命。在实际工作中应注意以下几点：

根据企业的生产特点和产品的工艺流程，合理配置各种类型的设备；

根据各种设备的性能、结构和技术经济特点，恰当安排加工任务和工作负荷，既使设备充分发挥作用，又不能超过负荷极限；

各种设备要配备相应工种，相应熟练程度的操作工人；

建立和健全设备使用的责任制及其他规章制度；

为设备创造良好的工作环境和工作条件；

2) 设备的维护

设备的维护其目的是减缓设备磨损速度，延长寿命，防止设备非正常损坏，属日常性工作。按工作量大小，可分为日常保养、一级保养、二级保养。

日常保养，是由设备操作工人每天进行的例行保养。主要集中在设备外部，工作内容包括：清洗、润滑和螺钉的紧固等。

一级保养，是由操作工人为主，维修工人为辅，按一定间隔时间定期进行。项目比日常保养多，且由设备外部进入设备内部，对内部部件进行清洗、疏通及调节校正。

二级保养，是由维修工人为主，设备操作工人参加的定期保养。需对设备主体部分进行解体检查、调整，同时要更换和修复一些受损零部件。

3) 设备的修理

设备的修理是通过修复或更换已严重受损、腐蚀的零部件，而使设备的技术性能和功效得到完全恢复。设备的合理使用与维护可以减缓磨损速度和程度，并不能消除磨损。当达到允许极限时，修理就是不可替代的必需工作。按工作量大小及重要性，可分为：小修理、中修理和大修理。

小修理只是对易损件进行更换或修复，对设备局部进行调整与校正。工作量一般占大修理工作量的 20% 左右。

中修理是对设备主要零部件进行更换或修复，调整和校正进行系统，使其精度、功效和技术参数达到规定标准。工作量占大修理工作量的 50% 左右。

大修理是将设备全部解体，更换和修复全部受损部件，调整和校正整个设备，全面恢复设备原有的技术性能、工作精度和功效。

设备修理应遵循维护和修理并存，重在预防的原则；生产和修理并重，修理先行的原则；以专业修理为主，专群结合的原则。

8.2.3.6 园林设备的更新与改造

1) 设备的磨损

有形磨损，又称物质磨损，是指设备在使用或闲置过程中发生的实体磨损。其磨损的形式主要有磨损、疲劳和断裂、腐蚀、老化等。

有形磨损的技术后果是使机械设备的使用价值降低，达到一定程度后，可使设备完全丧失使用价值。设备的这种有形磨损大致可以分为三个阶段：初期磨损阶段，由于相对运动的零件表面微观几何形状，如粗糙度等，在受力情况下迅速磨损，不同形状零件之间的相对运动所发生的磨损。这一阶段磨损速度较快但经历时间较短。正常磨损阶段，磨损速度缓馒，属正常工作时期，经历时间较长，设备处于最佳技术状态，生产效率高，对产品质量最有保证。剧烈磨损阶段，磨损速度急剧上升，有些性能、精度等技术性能已不能保证，生产效率迅速下降，如不及时修理，就会影响生产，发生设备事故。

无形磨损，又称精神磨损，是指由于科学技术的进步而不断出现性能更加完善、生产效率更高的设备，致使原有设备价值降低，或者由于工艺改进、操作熟练程度提高、生产规模加大等使相同结构设备的重置价值不断降低而导致原有设备贬值。

无形磨损又可分为技术性无形磨损和经济性无形磨损两种。经济性无形磨损有使设备的价值部分贬值的后果，但设备本身的技术特征和功能不受影响，其使用价值并未发生变化，不会产生提前更换现有设备的问题。技术性无形磨损不仅使原有设备价值相对贬低，而且还造成原有设备使用价值局部或全部丧失。

2）设备的更新

设备更新，是指以比较先进的和比较经济的设备，来代替物质、技术和经济上不宜继续使用的设备。在对设备进行更新时，既要考虑设备的自然寿命，又要考虑技术寿命和经济寿命。

设备的寿命分为自然寿命、技术寿命和经济寿命。

自然寿命是设备的使用寿命，即从投入生产开始到设备报废为止的全部时间。

技术寿命是设备的有效寿命，即从设备投入生产到被新技术淘汰为止所经历的全部时间。其长短取决于同类设备科学技术进步的速度。

经济寿命是设备的费用寿命，是以维修费用为标准所确定的设备寿命。其长短取决于使用费用的增长速度。使用费用包括设备的维修费用、故障损失、停机损失、资源多耗损失、废品损失等费用。

研究设备更新问题，是为了追求技术进步，提高经济效益。其目的是寻找设备的合理使用年限，即经济寿命。

改造与更新的选择。所谓设备改造，是指应用现代化科学技术成就，根据生产发展的需要，改变原有设备的结构，或对旧设备增添新部件、新装置，改善原有设备的技术性能和使用指标，使局部或全部达到现代化新设备的水平。改造的优点是周期短、费用省、见效快，能够获得比较好的技术经济效益。当设备改造与更新在技术上、资金上、货源保证以及政策上都可行时，还须从维修的角度进一步分析，以便进行比较、选择。一方面搜集相关资料，包括改造费、大修费、停产损失、新设备购置费，新旧设备生产效率、单位产品成本等。另一方面计算有关费用的数值，判断改造方案是否可行。

8.2.4 园林活物管理

园林活物是园林管理中特殊的物资，主要指具有生命的物资，如植物、动物、微生物等。

活物管理是园林经营与其他产品或服务的经营所不同的方面，常称为"养护"。"养"与"护"分别涉及技术行为和文化行为两个方面。其中，水、肥、草、虫等管理规程是为了保证植物的生态条件、新陈代谢；对于动物来说，则还有饮食、活动、卫生、医疗等。一般说来，园林中的动物还有繁殖和驯化等技术行为需要由专业人员管理。植物如花卉、树木等可以在花圃苗圃中引种、繁殖，动物却往往难以专设生产单位，只能由经营部门如动物园、森林公园等一并进行。其原因在于，除了猫、狗、金鱼等宠物的经济需求有可能使有关的生产行业相对独立之外，其他的非畜牧业动物，都还只能作为稀有资源饲养并繁殖于动物园中。动物园的数目远远少于其他园林，拥有较多种类动物的动物园至今为止还仅见于较大城市。

园林植物的修剪、改良、更新等既涉及技术行为，又涉及文化行为——审美文化行为。对于技术方面的管理，程序性较强。但对于文化方面的追求，则程序性较弱，并且与不同文化圈相关——西欧北美往往注重显示人类改造自然的能力，以强度的修剪加工为美；我国往往注重人类与自然的和谐，以不饰雕琢为美。应该指出，这二者不是互斥的，而是可以互补的。管理者应该扩大自身的审美情趣和范围。

"更新"管理方面，合理"存旧"是园林经营中最为特殊的内容。愈是古旧的活物，愈具有揭示时间隐秘的功能。活文物的价值甚至比死文物还要大，有的公园甚至可以仅因其千年古木而名扬天下。因此，园林经营不仅要对古树名木进行特殊养护，而且要运用现代科学技术，采取复壮措施。除此之外，目光远大的经营者还应该有意识地筛选可能长寿的植物加以特护及保存，随着岁月的推移，它们之中就可能产生"传园之宝"。

防止人为损害动植物的管理可分为"疏导"与"阻禁"。用导游图、指路标、斜向穿插小路等疏导措施可有效减少游人"找路"或"抄近路"等"最小耗能"行为造成的活物损害。设置公安机构或巡查人员则是对有意破坏活物者的阻禁，以及对无意破坏者的示警。除了对直接损害活物的行为应该防止之外，还应防止间接损害活物的行为，例如破坏环境卫生、排放有害气体及污水、污物等。对人的阻止是有相当对抗性的社会行为，往往需要制定相应法规。

8.2.5 园林基础设施管理

一般说来，基础设施(建筑、道路、椅凳、管道、电力线等)都是比较牢固、经久耐用的园林产品，园林中基础设施的使用频繁程度较大，使用者又是被服务的对象，对有关设施要求较高却并不一定去加以爱惜。因此，往往需要加以适当管理。

保持清洁卫生包括清扫各处杂物垃圾、打扫消毒厕所、清除水面污物等。通常专设班组，并实行分片包干：定人、定地段、定要求(指标)。必要时经上级统一规定有关"随地吐痰罚款"、"随地大小便罚款"、"禁止吸烟"、"禁止乱扔乱堆杂物"等条款，同时设立"果皮箱"、"吸烟角"等加以疏导。

制止随意刻涂是园林设施管理中十分特殊的内容。园林中不妨专设某些区域及设施，供游人尽其游兴；同时制止游人在其他区域随意刻涂，以保持基础设施的完整和整个园容的整洁。

设施维修应及时进行。无论是道路房屋、碑匾亭台、楼阁池桥、山石湖岸、供水排水、供电供暖还是露天桌椅等，及时维修不仅可以减少无效消耗量，而且可以减少坍塌毁坏。保持园容，也就是保证园林服务的质量。其中，具有文物价值的古旧设施，常需专业化的施工维修队伍进行维修。为了保持原貌，甚至要利用现代新工艺重现古代旧面貌。在维修施工期间，如果仍然向游人开放其他园林设施，那么还需对施工中的材料运输及堆放以及操作现场划定区域、加以隔离，必要时夜间运输。施工准备及调度，应仔细筹谋，一旦开工则连续进行，决不拖延工期。

防范违章建筑主要是针对商业性服务站、棚，同时包括流动性商业车辆。

8.3　园林财务管理

8.3.1　财务管理的概念

财务管理是系统地利用价值形式对企业生产经营活动进行的综合管理，是企业管理的一个重要组成部分。财务管理水平的高低，直接影响企业的生存、发展和获利能力。因此，加强企业的财务管理，是提高企业经济效益和劳动生产率，保证企业目标实现的重要环节。

财务管理是企业管理的一部分，是有关资金取得和有效运用的管理。财务管理的目标取决于企业的总目标。企业是一个以营利为目标的组织，其出发点和归宿均是营利。为实现这一最终目标，企业首先必须生存下去，其次是在发展中求生存。

为使企业能够长期、稳定的生存下去，要求财务管理能够保持企业有以收抵支和偿还到期债务的能力，减少破产的风险，及时筹集企业发展所需的资金，并且通过合理、有效地使用资金，使企业处于良好的财务状况，获得最大的经济效益，也就是说，企业的目标决定了财务管理的目标—企业价值最大化或股东财富最大化。

财务管理作为企业管理的一个组成部分，其除了具有一般管理职能的共性外，还具有财务管理的自身特征。财务会计具有反映和监督的职能。财务管理是在财务会计的基础上进行的，其具有计划、控制和决策的职能。财务管理的各个职能之间相互依存、相互联系，它们组成了企业财务管理循环。财务管理循环的主要环节包括：

制定财务决策，针对企业的各种财务问题和多种解决方案，进行项目决策；

制定计划，针对计划期各项生产经营活动，制定预算和标准，确定期间计划；

控制，以计划为依据，对财务活动进行指导、监督和限制；

反映实际数据，通过会计手段对企业实际资金循环和周转进行记录和反映；

对比分析，把企业的实际数据与应达到的标准进行比较，计算出其差额，并对差额进行分析，扣除例外因素影响，发现产生差异的具体原因；

采取行动，根据产生问题的原因采取有效措施，使经济活动按既定目标进行；

评价与考核，对执行人员的工作业绩进行评价、考核和奖惩；

预测，在激励和采取行动之后，经济活动发生变化，要根据新的情况进行重新预测，为下一步决策提供依据。

8.3.2　园林财务管理的内容

8.3.2.1　资金管理

企业的资金管理一般包括资金的筹集和运用。

1) 资金筹集的管理

(1) 筹集资金的渠道与方式

企业资金来源包括所有者权益和负债两大类，具体包括以下几个方面：

资本金。企业开设时，必须有法定的资本金，也就是国家规定的开办企业必须筹集的最低资本数额，其可以是现金、实物(存货、固定资产等)和无形资产等，在价值上与注册资本一致。资本金按照投资主体的不同，分为国家资本金、法人资金、个人资本金和外商资本金等。

资本公积金。资本公积金也是企业外部对企业的资本投入，但不是在核定的资本金之内，其与资本金一起构成企业经营资本的基本部分。资本公积金一般包括资本溢价(即投资者实际缴付的出资额超出其资本金的差额)、法定财产评估增值、接受捐赠的实物资产价值和资本汇率折算差额等。

留存收益。留存收益是指企业从历年实现的利润中提取或形成的留存于企业内部的积累。留存收益一般包括盈余公积(即法定盈余公积金、任意盈余公积金和公益金)和未分配利润。

负债。负债是企业所承担的，能以货币计量、需以资产或劳务偿付的债务。企业负债按偿还期限的长短分为流动负债和长期负债。流动负债是指可以在一年内或超过一年的一个营业周期内偿还的债务，包括短期借款、应付票据、应付账款、其他应付款、应付工资、应付福利费、应交税金、应付利润(股利)等。长期负债是指偿还期限在一年或超过一年的一个营业周期以上的债务，包括长期借款、应付债券、长期应付款、其他长期流动负债等。

(2) 筹集资金管理的要求

合理确定筹资数额。企业在进行筹资时，首先应确定筹资数额。筹资过多，会增加筹资费用，影响资金的使用效果；筹资过少，保证不了生产的需要。因此，企业应根据生产规模、工艺特点、生产周期以及销售趋势等具体情况，确定不同时期企业资金的需用量。

正确选择筹资渠道与方式，降低资金成本。不同的筹资渠道与方式往往要求付出不同的代价，即具有不同的资金成本，企业应以最低资金成本来选择筹资对象。

创造良好的投资环境。在筹资过程中，企业既要选择投资者，同时也是投资者选择的对象。因此，企业要不断改善经营管理，努力创造良好环境，取得投资者的信任，吸引更多的资金。

优化资金结构，减少财务风险。资金结构是指企业各种长期资金来源的构成与比例关系。一般情况下，负债资金成本小于权益资金成本，企业适度的负债经营，能够给所有者带来更大的收益，但如果不考虑企业的偿债能力而负债过多，会加大企业因筹资而带来的风险即财务风险，影响企业的信誉，降低企业的价值，甚至面临破产的威胁。因此，企业不仅要考虑每笔筹资的资金成本，而且要在总体上优化资金结构，使企业的自有资金与借入资金之间保持适当的比例，减少财务风险，提高经济效益。

2) 资金运用的管理

企业筹集的资金，随着资金的循环与周转，将转化为相应的资产，分布于生产经营的全过程。具体包括流动资产、长期投资、固定资产和无形资产等。

(1) 流动资产的管理

流动资产是指可以在一年内或超过一年的一个营业周期内变现或者耗用的资产，包括现金及各种存款、短期投资、应收及预付款项与存货等。存货是指企业在生产经营过程中为销售或者耗用而储备的各种有形资产，包括各种原材料、燃料、包装物、低值易耗品、委托加工材料、在产品、产成品和商品等。

流动资产管理的要求。流动资产的管理除要做好日常安全性、完整性的管理外，还需要决定流动资产的总额及其结构以及这些流动资产的筹资方式。在作出这些决定时，需要在风险与收益之间进行权衡。在其他条件相同的情况下，易变现资产所占资产的比重越大，现金短缺的风险将越小，但收益将降低。因此，企业流动资产管理要做好以下工作：认真分析，正确预测流动资产的需用量；合理筹集和供应各项资产所需的资金；做好日常管理，减少流动资产占用数量；加速资金周转，提高资金使用效果。

流动资产的预测。流动资产的预测是以历史数据和企业现行实际情况为基础，运用科学的方法，对企业未来一定时期流动资产需求量进行测算。流动资产的预测可以是总量测算，也可以是分项测算后汇总。

流动资产的控制：

货币资金的控制。企业置存货币资金的主要原因是为了满足交易性、预防性和投机性的需要。而货币资金的流动性最强、收益性较低，决定了企业需在资产的流动性和盈利能力之间进行抉择，以获得最大的长期利润。货币资金的控制包括制度控制、日常收支的控制和最佳持有量的控制。货币资金日常管理与控制的策略为：力争现金流量同步，使用现金浮游量，加速收款，推迟应付款的支付。

应收账款的控制。应收账款形成的主要原因是企业为了扩大销售，增强竞争力，对客户采用信用政策所致。因此，应收账款的控制应从信用政策入手，合理确定信用期间、信用标准和现金折扣政策。对于已经发生的应收账款，应积极采取各种措施，尽量争取按期收回款项，减少坏账损失。这些措施包括对应收账款回收情况的监督、对坏账损失的事先准备和制定适当的收账政策。

存货的控制。原材料存货的控制主要包括原材料耗用量和采购限额的强制、库存材料的收发、结存的控制、材料管理制度等。在产品存货的控制主要包括合理安排生产计划、严格控制投入、产出的时间和数量、协调生产的均衡性和零部件的成套性，掌握生产进度，缩短生产周期，加速资金周转，节约各项耗费，降低产品生产成本。

(2) 固定资产的管理

固定资产是指使用期限在一年以上，单位价值在规定标准以上，并在使用过程中保持原有物质形态的资产，包括房屋及建筑物、机器设备、运输设备、工具器具等。在具体确定上，企业用于生产、提供商品或服务、出租或用于企业行政管理目的，预计使用期限在一年以上的房屋、建筑物、机器、设备、工具、器具等资产作为固定资产。不属于生产经营主要设备的物品，单位价值在2000元以上，并且使用期限超过两年的也应作为固定资产。按现行制度规定，企业的固定资产应按其经济用途分为经营性固定资产和非经营性固定资产分别核算和管理。

固定资产的计价。固定资产计价的方式主要有原始价值、重置价值和净值三种方法。

原始价值，亦称原始购置成本或历史成本，是指企业购建某项固定资产达到可使用状态前所发生的一切合理的、必要的支出，包括购置固定资产的价款、运杂费、包装费、安装调试费、应分摊的借款利息等。

重置完全价值，也称现时重置成本，是指在当时的生产技术条件下，重新购建同样的固定资产所需要的全部支出。

净值，也称折余价值，是指固定资产原始价值或重置完全价值减去已提折旧后的净额。

固定资产折旧。企业的固定资产可以长期参加生产经营活动而保持其原有的实物形态，但其价值是随着固定资产的使用而逐渐转移到生产的产品或构成费用，然后通过产品的销售，从收回的货款中得到补偿。固定资产的损耗分为有形损耗和无形损耗两种：有形损耗是指固定资产由于使用和自然力的影响引起的使用价值和价值的损失；无形损耗是指由于科学技术进步等而引起的固定资产价值的损失。固定资产在使用过程中逐渐损耗而消失的那部分价值，称为固定资产折旧。计提折旧的方法可以采用平均年限法、工作量法、年数总和法、双倍余额递减法等。

固定资产投资的管理。固定资产投资的管理主要包括固定资产投资决策分析、固定资产投资预算、固定资产投资控制三个方面。

固定资产的投资决策分析，主要包括确定性投资决策分析、风险投资决策分析、投资方案的敏感性分析。固定资产投资决策使用的指标有：一类是贴现指标，即考虑了资金时间价值因素的指标，主要包括净现值、现值指数、内含报酬率等；另一类是非贴现指标，即没有考虑资金的时间价值因素的指标，主要包括回收期、会计收益率等。

在进行固定资产投资项目可行性研究的基础上，企业应分阶段地进行投资预算。在固定资产建设阶段的投资预算包括固定资产投资和固定资产投资来源与支出预算。固定资产投入使用后，固定资产的预算主要包括在固定资产从投资到寿命期满的期间内，由于该项固定资产的投资所带来的现金流量及时间的估计和预测。

固定资产投资控制是指对固定资产投资全过程进行控制，保证固定资产投资项目和投资预算的合理性、投资预算执行过程的协调性、投资效果的效益性。在此过程中，一是要控制固定资产投资项目和投资预算的确定，进行投资项目必要性、可行性和合理性研究；二是要控制固定资产投资预算的执行过程，力求使投资项目施工、物资供应、资金安排等环节一致；三是控制固定资产投资效果，提高投资项目的经济效益。

固定资产日常管理。企业的固定资产种类较多，价值较高，使用与分布较广，因此加强固定资产的日常管理是固定资产管理的重要内容。首先，企业应建立健全各类固定资产管理岗位责任制，实行归类分组管理；其次，正确进行固定资产的核算，严格监督企业固定资产的增加、转移、清理、报废减值以及折旧等情况，提高固定资产的使用效果；再次，定期进行固定资产的清查，保护固定资产的安全完整；最后，对固定资产的经济效益进行客观的评价和分析。

(3) 无形资产的管理

无形资产是指可供企业生产经营长期使用而没有实物形态的资产。包括专利权、商标权、非专利技术、著作权、土地使用权、商誉等。

无形资产的特征：无形资产不具有实物形态；无形资产用于生产商品或提供劳务、出租给他人或为了行政管理而拥有的资产；无形资产可以在较长时间内为企业提供经济效益；无形资产所提供的未来经济效益具有很大的不确定性。

市场经济条件下，无形资产作为商品同样具有价值。企业确认无形资产入账价值的基本原则是：购入或按法律程序申请取得的各种无形资产，按实际支出入账，其他单位投资转来的无形资产，按合同约定或评估确认的价值入账。由于无形资产价值具有不确定性的特点，为慎重起见，一般只有在能够确定为取得无形资产而发生的支出时，才能作为无形资产的价值入账。商誉只有在企业合并时才可作价入账。

无形资产管理的要求：建立无形资产管理体制和经济责任制；正确评估无形资产的价值；按规定的期限分期摊销已投入使用的无形资产；充分保障与发挥无形资产的效能，并不断提高其使用效益。

8.3.2.2 成本费用管理

企业在进行生产经营时，必然会耗费一定的人力、物力和财力，即产品的生产过程，也是生产的耗费过程。生产耗费包括生产资料中劳动手段的耗费和劳动对象的耗费以及劳动力方面的耗费。企业在一定时期内为生产经营活动而发生的一切耗费称为生产费用。企业为生产一定种类、一定数量产品而发生的各种生产费用支出总和称为产品成本或产品制造成本。

1）成本费用的特征

费用通常是为了取得某项营业收入而发生的耗费，这些耗费可以表现为资产的减少或负债的增加。费用是对耗费所作的计量，这种耗费并不一定表现为当期直接发生的支出，有些耗费是通过系统的合理的分配而形成的，例如固定资产折旧等。费用与产品成本之间既有联系又有区别。费用中的产品生产费用是构成产品成本的基础，费用是按时期归集的，而产品成本是按产品对象归集的。

2）成本费用分类

企业所发生的费用是多种多样，为了正确计算产品成本，加强成本管理，需要对生产费用进行分类。企业所发生的生产费用，在这里主要是指构成产品成本的费用和期间费用。

生产费用按经济内容或经济性质进行分类，分为劳动对象方面的费用、劳动手段方面的费用和活劳动方面的费用三大类。在此基础上，生产费用可进一步分为若干要素费用。一般包括：外购材料、外购燃料、外购动力、工资、提取的职工福利费、折旧费、利息支出、税金(应计入管理费用的部分)和其他支出等。这种分类方法能够反映企业在一定时期内发生了哪些费用，数额是多少，用来分析企业各个时期各项费用的比重。

生产费用按其经济用途进行分类，分为应计入产品成本的费用即产品成本项目和不应计入产品成本的费用即期间费用。成本项目构成产品的制造成本，一般包括直接材料、直接人工、制造费用等。期间费用包括经营费用、管理费用和财务费用。

3）成本核算的要求

第一，算管结合，算为管用。

第二，正确划分各种费用界限。具体指：正确划分收益性支出和资本性支出、营业外支出的界限，正确划分产品生产制造成本与期间费用的界限；正确划分各月份的费用界限；正确划分各种产品的费用界线；正确划分完工产品与在产品的费用界限。划分以上费用界限的原则是：受益原则。即谁受益谁负担费用，何时受益何时负担费用，负担费用的大小与受益程度的大小成正比。

第三，正确确定财产物资的计价和价值结转方法。

第四，做好各项基础工作。具体包括：做好定额的制定和修订工作；建立和健全材料物资的计量、收发、领退和盘点制度；建立和健全原始记录工作；做好企业内计划价格的制定和修订工作。

第五，适应生产特点和管理要求，采用适当的成本计算方法。成本计算的基本方法：品种法、分批法、分步法。成本计算的辅助方法：定额法、分类法等。

4）成本费用的管理

降低产品成本的途径：采用新技术、新工艺，提高材料利用率，降低各项材料、能源等物资的消耗；提高劳动生产率，降低单位产品中工资费用；改进生产组织，进行设备技术革新，提高设备利用率；提高产品质量，减少废品；加强管理，控制各项费用支出。

产品成本预测与计划。产品成本预测与计划是指企业为达到降低成本的目的，根据企业历史成本水平或现行成本的有关资料，并结合当期影响产品成本水平变动的因素及应采取的措施，采用科学的方法，对在一定的时期内某一产品或某一成本项目或全部产品成本进行预计或推测，并在此基础上，做出对成本控制目标的决策，即成本计划的制定。

成本预测包括产品设计过程的成本预测、计划阶段的成本预测和期中成本预测。

成本的预测方法一般采用目标利润推算法、比例推算法、历史成本法、因素分析法等。

成本计划一般分为生产费用预算、产品成本期间费用计划。成本计划作为生产经营全面预算的一个组成部分，其编制的方式是自下而上的。一般由高层管理部门制定总原则，然后传达给各级管理部门。由较低层的管理部门根据总原则及本部门的实际，编制本部门的计划，而后提交上一级，逐级汇总协调，最后制定出总成本的计划。总计划进行层层分解，形成各基层部门和归口单位的计划，同时落实成本计划完成的措施与责任。

成本控制。成本控制的基本原则主要有经济原则、因地制宜原则、领导重视与全员参加原则。经济原则是指因推行成本控制而发生的成本不应超过因缺少控制而丧失的收益。因此，在成本控制中，应贯彻选择关键因素加以控制，采取实用性、例外管理、重要性、灵活性等具体措施。因地制宜原则是指成本控制系统必须个别设计，适合特定企业、部门、岗位和成本项目的实际情况，不可完全照搬别人的作法。领导重视与全员参加原则是指领导要重视并全力支持成本控制，每个职工都负有成本责任，成本控制是全体员工的共同任务，只有通过全体协调一致的努力，才能达到成本控制的目标。

成本控制包括事前、事中、事后控制三个阶段。成本的事前控制包括产品设计过程的控制和成本形成前的控制，主要应制定目标成本、编制成本预算、成本指标分解等。成本的事中控制是由专人对实际发生的各项成本、费用进行反映和监督，及时发现差异并把信息反馈给有关部门。成本的事后控制是根据实际成本核算的有关资料，分析成本差异的原因，找出解决问题的措施，以利于加强成本管理，达到节约成本、提高经济效益的目的。

成本控制的方法一般有制度控制法、定额控制法、目标成本控制法、标准成本控制法、预算控制法等。

8.3.2.3 利润管理

利润是企业在一定期间生产经营活动的最终成果，也是收入与成本费用相抵后的差额，如果收入小于成本费用，称为亏损，反之为利润。企业生产经营活动的主要目的，就是要不断地提高企业的盈利水平，增强企业获利能力。利润水平的高低不仅能够反映企业的盈利水平，而且能够反映企业向整个社会所作的贡献。为此，企业要加强利润的管理，以期最大限度地获得利润，积累扩大再生产所需的资金，不断发展壮大，促进整个社会的发展，满足人们日益增长的物质文化生活水平的需要。

1) 利润的形成

利润是企业在一定期间生产经营活动的最终成果。企业营业利润加上投资收益和营业外收支净额，即为企业当期利润总额。当期利润总额扣除所得税，即为当期的税后利润即净利润。

净利润＝利润总额－所得税

利润总额＝营业利润－投资净收益＋营业外收入－营业外支出

营业利润是企业利润的主要来源，营业利润主要由主营业务利润和其他业务利润构成。

营业利润＝主营业务利润＋其他业务利润－管理费用－财务费用

投资净收益是指企业对外投资分得的利润、股利和债券利息等扣除投资损失后的余额。

营业外收入是指与企业生产经营活动没有直接关系的各种收入。具体包括固定资产盘盈、处理固定资产收益、罚款收入、确定无法支付而按规定程序经批准后转作营业外收入的应付款等。

主营业务利润＝主营业务收入－主营业务成本－主营业务税金及附加

其他业务利润＝其他业务收入－其他业务成本

营业外支出是指不属于企业生产经营费用，与企业生产经营活动没有直接的关系，但按照有关规定应从企业实现的利润总额中扣除的支出。一般包括固定资产盘亏、报废、毁损和出售的净损失、非常损失、按规定在营业外支出中支付的公益救济性捐款、赔偿金、违约金等。

管理费用是指企业行政管理部门为组织和管理生产经营活动而发生的各种费用。

财务费用是指企业筹集生产经营所需资金而发生的费用。

2) 利润分配的顺序

按照我国《公司法》的有关规定，企业的利润分配应按下列顺序进行：

(1) 弥补以前年度亏损。企业利润总额在缴纳所得税前可在不超过税法规定的弥补期限内弥补以前年度亏损，而超过税法规定弥补期限的以前年度亏损，只能由税后净利润弥补。

(2) 计提法定盈余公积金。企业应当按照税后利润(减弥补亏损后)的10%提取法定盈余公积金，当法定盈余公积金累计金额已达注册资本的50%时，可不再提取。

(3) 计提公益金。公益金按税后利润以5%～10%提取，是用于集体福利设施建设的资金。

(4) 计提任意盈余公积金。任意盈余公积金是按照公司章程或股东会议决议提取和使用的。

(5) 向投资者分配利润或股利。企业以前年度未分配的利润，可以并入本年一同向投资者分配。

一般说来，公司在纳税、弥补亏损和提取法定公积金、公益金之前，不得分配利润，公司当年无利润时，也不得分配利润但股份有限公司用盈余公积金抵补亏损后，为维护其股票信誉经股东大会特别决议，也可用盈余公积金支付股利，不过这样支付股利后留存的法定盈余公积金不得低于注册资本的 25%。

3) 利润的管理

利润规划是企业为实现目标利润而综合调整其经营活动的规模与水平，即把企业未来的发展以及实现目标利润所需的资金、可能取得的收益以及将要发生的成本费用三者联系起来，确定企业的目标利润。

利润分配决策是指考虑法律因素、投资者因素、公司因素和其他因素对利润(股利)分配的影响，选择决定企业分配给投资者利润多少，又有多少净利润留在企业。分配方案确定的方法主要有剩余股利政策、固定或持续增长股利政策、固定股利支付率政策、低正常股利加额外股利政策。

8.4 园林信息管理

8.4.1 管理信息

8.4.1.1 管理信息的基本概念

管理信息它是在企业生产经营活动过程中收集的，经过加工处理后，对企业管理和决策产生影响的各种数据的总称。它通过数字、图表、表格等形式反映企业的生产经营活动状况，为管理者对整个企业实现有效的管理提供决策依据，是用于管理的信息，也是管理信息系统管理的对象。在企业的整个生产经营活动中始终贯穿着三种运动过程：物流—劳动者利用劳动工具作用于劳动对象和加工产品的过程；资金流—伴随着物流过程，资金从货币资金形态依次变换为储备资金、生产资金、成品资金，最后又回到货币资金形态的过程；信息流—各种文件、情报、资料和数据在各生产经营环节之间的传递。信息流反映着物流和资金流的状况，并指挥着物流和资金流的运动。信息流动不畅，就难以进行有效的管理。管理信息是实施有效管理的重要基础，是组织的一种重要资源。

8.4.1.2 管理信息的特征

信息来源的分散性和数量的庞杂性。任何组织的活动都涉及内外各个方面。特别是企业的生产经营过程是一项非常复杂的活动，如产品品种，生产用的材料、工具、资金，企业中的各类人员及其数量、技术、文化水平等等。企业的原始数据产生于生产经营的各个环节和方面，所以信息来源面广、数量大，这就决定了数据收集工作的复杂性和繁重性。

信息加工处理的多样性。在一个组织中，各部门使用信息的目的不同，对原始信息的加工处理也必须采用多样化的方法。如有的只要按不同的标志对信息进行分类、检索并进行简单运送即可；有的则要应用现代数学方法，求解一些比较复杂的数学模型，比如企业生产计划的优化、销售预测、作业排序等等。因此，需求不同，方法就不同。

　　信息传递的及时性。信息具有一定的时效性，在管理中只有及时灵敏地传递和使用信息，才能不失时机地对生产经营活动做出反应并制定对策。反之，如果信息传递不及时，延误了时机，企业就抓不住机会，就可能造成损失。这时即使是十分重要的信息，也会变得毫无价值。

8.4.1.3　管理信息的分类

　　要对信息进行有效的管理，就要对信息进行科学的分类(表8-7)。按组织不同层次的要求，管理信息可分为以下几类：

　　计划信息。这种信息与最高管理层的计划工作任务有关，即与确定组织在一定时期的目标、制定战略和政策、制定规划、合理分配资源有关。这种信息主要来自外部环境，诸如当前和未来经济形势的分析预测资料、资源的可获量、市场和竞争对手的发展动向，以及政府政策及政治情况的变化等。

　　控制信息。这种信息与中层管理部门的职能工作有关，它帮助职能部门制定组织内部的计划，并使之有可能检查实施效果是否符合计划目标。控制信息主要来自组织的内部。

　　作业信息。这种信息与组织的日常管理活动和业务活动有关，如会计信息、库存信息、生产进度信息、质量和废品率信息、产量信息等。这种信息来自组织的内部，基层主管人员是这种信息的主要使用者。

　　按信息的稳定性不同，管理信息可分为以下两类：

　　固定信息。它指具有相对稳定性的信息，在一段时间内，可以供各项管理工作重复使用而不发生质的变化。它是组织或企业一切计划和组织工作的重要依据。以企业为例，固定信息主要由三部分组成：定额标准信息，包括产品结构、工艺文件、各类劳动定额、材料消耗定额、工时定额、各种标准报表、各类台账等；计划合同信息，包括计划指标体系和合同文件等；查询信息，包括国际标准、国家标准、专业标准和企业标准、产品和原材料价目表、设备档案、人事档案、固定资产档案等。

园林项目信息分类

表 8-7

分类标准	类　型	内　　容
按照建设项目管理职能划分	投资控制信息	如各种投资估算指标，类似工程造价，物价指数，概(预)算定额，园林项目投资估算，设计概预算，合同价，工程进度款支付单，竣工结算与决算，原材料价格，机械台班费，人工费，运杂费，投资控制的风险分析等。
	质量控制信息	如国家有关的质量政策及质量标准，园林建设标准，质量目标的分解结果，质量控制工作流程，质量控制工作制度，质量控制的风险，质量抽样检查结果等。
	进度控制信息	如工期定额，项目总进度计划，进度目标分解结果，进度控制工作流程，进度控制工作制度，进度控制的风险分析，某段时间的施工进度记录等。
	合同管理信息	如国家有关法律规定，园林工程招标投标管理办法，园林工程施工合同管理办法，工程建设监理合同，园林工程勘察设计合同，园林工程施工承包合同，园林工程施工合同条件，合同变更协议，园林工程中标通知书、投标书和招标文件等。
	行政事务管理信息	如上级主管部门、设计单位、承包商、业主的来函文件，有关技术资料等。

续表

分类标准	类 型	内 容
按照建设项目信息来源划分	工程建设内部信息	内部信息取自园林项目本身。如工程概况，可行性研究报告，设计文件，施工组织设计，施工方案，合同文件，信息资料的编码系统，会议制度，项目管理组织机构，项目管理工作制度，建设监理规划，项目的投资目标，项目的质量目标，项目的进度目标等。
	工程建设外部信息	来自园林项目外部环境的信息称为外部信息。如国家有关的政策及法规，国内及国际市场上原材料及设备价格，物价指数，类似工程的造价，类似工程进度，投标单位的实力，投标单位的信誉，毗邻单位的有关情况等。
按照建设项目信息稳定程度划分	固定信息	固定信息是指那些具有相对稳定性的信息，或者在一段时间内可以在各项管理工作中重复使用而不发生质的变化的信息，它是建设项目管理工作的重要依据。这类信息有： ① 定额标准信息　这类信息内容很广，主要是指各类定额和标准。如概预算定额，施工定额，原材料消耗定额，投资估算指标，生产作业计划标准，项目管理工作制度等。 ② 计划合同信息　指计划指标体系，合同文件等。 ③ 查询信息　指国家标准，行业标准，部门标准，设计规范，施工规范，项目管理人员的人事卡片等。
	流动信息	即作业统计信息，它是反映园林项目建设实际进程和实际状态的信息，它随着工程项目的进展而不断更新。这类信息时间性较强，一般只有一次使用价值。如项目实施阶段的质量、投资及进度统计信息，就是反映在某一时刻项目建设的实际进展及计划完成情况。再如，项目实施阶段的原材料消耗量、机械台班数、人工工日数等。及时收集这类信息，并与计划信息进行对比分析是实施项目目标控制的重要依据，是不失时机地发现、克服薄弱环节的重要手段。在园林项目管理过程中，这类信息的主要表现形式是统计报表
按照建设项目监理活动层次划分	总监理工程师所需信息	如有关工程建设监理的程序和制度，监理目标和范围，监理组织机构的设置状况，承包商提交的施工组织设计和施工技术方案，建设监理委托合同，施工承包合同等。
	各专业监理工程师所需信息	如工程建设的计划信息，实际进展信息，实际进展与计划的对比分析结果等。监理工程师通过掌握这些信息可以及时了解工程建设是否达到预期目标并指导其采取必要措施，以实现预定目标。
	监理检查员所需信息	主要是工程建设实际进展信息，如工程项目的日进展情况。这类信息较具体、详细，精度较高，使用频率也高
按照建设项目进展阶段划分	设计阶段	如"可行性研究报告"及"设计任务书"，工程地质和水文地质勘察报告，地形测量图，气象和地震烈度等自然条件资料，矿藏资源报告，规定的设计标准，国家或地方有关的技术经济指标和定额，国家和地方的有关项目管理法规等。
	施工招标阶段	如国家批准的概算，有关施工图纸及技术资料，国家规定的技术经济标准，定额及规范，投标单位的实力，投标单位的信誉，国家和地方颁布的招投标管理办法等。
	施工阶段	如施工承包合同，施工组织设计、施工技术方案和施工进度计划，工程技术标准，工程建设实际进展情况报告，工程进度款支付申请，施工图纸及技术资料，工程质量检查验收报告，工程建设监理合同，国家和地方的有关项目管理法规等

流动信息，又称为作业统计信息。它是反映生产经营活动实际进程和实际状态的信息，是随着生产经营活动的进展不断更新的。因此，这类信息时间性较强，一般只具有一次性使用价值。但及时收集这类信息，并与计划指标进行比较，是控制和评价企业生产经营活动并不失时机地揭示和克服薄弱环节的重要手段。

一般来说，固定信息约占企业管理系统中周转总信息量的75%，整个企业管理系统的工作质量在很大程度上取决于固定信息的管理。因此，无论是现行管理系统的整顿工作，还是应用现代化手段的计算机管理系统的建立，一般都是从组织和建立固定信息文件开始的。

8.4.1.4 管理信息对企业管理的作用

管理信息是管理活动的基础和核心。管理依赖信息与决策，任何管理活动都以管理信息的获取、加工和转换为基本内容。

管理信息是组织和控制生产经营活动的重要手段，是联系企业管理活动的纽带。

管理信息是企业效益的保证，是提高竞争力的关键。

8.4.2 管理信息系统

8.4.2.1 管理信息系统的概念

管理信息系统概念在演变，一直没有形成公认、统一的描述，一般定义为："它是用系统思想建立起来的，以计算机作为基本信息处理手段，以现代通信设备作为信息传输工具，以资源共享为目标，且能为管理决策提供信息服务的人—机系统。"实际上，管理信息系统这一概念是指管理系统和管理信息的集合。当人们把管理对象作为一个完整的系统进行分析和设计时就构成管理系统，而管理信息就是根据管理功能和管理技术而组成的信息流和信息集。当把管理系统和管理信息集合成一个系统时，就形成管理信息系统。

作为一个管理信息系统，它将在管理信息的产生源与使用者之间起到媒介作用，并以此使管理信息从产生到利用的时间间隔大大缩短，同时保证管理信息处理的准确性和时效性，有利于提高管理信息利用率，更好地满足各种管理工作的需要。

8.4.2.2 管理信息系统的基本职能

一个较为完善的管理信息系统，必须具备四项基本职能。

第一，确定信息的需求，即按照管理工作的要求正确确定需要的信息的类型和类别，以及需要的时间和数量；

第二，按照信息的需求，进行信息的收集、加工等处理；

第三，向管理者提供经济信息的服务；

第四，对信息进行系统管理。

这四项基本职能之间有着密切的联系，表现为彼此间的衔接和连续，即后一个职能的发挥都必须以前一个职能工作的完成为基础。

8.4.2.3 管理信息系统在控制系统中的作用

管理信息系统的目的是向管理者提供用于决策和控制的准确而又适时的信息。而且，管理信息系统作用于组织及其所使用的资源，使得组织在多方面受到影响，使整个控制系统更加完善。

管理信息系统可以产生并提供决策和控制的信息；

管理信息系统可以提高获得信息的效率；

管理信息系统可以提高管理者决策和控制的能力；

管理信息系统对组织管理方式的影响；

管理信息系统可以优化组织结构。

此外，管理信息系统的建立还会对组织中的个人产生影响，使他们对机器和技术的看法发生改变，使他们的一些工作性质或工作方式发生改变，使人—机关系和人际关系的发展达到一个新的水平等。但管理工作毕竟是一项具有高度创造性的工作，任何一个管理信息系统，只能部分代替人的工作，而绝不能代替人的创造性劳动。因此，在利用信息系统时，必须充分考虑人的因素，要采用人—机系统，发挥人的能动作用，使控制的思想变为现实。

8.4.2.4 管理信息系统模型及发展历程简述

管理信息系统模型经历了近半个世纪的发展历程，也是一个不断积累、演进和成熟的过程。20世纪60年代中期以后，物料需求计划(Material Requirements Planning, MRP)系统的成功推出是一个标志性的里程碑。从MRP到以物料需求计划为核心，既能适应产品生产计划的改变，又能适应生产现场情况变化的闭环MRP系统，再到20世纪70～80年代的制造资源计划(Manufacturing Resources Planning, MRP-Ⅱ)，直到20世纪90年代的企业资源计划(Enterprise Resources Planning, ERP)系统的提出、形成与发展。在ERP基础上产生了两个重要分支：客户关系管理(Customer Relationship Management, CRM)和供应链管理(Supply Chain Management, SCM)。

8.4.2.5 管理信息系统学科基础简述

管理、信息、系统是三个不同方面的学科，而管理信息系统是一门较新的交叉型的边缘学科。它以管理科学和系统论等为主要理论基础，综合运用信息技术、计算机及网络技术和数学方法，同时也将其他一些新兴的学科，如心理学、人工智能、决策理论、协同论、耗散论等的研究成果结合进来，融合提炼组成一套新的体系和方法，从而为企业的信息管理、信息系统的开发设计及应用，提供理论上和方法上的指导，但最密切、最重要的是项目管理和软件技术。从事管理信息系统项目开发和管理维护的人员，除具备以上学科基础知识、基本技能外，还应具有踏实的工作作风、努力创新的意识和团队协作精神。

8.4.2.6 管理信息系统技术基础简述

系统观点、数学方法和计算机应用是管理信息系统的三个要素，而数学方法和计算机应用都离不开技术。这里所指的技术主要包括硬件技术、软件技术和网络通信技术，也包括与系统建设相关的数据结构和数据库技术。下面将介绍这些技术的基本概念和基本原理，要深入了解则需要参考相关书籍。

8.4.2.7 管理信息系统开发方法

1) 管理信息系统开发方法概述

管理信息系统从产生到现在已经发展了许多开发方法，其中生命周期法(Life cycle Approach)、结构化方法(Structured Approach)、原型法(Prototyping Approach)和面向对象的开发方法(Object-Oriented Developing Approach)在 MIS 开发实践中产生了重要影响。

生命周期法,是诞生于 20 世纪 70 年代的主流方法,是结构化方法的基础。它给出严格的过程定义并且改善了开发过程,严谨的文档依然是过程改善和软件质量管理的重要基础,从软件认证可以看到这一点。生命周期法的基本思想是"自上而下,逐步求精",即严格划分系统开发的各个阶段,从全局出发全面规划,然后自上而下一步一步地实现。生命周期法的局限在于周期过长、方法细腻苛刻和用户参与程度不高,因而它不能适应需求变化,加大了系统风险。

结构化方法,是以结构化系统分析与设计为核心的新生命周期法,是生命周期法的继承与发展,是生命周期法与结构化程序设计思想的结合。它使系统分析与设计结构化、模块化、标准化,面向用户且能预料可能发生的变化。结构化方法克服了生命周期法的某些缺陷,由于它在本质上是生命周期法,其固有缺陷没有根本性改观,但依然是系统开发的主流方法。

原型法,产生于 20 世纪 80 年代,一开始不进行全局分析,抓住一个原型,经设计实现后,再不断扩充,使之成为全局的系统。原型法基于第四代程序生成语言(4th Generation Language, 4GL),用工具快速构造原型,使系统开发周期较短,应变能力较强。它"扬弃"了结构化系统开发方法的某些繁琐细节,继承其合理的内核,是对结构化开发方法的发展和补充。生命周期法和结构化方法遵循从抽象到具体的思想,按分解的方法将复杂问题简单化;原型法符合实践、认识、再实践、再认识的认识规律,但过程定义不够清晰、文档不够完善,需求定义不够规范,不利于过程改善。原型法的改进方向在于完善过程标准,规范需求定义,明确应用范围。

面向对象的方法从 20 世纪 90 年代开始获得广泛的应用,面向对象的方法包括面向对象的系统分析、面向对象的系统设计和面向对象的程序设计。面向对象的方法具有自然的模型化能力,它支持建立可重用、可维护、可共享的代码且将这些代码组织存放在程序设计环境的类库[1]中;随着类库中的类不断积累,以后的程序设计过程会变得越来越简单,从而提高开发效率。面向对象方法更重要的是思维方式的改变,类和继承[2]性提高了系统可维护性,拓展系统生命期,构件化使软件生产走向工厂化。

这些开发方法既有区别,又有联系,可以组合使用。具体选择哪种或哪几种方法的组合,应根据系统规模来确定。一般来说,较小的系统可采用原型法或面向对象的方法或两者结合;较大的系统以结构化方法为主轴,结合原型法和面向对象的方法,尤其是在系统实现阶段可以采用面向对象的程序设计方法,现在的主流开发工具都支持。可以预期,相互补充、相互促进的系统开发方式将是今后若干年 MIS 或软件工程中所使用的主要方法。

2)生命周期法

生命周期法开发管理信息系统包括六个阶段:系统申请阶段、系统规划阶段、系统分析阶段、

---

❶ 类库(class library):程序员用实现各种功能的类的集合。类(class),计算机科学中面向对象程序设计语言中的一个概念。

❷ 继承:为计算机编程技术中的一个基本术语,是指面向对象软件技术当中的一个概念。

系统设计阶段、系统实施阶段、系统运行和维护阶段，如图8-6所示。

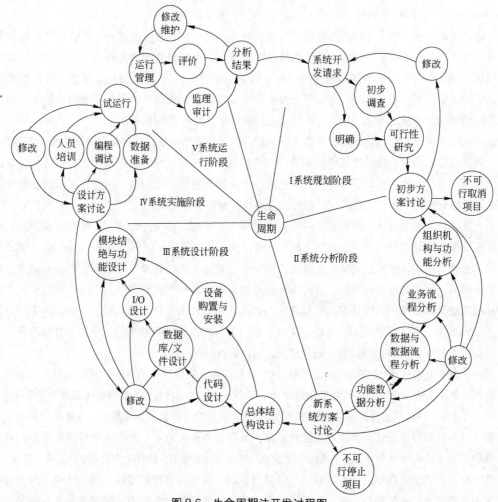

图8-6　生命周期法开发过程图

这六个阶段又各自包括若干步骤，这些步骤有的可在局部范围内不分顺序，但大部分都有前因后果的关系，必须严格区分。

系统申请阶段：问题的提出；系统可行性调查。

系统规划阶段：现行状态以及可用资源的初步调查；用户需求分析；系统总体规划。

系统分析阶段：现行系统组织结构及业务功能分析；业务流程分析；数据流程分析；确定编码体系；确定新系统的逻辑模型；确定新系统资源。

系统设计阶段：系统的总体结构设计；代码设计；模块设计；I/O设计；数据库及数据文件设计；处理过程设计；系统通信及网络设计。

系统实施阶段：设备的安装调试；系统程序的编制；人员培训；系统的调试与转换。

系统的运行和维护：系统的运行；系统的维护；系统的效果评价。

3) 原型法

原型法是 20 世纪 80 年代，随着计算机软件技术的发展，特别是在关系数据库系统 (Relational Data Base System，RDBS)、第四代程序生成语言 (4GL) 和各种系统开发生成环境产生的基础之上，提出的一种从设计思想、工具、手段都全新的系统开发方法。与结构化方法相比，原型法摒弃那种一步一步周密细致地调查分析，逐渐整理出文字档案，最后才能让用户看到结果的繁琐方法；一开始就根据用户的要求，由开发者与用户共同确定系统的基本要求和主要功能，在强有力的软件开发环境的支持下，短时间内构造出初步满足用户要求的初始模型系统。然后，开发者与用户一起对模型系统进行反复评价、协商修改，最终扩充形成实际系统。因此原型法 (图 8-7) 一经问世，立即得到广泛的重视，迅速得以推广。

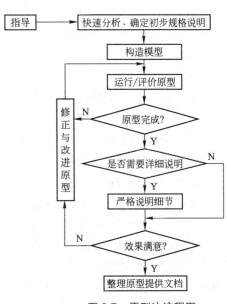

图 8-7 原型法流程图

8.4.3 园林管理信息系统的建立

利用现代信息技术是企业管理的发展趋势，如何将企业管理要求与信息技术整合在一起，并制定一套有效的信息化方案，是实施企业信息化战略的重要保障。这里主要阐述园林企业管理信息系统建立原则与方法。

8.4.3.1 园林管理信息系统规划

1) 园林企业管理信息系统规划的内容

企业战略目标。结合完善企业法人治理机构，提高企业管理水平的目标，明确信息化战略规划的阶段、年限及步骤，明确 MIS 应具有的功能、服务范围和质量等。

收集相关信息。企业现在以及未来几年经营规模及项目的个数、大小等情况。已有通用性软件、应用系统、人员和技术储备、费用分析和设备利用情况。

进行战略分析。对 MIS 的目标、开发方法、功能结构、计划活动、信息部门的情况、财务情况、风险度和政策等进行分析。

定义约束条件。根据单位 (企业、部门) 的财务资源、人力及物力等方面的限制，定义 MIS 的约束条件和政策。

分析业务流程的现状、存在的问题和不足，以及流程在新技术条件下的重组，信息系统的目标、约束及总体结构，为实现战略目标所构建的新型组织机构与管理模式，给出 MIS 的初步框架，包括各子系统的划分等。

对国内外园林企业信息化过程中经验与教训的综合考察并结合本企业情况进行分析。

选择开发方案，选定优先开发的项目，确定总体开发顺序、开发策略和开发方法。

提出实施进度，估计项目成本和人员需求，并列出开发进度表。

通过战略规划，将战略规划形成文档，经组织(企业、部门)领导批准后生效。

可行性分析。

具体规划(至少有2~3年的计划)。

行动计划。制定为了使总体规划有效实施所必须的具体行动计划。

2) 园林企业管理信息系统具体规划

(1) 园林企业信息管理组织体系规划

对园林企业在网络平台中的传递特点进行分析，在园林企业信息管理组织体系规划时，要使信息系统尽量摆脱对组织机构的依从性，以提高信息系统的应变能力，组织机构可以变动，但企业业务流程应不受影响。要以"项目为中心"展开，使项目信息管理组织扁平化。

(2) 项目信息分类与编码体系规划

应用网络信息技术，项目参与方应能在同一个网络平台上实现对项目信息的管理。因此，在制定项目信息分类与编码体系时，应统一考虑建设方以及其他项目参与方对信息管理的要求，制定一套既能满足项目信息统一管理，又能满足项目参与方各自的信息管理需要的分类与编码体系。

(3) 园林企业信息管理功能规划

园林企业信息管理功能规划应结合网络平台运作特点，充分利用现代网络信息技术实现项目信息的收集与分发管理、项目文档管理、工作流管理以及信息交流管理。

3) 信息系统规划的任务

制定信息系统的发展战略；

制定信息系统的总体方案；

制定信息系统的资源分配计划，并进行可行性分析。

8.4.3.2　园林企业管理信息系统规划的步骤

第一步，基本规划问题的确定，包括规划的年限、规划的方法，确定集中式还是分散式的规划，以及是进取还是保守的规划。

第二步，收集初始信息。包括本企业内部各种信息系统委员会、各管理层、类似企业案例。

第三步，现存状态的评价和识别计划约束。包括目标、系统开发方法、计划活动、现存硬件及其质量、信息部门人员、运行和控制、资金、安全措施、人员经验、手续和标消、中期和长期优先序、外部和内部关系、现存的设备、现存软件及其应用状况。

第四步，设置目标。由总经理和信息中心来设置，包括服务的质量和范围、政策、组织以及人员等，它不仅包括信息系统的目标，还应包含整个企业的目标。

第五步，准备规划矩阵。即信息系统规划内容之间相互关系所组成的矩阵。

第六步，给定项目的优先权和估计项目的成本费用。

第七步，编制项目的实施进度计划。

第八步，把战略长期规划书写成文。

第九步，总经理批准并宣告战略规划任务的完成。

8.4.3.3 园林企业实施信息化建设的主要内容

企业信息化是指企业利用网络、计算机、通信等现代信息技术，通过对信息资源的深度开发和广泛利用，不断提高生产、经营、管理、决策效率和水平，从而提高企业经济效益和企业核心竞争力的过程。园林企业实施信息化建设，是指建立在计算机网络技术基础上，对施工的全过程以及相关各部门往来数据实施动态管理，以完成企业的计划管理、采购管理、库存管理、生产管理、成本管理等功能，并有效平衡企业各种资源，控制库存资金占用，缩短生产周期，降低工程成本的管理过程。其主要功能模块包括业务(项目)管理、协同办公(行政)管理、财务管理、知识管理等。

逐步建立和完善以工程项目管理信息系统和工程财务管理系统为核心，包括投标报价系统、合同与风险索赔管理系统、企业资源管理系统、物资设备采购系统、人力资源管理系统等在内的企业级项目管理系统，从而实现对企业信息与项目信息的的全面控制与管理。

1) 企业协同办公系统

系统应充分体现信息管理的全过程受控(PDCA 闭环管理)、程序文件标准化及可持续改进的管理特色。将标准化、程序化管理转化为可调用的静态体系规范文件、动态的成果文件与自定义工作程序。在工作流的驱控下，使各项管理工作处于受控状态，包括每项工程的计划(指令)、实施(责任)、核审(检查)、反馈，直至关闭该项工作，并给出管理预警。

系统应使所有项目管理与企业管理的工作均可得到标准体系的有效支持。

一种是对内通过局域网实现内部信息的交流。企业(集团)总部通过局域网系统将公告通知、指令任务、计划安排发布给各单位各部门；各部门根据分管的需要，定义本部门网络文件目录的访问、管理权限，从而实现公共信息发布、信息流转等功能；下属各单位以及外地分支机构通过公司局域网或者互联网，以点对点的方式将下面的第一手资料(包括施工现场图片，工程进度、质量、成本、单位汇报、总结等信息)传送回企业(集团)总部，企业(集团)迅速提出指导意见又反馈回去。同时各分支机构之间也可以互相传送信息。

另一种是对外业务往来电子化。现在许多城市的政府主管部门已经开通网上申报资质、网上资质年检、网上申报项目经理、网上申报职称等网上办公业务，还有网上公文下载，传统的文件交换站被逐步取代，文档管理人员每日上网点击已经是例行工作了。

2) 业务(职能部门)管理

企业应通过业务管理与现场项目管理的分离即管理层与作业层的分离，重新在企业管理与项目现场管理中进行责、权、利划分，重新进行流程设计，如项目的劳务分包、机械设备租赁、商品混凝土使用、大宗主要材料设备采购、物流组织均由企业(集团)提供后方支持，企业(集团)负责对项目总进度计划负责，通过内部合同管理、目标成本考核、进度里程碑、单位工程及分部验收、安全责任制对项目部进行考核。项目经理部则对限额以下的现场支付结算、分项工程质量验收、一般材料机具的采购、劳务管理、机械设备的维护保养、现场安全管理等负责。

企业(集团)管理职能的信息化主要包含如下功能模块：

财务子系统。应用财务软件处理账务和报表，各项目经理部(分公司)汇总处理报表，存为 HTML 格式。系统编制对 HTML 格式文件查询的应用软件，接入综合查询系统。

合同管理子系统。建立已签定的每份合同基本情况数据库和施工单位工程预结算费用总表数据库。合同基础数据指标。系统主要完成合同数据管理、合同综合查询等功能。

施工生产子系统。建立单位工程施工生产基础数据库、生产经营单位计划统计基础数据库。单位工程施工生产基础数据指标、计划统计基础数据指标、系统主要完成单位工程基础数据管理、计划统计基础数据管理、单位工程计划统计报表、企业(集团)综合报表、信息查询、合同预算系统和基本单位的调用以及项目经理、质量验评单位、项目进度、指标名称等代码库的维护。

人力资源子系统。根据企业(集团)在职职工情况按人建库，并建立一对多表，每个人都对应一张工作简历表、家庭情况表、培训情况表、工作业绩表。系统主要完成快速注册、数据录入、照片输入、基本信息查询条件设置、查询信息项目选择、排序、统计、打印、详情显示。

企业内部资源管理(材料与机械设备)子系统。设机械设备静态数据库和动态数据库。静态指标分为设备基本状况、主机状况、设备价值状况、折旧年限及比率、大修理费参数、动力状况、附属装置状况等七个部份。动态数据库分为企业资源配置系统、电子商务系统、机械设备使用情况、折旧与大修理费提取情况、运转情况、租赁情况、事故情况、维修情况等八个部分。

招投标管理(客户关系管理)子系统。园林企业招投标管理系统，就需要运用网络技术、大型数据库技术，按照企业的施工组织设计格式、分部分项工程逐一分解生成子模块。当开始投标工作时，系统结合工程实际直接生成技术标方案，大大缩短了时间，降低了劳动强度。投标报价计算、排版印刷输出等也能在较短的时间完成。这样靠信息化管理的先进性，较好地克服了招标工作的突发性和复杂性，提高了投标的准确性和及时性。

供应链管理子系统。是建立一套企业的合格供应商筛选系统，组成企业的设备、材料及构配件的供应链管理系统，满足工程项目物质资源的供应需要。

3) 工程项目综合管理系统

以易建科技项目管理信息系统为例，它包括了以下子系统。

项目综合规划。建立一个以范围、工作、组织、资源、成本为核心的数据体系，构造出施工项目管理系统的数据体系基础。具体功能包括：项目基本信息、工程分解、组织分解、成本分解、项目资源库、项目定额库、统计期间、项目日历。

进度计划管理。系统采用分级网络计划技术，可以依据项目实际情况，建立项目业主管理—总承包管理—分包管理—实施层管理的完整分级计划体系，实现进度计划的编制、跟踪、检查、调整变更和工程量的填报。具体功能包括：工作分解、计划编制与调整、工程量填报、进度统计分析、资源统计分析。

质量控制。以 ISO 9000 质量标准和国家行业的质量规范为基础，建立了一套知识体系作为日常管理中的依据。具体功能包括：质量文件、质量目标、质量计划、质量记录、质量事务、质量费用、质量管理一览表。

安全控制。以 OHSAS 18001❶职业健康安全管理和国家行业的安全规范为基础，建立了一套知识体系作为日常管理中的依据。具体功能包括：安全文件、安全目标、安全计划、安全记录、安全事务、安全费用、安全管理一览表。

成本财务管理。围绕着整个项目过程的各个与成本有关的环节，进行预算、计划、核算、支出控制、决算、账务处理、统计、分析。除了对成本目标进行软性计划和管理，系统还能够对成本的发生进行硬性控制，提供一套财务账号的管理功能，直接与成本科目挂钩，实现本系统与财务系统的整合，最终形成一套很独特很具有市场竞争力的成本结构。具体功能包括：两算管理、目标成本、计划成本、成本核算分析、成本偏差分析、赢得值分析、成本趋势分析、实际资源统计、工程决算、财务账务处理、成本跟踪一览表。

施工现场管理。对施工现场的分布进行记录，对施工现场的事务进行管理，记录施工现场发生的各种与现场、施工、事故、措施有关的各种事务以及对这些事务的跟进处理。具体功能包括：现场分布管理、现场事务管理、现场管理一览表。

环境管理。以 ISO 14001 环境标准和国家行业的环境规范为基础，建立了一套知识体系作为日常管理中的依据。具体功能包括：环境知识管理、环境目标管理、环境计划管理、环境事务记录、环保事故管理、环境费用管理、环境管理一览表。

合同管理。施工项目以合同为中心，合同是经济效益的根本依据和保证。合同管理就是建立一个合同体系，并围绕着每个合同进行具体执行管理。具体功能包括：合同内容管理、合同文档管理、合同费用管理、合同变更管理、合同计量管理、合同支付管理、合同结算管理、分包合同管理、合同统计分析、合同范本管理。

信息管理。针对项目构造完整的信息体系，对项目过程中所产生的信息文档进行登记、审批、跟踪检查和档案移交等多项管理，确保项目信息文档的完整性。具体功能包括：文件分类管理、文件登记管理、文件审批与跟踪、文件流转发布管理、文件存档管理、文件使用登记管理、档案移交管理、信息检索查询。

组织协调。对项目过程中的各种需要组织协调的内容，以各种文件的方式(例如纪要、通知)进行项目管理组织内和组织外的沟通协调，确保项目的正常稳定运作与目标的顺利实现。具体功能包括：协调类型、协调信息。

竣工管理。对项目的验收、最终考核与总结进行统一的管理，对数据进行有效管理控制，确保

---

❶ 英国标准协会(BSI)、挪威船级社(DNV)等 13 个组织于 1999 年共同制定了职业安全与卫生(即 Occupational Health and Safety Management Systems Specification, 简称 OHSAS)评价系列标准，即 OHSAS 18001《职业安全与卫生管理体系规范》和 OHSAS 18002《职业安全与卫生管理体系—OHSAS 18001 实施指南》。国际标准化组织(ISO)也多次提议制定相关国际标准。不少国家已将 OHSAS 18001 标准作为企业实验职业安全与卫生管理体系的标准，成为继实施 ISO 9001、ISO 14000 国际标准后的又一个热点。

按照工程验收标准，全面管理各项验收事项。具体功能包括：分项专业工程验收、工程综合验收、竣工移交、缺陷责任期管理。

风险与责任管理。建立风险管理的机制，通过风险的规划、识别、分析，制定相应的风险应对计划，并将所识别的风险和责任进行分配，跟进工作的执行，对执行过程和结果进行记录。具体功能包括：风险规划、风险识别、风险分析、风险应对计划、风险与责任分配、风险管理执行、风险记录、风险知识库、风险管理一览表。

多项目管理中心。对项目和项目部进行统一编码、统一命名、统一授权、统一管理，同时对这些项目进行统一的综合统计、分析、比较和协调，进行均衡统筹。具体功能包括：多项目综合统计、多项目综合协调、多项目对比分析、多项目均衡统筹。

投标中心。收集各类招标信息，经过内部评估决定参加哪些项目投标，然后对整个投标过程进行管理，包括投标资料和评审过程的管理。具体功能包括：投标信息管理、投标过程管理、投标资料管理、投标评审管理。

经营管理中心。关注与项目有关的客户信息，并对企业中标后的服务进行跟踪管理，另外，企业也需要对经营效果进行统计分析。具体功能包括：客户信息管理、服务跟踪管理、经营综合事务、经营统计分析。

资源管理中心。资源管理包括人工、材料、机械台班、分包往来、其他费用等的管理，与实际成本管理模块相对应。具体功能包括：人力资源管理、材料管理、机械设备管理、分包往来管理、其他费用管理。

技术管理中心。不仅提供施工所需的技术知识，编制施工组织设计和施工方案，而且根据项目的实际情况制定相应的技术措施计划，进行一些科研创新工作，同时也对施工中使用的测量设备进行管理。具体功能包括：技术知识管理、施工组织及施工方案、技术措施计划、科研创新管理、测量设备管理、技术文档管理、技术费用管理、技术综合管理。

资金管理中心。全面管理资金从筹措、到位、计划、使用到统计分析的完整过程。企业决策层能够及时全面了解资金的流向与动态，为公司决策提供高效的支持。具体功能包括：资金账户、资金计划、资金借贷及计息、资金流水账、资金统计分析。

ISO 管理中心。根据 ISO 系列(ISO 9001：2000 质量管理、ISO 14001：1996 环境管理、OHSAS 18001：1 则职业健康安全管理)的要求，并结合工程项目质量管理、安全管理等方面的管理规范，系统提供了 ISO 系列的流程化管理功能。具体功能包括：ISO 管理体系、受控表单管理、受控跟踪管理、评审过程管理、不合格品控制、纠正措施、管理评审与改善提高。

项目考核中心。项目考核是针对项目全生命周期各个阶段对项目的执行过程以及执行成果进行考核。系统通过建立一系列的考核指标，围绕着从基础的流程执行与工作效率、项目经济效益指标、经营业绩指标到投资与战略指标各个方面对项目、项目组合、组织单元、企业战略等不同层次进行全面的考核和评估。系统还可以根据指标体系利用自动化方式汇总处理各种业务数据产生考核成绩，不仅可以为职能部门提供全面的数据监督企业业务的执行和经营效益，而且提供给企业管理层进行快速的分析与评估。具体功能包括：项目分项评分、项目经理考核、综合评分卡、项目间比较分析。

知识管理中心。不仅可以建立知识库，提供在线学习，也能够通过综合评审和同行比较分析，让企业决策层和管理层得到很好的学习、帮助以及知识的积累、运用。具体功能包括：知识库查询、在线学习、综合评审、同行比较分析。

报表中心。从不同的视角全方位反映项目的各类情况，为项目管理与决策人员提供分析决策的第一手资料，其中分析统计的内容和方式都是多种多样的。具体功能包括：报表列表、条件设置定制、统计报表、数据分析。

个性化定制。系统除了在管理方面提供了丰富的功能，也在个性化方面设计了很人性化的定制功能。具体功能包括：数据个性化定制、操作个性化定制、流程个性化定制。

移动办公。系统考虑施工企业在项目管理的特殊性，在讯息传递方面提供了电子邮件和移动办公功能。具体功能包括：电子邮件、移动办公。

系统设置。系统设置是对项目管理的基础数据环境进行设置。具体功能包括：数据字典、计量单位、货币汇率、公司图标、报表管理

系统管理。系统管理是对系统运行中要求的基础数据环境进行管理。具体功能包括：项目清单、组织用户维护、权限维护、密码维护、操作日志。

本章推荐参考书目

[1] 于秀芝编著. 人力资源管理(第三版). 北京：中国社会科学出版社，2006.

[2] 李永红主编. 园林工程项目管理. 北京：高等教育出版社，2005.

[3] 李岚主编. 财务管理实务. 北京：清华大学出版社，2005.

[4] 王红兵，车春鹂编著. 建筑施工企业管理信息系统. 北京：电子工业出版社，2006.

复习思考题

1. 什么是人力资源、人力资源规划？
2. 简述人力资源的特征与制定人力资源规划典型步骤。
3. 简述人力资源管理的目的意义和影响因素以及园林人力资源管理的基本方针。
4. 试述工作分析的基本内容及职务说明书编写的基本内容。
5. 简述设备磨损的类型及其对设备的影响。
6. 简述设备管理的基本原则和主要任务。
7. 试述财务管理和管理信息系统各自的基本职能。
8. 管理信息系统在管理控制中的作用是什么？

附件1 职务说明书

职务说明书示例

总经理(总裁)

职位名称	总经理(总裁)	职位代码		所属部门	
职　系		职等职级		直属上级	董事会
薪金标准		填写日期		核准人	

职位概要:

　　制定和实施公司总体战略与年度经营计划;建立和健全公司的管理体系与组织机构;支持公司的日常经营管理工作,实现公司经营管理目标和发展目标

工作内容:

　　__%根据董事会或集团公司提出的战略目标,制定公司战略,提出公司的业务规划、经营方针和经营形式,经集团公司或董事会确定后组织实施;

　　__%主持公司的基本团队建设、规范内部管理;

　　__%拟定公司内部管理机构设置方案和基本管理制度;

　　__%审定公司具体规章、奖罚条例,审定公司工资奖金分配方案,审定经济责任挂钩办法并组织实施;

　　__%审核签发以公司名义发出的文件;

　　__%召集、支持总经理办公会议,检查、督促和协调各部门的工作进展,主持召开行政例会、专题会等会议,总结工作、听取汇报;

　　__%参与行业活动,指导处理各种对外关系;

　　__%支持公司的全面经营管理工作,组织实施董事会决议;

　　__%向董事会或集团公司提出企业的更新改造发展规划方案、预算外开支计划;

　　__%处理公司重大突发事件;

　　__%推进公司企业文化的建设工作

任职资格:

　　教育背景:

　　◆ 企业管理、工商管理、行政管理等相关专业硕士以上学历

　　培训经历:

　　◆ 接受过领导能力开发、战略管理、组织变革管理、战略人力资源管理、经济法、财务管理等方面的培训

　　经　　验:

　　◆ 10年以上企业管理工作经验,至少5年以上企业全面管理工作经验

　　技能技巧:

　　◆ 熟悉企业业务和运营流程;

　　◆ 在团队管理方面有极强的领导技巧和才能;

　　◆ 掌握先进企业管理模式及精要,具有先进的管理理念;

　　◆ 善于指定企业发展的战略及具备把握企业发展全局的能力;

　　◆ 熟悉企业全面运作,企业经营管理、各部门工作流程;

　　◆ 具有敏锐的商业触觉、优异的工作业绩;

　　◆ 良好的中英文写作、口语、阅读能力;

　　◆ 具备基本的网络知识;

　　◆ 熟悉使用办公软件

　　态　　度:

　　◆ 具有优秀的领导能力,出色的人际交往和社会活动能力;

　　◆ 善于协调、沟通,责任心、事业心强;

　　◆ 亲和力、判断能力、决策能力、计划能力、谈判能力强;

　　◆ 为人干练、踏实;

　　◆ 良好的敬业精神和职业道德操守,有很强的感召力和凝聚力

工作条件:

　　工作场所:办公室

　　环境状况:舒适、无明显的节假日

　　危险性:基本无危险,无职业病危险

直接下属_____间接下属_____

晋升方向_____轮转岗位_____

＊注:"__%"指每一项工作职责在职位承担者的总工作时间中所占的百分比。企业根据自己的情况,自行填写。

附件2 竣工移交证书

竣工移交证书

工程名称： 　　　　　合同号： 　　　　　监理单位：

建设单位：_____

兹证明_____号竣工报验单所报工程

_____已按合同和监理工程师的批示完成，从_____开始，该工程进入保修阶段。

附注：（工程缺陷和未完成工程）

　　　　　　　　监理工程师： 　　　　日期：

总监理工程师的意见：

　　　　　　　　签名： 　　　　日期：

注：本表一式三份，建设单位、承接施工单位和监理单位各一份。

附件3 竣工移交技术资料内容一览表

竣工移交技术资料内容一览表

工程阶段	移交档案资料内容
项目准备 施工准备	1. 申请报告，批准文件； 2. 有关建设项目的决议、批示及会议记录； 3. 可行性研究、方案论证资料； 4. 征用土地、拆迁、补偿等文件； 5. 工程地质(含水文、气象)勘察报告； 6. 概预算； 7. 承包合同、协议书、招投标文件； 8. 企业执照及规划、园林、消防、环保、劳动等部门审核文件
项目施工	1. 开工报告； 2. 工程量定位记录； 3. 图纸会审、技术交底； 4. 施工组织设计等； 5. 基础处理、基础工程施工文件，隐蔽工程验收记录； 6. 施工成本管理的有关资料； 7. 工程变更通知单，技术核定单及材料代用单； 8. 建筑材料、构件、设备质量保证单及进场试验单； 9. 栽植的植物材料名单、栽植地点及数量清单； 10. 各类植物材料已采取的养护措施及方法； 11. 假山等非标工程的养护措施及方法； 12. 古树名木的栽植地点、数量、已采取的保护措施； 13. 水、电、暖、气等管线及设备安装施工记录和检查记录； 14. 工程质量事故的调查报告及所采取措施的记录； 15. 分项、单项工程质量评定记录； 16. 项目工程质量检验评定及当地工程质量监督站核定的记录； 17. 其他(如施工日志)等； 18. 竣工验收申请报告

续表

工程阶段	移交档案资料内容
竣工验收	1. 竣工项目的验收报告； 2. 竣工决算及审核文件； 3. 竣工验收的会议文件； 4. 竣工验收质量评价； 5. 工程建设的总结报告； 6. 工程建设中的照片、录像及领导、名人的题词等； 7. 竣工图(含土建、设备、水、电、暖、绿化种植等)

案例分析

物资管理纠纷

某建设单位与施工单位签订了大型水景工程施工承包合同，并委托了监理单位负责施工阶段的监理。施工承包合同中规定管材由建设单位指定厂家，施工单位负责采购，厂家负责运输到工地，当管材运到工地后，施工单位认为由建设单位指定的管材可直接用于工程，如有质量问题均由建设单位负责；监理工程师则认为必须有产品合格证、质量保证书，并要进行材质检验，而建设单位现场项目管理代表却认为这是多此一举，后来监理工程师按规定进行了抽检，检验结果达不到设计要求，于是，提出对该批管材进行处理，建设方现场项目管理代表认为监理工程师故意刁难，要求监理单位赔偿材料损失、支付试验费用。

案例分析：

施工方和建设单位现场项目管理代表的行为都不对。因为施工方对到场的材料有责任、必须进行抽样检查；监理工程师的行为属于由建设单位授权、为维护建设单位权益而进行的职责行为，建设单位现场项目管理代表横加干涉是不对的。因此材料处理的损失应由厂家自己承担，试验费用则由施工单位承担。

若该批材料用于工程后造成质量问题，施工方和监理方均有责任。因为施工单位对用于工程的材料必须确保质量，监理方对进场材料必须进行检查，不合格的材料不准用于工程；建设单位只是指定厂家，不负责任。

第9章　园林企业质量与技术管理

学习要点

掌握全面质量管理含义与特点；园林技术管理、设计质量管理及施工现场质量；园林工程项目设计质量控制、园林养护管理的关键环节；

理解质量管理基本原则、内容与方法（PDCA 循环）及园林质量认证的意义和实施步骤；

了解常用质量管理方法、园林设计质量标准、园林设计质量体系、园林技术管理的原则、技术革新和技术开发等。

质量是社会生活中最常见的概念之一，质量管理是各类企业永恒的主题。有人说"21 世纪是质量的世纪"。做好质量管理工作有助于园林企业改善质量管理，提高产品及服务的质量竞争力。

园林绿化的持续发展以园林绿化的科学管理为前提，而质量管理又是科学管理不可缺少的重要组成部分，提高质量是改善经营管理、提高科学管理水平的重要环节。质量是园林企业各项工作的综合反映，又是经济效益的直接体现，没有质量的数量等于浪费。因此，加强园林企业质量管理，是园林企业实现企业战略目标的重要保证，也是建设节约型园林的重要保障。

技术管理是园林企业管理的重要组成部分，园林企业生产经营活动的各个方面都涉及许多技术问题。技术管理工作所强调的是对技术工作的管理，是运用管理的职能去促进技术工作的开展，而并非是指技术本身。园林企业的各项技术活动归根结底要落实到每个园林工程，保证工程顺利进行，使建筑工程达到工期短、质量好、成本低的目标，为人民日益增长的物质文化生活需要提供优良的园林产品。本章侧重于园林产品施工生产中的技术管理工作。

9.1 质量管理概述

人类自从有了生产活动，也就有了质量问题。因为无论物品多么简单，生产方式多么原始，都存在一个能否满足特定用途的问题。随着人类对产品需求的多样化和生产力的发展，人类的质量意识逐渐苏醒。质量的优劣慢慢成为商品交换中的一个重要因素。为了保证质量，就需要对生产原材料，劳动工具，生产者的劳动技艺等提出相应的要求。从某种意义上说，这就是质量管理。通常认为现代质量管理的发展历程大体经历了三个阶段，即 20 世纪初的质量检验阶段，20 世纪 30 年代以后的统计质量管理阶段和 20 世纪 50 年代以后的全面质量管理阶段。质量管理的观念和方法一直在不断地演变与进化。

9.1.1 质量管理的涵义

9.1.1.1 质量管理与有关基本概念

1) 与质量管理有关的基本概念

(1) 过程

国际标准 ISO 8402 对过程的定义是："将输入转化为输出的一组彼此相关的资源和活动。"具体包括以下两层含义：

第一，质量管理和质量保证工作的一个基本观点是："所有工作都是通过过程来完成的。"ISO 9000 特别重视过程及其控制，并以此来保证预期结果的实现。

第二，有过程就要有输入，输入经过转换（即过程）形成的结果即输出。当然，这种转换应该是有目的的，有效果的。

(2) 产品

国际标准 ISO 8402 对过程的定义是："活动或过程的结果。"具体包括以下两层含义：

第一，产品是一个广义概念，包括硬件、软件、流程性材料和服务四大类别，或是它们的任意组合。

第二，产品分为有形产品和无形产品。如钢材、汽车、风扇等都是有形产品，概念、理论、知识、电脑软件和某项服务等则是无形产品。

(3) 服务

国际标准 ISO 8402 对服务的定义是："为满足顾客的需要，供方和顾客之间接触的活动以及供方内部活动所产生的结果。"对此做以下说明：

第一，服务是一种特别的产品，也是活动或过程的结果。

第二，服务不仅包括服务者(供方)与被服务者(顾客)接触时的活动所产生的结果，也包括服务者(供方)本身的言行。

第三，在供方与顾客的接触中，供方可以是人员，如售货员、医生等；也可以是某种设备或者设施，如自动售货机、取款机等。

第四，服务是以顾客为核心展开的，没有顾客也就谈不上服务。

一般地讲，服务是无形产品，但在提供服务的过程中，有形产品也常常成为服务的组成部分，如餐馆的菜肴、饮料等。甚至有时候这些有形产品对服务的优劣起决定性作用。

2) 质量管理的定义

质量管理的职能是质量方针、质量目标和质量职责的制定和实施，是企业管理的中心环节。国际标准 ISO 9000：2000 将质量管理定义为："在质量方面指挥和控制组织的协调活动。"

质量管理中指挥和控制组织的协调工作主要包括制定质量方针和质量目标以及实施质量策划、质量控制、质量保证和质量改进。

质量管理，就是确定质量方针、目标和职责并在质量体系中通过诸如质量策划、质量控制、质量保证和质量改进使其实施全部管理职能的所有活动。质量管理是企业管理的中心环节，其职能是质量方针、质量目标和质量职责的制订和实施。质量管理是各级管理者的职责，但必须由最高管理者领导，质量管理的实施涉及到组织中的所有成员，同时在质量管理中要考虑到经济性因素。

质量管理是企业围绕使产品质量满足不断更新的质量要求而开展的策划、组织、计划、实施、检查和监督审核等所有管理活动的总和，是企业管理的一个中心环节。其职能是负责确定并实施质量方针、目标和职能。一个企业要以质量求生存，以品种求发展，积极参与到国际竞争中去，就必须制订正确的质量方针和适宜的质量目标。而要保证方针、目标的实现，就必须建立健全质量管理体系，并使之有效运行。建立质量管理体系工作的重点是质量职能的展开和落实。

质量管理必须由企业的最高管理者领导，这是实施企业质量管理的一个最基本的条件。质量目标和职责逐级分解，各级管理者应对目标的实现负责。质量管理的实施涉及到企业的所有成员，每个成员都要参与到质量管理活动之中，这是全面质量管理的一个重要特征。

3）质量方针

质量方针是一个组织总的质量宗旨和方向，是一个比较长远的发展宗旨，而不是一个短期的目标。组织的质量方针应与组织的总体经营方针相一致。因此，质量方针必须由组织的最高管理者制定并形成文件，由组织的最高管理者正式颁布并对其作用承诺。质量方针是组织总方针的一部分，要与其他方针保持协调一致，应与组织的未来发展相一致。组织的最高管理者应采取一切必要的措施，以确保本组织的各级人员能理解、实施和评审质量方针，使质量方针成为每一成员的座右铭。

在制定质量方针时，最高管理者应考虑预期的顾客满意程度、其他相关方的需求、持续改进的机会和需求、所需的资源、供方和合作者的作用。

经过有效沟通而制定的质量方针，应表明对达到最佳质量的承诺，表明为实现最佳质量对提供足够资源的承诺，并且要阐述持续改进和顾客满意度。质量方针应定期评审并在必要时予以修订。

最高管理者应确保质量方针满足以下几个方面：

第一，与组织的宗旨相适应。组织的宗旨一般涉及质量、生产、财务、环境、安全、发展等方面。

第二，做出承诺。对满足顾客、适用法律法规的要求和持续改进质量管理体系有效性作出承诺。质量管理体系有效性是指组织实施过程的结果与所策划的要求的符合程度，直接体现组织提出的方针、目标等策划的结果是否实现。组织应在质量方针中包含对质量管理体系有效性持续改进的内容。

第三，提供制定和评审质量目标的框架。

第四，质量方针在组织内应得到沟通，使各级人员都能够理解。

沟通、理解不能只停留在机械的记忆上，应使各级人员意识到自己所从事的活动的重要性和实现本岗位的质量目标对实现组织的质量目标所做出的贡献。

4）质量目标

质量目标，是指与质量有关的、所追求或作为目的的事物。质量目标是比较具体的、定量的要求。质量目标应是可测的，并应与质量方针，包括与持续改进的承诺相一致。

质量目标一般是按年度提出的在产品质量方面要达到的具体目标，如产品的质量特性、功能要达到什么样的先进水平；产品一等品率或优质率要提高的百分比；产品的废品率比上一年度降低的比率；销售后的返修率减少的百分比等。

最高管理者应确保在组织内部的相应职能和层次上建立质量目标。制定质量目标要有经济观点，不应是质量越高越好，要以能满足用户需要为宗旨。质量目标制定后，应分解到有关单位和个人，因为要实现质量目标，还需要各级组织开展相应的活动，这些活动又有各自的具体目标。因此，必要时，各级管理部门可相应规定符合企业质量方针和总体目标的各部门质量目标，研究制订具体的实现目标的措施。

5）质量策划

国际标准 ISO 8402 中对质量策划的定义是："确定质量以及采用质量体系要素的目标和要求的活动。"

质量策划，是指质量管理中致力于设定质量目标并规定必要的作业过程和相关资源以实现其质量目标的部分。最高管理者应对实现质量方针、目标和要求所需的各项活动和资源进行质量策划。质量策划的输出应该文件化。

质量策划是质量管理中的筹划活动，是企业领导与管理部门的质量职责之一。企业要在市场竞争中处于优势地位，就必须根据市场信息、用户反馈意见、国内外发展动向等因素，对老产品改进和新产品开发进行筹划，确定研制什么样的产品，应具有什么样的性能，达到什么样的水平，提出明确的目标和要求，并进一步为如何达到这样的目标和实现这些要求从技术、组织等方面进行策划。

质量策划与质量计划是不一样的，质量策划强调的是一系列活动，而质量计划却是一种书面的文件。编制质量计划可以是质量策划的一部分。质量策划主要包括：产品策划、管理和作业策划、编制质量计划和做出质量改进的规定。具体来说，质量策划的工作内容主要有：

向管理者提出组织质量方针和质量目标的建议；

分析顾客的质量要求并形成设计规范；

对产品设计进行质量和成本方面的评审；

制定质量标准和准备产品规格；

控制策划过程和制定保证质量合格的程序；

研究质量控制和检验方法；

进行工序能力研究和对质量成本的分析；

开展动员和培训活动；

研究并实施对供应商的评估和质量控制；

对组织进行质量审核。

6）质量控制

国际标准 ISO 8402 中对质量控制的定义是："为达到质量要求所采取的作业技术和活动。"

质量要求是指对产品、过程或体系的固有特性要求。固有特性是产品、过程或体系的一部分，如螺栓的直径、机器的生产率、接通电话的等候时间等技术特性。赋予的特性如某一产品的价格，不是固有特性。质量要求包括对产品、过程或体系所提出的明确和隐含的要求。

质量控制贯穿于产品形成的全过程，对产品形成全过程的所有环节和阶段中有关质量的作业技术和活动都进行控制。

质量控制包括作业技术和活动，其目的在于监视产品形成全过程并排除在产品质量产生、形成过程中所有阶段出现的导致不满意的原因或问题，使之达到质量要求，以取得经济效益。

质量控制的目标是确保产品质量能满足用户的要求。为实现这一目标，需要对产品质量产生、形成全过程中所有环节实施监控，及时发现并排除这些环节有关技术活动偏离规定要求的现象，使其恢复正常，从而达到控制的目的，使影响产品质量的技术、管理及人的因素始终处于受控的状态下。

为了使控制发挥作用，必须注重以下四个环节：

一是凡影响达到质量要求的各种作业技术和活动应制定计划和程序；

二是保证计划和程序的实施，并在实施过程中进行连续的评价和验证；

三是对不符合计划和程序活动的情况进行分析，对异常活动进行处置并采取纠正措施；

四是注意质量控制的动态性。

有效的质量控制系统不仅具有良好的反馈控制机制，而且具有前馈控制机制，并使这两种机制能很好地耦合起来。一般说来，质量控制中实施作业技术和活动的程序为：

第一步，确定控制计划与标准；

第二步，实施控制计划与标准，并在实施过程中进行连续的监视、评价和验证；

第三步，发现质量问题并找出原因；

第四步，采取纠正措施，排除造成质量问题的不良因素，恢复其正常状态。

7）质量改进

国际标准 ISO 8402 中对质量改进的定义是："为向本组织及其顾客提供更多的收益，在整个组织内采用旨在提高活动和过程的收益和效益的各种措施。"

有效性是指完成所策划的活动并达到所策划的结果的程度的度量。效率是指所达到的结果与所使用的资源之间的关系。

使组织和顾客双方都能得到更多的收益，不仅是质量改进的根本目的，也是质量改进在组织内能够持续发展并取得长期成功的基本动力。质量改进的基本途径是在组织内采取各种措施，不懈地寻找改进机会，提高活动和过程的效益和效率，预防不良质量问题的出现。质量改进是通过不断减少质量损失而为本组织和顾客提供更多的利益；是通过采取纠正措施、预防措施而提高活动和过程的效果和效率。质量改进是质量管理的一项重要组成部分或支柱之一，它通常是在质量控制的基础上进行。

质量改进活动涉及质量形成全过程及其每一个环节，与过程中每一项资源(人员、资金、设施、设备、技术和方法)有关。质量改进活动应有组织、有计划地开展，并尽可能地调动每一个组织成员的参与积极性。质量改进活动的一般程序为：计划、组织、分析诊断和实施改进。

8）质量保证

国际标准 ISO 8402 中对质量保证的定义是："为了提供足够的信任表明实体能够满足质量要求，而在质量体系中实施并根据需要进行正式的全部有计划和有系统的活动。"具体包括：

质量保证重点是为"组织是否具有持续、稳定地提供满足质量要求的产品的能力"提供信任。

质量保证根据目的的不同，分为内部质量保证和外部质量保证。内部质量保证是向组织内各层管理者提供信任，使其相信本组织提供给顾客的产品满足质量要求。外部质量保证是为了向外部顾客或其他方面(如认证机构或行业协会等)提供信任，使其相信该组织有能力持续、稳定地提供满足质量要求的产品。

9) 质量体系

国际标准 ISO 8402 中对质量体系的定义是："为实施质量管理所需的组织结构、程序、过程和资源。"

这里的"资源"包括：人才资源和专业技能；设计和研制设备；制造设备；检验和试验设备；仪器、仪表和电脑软件。

适宜的质量体系应能满足实现质量目标的需要，同时也是经济而有效的。

一个组织的质量体系应只有一个。

9.1.1.2 制定质量管理工作流程的步骤

管理业务标准化、管理流程程序化，是建立质量保证体系的重要支柱之一。

制定管理业务标准、管理流程程序的方法有许多种，最直观的是采用图表的方法，即用图解的方法来表示质量管理工作的流程。具体的制定过程大致分为以下三步：

1) 绘制质量保证体系流程图

按照质量管理业务的实际流程，绘制出流程图表。这些图表主要包括：

企业质量保证体系总图。它反映质量保证体系各阶段的总体关系，包括从市场调查、产品规划设计、外协准备、制造装配、检查试验到销售服务等各阶段的工作内容，承担这些具体管理业务的专业管理部门，以及经过的先后工作程序。这一体系总图把质量保证体系涉及的有关部门之间、环节之间、工作之间的内在联系体现了出来，有利于解决部门之间的工作衔接协调问题。

产品质量保证体系流程图。这是用图解法表示产品生产全过程(各环节)质量保证的相互关联的因素。产品质量保证体系是企业质量保证体系的核心，是直接形成产品质量各环节构成的有机整体。

与质量相关联的各管理部门的质量保证体系全图。产品质量涉及企业各管理部门。为了保证产品质量，各有关部门都必须提供可靠的工作质量和完善的生产条件，确保所提供的原材料、设备、工装、工具、仪器、量具以及生产组织、劳动组织等方面的质量良好。为此，所有这些业务管理部门也都要具有各自的质量保证体系。

2) 研究并改进质量保证体系管理流程的合理性

这是实现管理标准化、程序化最重要的一环。建立质量保证体系并不是把原来各部门的工作简单地加以照相、写实或重新描述各岗位的管理工作职责，绘制一个实际流程图，而其关键在于改进管理流程，使之合理化、科学化。即要把原有管理业务和管理流程中不合理之处，特别是前后左右经常脱节、接岔对缝不牢靠的交叉点或接口处，加以组织改善，使之衔接紧密，连成一体，协调动作。因此，画出流程图以后，必须发动有关部门的职工讨论、分析，看它是否符合科学管理的要求。通过反复分析研究、修改和补充，最后形成一套科学的管理业务标准和管理流程程序。

3）进行试验

质量保证体系流程图经修改后，要拿到实践中试验，检验它是否切合实际，信息流是否畅通，物品流是否良好、正常。对发现的故障再次采取措施，疏通解决；把行之有效的办法，通过规章制度固定下来，形成一系列管理业务标准，共同遵照执行。

实践证明，实现管理业务标准化、管理流程程序化，可以使质量管理工作按照科学规律、科学程序办事，是建立质量保证体系的一项十分重要的基础工作。能有效避免职责不清、左邻右舍脱节、互相推诿的情况发生。

9.1.1.3 产品质量保证体系流程图的内容

产品从原材料进厂、验收、加工、包装发运的生产全过程(包括流程的各个阶段)。

产品工序加工流程经过各阶段、各重要环节的管理点、管理内容、管理手段、测定方法、测定记录等项目；根据产品各项质量特性要求的重点控制工作。

产品质量保证体系涉及的各有关部门和个人在质量管理活动方面的职责以及各阶段、各工序应该承担的质量任务。

各阶段的质量信息反馈程序、路线和内容。

9.1.1.4 工作质量保证体系图的内容

一般来说，工作质量保证体系图的内容大致包含以下四个部分：

管理程序：从管理工作开始到结束的整个工作顺序。

工作岗位：管理业务流程需要设置的岗位及其相互关系。

信息联络：岗位之间的信息传递路线以及质量反馈、互通情报、组织联系的手段。

岗位责任制：它表明各个岗位在整个管理程序中所处的地位、应承担的责任。

9.1.1.5 质量管理的基本原则

质量管理的职能体现在计划、组织、指挥、控制、监督和审核各个方面。为了成功领导和运作一个组织，需要采用系统的管理方式，并针对所有相关方的需求，实施并保持持续改进其业绩的管理体系。

GBT 19000—2000 族标准提供了质量管理的八大基本原理，具体如下：

1）以顾客为关注的焦点

组织依存于顾客生存，因此组织应理解顾客当前的和未来的需求，满足顾客要求并争取超越顾客期望。这里的顾客指接受产品的组织或个人。顾客可以是组织外部的采购方，也可以是组织内部接受前一个过程输入的部门、岗位或个人。

2）领导作用

领导者建立组织统一的宗旨及方向，他们应当创造并保持使员工能充分参与实现组织目标的内部环境。这里所说的领导者，是指在最高层指挥和控制组织的一个或者一组人。即组织的最高管理最高领导者要指挥和控制好一个组织，必须正确地完成确定方向、策划未来、激励员工、协调活动和营造一个良好的内部环境等工作。此外，在领导方式上，最高管理者还要做到透明、务实和以身作则。

3）全员参与

员工是组织之本，员工的充分参与能为组织带来巨大的收益。质量管理不仅需要最高管理者的正确领导，还有赖于全员的参与。所以要对员工进行质量意识、职业道德、以顾客为关注焦点的意识和敬业精神的教育，激发他们为提高质量努力工作的积极性和责任感。为此，员工必须具有足够的知识、技能和经验，才能胜任工作，实现充分参与。

4）过程方法

将活动和相关的资源作为过程进行管理，可以更高效地得到期望的结果。任何利用资源并通过管理将输入转化为输出的活动均可视为过程。系统的识别和管理组织所应用的过程，特别是这些过程之间的相互作用，就是过程方法。在应用过程方法的时候，必须对每个过程，特别是关键过程的活动进行识别和管理。

5）管理的系统方法

将相互关联的过程作为系统加以识别、理解和管理，有助于组织提高实现目标的有效性和效率。在质量管理中采用系统方法，就是要把质量管理体系作为一个大系统，对组成质量管理体系的各个过程加以识别、理解和管理，以实现质量方针和质量目标。

6）持续改进

持续改进整体业绩应当是组织的一个永恒目标。持续改进是增强满足要求的能力的循环活动。只有坚持持续改进，组织才能不断进步。最高管理者要对持续改进做出承诺，积极推动；全体员工也要积极参与持续改进的活动。

7）基于事实的决策方法

有效决策是建立在数据和信息分析基础上的。正确的决策需要领导者用科学的态度，以事实或正确的信息为基础，通过合乎逻辑的分析，做出正确的决断。

8）与供应商建立互利的关系

组织与供应商是相互依存、互利的关系，可增强双方创造价值的能力。供应商提供的原材料的质量对组织向顾客提供的产品质量产生重要的影响，因此处理好与供应商的关系，对组织持续稳定地提供给顾客满意的产品意义重大。对供应商不能只讲控制，不讲合作互利，要建立互利关系，特别是对重要的供应商。

9.1.1.6　质量管理的基本方法——戴明循环（PDCA 循环）

1）戴明循环概述

PDCA 循环概念是美国质量管理专家戴明（W. Edwards Deming）首先提出，故又称"戴明循环"，是"计划——执行——检查——总结"工作循环的简称，是国内外普通用于提高产品质量的一种管理工作方法。

PDCA 循环包含以下四个阶段的基本工作内容：

P（plan）阶段：为满足顾客需求，以社会、经济效益为目标，制定技术经济指标，研制、设计质量目标，确定相应的措施和办法。

D(do)阶段：按照已制定的计划和设计内容，落实实施，以实现设计质量。

C(check)阶段：对照计划，检查执行的情况和效果，及时发现计划执行过程中的经验和问题。

A(action)阶段：在检查的基础上，把成功的经验加以肯定，形成标准，便于以后照此执行，巩固成果、克服缺点、吸取教训，以免重犯错误，对于尚未解决的问题，则留到下次循环解决。

PDCA 循环是质量管理的基本方法。PDCA 四个阶段不是运行一次就完结，而是周而复始地进行。一个循环完了，解决了一部分的问题，可能还有其他问题尚未解决，或者又出现了新的问题，再进行下一次循环，所以称之为 PDCA 循环，其基本模型如图 9-1 所示。

2) PDCA 循环的特点

(1) 大环套小环，互相衔接，互相促进

作为企业管理的一种科学方法，PDCA 适用于企业各个方面的工作。整个企业存在整体性的一个大的 PDCA 循环，各个部门又有各自的 PDCA 循环，依次还有更小的 PDCA 循环，形成了大环套小环、相互衔接、相互联系的体系(图 9-2)。

(2) 阶梯式上升

如上所述，PDCA 循环周而复始，每次循环就上升一个台阶。每次循环都有新的内容与目标，都解决了一些质量问题，犹如登梯不断提高(图 9-3)。

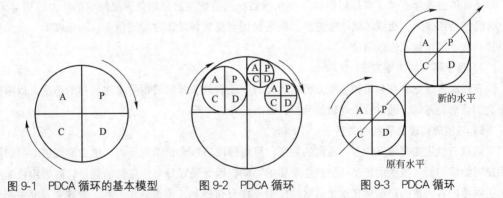

图 9-1　PDCA 循环的基本模型　　图 9-2　PDCA 循环　　图 9-3　PDCA 循环

(3) 推动 PDCA 循环，关键在于 A(总结过程)

通过总结经验教训，形成一定的标准、制度或规定，使工作做得更好，才能促进质量水平的提高。因此，推动 PDCA 循环，一定要抓好总结这个阶段。

3) PDCA 循环的八个步骤

第一步，分析现状，找出存在的质量问题，并尽可能用数据加以说明。

第二步，分析产生质量问题的各种影响因素。

第三步，在影响因素的诸因素中，找出主要的影响因素。

第四步，针对影响质量的主要因素，制定措施，提出改进计划，并预期效果。

第五步，按照制定的计划认真执行。

第六步，根据计划的要求，检查实际执行的结果是否达到了预期的效果。

第七步，根据检查的结果进行总结，使经验和教训转化为一定的标准或规定，巩固已经取得的经验，同时防止再犯相同的错误。

第八步，提出这一循环中尚未解决的问题，转入下一次的 PDCA 循环中去处理。

按照 PDCA 循环的四个阶段、八个步骤推进提高产品质量的管理活动，还要善于运用各种统计工具和技术对质量数据、资料进行收集和整理，以便对质量状况做出科学的判断。随着质量管理的不断发展，戴明博士又将 PDCA 循环改进为 PDSA(计划、执行、研究、行动)和 SDCA(标准化、执行、检查、调整)管理、改善循环。

9.1.2　全面质量管理及特点

9.1.2.1　全面质量管理的定义

全面质量管理的诞生，是质量管理发展史上一个光辉的里程碑，是当今世界质量管理最基本、最经典的理论之一。

TQM 在世界范围内的传播、应用和发展，充分证明其思想、原理和方法对于各国质量管理的理论研究和实际应用的指导价值。

TQM 是指一个组织以质量为中心，全员参与为基础，使顾客满意和本组织所有成员及社会受益而达到长期成功的管理途径。TQM 并不等同于质量管理，质量管理是组织的所有管理活动之一，与其他管理活动(如生产管理、计划管理、财物管理、人事管理等)并存，而 TQM 则适用于组织的所有管理活动和所有相关方面。TQM 的思想被称为质量管理的最高境界，具体表现为：

强调一个组织以质量为中心，否则不是全面质量管理；

强调组织内所有部门和所有层次的人员参与；

强调全员的教育和培训；

强调最高管理者的强有力而持续的领导和参与；

强调抓住管理思想、质量目标、管理体系和科学技术四个要领；

强调谋求长期的经济效益和社会效益。

9.1.2.2　全面质量管理的基本特点

全面质量管理的特点可归纳为"五全"：全员参与的质量管理、全过程的质量管理、全范围的质量管理、全面运用各种管理方法的管理和全面经济效益的管理。

1) 全范围的质量管理

全面质量管理强调以过程质量和工作质量来保证产品质量，强调提高过程质量和工作质量的重要性。全面质量管理强调在进行质量管理的同时，还要进行产量、成本、生产率和交货期等的管理，保证低消耗、低成本和按期交货，提高企业经营管理的服务质量。为保证全范围的有效性控制，应做到以下几点：

确立管理职责，明确职责和权限。一个单位或组织是否协调并能否有机运转，主要在于是否明确管理职责职权并各尽其责。

建立有效的质量体系。要从全企业范围考虑如何通过系统工程对质量进行全方位控制。全企业范围的质量管理，必须包括健全的组织结构，通过程序文件控制过程，并配备必要的资源。因此，建立质量体系是全企业范围质量管理的根本保证。

配备必要的资源。资源包括人力资源和物资及信息等。人力资源强调智力资源比体力资源更重要。一个健全的质量体系，如果只有组织结构、过程和程序，而没有必要的资源，这样的体系无法运行。因此，必要的资源是全企业范围质量管理的基础。

领导重视。实践证明，必须领导重视并起带头作用才能搞好全面质量管理，否则不会成功。全面质量管理本身要求全员、全过程和全方位的控制，没有领导的重视和协调是无法进行全面质量管理的。

2) 全过程的质量管理

全过程，是指产品质量的产生、形成和实现的整个过程，包括市场调研、产品开发和设计、生产制造、检验、包装、储运、销售和售后服务等过程。要保证产品质量，不仅要搞好生产制造过程的质量管理，还要搞好设计过程和使用过程的质量管理，对产品质量形成全过程各个环节加以管理，形成一个综合性的质量管理工作体系。做到以防为主，防检结合，重在提高。为保证全过程的有效性控制，应做到以下几点：

编制程序文件。任何过程都是通过程序运作来完成的，因此编制科学、有效的程序文件是保证过程控制的基础。ISO 9000 标准明确要求供方必须编制程序文件。

有效地执行程序文件。程序文件是反映过程和运作的指南，若只编程序文件而不执行或错误地执行，都不会发挥程序文件的指南作用，也就不会保证全过程处于受控制状态。ISO 9000 标准要求供方有效地实施质量体系及其形成文件的程序，就是为了确保对质量形成全过程的控制。

质量策划。质量策划是为了更好地分析、掌握过程的特点和要求，并为此而制定相应的办法，最终更好地实施全过程的控制。ISO 9000 标准对质量策划同样有明确要求，这完全符合全面质量管理整体系统策划的原则。

注意过程接口控制。有些质量活动是由很多小规模的过程连续作业完成的，还有些质量活动同时涉及不同类型的过程，这些情况都需要协调和衔接，如果不能密切配合，就无法做到全过程有效控制。

3) 全员参与的质量管理

产品质量是企业全体职工工作质量及产品设计制造过程各环节和各项管理工作的综合反映，与企业职工素质、技术素质、管理素质和领导素质密切相关。要提高产品质量，需要企业各个岗位上的全体职工共同努力，使企业的每一个职工都参加到质量管理中来，做到质量管理，人人有责。为了保证全员质量管理的有效性，必须做到以下几点：

质量要始于教育，终于教育。通过教育提高全员的质量意识，牢固树立质量第一的思想，促进职工自觉参与质量保证和管理活动。通过培训教育，使职工掌握必要的知识和技能，不断进行知识更新，使他们胜任本职工作。

明确职责和职权。各单位和部门都要为不同岗位责任者制定明确的职责和职权，并注意接口和合作，这样才能保证全员密切配合，协调、高效地参与质量管理工作。

开展多种质量管理活动。全员积极参与质量管理活动是保证质量的重要途径，特别是群众性的质量管理小组活动，可以充分调动职工的积极性，使他们有发挥自己聪明才智的用武之地，这也是全面质量管理的基本要求。

奖惩分明。奖励对提高质量有突出贡献的个人，可以引起大家对质量的重视。逐渐形成惟质量最重要的价值观，造就质量文化氛围，这是有效实施全面质量管理的必要基础。

4）全面运用各种管理方法的管理

全面、综合地运用多种方法进行质量管理，是科学质量管理的客观要求。随着现代化大生产和科学技术的发展以及生产规模的扩大和生产效率的提高，对产品质量提出了越来越高的要求。影响产品质量的因素也越来越复杂，既有物质因素，又有人为因素；既有生产技术因素，又有管理因素；既有企业内部的因素，又有企业外部的因素。要把如此众多的影响因素系统地控制起来，统筹管理，单靠数理统计一两种方法是不可能实现的，必须根据不同情况，灵活运用各种现代化管理方法和措施加以综合治理。在应用和发展全面质量管理科学方法时，注意以下几点：

尊重客观事实和数据。必须用事实和数据说话，才能解决有关质量的实质性问题。否则，只凭感觉或经验，不能准确反映质量问题的实质，反而可能造成错觉。

广泛采用科学技术新成果。实行全面质量管理要求必须采用科学技术的最新成果，才能满足大规模生产发展的需要。目前，全面质量管理已广泛采用系统工程、价值工程和网络计划及运筹学等先进科学管理技术和方法，同时也应用一些以计算机为中心的检测技术和设备。

注重实效，灵活运用。有些技术很适用于全面质量管理，但必须结合实际，不要过于追求形式，否则将适得其反。特别是在采用各种统计技术时，更要注意实效，灵活运用，不要搞得过于繁琐而让操作人员感到并不实用。

5）全面经济效益的管理

经济效益目的的全面性。TQM 的目的是在顾客满意的前提下，使组织的所有成员及社会受益且达到长期成功。做到企业效益与社会效益相统一，国家利益、企业利益、职工利益相统一。

9.1.2.3　全面质量管理的工作原则

1）预防原则

企业的质量管理工作要认真贯彻预防的原则，凡事要防患于未然。例如，在产品设计阶段就应该采用失效模式、效应及后果分析(FMECA)与失效树分析(FTA)等方法找出产品的薄弱环节，在设计上加以改进，消除隐患，还可以直接采用田口玄一的三次设计方法进行设计。

2）经济原则

全面质量管理强调质量，质量保证的水平越高或预防不合格产品的力度越大，付出的代价也越高。因此，必须考虑经济性，确立合理的经济界限，即经济原则。在产品设计过程制定质量标准，生产过程进行质量控制，选择质量检验方式等，都必须考虑其经济效益。随着国际市场竞争日趋激烈，在推行全面质量管理时，应追求经济上最适宜的方案。经济质量管理成为质量管理发展的新方向之一。

3）协作原则

协作是大生产的必然要求。生产和管理分工越细，就越要求协作。一个具体单位的质量问题往往涉及许多部门，若无良好的协作，就很难解决。因此，强调协作是全面质量管理的一条重要原则，这也反映了系统、科学、全局观点的要求。

4）按照 PDCA 循环组织活动

全面质量管理的方法的基本工作思路是一切按 PDCA 循环办事。它反映质量管理活动应遵循的科学程序。

9.1.3 质量管理常用方法
9.1.3.1 传统质量管理方法
1）分组法

分组法，是把收集到的数据按照不同的目的、标志进行分类，把性质相同、生产条件相同的数据归为一类，找到影响质量的原因和责任者，对症下药。它是加工整理数据的一种重要方法，也是分析影响质量原因的一种基本方法。常用的分类标志有：操作者、设备、材料、操作方法、时间、检验手段、环境等。

2）直方图法

直方图，是数据分布的一种图形，用于工序的质量控制。标准直方图如图 9-4 所示。直方图法把从生产工序收集得来的数据整理后，分成若干组，画出以组距为底边、以频数为高度的一系列直方形连起来的矩形图。通过对直方型观察，可以分析、判断和预测生产工序的精度、工序质量及其变化，并根据质量特性分布情况，进行适当的调整。

对直方图进行观察时，主要应注意图形的整个形状。一般说来，直方以中间为顶峰，左右对

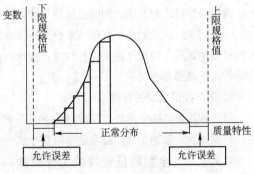

图 9-4 标准直方图

称地分散呈正态分布时，说明状况比较正常。如果不是这样，锯齿形、偏向形、孤岛形、双峰形、平顶形等畸形分布状态，就须分析原因，采取措施改正。

3）排列图法

排列图，又称主次因素图，是把质量数据按照影响质量的各种原因分组，计算各种因素对产品

质量的影响程度，并按影响程度的大小为序，列表作图，以便分清主次因素，确定管理工作的重点。标准排列图如图9-5所示。

排列图有一个横坐标、两个纵坐标、数个直方柱和一条曲线组成。横坐标表示影响产品质量的各种因素；左边的纵坐标表示对产品质量影响的绝对数。通常把影响产品质量因素分为三类。累计百分数的80%以下的几个因素称为 A 类因素，它们是主要因素；累计百分数在80%～90%的那些因素称为 B 类因素，属于一般因素；累计百分数在90%～100%的因素称为 C 类因素，是次要因素。在很多情况下，占累计百分数在80%以下的因素只有两三个，甚至一两个，集中力量解决这些因素，可以大大提高产品质量。

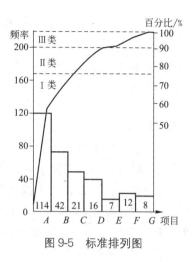

图9-5 标准排列图

排列图可以不止一张，根据第一张排列图找出的主要因素再进一步收集数据，为这个主要因素作排列图，分析这个主要因素又是受哪些因素影响，以及各类原因的影响程度。以此类推还可以画第三张、第四张排列图。原因分析得越具体，愈能针对原因采取措施。

4）相关图法

相关图，是一个平面坐标图，横坐标代表需要分析的因素，纵坐标代表产品的质量特征，把实际测得的质量数据依次用点子画在图上，从点子的分布是否集中，以及分布的趋势可以分析该因素与产品质量之间有无相关关系以及相关的程度。

产品质量与影响产品质量因素之间，常常有一定的依存关系，但它们之间又不是一种严格的函数关系，即不能由一个变量的数值精确地求出另一个变量的数值，这种依存关系称为相关关系。分析因素与结果之间的相关关系，自觉地运用这种关系，对提高产品质量有很大作用。

5）因果分析图法

因果分析图，是由许多大小不同的箭头组成，图中间是一粗箭头，表示结果，也就是需要分析原因的某一质量特性；粗箭头两旁有若干个大箭头，表示人、机器、材料、方法等几方面的因素，每一箭头的两旁又有若干小箭头，分别表示这一方面的具体因素；如果还有更具体因素，再分别以更小的箭头表示。由于图的形状像鱼刺、树枝，因此又称为鱼刺图或者树枝图。

因果分析图的特点在于能够全面的反映影响产品质量因果关系，而且层次分明，可以从中反映某一种原因是通过什么途径影响结果的。借助这种图可以追根究底，找出真正的原因，便于对症下药采取措施。通过因果分析图虽然能够全面的掌握影响质量的因果关系，却不能确切的反映各种因素对质量的影响程度。大的原因不一定是主要原因，小的原因可能是关键问题。要进一步测定各种因素对产品质量的影响程度，还需要用排列图和相关图来补充。

6）控制图法

控制图，是利用图表形状来反应生产过程中的运动状况，并据此对生产过程进行分析、监督、控制的一种工具，它是用于分析和判断工序是否处于稳定状态所使用的带有控制界限的一种图表。

对于生产工序有两个基本要求：一是在生产过程中要有足够的精度；二是生产过程应保证稳定而正常，既处于控制状态和实现管理目标化。前者可用直方图和公差相对比来判断并调整，后者则用控制图法来解决。控制图的内容包括标题和控制图两部分。

标题部分：包括工厂、车间、小组的名称，工作地的名称编号，零件、工序的名称编号，检验部位、要求，测量器具，操作工、调整工、检验员的姓名及控制图的名称编号等。

控制图的部分：控制图的基本格式，在纸上取横坐标和纵坐标。横坐标为字样组号和取样的时间，纵坐标为测得的质量特性值。图上有与横坐标平行的三条线，中间一条线叫中心线，用实线来表示。上面一条虚线叫上控制线，下面一条虚线叫下控制线。在生产过程中，定期的抽样，测量各样品的尺寸。将测得的数据用"点"描在图上，如果"点"落在控制界限之内，"点"的排列无缺陷，则表明生产工序处于受控状态。

控制图的基本格式过程正常，不会产生废品。如果"点"越出了控制界限，或"点"虽未跳出控制界限，但"点"的排列有缺陷，则表明生产条件发生了较大的变化，应采取措施，使生产过程恢复正常。

9.1.3.2 质量管理的新七种方法

质量管理新七种方法是随着企业生产的不断发展以及科学技术的进步，将运筹学、系统工程、行为科学等更多、更广的方法来解决生产中的质量管理问题。企业管理从单一目标向多目标管理过渡，过去强调产值、积累；现在强调效率、效益以及多元化，用综合尺度来评价企业。其次，企业更加注意保护资源、节约能源，要求在产品制造、流通、使用、废弃的过程中不污染环境和伤害人类。

质量管理新七种方法是思考型的全面质量管理，属于创造学领域，主要用文字、语言分析，确定方针，提高质量。质量管理新七种方法不能代替质量控制工具，更不是对立的，它们是相辅相成的，相互补充机能上的不足。新七种方法主要是为设计寻求进程，提出目标，建立体系，完善计划。

质量管理新七种方法主要包括：关联图法、KJ法、系统图法、矩阵图法、矩阵数据分析法、过程决策程序法、矢线法。

9.2 园林质量管理

9.2.1 园林设计质量管理

质量是园林企业各项工作的综合反映，是园林企业生死攸关的大问题，因此园林设计质量管理是园林企业全部管理活动的一个方面。园林设计质量管理以设计促质量，以质量开拓、占领市场，已成为园林企业获取市场竞争力的行为准则。

9.2.1.1 设计质量管理概述

1) 设计质量及其管理

所谓质量，就是产品、过程和服务满足规定要求和特征需要的总和。根据ISO的标准定义，质量不仅是产品的质量，而且也包括体系的质量和过程的质量。根据质量的对象划分，质量一般有产品质量、工程质量、工作质量、设计质量等之分。而设计质量应该是其他质量合格的前提与基础，因为任何产品的出现，往往都是从设计工作开始。

设计质量应包括设计质量指标和设计质量标准两大部分。设计质量指标一般包括外观、色彩、造型、形状、功能和表面装饰等质量品质与特性；而设计质量标准一般是参照国家或国家质量 ISO 标准体系的规定来确定的。但设计质量标准有其独特性，如难以直接定量、定性的一面，又如外观、舒适、操作方便等性能与品质。

设计质量管理是使提出的设计方案能达到预期目标并在生产阶段达到设计要求的质量，是从设计的角度去考虑设计对象的功能、结构、造型、工艺、材料等方面的合理性，以追求设计作品的完美。人们对设计质量管理的重视是一个从认识到逐步深化的过程。例如：长期以来，大型综合型产品(如飞机、汽车)的研制和使用周期较长、产量大，产品如暂时达不到设计性能，一般都是在漫长的生产过程中逐步加以改进和解决的。比如 F-4 飞机在 135 项设计问题中，设计定型中只解决了 35％，有 65％是在批量生产中解决的。随着科技的进步与现实需要，开始从"硬件"(生产)质量管理逐步发展到"软件"(设计)质量管理，这一转变是建立在新的认识基础上的。即产品研制过程是"软件"形成过程，最后的成品是"硬件"，这个硬件必须符合使用要求，而体现它的是设计，是保证实现产品的一套设计技术规定和程序。总的说来，设计质量管理是企业设计管理活动中的一个方面，是指通过质量策划、质量控制、质量承诺、质量改进，以建立一个合格的设计质量体系，达到企业设计质量目标、方针与职责，交付给用户满意的产品或服务。

设计过程是产品质量最早的孕育过程，搞好生产前的设计工作是产品质量提高的前提。设计质量"先天"地决定了设计对象的质量，在整个产品质量产生、形成过程中居于首位。

设计质量是以后制造质量必须遵循的标准和依据，而同时又是最后使用质量必须达到的目标。如果由于设计过程的质量管理薄弱、设计不周而铸成错误，那么这种"先天不足"必然带来"后患无穷"，它不仅会严重影响产品质量，还会影响投产后的一系列工作，造成恶性循环。因此，设计质量管理是企业全面质量体系中带动其他各个环节的首要环节，是全面质量管理的起点。

2）设计质量管理的内容及任务

设计项目的不同，决定了设计质量管理的内容不同。就产品设计而言，设计过程是指产品(包括未开发新产品和改进老产品)正式投产前的全部开发研制过程，一般包括调查研究、策划方案、模型制作、试制与鉴定、工艺及材料以及标准化等工作内容。

为保证设计质量，设计管理一般要做好如下几项工作：

一是根据市场调查及信息资料制定设计质量目标；

二是保证产品前期开发阶段的工作质量。其任务是选择设计的最佳方案，编制设计任务书，阐明设计特征、风格、规格及结构等，并做出新产品的开发决策；

三是根据方案论证、验证试验资料，鉴定方案论证质量；

四是审查产品设计质量，包括设计更改审查、性能审查、一般审查、可维修性审查、互换性审查、计算审查等；

五是审查工艺设计质量；

六是检查产品试制鉴定质量，监督产品试制质量；

七是保证产品最后定型质量；

八是保证设计图样、工艺等技术条件的质量等。

以上设计质量管理的内容包含了一些技术设计的管理，管理者必须得到相关技术人员的支持。

设计质量管理的内容主要包括如下两个方面：

第一，根据对使用要求的实际调查和科学研究成果等信息，保证和促进设计质量，使研制的新产品或改进的老产品具有更好的使用效果，能满足用户的物质与精神要求；

第二，在实现质量目标，满足使用要求的前提下，还要考虑现有的生产技术条件和发展可能，讲究加工的工艺性，要求设计质量易于得到加工过程的保证，并获得较高的生产效率和良好的经济效益。

9.2.1.2　设计质量标准

评价一项设计的好坏很难有一个统一的标准，因为设计具有理性与感性双重要素，但这并不能说设计就没有好坏之分。好的优良的设计具有一些共同的特点。1989年在世界工业设计联合会上曾将优良设计的原则定为以下几个方面：创新的；实用的；有美学设想的；易被理解的(会说话的)；毫无妨碍的；诚实的；耐久的；关心细部的；符合生态要求的；尽可能少的设计。这十条原则比较全面地反映了一项优质设计应遵循的标准。

具体来讲，设计质量标准可分为以下两大类：

1) 资格标准

在设计的不同行业或类型中，国家制订了各类设计师(如平面设计师、室内设计师、建筑设计师等)评定标准，注册风景园林师考试制度也正在酝酿制订中，制订了设计企业的等级评定标准。在设计招标、竞标的过程中为了使设计质量有一定的保障，常对设计师的参与和设计企业的等级都会有相应的资格要求与标准。

2) 设计标准

任何一项设计，业主或顾客对设计都会有一些基本的期望或需求，设计师或设计企业为了使自己的设计能脱颖而出并被采纳，必须遵循对方的设计标准进行设计，保证设计质量。设计标准通常有设计优胜标准和设计失败标准之分。设计优胜标准常是指能充分考虑客户选择设计提供者的要素，这些要素尽管会因客户的需求或感受而异，但还是有一些共性因素，如价格、效率、舒适、方便、服务等。设计失败标准是指设计不能被采用或没有达到预期水平的那部分要素，通常包括个性化、可靠性、速度等。

9.2.1.3　设计质量体系

1) 设计质量体系的要素

设计质量要得以保证，建立一个与本单位相匹配的设计质量体系是完全必要的。完善的设计质量体系是企业设计工作开展的基础，是相关设计文件制订的依据，有利于企业行使设计质量决策，有利于有计划、有步骤地把整个公司的设计质量活动切实加以管理。一般说来，设计质量体系的要素可分为设计质量体系的结构要素和设计质量体系的选择要素两大类。

质量体系的结构要素由职责与权限、组织结构、资源与人员、设计程序、技术状态管理等组成。

职责与权限：是质量体系结构中最重要的组成部分，是以明确各级设计人员及管理人员的质量职能为中心任务的。须确立与设计质量有关的、直接和间接影响质量的活动，并形成设计文件。

组织结构：应建立与质量管理体系相适应的组织结构。

资源与人员：为达到设计质量的方针与目标，应为设计人员提供良好的设计环境与相关软件，选择合适的人员搭配。

设计程序：设计质量管理需要依靠明确的设计程序，并在设计过程的每一阶段进行评价，严格按规范的设计程序与步骤展开设计活动。

技术状态管理：对设计技术应加以管理。

设计质量体系除自身具有的结构要素之外，应分析产品生命周期各阶段的质量职能，选择具体的质量体系要素，建立设计质量体系文件，使影响产品质量的全部要素在全过程始终处于受控状态。

一般来说，质量体系的选择要素主要是规范和设计质量。把顾客的需要转化为材料、产品和过程的技术规范，并提出产品设计图样，制作模型测试并进行小批量产品试制。通过设计评估进一步改进产品，力求使价格既能让顾客接受，又能确保设计获得满意的投资收益率，做到技术和设计两方面均达到先进，且使用可靠方便，易于生产、验证和控制。

2) 设计质量体系的建立

建立设计质量体系是成功设计的保证。设计要获得成功，必须使设计对象符合如下要求：满足恰当规定的需要和顾客的期望；符合适用的标准和规范；符合社会要求，包括法律、准则、规章、条例以及其他考虑事项所规定的义务；反映环境要求；反映价格优势。

要获得以上设计质量的目标，企业在建立设计质量体系时，应遵循以下原则：

重视设计质量策划，以提高设计质量体系的有效性。

在设计过程的各个阶段，无论是质量策划、设计质量文件的编制，还是各质量要素活动的接口与协调等方面均应采用整体优化原则。

强调满足顾客对产品质量的要求。

管理重心从管理设计结果向管理"设计过程"、"设计要素"转移，强调以预防为主、杜绝隐患的原则。

强调设计质量与效益的统一，从顾客和组织两个方面权衡利益、成本和风险诸因素关系。

强调持续的设计质量改进原则，以追求设计的完美。

强调全面质量管理的原则，将设计质量管理纳入企业全面质量管理体系之中，并突出其作用。

按照质量体系建立的原则，根据 ISO 9001 的标准，通常建立和完善设计质量体系包括五个阶段，如图9-6所示。

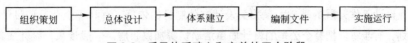

图 9-6　质量体系建立和完善的五个阶段

组织策划阶段：此阶段的主要任务是了解 ISO 9000 标准，以便领导层形成决策，并建立相应的工作机制，制定工作计划和程序，同时组织设计人员进行相应培训。

总体设计阶段：此阶段的主要任务是制订设计质量的方针与目标，对质量体系进行总体设计分析，对现有的质量体系进行调查评估，确定质量体系的要素与结构，选择相应的管理措施与方法。

体系建立阶段：此阶段的主要任务是成立专门的设计机构组织管理设计质量，规定设计质量的职责和权限，并为设计质量的保障与实施提供所需的基本资源。

文件编制阶段：此阶段的主要任务是组织有经验的设计管理者与相关人员编制有关设计质量文件。

实施与运行阶段：此阶段的主要任务是组织人员进行培训学习，了解设计质量体系各个环节的注意事项和有关文件规定，以便责权分明，使质量管理措施能够得以落实和有效运行。同时，通过实施与运行，对整个管理体系进行检查、考核，合理审核与评审，对体系中的不足或遗漏之处加以补充和完善，使设计质量管理水平再上一个台阶。

3）设计质量体系的文件编写

在设计质量体系中，设计组织机构是"硬件"，而体现企业特征、便于有效实施的设计质量体系文件则构成"软件"，这两部分相辅相成，缺一不可。尤其是在设计管理中，制订切实可行并行之有效的质量保证文件，可以规范设计行为，明确设计职责，提高设计效率，保证设计的质量和投产率，是设计得以成功的有效途径。典型的质量体系文件如图 9-7 所示。

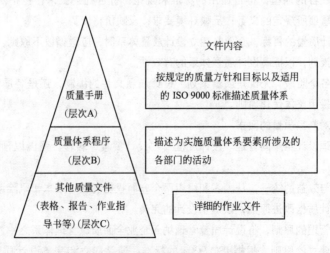

图 9-7　典型的质量体系文件结构

从图9-7可以看出，质量体系文件是由多个层次、多种文件所构成的。在设计质量管理中，设计质量体系文件，一般包括设计质量的方针与目标、设计质量手册、设计步骤与程序文件、设计指导书、设计质量管理制度、设计质量记录等。在编制这些文件时，应确保这些文件的系统性、法规性、见证性和适宜性。

质量方针与目标。这是设计企业规范设计质量的纲领性文件，体现了管理者的目标与意图。在制订设计质量方针时，应做到：明确有力、严肃稳定、合理可行、言简意赅。在建立设计质量目标时应做到：明确设计质量目标的具体要求(应是可测量的，并包含产品要求)；确定设计质量目标的设定原则(不断改进，提高质量，使顾客满意)；设计质量目标应融入与其相关的企业职能部门及层次之中。

设计质量手册。质量手册是规定组织质量管理体系的文件，设计质量手册应是设计行为的一个范本。它是将设计方针与目标思想以具体的文字(必要时可用图表、图形)加以描述。其内容一般包括：①管理的范围。应含设计机构提供满足客户和适应法律、法规要求的产品的能力所要求的内容；②设计步骤程序文件的主要内容或对其的引用；③设计过程顺序和相互关系的描述；④批准、修改、发放设计质量手册的控制。

设计步骤与程序文件。设计步骤与程序是设计质量得以保证的重要环节，其相关的文件规定是设计质量手册的具体化、可操作化。其特点是：①规定是何人何时何地去做什么，为什么这么做，如何做(5W1H)；②阐明涉及设计质量各部门和人员的责权分工及相互关系，并说明实施活动的方式、采用的文件及控制方式；③简明易懂，结构和格式相对固定，便于应用。

设计指导书。设计指导书是程序文件的进一步延伸和具体化，用于细化具体的设计过程与设计要求。设计指导书通常是一些专业性和针对性的文件，用于指导设计人员的具体操作。其编制步骤如下：①编制准备，收集相关资料与文件；②列出设计指导书目录；③落实编写计划和责任人；④编写可参考样本，应注意职责与内容的协调统一；⑤批准。编写后的指导书经试用后，对照质量手册文件，加以修改完善，然后由设计主管或单位负责人，批准后交付使用。

9.2.1.4　设计质量管理战略

1) 实施设计质量管理战略的意义与作用

设计质量管理战略是指设计企业在设计事务运营过程中，强调以人为本，以提高设计质量为中心，一切设计活动必须围绕高标准的设计质量目标展开，将质量管理与保证提高到战略高度，并与企业经营理念融合在一起。

在设计企业中，实施设计质量管理战略，可以紧密地结合经营环境的变化和客户的需求变化以及企业的目标市场定位，使设计行为围绕企业经营活动，以设计促质量、促效益，为有效地实现企业经营目标服务。其意义与作用具体体现如下：

在管理意识上，可以从强调单纯的设计质量上升塑造一种质量意识和质量道德观念，形成一种企业质量文化，树立企业质量形象。

在管理方式上，可以改变传统的偏重于产品的内容质量特征或外部质量特征，而强调质量特性

(内在质量)与精神质量(外在质量)的融合统一，注重产品的文化含量和审美质量，使之相得益彰。

在管理对象上，实现从以设计对象为中心向以人为本的经营理念转变，采取有效的管理措施与方法，激励设计人员以正确的工作方法来保证设计质量的改进与提高。

在管理重点上，强调设计质量的经济性、效益性，在保证质量的前提下，注重降低设计成本，提高质量效益。

在管理方法上，有利于将设计管理纳入全面质量管理的整体运作之中，强调设计质量持续改进(PDCA 循环)与突破，以提高企业的质量竞争优势。

在市场营销和顾客满足上，强调设计的整体性与一致性，改变片面狭隘追求产品外观质量的满足，着眼于品牌、形象等无形资产的建立，以顾客满意为目标，赢得高质量设计的美誉。

2) 设计质量管理的具体战略

设计质量管理战略是全方位的、全面的，其主要目标是将设计质量提升为一种设计竞争的核心力量。在实施质量管理战略中，具体有如下一些策略：

树立全面、全过程、全员参与的全面质量管理意识，在设计工作中充分考虑制造、生产服务等各个环节的影响与制约，使设计成为其他工作开展的有效基础，以提高企业的整体质量水平。

参照 ISO 9000 系列标准体系，建立一套完善的、操作性强的设计质量管理体制，撰写并颁布相应的设计质量管理文件，如设计质量手册、设计指导书、设计操作步骤与程序文件等。

建立一套可对设计质量进行合理评估与评价的体系。对设计质量的评价与测量是一项具有挑战性的工作，难以定量评定，因为设计质量的评定包括来自许多心理方面的因素，如客户满意度等。设计企业可以通过标准问卷法与比较法(与同行横向比较和与自身纵向比较)等方法进行测试，以得到一个公正、客观的评价结果。

强调设计质量应不断改进，建设一个充满凝聚力的、高水平的、质量意识强的设计团队，制订一些与设计企业相适应的设计质量改进计划，包括降低设计开发成本，提高设计服务质量、提升设计投产率、加强设计团队建设等方面的规章制度。

追求零缺陷，使设计质量管理达到最高水平。在设计中强调一次就把事情做对，设计工作的标准是尽可能不出现失误。这就要求设计者具有较高的设计素质和问题预测能力以及综合系统分析能力。

9.2.1.5　园林工程项目设计质量控制

1) 园林工程项目设计质量控制的内容

第一，正确贯彻执行国家园林法律法规和各项技术标准。其内容主要有：

贯彻执行有关园林绿化、城市规划、建设批准用地、环境保护、三废治理及建筑工程质量监督等方面的法律、行政法规及各地方政府、专业管理机构发布的法规规定；

贯彻执行有关工程技术标准、设计规范、规程、工程质量检验评定标准、有关工程造价方面的规定文件等。其中，特别注意对国家及地方强制性规范的执行；

经批准的工程项目的可行性研究、立项批准文件及设计纲要等文件；

勘察单位提供的勘察成果文件。

第二，保证设计方案的技术经济合理性、先进性和实用性，满足业主提出的各项功能要求，控制工程造价，达到项目技术计划的要求。

第三，设计文件应符合国家规定的设计深度要求，并注明工程合理使用年限。设计文件中选用的建筑材料、构配件和设备，应当注明规格、型号、性能等技术指标，其质量必须符合国家规定的标准。

第四，设计图纸必须按规定具有国家批准的出图印章及建筑师、结构工程师的执业印章，并按规定经过有效审图程序。

第五，园林工程项目设计质量控制的步骤，主要包括设计策划、设计输入、项目设计数据编制、设计接口、设计评审、设计验证、设计文件审核和设计文件会签等。

设计策划是指针对合同项目建立质量目标，规定质量控制要求，重点是制订开展各项设计活动的计划，明确设计活动内容及其职责分工，配备合格人员和资源。项目的设计策划要形成文件，通常以项目设计计划的形式编制，作为项目设计管理和控制的主要文件。

项目设计计划的主要内容包括：确定设计工作内容、确定设计原则、设计的主要内容和要求、设计规定、标准和规范、设计材料的采购、设计各专业职责等。

设计输入就是针对设计的要求，在设计质量控制程序中规定设计输入的内容。设计输入应尽可能定量化。设计输入的内容和质量，直接关系到设计文件的质量，因此，应予以高度重视。

设计输入内容主要包括：项目合同及其附件中的有关数据和资料，用户对设计的要求，计划任务书，项目可行性研究报告中的有关数据和资料，环境调查资料、项目规划设计及所采用的标准、规范和设计规定。

项目设计数据表的编制就是对设计输入资料进行核对、检查和评审，并在此基础上编制项目设计数据表，经用户确认后作为设计的依据，当项目设计数据有遗漏或变更并对设计有较大影响时，应列入用户变更。

设计接口是为了使设计过程中设计部门和其他部门，以及各设计专业之间能做到相互协调，必须明确规定并切实做好设计部门与其他部门、设计内部各专业间以及工业项目各工区、各车间的设计接口。设计接口分组织接口和技术接口，应制订相应的设计接口管理程序，经技术管理部门组织评审后实施。设计过程中应严格按照规定的程序进行设计接口管理。

设计评审是对设计进行综合的、系统的、文件化的检查，以评价设计是否满足了相关质量要求，找出存在的问题，并提出解决的办法。设计评审分别按不同的设计阶段以及设计单位程序文件的有关规定进行。

设计评审过程中，对设计文件的质量，应主要依据其质量特性的功能性、可信性、安全性、可实施性、适应性、经济性和时间性等各个方面是否满足要求来衡量。

对工业项目设计，应进行工艺方案评审。工艺设计方案是决定项目设计技术水平的关键。在工艺设计的初期阶段，必须对工艺方案进行充分的讨论和认真的评审，以确定先进、合理和可靠的工艺方案。成熟技术的工艺方案由工艺设计部门组织评审。重大工艺技术方案及新工艺由项目经理提出申请，由设计单位的技术管理部门协同项目部组织评审。

总体方案的评审。总体方案的评审包括对设计规模、总建筑面积、生产工艺及技术水平、建筑造型等方面的评审。总体方案的评审，主要在初步设计时进行。

专业设计方案评审。专业设计方案评审的重点是设计方案的设计参数、设计标准、设备和结构的选型、功能和使用价值等方面，应做好设计方案的技术经济评价。

施工图设计的评审。施工图设计的评审主要是针对设计是否满足工程设计输入的要求，设计深度是否符合规定，设计采用的标准、规范和设计文件标识是否正确，设计文件是否完整等。

设计验证是确保设计输出满足设计输入的重要环节，是对设计产品的检查，通过检查和提供客观证据，证明设计输出是否满足了设计输入的要求。设计评审是设计验证的主要方法，从事验证工作的人员，应具备一定的资格要求。

设计文件的校审是对设计所作的逐级检查和验证检查，以保证设计满足规定的质量要求。设计校审应按设计过程中规定的每一阶段进行，包括半成品和成品的图纸及文件的校审。

设计文件的会签是保证各专业设计相互配合和正确衔接的必要手段，通过会签可以消除专业设计人员之间的误解、错误或遗漏，是保证设计质量的重要环节。

设计文件的会签包括综合会签和专业会签两部分。综合会签主要是保证各专业在建筑内或装置或厂区内的布置合理，互不碰撞；专业会签主要是保证各专业的设计图纸和设计条件相符。

2）园林工程项目设计质量控制的方法

（1）设计单位的选择

设计单位对设计的质量负责。设计单位的选择对设计质量有根本性的影响，而许多业主和项目管理者在项目初期对它没有引起足够的重视，有时为了方便、省钱或其他原因（例如关系户），将工程委托给不合格的设计单位甚至业余设计者，结果造成很大的麻烦和经济损失。

设计工作属于高智力型的、技术与艺术相结合的工作，其成果评价比较困难。设计方案以及整个设计工作的合理性、经济性、新颖性等常常不能从设计文件如图纸、规范、模型的表面反映出来，往往在工程竣工后甚至是在项目运行一段时间后，才能作出适当的评价，所以设计质量很难控制。这就要求对设计单位的选择予以特别的重视。根据项目建设要求和有关批文、资料，组织设计招标及设计方案竞赛。通过对设计单位编制的设计大纲或方案竞赛文件的比较，优选设计方案及设计单位。设计单位必须是：规模大、著名的设计单位；正规的、管理规范的设计单位；不仅本项目设计在其业务范围内，而且具有与项目相符合的资质等级证书；有同类工程经验，在过去的项目中与业主合作良好、信誉好。

对勘察、设计单位的资质业绩进行审查，优选勘察、设计单位，签订勘察设计合同，并在合同中明确有关设计范围、要求、依据及设计文件深度及有效性要求。

（2）设计工作控制

根据建设单位对设计功能、等级等方面的要求，根据国家有关园林法规、标准的要求及园林项目环境条件等方面的情况，控制设计输入，做好建筑设计、专业设计、总体设计等不同工种的协调，保证设计成果的质量。

控制各阶段的设计深度，并按规定组织设计评审，按法规要求对设计文件进行审批(如对扩初设计、设计概预算、有关专业设计等)，保证各阶段设计符合项目策划阶段提出的质量要求，提交的施工图满足施工的要求，工程造价符合投资计划的要求。

对阶段设计成果应审批签章，再进行更深入的设计，否则无效。无论是国内还是国外，设计总是分为几个阶段进行，逐渐由总体到细部。各个阶段设计成果都必须经过一定的权力部门审批，作为继续设计的依据，这是一个重要的控制。

由于设计工作的特殊性，对一些大的、技术复杂的工程，业主和项目管理者常常不具备相关的知识和技能，所以常常必须委托设计监理或聘请有关专家，对设计进度和质量、设计成果进行审查，这是十分有效的控制手段。

由于设计单位对项目的经济性不承担责任，所以他们常常从自身效益的角度出发尽快出方案、出图，不希望也不愿意作多方案的对比分析。往往只是认真作一个方案，并象征性地作一两个方案作陪衬。对此常须作如下考虑：

① 采用设计招标，在中标前审查方案，而且可以对比多家方案，这样定下一个设计单位就等于选择了一个好的方案，但这对时间和花费要求较高。

② 采取奖励措施。鼓励设计单位进行设计方案优化，从优化所降低的费用中取一部分作为奖励。

③ 另外，请科研单位专家对方案进行试验或研究，进行全面技术经济分析，最后选择优化的方案。

多方案的论证不仅对项目的质量有很大的影响，而且对项目投资的节约、经济性有很大的影响。

对设计工作质量进行检查。这是一项十分细致的，同时又是技术性很强的工作。在设计阶段发现问题及时纠正，是最方便、最省事、最省钱的，影响也最小。

落实设计变更审核，控制设计变更质量，确保设计变更不导致设计质量的下降。并按规定在工程竣工验收阶段，在对全部变更文件、设计图纸校对及施工质量检查的基础上，出具质量检查报告，确认设计质量及工程质量满足设计要求。

设计工作以及设计文件的完备性，应包括说明工程形象的各种文件，如各种专业图纸、规范、模型，相应的概预算文件，设备清单和工程的各种技术经济指标说明，以及设计依据的说明文件和边界条件的说明等。设计文件应能够为施工单位和各层次的管理人员所理解。

从宏观到微观上分析设计构思、设计工作和设计文件的正确性、全面性及安全性，识别系统的错误和薄弱环节。分析这样的设计若付诸实施，工程建成后能否安全、高效率、稳定、经济地运行，是否美观，能否与环境协调一致。

设计应符合规范的要求，特别是强制性的规范，如防火、安全、环保、抗震的标准，以及一些质量标准、卫生标准。

(3) 设计交底和图纸会审

请施工单位、制造厂商、工程的使用者参加会审。会审的目的有：

使施工单位熟悉设计图纸，了解工程特点和设计意图，针对关键工程部分的质量要求，也可减少图纸的差错。

检查技术设计中有没有考虑到施工的可能性、便捷和安全性。

检查设计中有没有考虑到运行中的维修、设备更换、保养的方便。

检查设计中有没有考虑到运营的安全性及交通和运行费用的高低。

组织施工图图纸会审，吸取建设单位、施工单位、监理单位等方面对图纸问题提出的意见，以保证施工顺利进行。

9.2.2 园林施工质量管理

根据园林工程的质量特性决定质量标准。目的是保证施工产品的全优性，符合园林的景观及其他功能要求。根据质量标准对全过程进行质量检查监督，采用质量管理图及评价因子进行施工管理；对施工中所供应的物资材料要检查验收，搞好材料保管工作，确保质量。

9.2.2.1 园林施工现场质量管理

施工现场质量管理一般分为施工前的质量管理、施工过程中的质量管理和工程竣工验收时的质量管理。在整个施工过程中要有全面质量管理的意识，采用其基本方法进行施工管理。搞好工程施工现场管理，是园林作品能否满足设计要求及工程质量的关键环节。园林作品的质量应包含园林作品质量和施工质量两部分，前者以安全程度、景观水平、外观造型、使用年限、功能要求及经济效益为主；施工过程质量以工作质量为主。因此，对上述全过程的质景管理构成了园林工程项目质量全面监控的重点内容。

1）施工现场质量影响因素的控制

目前，施工现场质量管理常采用"4M1E"控制模式。4M1E是指施工人员控制(Men)、机械设备控制(Machinery)、材料控制(Material)、施工工艺控制(Means)和环境因素控制(Environment)。

施工人员因素的控制。施工过程中要加强对员工的劳动纪律教育和职业责任教育；做好技术培训，完善工作岗位责任；建立公平合理的竞争机制和持证上岗制度；杜绝违章作业。

机械设备因素的控制。机械设备是施工中重要的劳动手段，也是保证施工质量的关键因素。因此要做好机械的选择和维护工作，认真遵守操作规程，实行定机、定人、定岗的"三定"制度。

材料因素的控制。要严格材料采购制度，重视材料入库工作，不但要有质量合格证，还要进行材料抽样检测，各种配比明确，植物材料要按国家或地方标准出圃。

施工工艺因素的控制。这主要表现在施工方法的选择是否合理，施工顺序是否妥当，即施工组织设计是否符合施工现场条件。

环境因素的控制。例如工程技术环境(地质、水文等)、施工管理环境(质量保证体系、管理制度等)、劳动环境(劳动组合、工作面等)。这些因素影响到施工工序的搭接、劳动力潜力发挥等。

2）施工前的质量管理

施工前的质量管理要做好以下两方面的工作：

第一，"4M1E"的全面控制。即要对施工队伍及人员的技术资质，施工机械设备的性能，原材料、各种配件的规格和质量，施工方案及保证工程质量的技术措施，施工现场、技术、管理、环境的质量进行审核，以保证"4M1E"处于受控状态。

第二，建立施工现场质量保证体系。根据工程质量管理目标，结合工程特点和施工现场条件，建立质量管理制度和质量保证体系；编制现场质量管理目标框图，用以监控施工质量。

3）施工过程中的质量管理

施工过程中的质量控制是整个施工阶段现场施工质量控制的中心环节。因此，要确定每道工序的质量管理体制，并制定保证措施。例如应做好工序衔接检查，隐蔽工序验收等。

4）施工现场的质量控制

主要包括施工现场竣工的预验收、竣工正式验收和工程质量评定工作。

拟定质量重要管理点。对现场施工的各个工序，特别是那些需要加强控制的环节和关键性工序作为质量管理的重点。园林工程施工中可用以下方法拟定：

首先根据项目确定需要重点管理的工序，然后按要求给出工序管理流程图，在图上标出所要进行重点管理的工序、质量特性、质量标准、检测方法和管理措施。

最后进行工序分析，利用因果图找出影响质量管理点的主导因素，并根据分析的结果编制"工序质量管理对策表"，界定质量监控范围和具体要求。

接着编制出质量管理点的作业指导书。明确严格的作业标准和操作规程。

做好质量检验和评定工作。工程质量的判断方法很多，目前应用于园林工程施工中的质检方法主要有直方图、因果图和控制图等。这些方法均需选取一定的样本，依据质量特性绘制成质量评价图，用以对施工对象做出质量判断。

9.2.2.2　园林工程质量检验与质量评定

质量检验应包含园林作品质量和施工过程质量两部分。前者应以安全程度、景观水平、外观造型、使用年限、功能要求及经济效益为主；后者则以工作质量为主，包括设计、施工、检查验收等环节。因此，对上述全过程的质量管理构成了园林工程项目质量全面监督的主要内容。

1）质量检验相关的内容

质量检验是质量管理的重要环节，搞好质量检验能确保工程质量，达到用最经济的手段创造出最佳的园林艺术作品的目的。因此，重视质量检验，树立质量意识，是园林工作者的基本素质条件。要做好这一工作，必须做好以下八方面的工作：

对园林工程质量标准的分析和质量保证体系的研究；

熟悉工程所需的材料、设备检验资料；

施工过程中的工作质量管理；

与质量相关的情报系统工作；

对所有采用的质量方法和手段的反馈研究；

对技术人员、管理人员及工人的质量教育与培训；

定期进行质量工作效果和经验分析、总结；

及时对质量问题进行处理并采取相关措施。

2) 质量检验和评定的分析

准备工作。要搞好质量检验和评定，必须做好以下几方面的准备工作：根据设计图纸、施工说明书及特殊工序说明事项等资料分析工程的设计质量，再依照设计质量确定相应的重点管理项目，最后确定管理对象(施工对象)的质量特性；按质量特性拟定质量标准，并注意确定质量允许误差范围；利用质量标准制定严格的作业标准和操作规程，做好技术交底工作；进行质检质评人员的技术培训。

检查与评定方法。工程质量的判断方法很多，目前应用于园林工程施工中的质检方法主要有直方图、因果图、排列图、散布图和控制图五种。这几种方法均需取样本(通常50～100个样本)，依据质量特性，绘制成必要的质量评价图用以对施工对象做出质量判断。

9.2.3　园林养护质量管理

园林绿地的养护，主要指植株栽植成活后不间断的管理工作，可分为日常保养工作、周期工作及专项工作三大类。日常保养工作是指几乎每天都需进行的或每年进行的密度较大的工作，如浇水、清除残花黄叶、除杂草、园林保洁等。周期工作是指每隔一定的时间或每当植物生长到某一阶段就进行一次的工作，一般间隔期较长，如修剪、中耕除草、施肥、病虫害防治等。专项工作是指针对某种情况或某种事物而进行的特定工作，如园林绿地灾害预防等。植株栽植后的成活期的养护工作，也属于栽植的范畴。

9.2.3.1　园林养护质量管理的重要性和必要性

园林绿化不同于建筑和市政工程，竣工验收就达到最佳状态。绿化工程的竣工验收只能说明植物种植成活，达到体现设计的基础和雏形，需要经过一定的时间精心养护，使其生长茂盛，对有造型要求的植物要经常进行修剪、整形和加工，逐步成型，达到设计要求。

植物生长不仅有一般的生命过程，在生长过程中受自然条件和环境因素的影响，因此，创造适宜植物生长的环境，对出现损伤、衰老和死亡的植物要适时补植或更新。

园林绿化的工程施工是设计的继续，而养护和管理则是施工建设的再继续。只有进行科学施工和养护，才能实现园林绿化的设计蓝图。

现代城市园林绿化已突破传统的公园和街道绿化的范围，是覆盖全社会，遍布城市各个地方的重要的城市基础设施和环境工程，具有面宽、量大的特点。

绿化不仅需要对环境的保护和改善发挥作用，还要塑造理想的艺术构图和景观特色，达到美化城市的作用，没有良好的管理和精心的养护是达不到目的的。当前普遍存在"重施工、轻养护"的状况下，加强园林绿化养护质量管理显得尤为重要。

9.2.3.2 科学技术在园林养护园林中的作用

由于园林绿化具有长期性和连续性、技术性和艺术性、地域性和季节性、综合性和可塑性等特点，所以，园林绿地的质量是随着时间的演进而变化的，也是随着养护的技术质量而变化的。科学的养护管理，应根据植物生长规律和生物学特性以及物候期和环境条件等方面，因地因时对对象制定相应的技术措施，防止片面性、教条性。如土壤质地不同，对水分的要求不同。质地黏重的土壤浇水过多会导致土中水气比例失调，影响植物正常生长发育。植物种类不同，对整形修剪的要求不同，尤其是观赏花树种，不正确的修剪方法会造成开花减少甚至无花。因此，做好绿地的养护管理工作，还必须加强专业技术的水平，面向社会单位定期进行技术培训，不断吸收新的科学技术知识，正确应用先进的养护管理技术。加强养护队伍专业技术的建设，按技术操作规程进行作业，建立技术责任制，充分发挥技术人员的作用，明确技术职权、责任。

园林养护则侧重于微观的、直接的、具体的技术性的作业，只有将宏观管理和微观作业有机地结合起来，才能提高绿地的养护管理质量水平，巩固城市园林绿化成果。

9.2.3.3 园林养护质量管理的关键环节

1）灌溉及排水

新建园林绿地，应及时灌溉和排水，全年都应注意水分的管理。只有适宜的水分条件，园林植物才能良好的生长；涝时对于植株不利，轻则生长不良，重则死亡；干旱对植株生长也不利，轻则枯萎，重则枯死。"水少是命，水多是病"也就是这个道理。尤其是大苗大树，为保证成活和生长，应经常灌溉使土壤处于湿润状态，并视情况向枝干喷水。华北对新栽植树木5年内都要加强水分管理。

2）施肥

园林绿地上栽植的各类植物要施肥，因为园林绿地上生长的植物，在栽植点生长多年甚至上百年，而每种植物从土壤中吸收的营养元素大同小异，土壤中各种营养元素的含量有限，即使在肥力很高的土壤内，养分也不是取之不尽。同时城镇土壤还不像森林、山地土壤那样，能进行树木与土壤之间的肥力自然大循环。城镇绿地为了美观和卫生，大量的枯枝落叶被打扫运走，不能回归到生长的土壤中，土壤逐渐贫瘠、恶化，最后丧失生产力。为此，应定期向土壤中施肥，达到既补充营养、改良土质，又能长期维持土壤生产能力。

通过施肥植物才能生长良好，花繁叶茂，充分发挥观赏效果与调节小气候的能力，使园林绿地的绿化和美化作用提高。

3）中耕除草

通过中耕，能使土壤表层松动，使之疏松透气、保水、透水和增温，利于园林树木的生长。除草可以减少杂草与树木争夺土壤中的水分和养分，特别利于新栽植的乔灌木或浅根性树种生长；同时可减少病虫害的发生，清除病虫害的潜伏处，保持绿地的整洁和园容。

4）自然灾害防御

自然灾害对于园林植物生长及树体外观易造成巨大地影响，应及时对园林绿地所在地区的灾害性天气进行预测和防治。自然灾害有风害、日灼、冻害等。如在多风地区，树木常发生风害，出现偏冠和偏心现象，偏冠会影响树木整形，偏心的树易遭受冻害和日灼，影响树木正常发育。春季大风，易使树木干梢干枯死亡；春季旱风，常将新梢嫩叶吹焦，缩短花期。夏秋季沿海地区的树木常遭台风危害而枝叶折损，大枝折断，阵发性大风对高大树木破坏性更大。遭受日灼的树木，树皮变褐枯死，呈片状脱落。

5) 防治病虫害

园林树木种类繁多，为各种病虫提供了生活和繁殖的场所。园林绿地中的树木一旦发生病虫害，会大大降低绿地质量，直接影响观赏效果和绿化功能的发挥。特别是害虫大量繁殖时，令人望而生畏。另外，园林树木已渗入群众生活之中，城市各个角落都有树木生长。因此，园林植物病虫害发生，也影响到环境卫生、市容整洁和群众生活。所以防治病虫害是园林地养护工作中的一项主要任务，对于保护树木生长、保持良好景观效果具有重要作用。

6) 防止人为、机械损伤

园林绿地的树木及街道上的行道树等，处于游人的包围之中，常会遭受人为的伤害，如推摇树干，攀折花枝，在树干上刻字留念或无目的地刻伤树皮；有的居民在树干上拴绳、打钉晾晒衣被，或在绿篱上铺晒被褥等，都对园林树木生长不利，特别是在树干上拴绳或铁丝晾晒衣物，由于树干一年年在加粗，铁丝缚扎在树干上，导致此处树干无法增粗，结果在铁丝上方的树干上形成瘤状缢伤，既影响树木的美观，也对树木的生长不利，而且缢伤处往往成为病菌的侵入口，引起木腐病，木质部腐烂，造成孔洞。绿篱上晒衣被，使绿篱被压，顶芽无法向上伸长，侧壁得不到阳光，长此以往会造成绿篱空秃或缺株，影响绿篱的立体美感，并失去防范作用。因此，应加强人为活动对园林绿地的破坏的管理，保持和提高景观效果。

9.3 园林质量管理标准化

9.3.1 质量管理标准化的意义

标准是规范企业产品生产和服务的量规，也是促进企业科学管理、提高竞争力的重要手段。标准化是实施、执行标准的活动。法规则为实施、执行标准提供保证，可通过法律、行政法规等强制性手段实施、执行标准。

人们对绿化建设标准化的重视程度不够，园林绿化质量水平参差不齐，正是园林技术标准和管理质量标准的差异引起。人们不难发现一些外资园艺公司种植的花卉的大小、色彩、花期都基本一致；而国内生产的花卉往往大小不一、色彩多样、花期断断续续，很难形成规模化生产。相比较而言，国外在园艺生产和产品质量评价方面都有严格的标准。如荷兰对花卉生长过程所需的栽培介质、光照、水肥、农药等都有一套切实可行的操作标准；对花卉产品的颜色、直径、保鲜度、凋谢期等也有等级标准，从而确保了花卉大规模生产的产品质量。而国内虽然也制定了一些标准（如香石竹、唐昌蒲等切花的标准），但在实际生产中往往没有应用，说明标准化的观念还没有深入人们的意识之中。这种缺少标准化生产的现象在试管苗生产和种苗培育上也很普遍，这也是为什么国内苗木往往达不到国外标准，难出口的重要原因之一。没有标准化的生产和管理，就无法控制整个生产过程的质量。

园林技术标准化和规范化的提高也是打破传统的园艺技艺，实现园林现代化，使园林科技代代相传的有效途径。园林技艺，在很长的历史时期内，大都是靠父子相传、师徒相带的，现在仍有这种情况，当一些熟练的技术工人退休后，其技艺也随之消失。如果能把一些传统的经验和现代管理技术结合起来，总结成技术规范，那么这些传统经验就不会失传。

我国园林标准化建设的相对薄弱已引起有关部门的重视，迄今为止，已制定实施了一部分技术标准和规范(规程)。与园林绿化相关的技术标准和规范除了现有的国家标准《城市用地分类与规划建设用地标准》、《城市居住区规划设计规范》、《游艺机和游乐设施安全标准》、《公共信息图形符号》、《公共信息标志用图形符号》和行业标准《公园设计规范》、《风景园林图例图示标准》、《城市道路绿化规划与设计规范》、《城市绿化工程施工及验收规范》之外，值得注意的是2000年11月颁布的国家标准《主要花卉产品等级》，该标准共分七个部分，分别对鲜切花、盆花、盆栽观叶植物、花卉种子、花卉种苗、花卉种球及草坪的质量等级、检测方法等进行了规定，这必将有利于我国花卉产业的专业化生产、集约化经营、规范化管理。国家建设部也指出标准化的工作只能加强，不能削弱，园林技术标准是我国园林科技的"十一五"规划重点。

9.3.2　质量管理体系认证

9.3.2.1　质量管理体系认证的概念

质量管理体系认证，亦称质量管理体系注册，是指由公正的第三方体系认证机构，依据正式发布的质量管理体系标准，对组织的质量管理体系实施评定，并颁发体系认证证书和发布注册名录，向公众证明组织的质量管理体系符合质量管理体系标准，有能力按规定的质量要求提供产品，可以相信组织在产品质量方面能够说到做到。

质量管理体系认证的目的是要让公众(消费者、用户、政府管理部门等)相信组织具有一定的质量保证能力，其表现形式是由体系认证机构出具体系认证证书的注册名录，依据的条件是正式发布的质量管理体系标准，取信的关键是体系认证机构本身具有的权威性和信誉。

9.3.2.2　质量认证的意义

1) 提高供方的质量信誉

人们常把产品质量信誉视为企业的生命。有了质量信誉就会赢得市场，有了市场就会获得效益。实行质量认证制度后，市场上便会出现认证产品与非认证产品、认证注册企业与非注册企业的一道无形界线，凡属认证产品或注册企业，都会在质量信誉上取得优势。

2) 指导需方选择供方单位

随着科学技术的高度发展，使得现代产品的结构越来越复杂，仅靠使用者的有限知识和条件，很难判断产品是否符合标准。实行质量认证制度后，可以帮助需方在纷繁的市场中，从获准注册的企业中寻找供应单位；从认证产品中择优选购商品。

3）促进企业健全质量体系

一个比较完善的产品认证制度，除检验产品外，还得对企业的质量保证能力进行评定。作为独立的质量体系认证，更要对质量体系是否符合特定标准进行审核。这种审核和评定在某种程度上起到了专家咨询作用。检查中发现的问题，企业必须认真整改，否则不予通过。认证通过后还得随时准备接收监督性抽查，这些外加的压力将会转化为企业不断自我控制和自我完善质量体系的动力。

4）增强国际市场竞争能力

质量认证制度已越来越多地被世界上许多国家和地区接受，成为国际上质量方面接轨的重要手段。国与国之间常常通过签订单边、双边或多边的认证合作协议，取得对方国家认可。如果获得国际上有权威性的认证机构的认证，便会得到世界各国的普遍认可，并按协定享受一定的优惠政策、待遇，如免检、减免税和优价等，这对增强国际市场竞争能力起到重要作用。

5）减少社会重复检查费用

一个供方往往有多种产品，一种产品也往往涉及许多用户，一个供方还面对许多的分供方。在如此众多的供需交易活动中，都免不了要反反复复地作产品检验和质量保证能力的检查。这些检验和检查都要花去一定的人力和物力，从整个社会来计算，费用是非常巨大的。实行质量认证后，可以节约大量重复检查费用。

6）有利于保护消费者利益

认证注册和认证标志能够指导买方、消费者从采购开始就防止误购不符合标准的货品，并且能使他们不会轻易地与未经体系认证的企业建立长期供需关系。这是对买方和消费者的最大保护。特别是涉及人们安全健康的产品实行强制性认证制度后，从法律上保证未经安全性认证的产品一律不得销售或进口，这就从根本上杜绝了不安全产品的生产和流通，极大地保护了消费者的利益。

9.3.2.3 质量管理体系标准

目前，世界上体系认证通用的质量管理体系标准是 ISO 9000 系列国际标准。组织的管理结构、人员和技术能力、各项规章制度和技术文件、内部监督机制等是体现其质量管理能力的内容，它们既是体系认证机构要评定的内容，也是质量管理体系标准规定的内容。体系认证中使用的基本标准仅是证明组织有能力按政府法规、用户合同、组织内部规定等技术要求生产和提供产品。

当然，各国在采用 ISO 9000 系列标准时都需要翻译为本国文字，并作为本国标准发布实施。目前，包括全部工业发达国家在内，已有近 70 个国家的国家标准化机构，按 ISO 指南 47 的规定，将 ISO 9000 系列国际标准等同转化为本国国家标准。我国等同 ISO 9000 系列的国家标准是 GB/T 19000—ISO 9000 系列标准，是 ISO 承认的 ISO 9000 系列的中文标准，列入 ISO 发布的名录。

9.3.2.4 体系认证的实施步骤

1）申请认证

组织向其自愿选择的某个体系认证机构提出申请，按机构要求提交申请文件，包括组织质量手册等。体系认证机构根据组织提交的申请文件，决定是否受理申请，并通知组织。按惯例，机构不能无故拒绝组织的申请。

2）体系审核

体系认证机构指派数名国家注册审核人员实施审核工作，包括审查组织的质量手册，到组织现场查证实际执行情况，提交审核报告。

3）审批与注册发证

体系认证机构根据审核报告，经审查决定是否批准认证。对批准认证的组织颁发体系认证证书，并将组织的有关情况注册公布，准予组织以一定方式使用体系认证标志。证书有效期通常为三年。

4）监督

在证书有效期内，体系认证机构每年对组织至少进行一次监督检查，查证组织有关质量管理体系的保持情况，一旦发现组织有违反有关规定的事实证据，对该组织采取措施，暂停或撤销组织的体系认证。

5）质量管理体系认证的作用

质量管理体系认证之所以在全世界各国能得到广泛的推行，是因为：

从用户和消费者角度：能帮助用户和消费者鉴别组织的质量保证能力，确保购买到优质满意的产品。

从组织角度：帮助组织提高市场的质量竞争能力；加强内部质量管理，提高产品质量保证能力；避免外部对组织的重复检查与评定。

从政府角度：促进市场的质量竞争，引导组织加强内部质量管理，稳定和提高产品质量；帮助组织提高质量竞争能力；维护用户和消费者的权益；避免因重复检查与评定而给社会造成浪费。

9.3.3 园林质量管理体系认证

2000 年 12 月 3 日，广州市如春园林工程有限公司通过英国 GLOBAL 及中国商检 CQC 质量体系认证，从而成为国内园林行业中第一家取得 ISO 9001 双证书的企业。

ISO 质量管理体系是适应市场竞争日趋激烈和满足顾客的要求而产生发展起来的，最早应用于生产制造业，目前在城市建设、建筑等工程领域也得到广泛运用。作为建设工程领域分支的园林绿化行业 ISO 体系发展相对滞后，虽然很多园林企业早在几年前就已经通过了 ISO 9000 族质量体系的培训和认证，但是在实际工作中，由于对体系作用的认识不全面、不准确，加上建立的体系与企业的发展不相适应，生搬硬套标准条文，可执行性差，符合性不好，企业普遍存在为认证、宣传而贯标的现象，建立的体系文件不仅成了摆设，有些甚至变成施工效率的障碍。近十多年来，随着经济的迅猛发展，城市建设投资剧增，风景园林事业得到迅速发展。但过快的发展速度，使得行业内部出现了良莠不齐的现象，工程质量参差不齐，工程管理水平低下成为阻碍园林行业可持续发展的关键因素。质量管理是一种意识，更是一种科学而有效的管理方法，通过质量管理规范工作程序和完善工序控制，可以确保工程项目有序进行，从而对实现项目目标进行有效的控制，满足项目的质量及成本目标，即：优化质量管理，取得优质工程；降低工程成本，体现企业效益。

9.4 园林技术管理

园林企业的技术管理，就是对企业中各项技术活动过程和技术工作的各种要素进行科学管理的总称。这里所说的"各项技术活动过程"和"技术工作的各种要素"构成了技术管理的对象。"各项技术活动过程"指的是图纸会审、编制施工组织设计、技术交底、技术检验等施工技术准备工作，质量技术检查、技术核定、技术措施、技术处理、技术标准和规程的实施等施工过程中的技术工作；科学研究、技术改造、技术革新、技术培训、新技术试验等技术开发工作。它们构成了技术管理的基本工作。"技术工作的各种要素"指的是技术工作赖以进行的技术人才、技术装备、技术情报、技术文件、技术资料、技术图案、技术标准规程、技术责任制等，它们多属于技术管理的基础工作。

9.4.1 技术在质量管理中的意义

技术管理的基本任务是正确贯彻执行国家的技术政策和上级有关技术工作的指示与决定，科学地组织各项技术工作，建立良好的技术程序，充分发挥技术人员和技术装备的作用，不断改进原有技术和采用先进技术，保证工程质量，降低工程成本，推动企业技术进步，提高经济效益。

9.4.2 园林技术管理的内容和形式

9.4.2.1 园林技术管理的内容

园林企业技术管理可分为基础工作和业务工作两大内容。

基础工作。为有效地进行技术管理，必须做好技术管理的基础工作。基础工作包括技术责任制、技术标准与规程、技术原始记录、技术档案、技术情报工作等。

业务工作。技术管理的业务工作是技术管理中经常开展的各项业务活动。业务工作包括施工技术准备工作(如图纸会审、编制施工组织设计、技术交底、技术检验等)、施工过程中的技术工作(如质量技术检查、技术核定、技术措施、技术处理等)和技术开发工作(如科学研究、技术革新、技术改造、技术培训、新技术试验等)。

9.4.2.2 技术管理的原则

技术管理必须按科学技术规律办事，要遵循以下三个基本原则：

正确贯彻执行国家的技术政策、规范和规程；

按科学规律办事，坚持一切经过试验的原则；

讲求经济效益。

9.4.2.3 技术革新

技术革新的内容。技术革新是对现有技术的改进、更新和突破。园林企业要提高技术素质，就必须不断地进行技术革新。施工企业的技术革新主要包括改进或改革施工工艺和操作方法；改进施工机械设备和工具；改进原料、材料、燃料的利用方法；改进建筑结构和建筑产品的质量；改革管理工具和管理方法；改革质量检验技术和材料试验技术等。

技术革新的组织管理。技术革新是一项群众性的技术工作，因此要加强组织管理，充分发动群众，调动各方面的积极性和创造性。为此，必须加强组织领导和管理，做好以下四项工作。

一是制定技术革新计划。为了使计划作为技术革新的行动纲领，必须密切结合生产和施工的实际需要，发动群众在认真总结以往技术革新经验的基础上，充分挖掘潜力，明确重点，分期分批攻关，坚持一切经过试验的原则，由点到面，逐步推广，既要有长远规划，又要有年度计划。计划要在技术主管的领导下进行编制。

二是开展群众性的合理化建议活动。要充分发动群众积极提建议，找关键，挖潜力，鼓励群众积极完成技术革新任务，推广使用革新成果，总结提高，力求完善，由点到面，不断扩大。要发动群众广泛提合理化建议，搞小革新、小发明。

三是组织攻关小组解决技术难关。

四是做好成果的应用推广和鉴定、奖励工作。

技术革新完成后，要经过鉴定和验收，完全成功以后才能投入生产。凡是技术上切实可行、经济上合算的技术革新成果，就应该在生产中推广使用。革新成果采纳后，要根据经济效益的大小，按国家规定给技术革新者一定的奖励，予以鼓励。

9.4.2.4 技术开发

技术开发是指在科学技术的基础研究和应用研究的基础上进行生产实践的开拓过程。

1）技术开发的途径

独创型：通过研究获得科技上的发现和发明及具有实用价值的新技术。

引进型(转移型)：从企业外部引进新技术，经过消化、吸收和创新后，具有实用价值的新技术。

综合和延伸型：通过对现有技术的综合和延伸，开发和应用的新技术。

总结提高型：通过对企业生产经营实践的总结，充实和提高的新技术。

2）园林企业技术开发程序

园林企业技术开发，应对园林技术发展动态、企业现有技术水平、技术薄弱环节等进行深入调查分析，预测园林技术的发展趋势。

从本企业的生产实际出发选择技术开发课题，研究和解决生产技术上的关键问题，这些问题归纳起来有：施工工艺改革问题、节约利用原材料问题、提高工程质量问题、降低能源消耗问题、机械设备改进问题、防止施工公害问题、改善施工条件问题、提高组织管理水平问题等。所选的开发课题既要反映技术发展的方向，又必须经济适用。

课题选定后，就应集中人力、物力、财力，加速研制和试验，按计划拿出成果。

对研制和试验的成果进行分析评价，提出改进意见，为推广应用做准备。

将研究成果在生产实践中加以应用，并对推广应用的效果加以总结，为今后进一步开发积累经验。

3）技术开发的组织管理

建立专门的技术开发组织机构，如科研所(室)，负责日常工作。

进行技术开发规划,明确技术发展方向和水平,确立技术开发项目。

将技术开发和技术革新活动相结合,充分利用企业现有的设备和技术力量,必要时与科研机构、大专院校协作,共同攻关。

检查落实计划执行情况和组织对成果的鉴定和推广工作。

9.4.2.5 园林工程施工现场技术管理

1) 施工现场技术管理的组成

施工企业的技术管理工作主要由施工技术准备、施工过程技术工作和技术开发工作三方面组成,如图9-8所示。

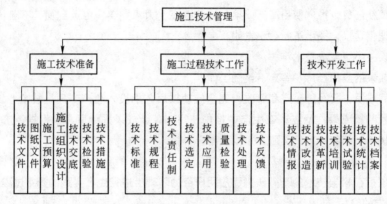

图9-8 园林工程施工现场技术管理组成

2) 园林工程施工现场技术管理的特点

综合性。园林工程是艺术工程,是工程技术和艺术的有机结合。要保证园林绿地功能的发挥,必须重视各方面的技术工作。因此,施工中技术的运用不是单一的而是综合的。

相关性。这在园林工程中具有特殊意义,例如,栽植工程的起苗、运苗、植苗和养护管理;园路工程的基层、结合层与面层;假山工程的基础、底层、中层与收顶;现代塑石的钢模(砖模)骨架、拉浆、抹灰与修饰等环节都是相互依赖、相互制约的。上道工序技术应用得好,保证质量,则为下道工序打好基础,从而确保整个项目的施工质量。

多样性。园林工程中技术的应用主要是绿化施工和建筑施工,但两者所应用的材料是多样的,选择的施工方法是多样的,这就要求有与之相应的工程技术,因此园林工程技术具有多样性。

季节性。园林工程施工受气候因素影响大,季节性较强,特别是土方工程、栽植工程等,应根据季节的不同,采用不同的技术措施。

3) 园林工程施工现场技术管理的内容

(1) 建立技术管理体系,完善技术管理制度

建立健全技术管理机构,形成内以技术为导向的网络管理体系。要在该体系中强化高级技术人才的核心作用,重视各级技术人员的相互协作,并将技术优势应用到园林工程之中。

园林施工单位还应制定和完善技术管理制度，主要包括：图纸会审制度、技术交底制度、计划管理制度、材料检查制度和基层统计管理制度等。

图纸会审制度：熟悉图纸是搞好工程施工的基础工作。通过会审可以发现设计内容与现场实际的矛盾，研究解决的方法，为施工创造条件。

技术交底制度：向基层施工组织交待清楚施工任务、施工工期、技术要求等，避免盲目施工。

计划管理制度：计划、组织、指挥、协调与监督是现代施工管理的五大职能。要建立以施工组织设计为先导的管理制度。

材料检查制度：选派责任心强、懂业务的技术人员负责材料检查工作，坚持验收标准、杜绝不合格产品进场。

基层统计管理制度：基层施工单位直接进行施工生产活动，在施工中必定有许多工作经验，将这些经验记录下来，作为技术档案的重要部分，为今后的技术工作积累素材。

(2) 建立技术责任制

落实领导任期技术责任制，明确技术职责范围。领导任期技术责任制是由总工程师、工程师和技术组长构成的以总工程师为核心的三级技术管理制度。其主要职责是：全面负责本单位的技术工作和技术管理工作；组织编制单位的技术发展计划，负责技术创新和科研工作；组织会审各种设计图纸，解决工程中关键技术问题；制定技术操作规程、技术标准和安全措施；组织技术培训，提高职工业务技术水平。

要保持单位内技术人员的相对稳定，避免技术人员频繁调动，以利技术经验的积累。

要重视特殊技术工人的作用。园林工程中的假山置石、盆景花卉、古建雕塑等需要丰富的技术经验，而掌握这些技术的绝大多数是老工人或上年纪的技术人员，要鼓励他们继续发挥技术特长，同时做好传帮带工作，制定以老带新计划，让年轻人继承他们的技艺，更好地为园林艺术服务。

(3) 加强技术管理法制工作

加强技术管理法制工作是指园林工程施工中必须遵照园林有关法律法规及现行的技术规范和技术规程。技术规范是对建设项目质量规格及检查方法所做的技术规定；技术规程是为了贯彻技术规范而对各种技术程序操作方法、机具使用、设备安装、技术安全等诸多方面所做的技术规定。由技术规范、技术规程及法规共同构成工程施工的法律体系，必须认真遵守执行。

本章推荐参考书目

[1] 中国总经理工作手册编委会编. 刘伟，刘国宁主笔. 中国总经理工作手册，质量管理（第2版）. 北京：中国言实出版社，2006.

[2] 俞明南，丁正平编著. 质量管理. 大连：大连理工大学出版社，2005.

[3] 赵涛，潘欣鹏主编. 项目质量管理. 北京：中国纺织出版社，2005.

[4] 骆爱金主编. 园林绿 ISO 9001 质量体系与操作实务. 北京：中国林业出版社，2000.

复习思考题

1. 试述全面质量管理的含义、特点及其基础性工作内容。
2. 什么是 PDCA 循环？如何推动 PDCA 循环？
3. 试述园林工程项目设计质量控制方法。
4. 如何进行园林工程项目施工现场质量影响因素的控制？
5. 园林工程施工现场技术管理的内容有哪些？

案例分析

案例1　园林施工合同管理

某高尔夫公司与某市政公司签订地下大型排水工程总承包合同，总长 8000m，市政公司将任务下达给该公司第一施工队，第一施工队又与某乡镇建设工程队签订分包合同，将其中的 5000m 分包给乡镇工程队，在其后的施工中，市政建设主管部门在检查中发现该乡镇工程队承包手续不符合有关规定，责令停工，乡镇工程队以有营业执照、合同自愿签订为由不予理睬，在市政公司通知其停工后，又诉至法院，要求第一施工队继续履约或承担违约责任并赔偿经济损失。

案例分析：

案例中的总包合同有效，分包合同无效，因为：

（1）第一施工队不具备法人资格，无合法授权进行分包。

（2）第一工程队将总体工程的 1/2 以上发包给他方，而《建筑法》规定，主体结构必须由总承包单位自行完成。

（3）乡镇工程队提供的承包工程法定文书不完备，未交验建筑企业资格证书。

（4）建设主管部门有权责令停工。由于第一施工队与乡镇工程队都有过错，因此依法宣布分包合同无效，终止合同，双方分别承担责任，即应由市政公司按规定支付已完成工程量的实际费用（不含利润），但不承担违约责任。

案例2　园林施工现场管理

某监理公司与业主签订的公园大雄宝殿桩基监理合同已履行完毕，大雄宝殿上部工程监理合同尚未最后签字。此时业主与施工单位签订的大雄宝殿地下室挖土合同正在履行之中，监理方发现，业主为了省钱，自己确定了挖土方案，施工单位明知该方案可能造成桩基偏移破坏，却没做任何反应，导致部分工程桩在挖土过程中柱顶偏移断裂。在大量的监测数据证明下，监理单位建议业主通知施工单位停止挖土，重新讨论挖土方案，新的方案实行后，余下的桩基未受任何破坏，但补桩加固花费 60 万，耽误工期近 2 个月。

案例分析：

监理单位这样做是对的。因为监理合同尚未签订，所以监理单位只能从工程质量大计出发，本着良好的服务精神，向业主单位建议通知施工单位停工。这样既不违反监理程序，又杜绝了工程桩的进一步破坏，并在业主面前树立了良好的服务形象。

补桩加固花费应由业主方和施工方合理分担。该工程的主要责任方是决定挖土方案的业主方，次要责任方是施工方。因为施工方在接受方案时，明知不妥，却照此施工，造成部分工程桩断裂，所以这部分花费应由双方协商解决。另外，业主应适当给施工承包方延长工期。

第 10 章　园林企业目标管理

学习要点

掌握目标管理的基本概念；目标管理的程序；园林企业目标管理的成果评价；

理解园林企业目标管理的落实与控制；

了解目标管理的作用与特点。

任何一个组织的存在皆因其有着既定的组织目标，组织所开展的一切活动和工作，都是紧紧围绕着实现组织目标在进行。它是组织及其一切成员的行为指南，是组织存在的依据，也是组织开展各项管理活动的基础。因此，目标管理也就成为组织管理工作中最为重要的因素之一，在管理中具有极其重要的作用与地位。

10.1　目标管理的基本原理

10.1.1　目标管理的概念

目标管理是管理大师彼得·德鲁克首次于 1954 年在其著作《管理的实践》中提出来的。这一管理模式已逐渐成为组织管理体系中最为重要的内容之一。目标管理被视为一种主动管理方式，是一种追求成果的管理方式。目标管理思想之所以为世人所认同，目标管理模式之所以广为世界各大知名机构所采用，主要在于这一管理模式的简单性和有效性。

目标管理源于注重结果的思想，它是组织最高管理者提出组织在一定时期的总目标，而后由组织内各部门和员工根据对总目标的分解来确定各自的子目标，组织则根据实现各子目标的要求予以适当的资源配置和授权，各部门则积极主动为各子目标的实现而努力奋斗，并把组织目标分解落实到每一个人，使组织的总目标得以实现的一种管理模式。

目标管理制度的确立，要求必须有完善的目标体系，才能使组织各部门关系得以协调，发挥整体力量。目标体系的建立包括设定总目标、设定部门目标、设定员工目标和绘制目标体系模式图等内容。

设定总目标。公司目标体系的核心是总目标，目标设定应以"公司总目标"为起点，然后，各部门、各员工为达成整体的总目标，分别设定自己的"部门目标"和"员工目标"。公司总目标是部门目标和员工目标的前提和基础。

设定部门目标。根据公司总目标，各部门应制订具体的部门目标。

设定员工目标。总目标是公司目标管理的核心，落实执行却有赖于公司员工的"员工目标"。

绘制目标体系模式图。目标体系建立后，可用模式图来表示其层级关系，如图 10-1 所示。

总之，建立目标体系可以将公司的目标进行细化、系统化，有利于目标管理的展开。

10.1.2　目标管理的作用

目标管理能够有效地提高员工的绩效和企业的生产率。美国管理学教授斯蒂芬·P·罗宾斯曾对 70 个目标管理计划进行了研究，其中有 68 个使企业的生产率得到了提高。正如目标管理的创始人德

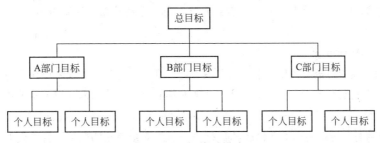

图 10-1　目标体系模式图

鲁克指出的：凡是工作状况和成果直接地、严重地影响着组织的生存和繁荣发展的部门，目标管理都是必需的。

目标管理的作用主要体现为使企业管理明确方向，实现有效管理，充分调动员工的工作积极性，实行较为科学合理的员工绩效评价。

10.1.2.1　明确方向

目标管理的一个重要作用就是明确组织的努力目标和运作方向。目标管理在生产力和质量等方面设立有具体目标，整个组织有规律地朝着这些目标努力。目标是组织生产运营唯一的动力，组织的所有活动都指向这些目标，当一个组织的全部注意力都集中在了预先设定的目标上，并通过持续努力来实现，才能创造出预期的结果。

曾有一家规模巨大的公司，部门之间、成员之间发生冲突的可能性无处不在，但它却始终保持着很高的凝聚力。有人问这家公司的总裁，是什么方法使员工紧紧抱成一团，使组织成为一个坚强的战斗团队。总裁说："我们从来没有失去目标，即使公司内暂时没有大型的项目，我们总能从我们的对手、潜在的危机中选择一个目标，我们的员工团队始终会感到我们正在为一个共同的信念而奋斗，我们必须团结协作，否则我们会败给竞争对手。"

10.1.2.2　有效管理

虽然目标管理与过程管理不能混为一谈，但目标管理在一直强调目标的同时，对过程也十分重视。再好的目标必须通过一定的过程才能导向目标。在实现目标管理的过程中，充满着管理者和员工的智慧与创造性。所以，目标管理并非没有创造性。

一些企业中的管理者不大善于分权与授权，往往忙得焦头烂额，效率却不高。目标管理有助于解决这一问题。管理者在充分调研和可行性论证后，设定出目标，并将目标分解，使下属、员工朝着这个方向努力，创造性地工作，最终以实现目标的质与量进行绩效评价，管理者无需投入太多的精力去关注下属究竟采用哪种具体方式来完成这一目标。因此，目标管理可使管理者从繁杂的事务中解放出来，知道有所不为，才能有所作为。

10.1.2.3　调动员工积极性

目标管理强调员工自我控制，可以充分激发员工的积极性。高明的管理者发现，如果给员工一个想要的、又富有挑战性的目标，他们会主动调动自己的潜能来实现这个目标，往往能取得令人吃惊的好业绩。如果把目标变得有层次，且连续升高，员工会在不断实现阶段性目标中获得成就感，从而保持持久的动力。

10.1.2.4　有利业绩评估

目标管理为业绩的检查反馈和效果评价提供了更为客观的基础。业绩考核是企业管理的重要部分，如何公平、客观地对员工进行考核，是每个企业都必须面对的问题。很多企业由于找不到考核的充分依据，只能把业绩考核流于形式，以致出现了"轮流坐庄""新大锅饭"等现象。貌似公平，其实不然。实施目标管理，用明确而量化的目标作为员工业绩考核的依据，客观而明了，为解决以上问题提供了有效的手段。当然，要做到这一点，首先要求目标必须客观、明确。否则，依然达不到效果。

10.1.3　目标管理的特点

目标管理指导思想上是以麦格雷格 Y 理论为基础的，即认为只要人们能够正确理解现有状况，就会自觉地获悉工作的动机，实现自我管理，专心地投入工作，并取得显著的成效。

10.1.3.1　重视人的因素

目标管理是一种参与式、民主式的自我控制管理制度，也是一种把个人需求与组织目标结合起来的管理制度，在这一制度下，上级与下级的关系是平等、尊重、依赖、支持，下级在承诺目标和被授权之后是自觉、自主和自治的。

10.1.3.2　建立目标锁链与目标体系

目标管理通过专门设计的过程，将组织的整体目标逐级分解，转换为各单位、各员工的子目标。从组织目标到经营单位目标，再到部门目标、最后到个人目标。在目标分解过程中，权、责、利三者已经明确，而且相互对称。横向的、纵向的各目标方向一致，环环相扣，相互配合，形成协调统一的目标体系。只有每个员工完成了自己的子目标，整个企业的总目标才有实现的希望。

10.1.3.3　重视成果评价

目标管理以制定目标为起点，以目标完成情况的考核为终结。工作成果是评定目标完成程度的标准，也是人事考核和奖评的依据，成为评价管理工作绩效的唯一准则。至于完成目标的具体过程、途径和方法，上级并不过多干预。所以，在目标管理制度下，监督的成分很少，而控制目标实现的能力却很强。

10.2　园林目标管理程序

园林企业目标管理体系内容可以归纳为：一个中心、三个阶段、四个环节和九项主要工作。

一个中心：以目标为中心统筹安排工作；

三个阶段：计划、执行、检查(含总结)；

四个环节：目标制定、目标展开、目标落实和目标考核；

九项工作：计划阶段(包括论证决策、协商分解、定责授权)，执行阶段(包括咨询指导、调节平衡)，检查阶段(包括考评结果、实施奖惩、总结经验)。图 10-2 为目标管理系统示意图。

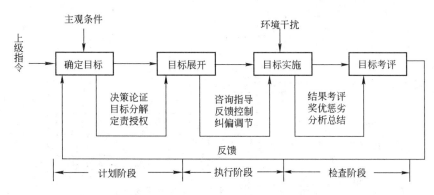

图 10-2　园林企业目标管理系统示意

10.2.1　园林企业目标制定与展开

园林企业管理目标的制定是一项系统工作，其方法大致可归纳为：首先由决策层宣布企业使命；然后根据使命建立总目标；之后建立整个企业的执行性目标；接着建立各主要部门的长、短期目标；最后由各主要部门的下属机构建立长、短期目标。因而保证目标顺利进行的关键点就是制定和分解目标。

10.2.1.1　制定总目标

总目标是推行目标管理的出发点。总目标制定的周密度和可行度直接影响全局的成败。要想使总目标制定最终得以成功，就必须对园林企业做出正确的分析评估。

1) 总目标制定方法

总目标由企业最高层管理人员负责制定，而最高层必须调动一切力量来掌握必要的信息，只有这样才能使制定的总目标切实可行。

目标必须分长期目标(如 5 年)和短期目标(如 1 年)，这两者都是为完成计划必须努力达到的目标。通常，长期计划以 12 个月为一个阶段，需经过多个阶段才能最终完成。

2) 总目标的内容

通常，园林企业的总目标应以把握宏观方向为主，强调结果，具体的执行过程可不纳入其中。如总利润率目标、成本降低目标、目标实现所需的人员总数等内容可包含于总目标之中。

3) 总目标的作用

园林企业的总目标，是所有员工的共同奋斗目标，而非特定管理人员的责任。总目标的确定，有助于控制部门目标的方向，同时也使全体员工更清楚地了解企业发展的目标。

10.2.1.2　总目标展开

总目标确定以后，沿着组织层分解下达到各级管理层，一直到目标管理制度所包括的最低一层建立起目标为止。如图 10-3 所示。

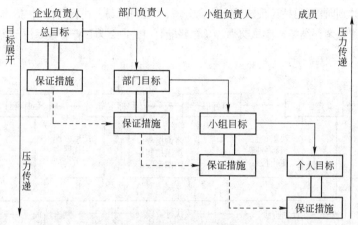

图 10-3　园林企业目标展开示意图

总目标和重点确立以后，应充分调动所有管理人员积极参与目标的分解，集思广益，争取建立最有效的目标体系。

1）建立总目标下的第一级子目标

总目标确定以后，每个副总经理再组成小组，分别提出各个部门的子目标，即总目标下的第一级子目标。

副总经理既是从属于总经理小组的成员，又是自己小组的领导。以分管园林工程部副总经理为例，副总经理领导小组的工作就是制定和提出整个工程部的目标，目标往往只起指导作用。实际上，最高工程部小组将决定这个小组在目标阶段所必须完成的工作。经批准后，工程部的目标就成为企业总目标下的第一级子目标。其他小组也采用这种方法分解组织的总目标。这样总目标也就被逐级分解。如图 10-4 所示。此图仅反映出工程部多层目标制定过程，但若将每个部门都设有的各自小组的所有子目标相加，将会形成一个多级的连锁系统。

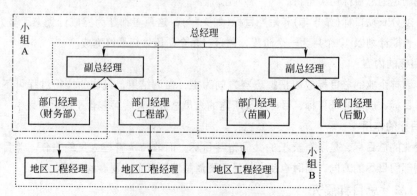

图 10-4　总目标逐级分解示意

2) 建立有效的最底级目标

上一级管理人员虽不再明确指定小组去制定此层目标，但最底级管理人员可以从下属中尽量获取信息和建议，这对建立有效的底级目标大有裨益。

为了能有效建立底级目标，首先要保证给予每个小组成员充分的发言权，并鼓励下级管理人员积极参与上级管理。一个精明的管理人员，在召开高层会议之前，应利用一切机会，向下属的每一个管理人员收集建议和意见。这样，他在出席高层会议时不仅有自己的想法，还能集所辖下级管理人员的想法和建议之大成。

管理人员制定出目标后，上级管理人员必须评价下级提出的目标，并与自己负责的目标进行仔细权衡。对于审核通过的目标，下级人员有充分的理由将其当作命令，并作为今后某阶段的工作目标。当这一阶段结束时，如果目标完成得不太理想，则上、下级管理人员均应对其承担责任，因为把这个目标纳入计划的主要是上级而非下级管理人员。

目标的展开有必要遵循一定的秩序和步骤，这对有效完成目标管理十分重要。目标分解的步骤有如下内容。

(1) 建立纵向信息网

信息网的建立主要是为了纵向上获得目标制定信息。下级管理人员若想帮助实现上一级目标，就须了解上级目标的相关情况。上级管理人员应向下级提供必要信息，包括：上一级的目标、目标阶段的主要重点、环境因素以及为编写目标和计划的基础和各种假设、编写和提出目标和计划的基本规则。如园林企业的监理部门，各级管理人员所获得的信息是不尽相同的(表 10-1)。

园林监理各级管理人员获得的目标信息

表 10-1

职　务	目 标 信 息
总经理	企业总目标
总监理工程师	企业最高目标
进度控制办公室主任	企业最高目标　监理部目标
专项监理组组长	企业最高目标　监理部目标　进度控制目标

(2) 建立横向协作网

协作网是确定企业管理人员之间进行横向协作的人员名单。每个管理人员，不仅需要帮助上级实现目标，同时还必须与企业其他职能部门和管理人员发生联系，了解其他部门的工作要求，以及提出为完成本部门目标而需要其他部门帮助的要求。

一般通过取得目标和计划草案副本、召开会议、个人接触或咨询等方式可获得所需要的信息。如果能定期检查和说明协作网的性质，将更加有利于本部门目标的编写。图 10-5 即为某园林企业财务部协作网；协作网的建立有助于使管理人员的目标与相关人员的目标在横向上保持一致，并与步骤(1)共同构成基础信息，成为有效分解目标的坚实基础。

(3) 确定责任

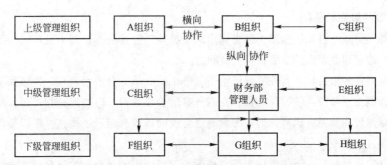

图 10-5　园林企业财务部管理人员协作网示意图

制定或分解目标时，管理人员应清楚自己的责任和分工。明确的责任分工是制定切实可行目标的重要前提，同时可缩小上、下级之间在权责理解上的差异，减少不必要的损失。

(4) 确定关键目标领域

关键目标领域是指管理人员经过严格选择所确定的领域，有助于资源的有效分配。因此，管理人员在编写部门目标时，只有先确定关键目标领域，才能使资源得到充分利用。

(5) SWOT 分析❶

进行 SWOT 分析，有助于在正式编制目标时引导管理人员直接进入主题，同时也能为建立适当水准的目标提供一般性指导。如果优势＋机会＞弱势＋威胁，就表明目标在未来可能取得成功；反之则不然。

(6) 重大事件假设

此处的假设针对的是园林企业管理人员个体。管理人员可选择对企业今后发展有重大影响的事件进行假设，在保持假设有效性的同时进行概率计算。如人事经理提出有关人力资源利用可行性假设；财务经理提出资金可行性假设等。

好的假设可检查计划是否有根据，作为检查点保证使工作的顺利进行等。在进行假设时，要特别注意 SWOT 分析中的 "Threats" 以及关键项目领域。

(7) 编写有效目标

有效目标一般具有现实性、管理权限的一致性、经验与能力的一致性、灵活性、发挥能力的空间性、含义的明确性。如工程部经理这样起草目标："以对企业最有利的方式，尽可能提高工程效率"。这里"尽可能"是一种无法进行量化的指标，应修改为具体的数值，如提高2%等 。

目标编写没有固定的形式，主要包括关键目标领域，与上级目标保持一致等。编写时应注重质的指标，因为它与企业的发展有着更为密切的关系。

(8) 制定计划

---

❶　SWOT 分析：指的是一种企业内部分析方法，即根据企业自身的既定内在条件进行分析，找出企业的优势、劣势及核心竞争力之所在，从而将企业的战略与企业内部资源、外部环境有机结合。其中，S 代表优势(strength)，W 代表弱势(weakness)，O 代表机会(opportunity)，T 代表威胁(threat)。S. W 是内部因素；O. T 是外部因素。

制定计划是推行和分解目标的关键，它能将书面文字转变现实的目标管理手段、测定目标的现实性、提供行动时间表和监督基础、确定所需资源和权限、加强各管理人员间的联络。

在制定目标计划时，应首先对目标进行详细的说明，然后起草多套计划方案，最后进行最终方案的确定和实施。无论是计划的编制还是审批，都应注意分析计划的可达性、目的的明确性、时间的确定性、审核的周密性。

(9) 预算

预算是一种基本的管理控制机制，在目标和计划形成后进行。它按管理人员的目标对资源进行有计划的分配，激励管理人员去取得最佳结果，同时还可以成为有效的控制和监督手段。

(10) 协调

这里强调在开始执行目标之前，管理人员应完成与其他管理人员间的最终协调。明智的管理人员会利用一切有价值的资源来完成这一过程。

协调的方法很多，如举行小组讨论会、交换目标和计划的副本、与其他相关管理人员个别讨论等，通常将两种或两种以上的方法相结合使用的效果更好。

(11) 确定权限

权限是使园林企业管理目标更具生命力的重要保障。因此，要提供机会，鼓励下级管理人员主动争取权力，同时上级必须允许下级参与他们权限的制定。当环境发生变化时，权限可以随之进行修订，特殊情况下，管理人员的权限可超出最初的限定。

(12) 建立反馈机制

建立反馈机制是园林企业分解目标时所必需的。一个好反馈目标应包括假设、目标、计划、预算和日常工作五部分。反馈机制强调纠正，或者对假设、目标、计划等进行必要的修订，使它们始终保持现实性可行性。

3) 目标分解结果——目标金字塔的形成

目标金字塔是园林企业总目标分解的结果。金字塔的顶端为企业总目标，总目标以下，每一级管理部门建立起各自的目标，逐渐形成目标金字塔(图 10-6)。其中，每个高层管理人员的目标，由所辖全部管理人员的目标组成。

图 10-6 目标金字塔示意图

10.2.2 园林企业目标管理落实与控制

10.2.2.1 园林企业目标管理的落实

目标管理方案即使制定得再完美，若不能得到很好的落实和推广，也就是纸上谈兵，形同一纸空文。因此，能否切实落实好目标，将是园林企业目标管理最终实现的关键。

园林企业目标落实的管理层与目标层的关系如图 10-7 所示。

园林企业在全面推行和落实目标之前，最好先在某一部门进行试验，等到获得经验后，再逐步

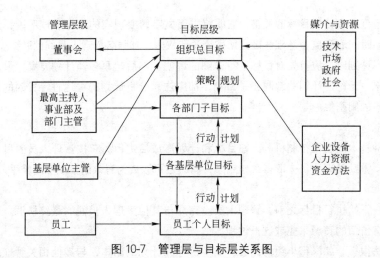

图 10-7　管理层与目标层关系图

推广。试验期的长短可依据所选目标的性质来决定，但最好不要超过一年。

通常目标的最终实现需要经过好几个阶段，而第一阶段的目标应力求简单，太过复杂容易发生混淆。目标管理建立后的第一阶段，实施效果通常不能完全显现，因为它主要的目的是将管理人员的注意力向目标集中。随着目标阶段的推进、经验的增加以后，目标落实的水平也将随之提高。

首先，企业在进一步制定了各主要部门(如工程部、生产部、财务部)的目标后，应召集相关人员进行任务的划分，以保证目标的顺利落实。其次，在目标落实过程中，要启动监督和反馈机制，适当地进行效绩的测评，做到有问题早发现、早解决，避免带来不可挽回的损失，同时刺激各阶层的管理人员不断改进管理方式，从而更好地实现目标管理。

目标的落实过程中，上级应赋予下级充分的自主权，并经常保持沟通。目标管理过程中，上级应恰当行使管理职权。当目标管理运行正常时，不必过多干预；当发现问题时，应给予下级适当的指示或协助，以防实际执行方向与目标出现大的偏离。管理人员应明确企业总目标及自己的工作目标，这是确立有效目标的基础。同时，在落实本职目标的过程中应协助其他部门，以利更好地实现总目标的要求；定期与下级接触，了解目标的达成情况，使整个企业平衡发展；及时掌握并向上级报告所发生的特殊情况，以便做出快速反应，避免不必要的损失。

目标审批后，原则上不再做修改，目的是保证整个目标体系的连贯性。但不断变化的环境(如外部经济情况变动、企业内部环境变动等)可能会造成目标不切实际。因此，在必要时也可对目标做一定的调整和更改。应当注意，目标的修改须及时向上级报告，切忌擅自做主。报告和程序是目标落实中十分必要的管理工具，但它并不能成为衡量填写人执行业绩、落实目标的尺度，不能把报告和程序当成上级对下属管理的工具，否则会被报告所误导。

10.2.2.2　园林企业目标管理控制

园林企业的目标控制主要包括管理控制、反馈控制、计划控制、目标控制、自我控制等几项内容。

1）管理控制

管理控制是指管理人员为保证实际工作与目标相一致而采取的管理活动，一般通过监督和检查，及时发现目标偏差，找出原因，采取措施，保证目标的顺利实现。

要实施有效的管理控制，就必须建立完善的控制系统。控制系统由施控系统和被控系统两个子系统构成。在园林企业目标管理中，可建立由监督、反馈两条线路和分析中心构成的自动控制系统。

从图 10-8 中可以看出，反馈线路可以把实际行动结果与目标计划标准进行比较，找出偏差，制定纠偏计划，再将纠偏计划转化为标准行动，如此循环往复，直至成功实现目标。

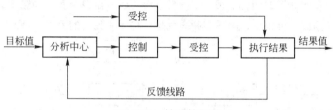

图 10-8　管理控制图

管理控制的一般过程应包括三个基本步骤：制定控制标准——根据控制标准衡量执行情况——纠正实际执行中偏离标准或计划的误差。

2）反馈控制

反馈原理是指施控系统将输入信息变换成控制信息，控制信息在作用于受控系统后，再把产生的结果运送到原输入端，并对信息的再输出发生影响，从而起到控制作用，达到预定目的。反馈控制系统如图 10-9 所示。

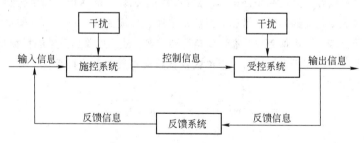

图 10-9　反馈控制图

反馈信息与控制信息的差异如果使系统趋向于不稳定状态就称为正反馈。反之，如果差异倾向于使系统趋于稳定状态，称为负反馈。当系统受到干扰、结果偏离目标时，应用负反馈来调节。值得注意的是，施控系统有时能在干扰信息使输出信息出现偏差前就进行控制。这就是所谓的"前馈"。

反馈系统具有多方面的作用，如检查目标决策的正确性、计划的周密性、目标管理系统的稳定性等。

3）计划控制

计划控制是以计划指标为依据，通过检查监督各项工作的落实情况，在发现问题时，及时采取措施进行调整，以保证受控系统不偏离计划轨道的方式。由于系统运行具有滞后性，所以计划控制一般适用于抗干扰能力较强的系统。

计划控制有开环和闭环之分。开环计划控制也称硬性控制，在这种计划控制下，施控系统将可控输入信息转化为计划指令作用于受控系统，而受控系统的输出结果不再被返回输入端。它适用于干扰因素影响较小、系统本身抗干扰能力强的控制活动。

闭环计划控制的假设前提是存在未知因素使系统偏离计划轨道。较开环计划控制，它增加了反馈环节。通过反馈，把受控系统的状态或执行结果，反馈回施控系统，从而影响计划的调整。整个控制过程形成了一个双向环形的闭合回路，使受控系统可以根据自身和行动结果，影响自身的输入，从而调整未来的行动措施。可以说，闭环控制系统是一种更为完善的系统。(图 10-10)

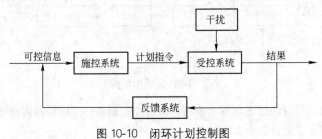

图 10-10　闭环计划控制图

4）目标控制

目标控制又称为跟踪控制。在目标控制中，系统输入的是系统所要达到的目标。其基本控制过程是：第一，施控系统发出任务、目标或计划后，经过上下级之间的协商，将上级指令转化为下级的目标，以目标的形式输入受控系统；第二，受控系统根据输入的目标，并自行制定行动方案。建立反馈环节，及时调节行动的偏差；第三，受控系统通过反馈调节，对运行过程中的目标状态与输入的目标状态进行比较，发现偏差时，通过调整行动方案，从而恢复到正常的目标状态上来；第四，在目标计划期内受控系统运行完毕后，将最终的目标结果再反馈到施控系统，完成一次运行。整个目标控制过程如图 10-11 所示。

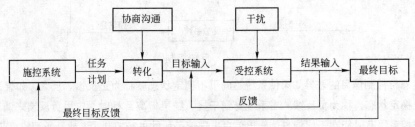

图 10-11　目标控制图

5）自我控制

目标管理是自我控制取代了统治式的管理方式，通过自我控制更加有助于实现目标管理。它代表着一种更强大的动力：主动追求更加开阔的视野和更高的目标。

实现自我控制，管理人员不仅要清楚目标，还必须能够根据目标衡量业绩和成就。衡量标准必须简明扼要，能够将注意力引向关键领域。

现代信息技术的发展使人们获取信息的能力不断增强。管理人员应掌握衡量业绩所需的信息，因为只有当管理人员充分掌握了信息，才能根据信息对目标做出正确决策和必要调整。

值得注意的是，在实际推行目标管理活动中，要善于结合多种控制方式，使目标的各个阶段前后衔接，相互协调。

10.3 园林目标管理成果评价

目标执行完毕后，就必须对目标执行的成果进行评估，应清楚目标执行人做了什么？做了多少？完成率有多少？在此基础上才能对员工的劳动做出正确评价并按照事先制定的标准进行相应的奖惩。

成果评价是目标管理的最后一个过程，是管理人员在目标项目得出结果后，参照原先确定的目标项目，对目标实现情况和成员的工作状况进行公正、客观衡量，是对实现目标所获得的现实成果的评价，并总结目标管理工作的经验教训，据此对成员按既定标准进行合理的奖惩。

10.3.1 评价原则

坚持目标性原则。根据目标项目完成效率的高低、满意程度、偏差程度等，对目标项目进行评价，评价对象应该为已完成的目标项目。

坚持客观性原则。这里的客观性原则包含两个方面的内容。一是在成果评价过程中，应该注重对个人的工作成果以及能力发挥后所表现出来的业绩进行客观评价，而非对个人的人品、能力进行评价。客观评价每一个下级的目标实现情况，做到一视同仁。二是在对成果进行评价时，要考虑到客观条件对目标项目完成的影响，如不同时间的可比性，货币的时间价值因素等。

坚持激励性原则。从激励的立场来说，称赞要比斥责有效的多，对于达成目标者，尤其对于绩效特别好的部属，要大大称赞，而参与人员由于受到赏识，会越加激起做好工作的干劲来。反之，当工作做的不好时，应该作为反省的教材去检讨。评价的目的不在于回顾过去，而是更好的为下一期做好准备，这需要主管与其员工相互鼓励。

坚持个人考评与上级考评相结合的原则。根据实际情况评估各有关目标项目的完成情况。将个人评价与上级评价结合起来，可以更好地防止目标评价工作的主观片面性，提高目标评价的准确性。

10.3.2 评价方法

园林目标管理的评价。这里主要针对目标本身做出评价。目标在实施过程中，应及时对目标的可行性、进度、质量、对策和计划的落实以及管理方法的有效性等情况进行阶段性评价，及时发现问题，解决问题。

根据时间的安排可分别进行日常评价(工作告一段落，或进展到某种程度时所举行的评价)、周期性评价(如每周、月终或年终举行的评价)及最终评价(当目标管理最终完成后做出的整体评价)。

具体评价目标管理的方法很多,不同企业常根据自身的生产经营特点,选择比较适用的方法来对目标管理成果进行评价。对那些定量目标较多的营业部门和生产部门,因其目标任务在分解和完成程度上量化程度较高,比较容易实现分数化评价;而在一些间接部门,由于其定性目标任务较多,难以实现定量化评价,可以通过一些方法将定性指标予以转化,使其具备一定的量化条件,而对其数量化的评价。

由于园林的目标管理必须以实现综合效益最大为宗旨,因此对园林项目综合效益(生态、社会和经济效益)进行客观、公正的评价是十分必要的。

园林项目综合效益评价的一条基本方法之一是"对比法则"。即:运用"项目前后对比"和"有无项目对比"两种比较方法,找出变化差距,为提出问题和分析问题找到重点。

"项目前后对比"是指将项目实施之前与完成之后的情况加以对比,以确定项目效益的一种方法。但实施后的效果有可能含有项目以外多种因素的影响而不仅只是单纯项目的效果和作用,因此,简单的前后对比不能实际反映项目的真实效果,必须在此基础上进行"有无项目对比"。

"有无项目对比"是指"有项目"相关指标的实际值与"无项目"的相关指标的预测值对比,用以度量项目真实的效益、作用及影响。这里说的"有"与"无"指的是评价的对象,即计划、规划的项目。对比的重点是要分清项目作用的影响与项目以外作用的影响,诸如城镇化水平的提高,居民收入的增加,宏观经济政策的好转等项目以外的因素。评价是通过项目的实施所付出的资源代价与项目实施后产生的效果进行对比得出的项目的好坏。也就是说,所度量的效果要真正归因于项目。只有使用"有无对比法"才能找到项目在经济和社会发展中单独所起的作用。这种对比用于项目的效益评价和影响评价,是项目评价的一个重要方法。

但无论是"前后对比"还是"有无对比",它始终不能系统全面地对项目实施评价,特别是一些定性的方面,对比法也显得无能为力,所以对比法必须与其他方法联合起来使用,并且必须使用预测技术。预测技术已广泛应用于投资项目的可行性研究和项目实践中,特别是在项目效益评价方面普遍采用了预测学常用的模式。

一般综合效益评价要分析项目前的情况、项目前预测的效果、项目实际实现的效果、无项目时可能实现的效果、无项目的实际效果等。在进行对比时,先要确定评价内容和主要指标,选择可比的对象,通过建立比较指标对比表用科学的方法收集资料。对于一般园林工程项目而言,一般有以下几种评价项目效益的情况。

第一,无项目也有效益,有项目后增加效益。园林工程项目是与我们生存的环境有密切联系的项目。例如,城市里的各种绿地对城市的生态环境有着不可或缺的作用,即使没有项目的干扰,也能发挥其作业。但实施城市绿地系统规划后,改善生态环境、维护生态平衡、提高居民生存质量等多方面功能的发挥。

第二,项目没有直接增加效益,但无项目效益减少,有项目后减少效益损失。许多园林项目并没有直接增加效益,但是实施项目后能减少环境恶化的负面影响。例如在水体污染严重的地方种植适当的园林植物，在种植前，水质并没有发生变化，或者变化不大，但若不利用可净化水体的植物，那么水质将得不到改善。从项目的"有""无"对比来看，可以明显的看到园林植物对水体产生的效益。

第三，有项目后既增加效益，又减少损失。例如，在水源丰富且可实施的地方建立人工湿地，可以维持生物多样性，提供丰富的动植物产品，提供水资源，提供矿物资源，开发能源水运，提供观光与旅游的机会，兼有教育与科研价值，还能调蓄洪水，防止自然灾害，降解污染物。这种项目的发生既增加了效益，又减少了损失。

第四，无项目无效益，有项目后增加效益。以城市绿地系统规划为例，在对城市生态进行整合分析和绿地现状调查分析的基础上，因地制宜地、科学地制定城市绿地的发展指标，合理安排市域大环境绿化的宏观空间布局和各类园林绿地建设，可以达到保护和改善城市生态环境、优化城市品质、促进社会、经济可持续发展的目的。而这些效益在项目实施前是没有的，一般意义上的项目综合效益多指这种情况。

园林项目综合效益评价的内容包括生态效益、社会效益和经济效益。

从生态效益评价看，园林绿化中的园林植物及植物群落的生态功能主要包括释氧、吸收二氧化碳、增湿、滞尘、减菌、涵养水源、防风固堤、保持水土、储存能量等。虽然园林生态效益一直受到关注，特别是近年来在国内的火热，但目前还没有一套成熟的评价指标体系，普遍只对城市园林绿化生态问题中的重要指标进行研究，如释氧效益、吸收二氧化碳效益、降温效益、增湿效益、滞尘效益、吸收有害气体效益等进行研究。

从社会效益看，园林在城市中的社会效益，不仅仅是开展各项有益的社会文体活动，以吸引游客为主，更重要的是按照生态园林绿地的观点，把园林办成人们走向自然的第一课堂，以其独特的教育方式，启迪人们与自然共存之道。创建知识型植物群落，让人们认识大自然的另一个大家庭；组建保健型植物群落，则让人们同植物和睦相处；生产型植物群落告诉人们绿色植物是生存之本；景观植物群落将激发人们爱护自然、爱美的自然本性。人们越来越意识到园林绿地对旅游业的发展、繁荣所带来的日益增长的直接和间接作用，各国各地纷纷推出绿地游、生态游；2008 年北京奥运会就是以"绿色奥运、科技奥运、人文奥运"为口号的。

从经济效益看，根据经济学规律得知除大自然直接给予的物质以外，任何能够满足人的某种需要的事物都存在着交换价值，由此可能产生经济效益。按照这个规律，园林绿地的生态效益和社会效益若确实为人们所需要，也可以变成经济效益。从经济林到大中小型的景区开发项目，都为人们带来了巨大的经济效益。在植物配置中，重视植物群落的自我调节，降低园林绿地的人工维护费用，可以更好地发挥绿地的经济效益，并可根据等价交换和供求关系的原则，计算出园林绿化生态和社会效益的经济价值，同与其争夺土地和投资的其他项目相比较。一是研究计算园林绿化生态效益的量和相应的经济价值，以测算出一定量的绿地所产生的生态效益的量，并从中计算它们为社会创造的财富和因其存在而带来的投资效益，并据此计算出为改善某些环境条件所需要的绿地量，同时研究最具效果的分布格局和内部结构等，作为园林规划设计项目的评价基础；二是评价园林的景观美学价值，园林的审美价值很难以计量表达，但环境优势可以转换为经济优势，带动周边地区商贸、房地产、旅游、展览业等快速发展，同时绿化相关产业得以兴起、发展，为社会提供大量就业机会，可以产生间接的经济效益；三是畅通园林价值得以补偿与增值的途径与渠道，因为并不是所有园林项目费用支出都可以通过市场交换来实现价值补偿与增值，属公共产品的园林只有通过基础设施、公益事业投资，由税收中划拨，或根据受益对象和受益方式，建立起不同的园林效益实现机制。

本章推荐参考书目

［1］博瑞森. 卓有成效的目标管理［M］. 北京：中国商业出版社，2006.

［2］巫成功. 目标管理［M］. 北京：中国商业出版社，2003.

［3］陈洁. 目标管理体制分析［J］. 管理创新，2006，10：102.

［4］王凤军. 怎样有效实施目标管理［J］. 广州通信技术，2004，4：33～34.

［5］纲目. 有效的目标管理［M］. 北京：中信出版社，2002.

复习思考题

1. 什么是园林目标管理？园林目标管理有何特点？
2. 试述园林目标管理的作用和园林目标管理控制的基本内容。
3. 如何进行园林目标管理评价？

第 11 章　园林生产理论与成本分析

学习要点

掌握相关概念及规模报酬变化规律，园林生产的成本分析；

理解与园林生产的相关理论和规模经济的成因。

企业行为理论的核心其实就是企业如何最有效地分配和使用有限的资源，以达到利润最大化的目标。实现利润最大化目标，必然会涉及两个方面的问题：一是从实物形式着手，分析投入的生产要素与产出量之间的物质技术关系，这就是生产理论。二是从货币形式着手，分析投入成本和收益之间的经济价值关系，这就是成本理论。

11.1　园林生产理论

园林生产的过程，实际上是投入一定数量的资源(生产要素)将其转变为产品的过程。在生产理论中将投入的资源分为四大类，即劳动、资本、土地和企业家才能。

劳动。劳动是指生产过程中人们脑力和体力的消耗。劳动是任何生产活动中必不可少的一种要素投入。根据生产过程中对脑力和体力的依赖程度，又可分复杂劳动和简单劳动。通常人们把以脑力劳动为主的劳动者视为复杂劳动，以体力劳动为主的劳动视为简单劳动。在市场经济中劳动的投入是以劳动时间来计量的，在劳动的计量中，复杂劳动需还原成一定比例的简单劳动。随着经济的发展，劳动力的质量在生产过程中的作用日趋增强。

资本。资本从狭义的角度来看，是指投入在园林生产过程中的作为劳动手段的物品。比如，厂房、园林机器设备、运输工具、原材料、燃料等。从广义的角度来看，资本还包括无形资产，如商标、技术专利、企业信誉，以及一定数量的货币资金。

土地。土地是园林生产活动所必需的自然资源。

企业家才能。企业家才能是指企业家经营企业的组织能力、管理能力和创新能力。英国经济学家马歇尔(A. Marshall)在传统的生产三要素的基础上又增加了这种生产要素——企业家才能。企业家的才能是把前三种要素组织起来进行生产、创新和承担风险的要素。企业家才能投入到生产过程中体现为管理活动。在现代园林生产条件下，企业家才能大小直接关系到企业兴衰存亡，因此，在现代经济学理论中，对企业家才能在企业经营中的作用给予高度重视。

为便于分析和说明园林明生产过程，我们把所有生产要素都可分为不变生产要素和可变生产要素。所谓不变生产要素是指在考察期内数量不变的生产要素，园林企业的厂房、设备常被划入这类生产要素；所谓可变生产要素是指在考察期内数量可变的生产要素，比如工人的数量。

11.1.1　生产函数
11.1.1.1　生产函数的含义
生产函数表示在一定的技术条件下，生产要素的投入量与最大产出量之间的物质数量关系的函数式，生产函数可以用列表、几何图形或数学方程式表示，通常记为：

$$Q = f(x_1, x_2, x_3, \cdots, x_n) \tag{11-1}$$

式中　x_1, x_2, x_3——表示各种生产要素的投入量；

　　　　Q——表示生产的最大产出量。

生产函数所反映的投入产出关系是以企业经营管理好，一切投入要素的使用都非常有效为假设的。生产函数表达的是投入与产出的物质数量而不是货币价值，它以技术水平给定为前提，或者说生产函数表达的投入产出关系取决于投入的设备、原材料、劳动力等要素的技术水平。如果技术水平发生了变化，则两者数量关系也会发生变化，从而表现为另一个生产函数。不同的生产函数代表不同的生产方法和技术水平。生产函数的公式为：

$$Q = f(L, K, N, E) \tag{11-2}$$

式中　L——劳动力要素水平；

　　　　K——资本；

　　　　N——土地；

　　　　E——企业家才能。

为论述方便，一些经济学家将投入的生产要素假定为劳动(L)和资本(K)两种，生产的产品只有一种，这样生产函数可表示为：

$$Q = f(L, K) \tag{11-3}$$

著名的柯布—道格拉斯生产函数就是以上述假定作为分析起点。1928 年，柯布和道格拉斯根据历史统计资料，研究了从 1899 年到 1922 年美国的资本和劳动这两个生产要素对产量的影响，得出了这一时期美国的生产函数——柯布——道格拉斯生产函数：

$$Q = AL^a \cdot K^{1-a} \tag{11-4}$$

式中　Q——产量；

　　　　L——劳动投入量；

　　　　K——资本投入量；

　　A、a——常数，其中 $1 > a > 0$。

根据统计资料，他们还求出了几个常数的具体数值，从而使该公式具体化为：

$$Q = 1.01L^{0.75} \cdot K^{1-0.75} \tag{11-5}$$

这一生产函数公式表明，产量增加中约有 3/4 是劳动的贡献，1/4 是资本的贡献。

当劳动投入量和资本投入量增加相同的倍数时，在技术条件不变的情况下，产量的增加倍数等于资本与劳动投入量增加的倍数。

11.1.1.2　生产函数的分类

生产函数可分成短期生产函数和长期生产函数。这里讲的长期与短期不是指一个具体的时间跨度，而是指能否使企业来得及调整生产规模(如厂房、大型设备等不变的生产要素和生产能力)所需要的时间长度。

　　短期是指时间短到企业无法根据产量要求调整固定要素的投入，只能在原有厂房、设备条件下扩大或缩减产量。如某产品市场需求量突然扩大时，企业利用原有厂房设备加班加点增加产量以满足需求，这就是短期调整产量水平的问题。长期(Long Run)是指所有生产要素都可变动的一个时期，如果市场对某种产品的需求由于人们的偏好变大而普遍增加，则企业不仅增加人员，而且增加设备来满足市场需求，这就是企业长期调整生产规模的问题。可见，在长期中，一切生产要素都是可以变动的，不仅劳动投入量、原材料使用量可变，而且资本设备量也可变。而在短期内，一些要素是不变的，如机器、设备、厂房、高级管理人才等。短期与长期是相对而言的，不同行业有不同特点，对于一些从事资本密集型的重工业企业来讲(如：钢铁、煤炭、重化工、铁路等固定设备等投入很大的企业)，短期的时间绝对量往往较长，甚至3～4年的时间跨度内都属于短期；而对一些劳动密集型的轻工业企业来讲(如：有些园林业、食品加工业等所需资本设备较少)，往往2～3个月的时间跨度就可属于长期。

　　短期生产函数是指在企业资本要素投入不变的条件下，只改变一部分劳动要素投入的情况下考察对产量的影响。短期生产函数通常表示为：

$$Q = f(K \cdot L) \tag{11-6}$$

式中　K——常数。

　　这里的 K 表示资本中资本要素投入不变，只有劳动(L)这个生产要素的投入可变，并影响产出量。因此短期生产函数也可表示为：

$$Q = f(L) \tag{11-7}$$

　　长期生产函数(Long Run Product Function)是指在企业可以调整其所有的生产要素投入的情况下，投入与产出之间的关系。在长期生产函数的分析中，因为所有生产要素都是可变的，所以一切生产要素都是可变要素，而且各种要素之间可以相互替代，为了分析的便利，一些经济学家将投入的要素假定为资本(K)和劳动(L)两大类，并只生产一种产品。这样长期生产函数可表示：

$$Q_L = f(K, L) \tag{11-8}$$

11.1.2　边际分析

　　短期生产中，企业使用一种可变要素与其他固定要素相结合进行生产，也就是其他要素不变，某种要素如劳动的投入量可变，分析这一种要素的投入与产出的关系，研究一种要素的最优利用问题。

11.1.2.1　总产量、平均产量与边际产量

　　假定生产某种产品只使用两种生产要素：资本(K)与劳动(L)，其中资本在短期内是不变的常数，那么，产量将随着劳动者人数的变化而变化。我们引入总产量、平均产量、边际产量三个概念来说明产量与劳动的关系。

　　总产量(TP)是指投入一定量的生产要素(如劳动)与特定的其他要素相结合，在给定时期内所生产的产品数量总和。如果其他要素不变，总产量将随可变要素的增减而变化。

　　平均产量(AP)是指每一单位可变要素平均提供的产品量。用总产量除以投入的可变要素的单位

数，所得之商便是平均产量。

　　边际产量(MP)是指在其他生产要素的投入量不变的条件下，每增加或减少 1 单位某种可变要素的投入量所引起的总产量的增加或减少量。在资本要素既定的条件下(如 $K = 100$)，投入的劳动(L)与总产量、平均产量、边际产量的数量关系可用表 11-1 来表示。

总产量、平均产量和边际产量表　　　　　　　　表 11-1

K	L	TP	AP = TP/L	MP = d(TP)/dL
100	1	29	29	36
100	2	70	35	45
100	3	117	39	48
100	4	164	41	45
100	5	205	41	36
100	6	234	39	2
100	7	245	35	0
100	8	232	29	− 27
100	9	189	21	− 60

　　根据总产量函数、平均产量函数、边际产量函数及表中的数值可知，随着可变要素劳动(L)的增加，最初总产量、平均产量和边际产量都是递增的，但各自增加到一定程度后就分别递减。总产量、平均产量都与边际产量有关。

　　平均产量与边际产量的关系：随着可变要素劳动(L)的增加，平均产量和边际产量都呈上升的趋势，当边际产量开始呈递减趋势，但仍大于平均产量时，平均产量仍然上升；当边际产量等于平均产量时，平均产量达到最大值。这时，如果再增加劳动(L)的投入，边际产量将进一步下降，这时边际产量将小于平均产量，平均产量也开始下降。

11.1.2.2　边际收益递减规律

　　在短期生产中，企业使用一种可变要素与其他固定要素相结合生产一种产品，随着该可变要素数量的增加，可变要素的边际产量，一般经历两个阶段，先递增，后递减。

　　第一阶段，可变要素的边际产量随可变要素数量增加出现递增现象。这一阶段从可变要素劳动(L)投入量为 0 开始，逐步增加到边际产量最大。由于在这一阶段中要素配合比例不当，不变要素太多，可变要素太少，增加可变要素可提高不变要素的利用效率，所以在一定限度内可变要素的边际产量递增。

　　第二阶段，可变要素的边际产量随要素数量的增加出现递减现象。在这一阶段中，随着劳动(L)投入量的增加，劳动(L)的边际产量出现了递减的趋势。因为可变要素数量太多，而不变要素相对不足，其效率就会下降，继续增加可变要素虽然可以使总产量上升，但总产量的增加量出现递减现象，并且可变要素继续增加到一定限度后，再增加可变要素，总产量将会减少。

生产要素边际收益递减规律是指在一定技术条件下，若其他生产要素不变，连续地增加某种要素的投入量，在达到某一点后，总产量的增加会递减，即产出增加的比例小于投入增加的比例，这就是生产要素收益递减规律，通常称为边际收益递减规律。

为论证这一规律，1921 年，英国的一家农业研究院选择了 10 块同样面积的土地，分别施用了不同数量的化肥，结果得到了表 11-2 中的数据。

化肥施用量与产量的关系   表 11-2

地块编号	化肥施用量	产　量
1	15	104.2
2	30	110.4
3	45	118.0
4	60	125.3
5	75	130.2
6	90	132.4
7	105	131.9
8	120	132.3
9	135	132.5
10	150	132.8

从以上实验数据中，我们可以看到，当化肥施用量在 15～30～45 这一区域内，边际产量是递增的，大于 45 以后，边际产量基本上是递减的。一些经济学家同时还在其他生产区域也作了相同的试验，都证明了生产要素边际收益递减规律是客观存在的。

这一规律在经济学中占有非常重要的地位。它揭示了在生产过程中，在一定的技术条件下，各种生产要素要保持一个合适的比例，才能使各生产要素充分发挥其效率，如对某一要素连续追加投入，那么其边际收益就会下降。

理解边际收益递减规律应注意：

第一，这一规律是一个经验事实的总结，现实生活中的绝大多数生产函数符合这一规律，农业尤为突出；

第二，这一规律假设技术水平不变，技术系数可变。若技术进步，虽然不会使递减现象消失，但将使生产要素边际收益递减规律延缓出现；

第三，随着可变要素的逐步增加，边际产量通常会经历从递增、递减到变为负数的过程。即边际收益递减现象是在某一生产要素增加到一定量以后才出现的。

11.1.3 规模报酬

11.1.3.1 规模报酬的含义

所谓规模报酬也称规模收益，是指企业同时变动所有的生产要素所引起的产量变动，即生产要素投入的变动与产出量之间的关系。简单地说就是在技术水平和要素价格不变的条件下，分析企业规模变动与产量变动的关系，这显然是考察企业长期生产的问题。例如，某年产 100 万株绿化苗木的苗圃场，需投入 100 个资本单位和 400 个劳动单位，如果将资本单位和劳动单位的投入都增加 1 倍，那么得到产量是增加 1 倍？还是大于 1 倍？或是小于 1 倍？这类问题就属于规模报酬的研究内容。

生产的规模报酬与边际收益递减规律不能混为一谈。边际收益递减规律的研究是以生产的短期为前提的，在短期内，由于不能改变所有生产要素的投入，而是只能改变某一可变要素的投入，所以边际收益呈递减的趋势。而生产规模报酬的研究是以生产的长期为前提的，在这一期间，由于可以同时改变所有生产要素的投入，它的报酬并不一定递减。

11.1.3.2　规模报酬的变动

规模报酬研究的核心问题是，当生产要素都按同一比例增加时，其产量是按照什么比例增加的。规模报酬的变动不外乎三种情况。

第一种情况是规模报酬递增。规模报酬递增是指产量的变化比例大于投入要素的变化比例，即各种生产要素的投入量都增加 1 倍时，产量的增加将超过 1 倍。

第二种情况是规模报酬不变。规模报酬不变是指产量的变化比例与要素投入变化的比例相等，即各种生产要素的投入量都增加 1 倍时，产量也增加 1 倍。也就是当整个经营规模扩大时，每一要素的边际产量和平均产量维持不变。

第三种情况是规模报酬递减。规模报酬递减是指产量增加的百分比小于所有要素投入增加的百分比。即各种生产要素的投入量都增加 1 倍时，产量的增加小于 1 倍。

一般认为在技术条件不变情况下，一个企业在规模扩张的过程中，通常会经历规模报酬递增、规模报酬不变、规模报酬递减这三个阶段。开始时规模报酬递增的原因主要是由于生产规模的扩大有利于生产专业化，有利于机器设备的充分利用，使劳动效率提高，管理效率提高，这一切都将大大提高生产效率，从而使产量的增加超过要素投入量的增加。当规模扩大到一定程度后，各种生产要素的作用都得到了充分的发挥，各种生产要素的配置也处于合理阶段，要素组合的调整受到技术限制，这时产量和投入只能同比例变化，使规模报酬成为常数状态。如果再增加生产要素的投入，那么由于规模过大引起管理效率下降、产品的营销费用、管理费用等都会加速增长，从而导致规模报酬递减。因此，每个企业、行业都有一个适度规模的问题。所谓适度规模是指生产规模的扩大以规模报酬达到最大为适度，不可盲目追求生产规模的片面扩大。

11.2　园林生产成本分析

一切物质财富的生产过程，也是物质财富和劳动力的消耗过程。为了生产产品，必然要消耗一定的生产资料和劳动力，成本就是生产产品中所消耗的各种生产资料价值和所支付的劳务价值的总和。

11.2.1 经济分析中的成本

成本从一般的含义来讲，是指企业在生产中所耗费的生产要素的价格，即生产费用。由于人们从不同的角度来考察生产费用，因此就产生了不同的成本概念。经济学中常见的成本概念主要有以下几种。

11.2.1.1 会计成本与机会成本

会计成本是指企业在生产过程中按市场价格所购买的生产要素的货币支出，通常在会计账目上能明确反映出来。它包括外显成本和隐含成本中的固定资产的折旧。而经济分析中所使用的成本，则主要指生产的机会成本。

机会成本是以现有的生产要素在另一种最优的选择中可能产生的收入来计量的成本。例如某园林绿化企业用现有的生产要素来从事某城市街道绿化施工，其会计成本 300 万元，总收入 400 万元，利润 100 万元。但是如果将现有的生产要素来从事某公园绿化工程，会计成本仍为 300 万元，而总收入高达 600 万元。从经济分析来看，从事街道绿化施工中放弃的利益即机会成本，实际为 600 万元，而得到的仅 400 万元，若按照机会成本来计算，亏损 200 万元。

经济决策中通常以资源配置最优为目标。使用会计成本来评判人们的经济活动是不够全面的，因为会计成本只反映了某一生产过程中的支出，而无法反映这一生产过程的资源配置是否达到最优。机会成本的比较有助于分析经济资源的利用效率和资源配置是否合理。使用机会成本概念来核算成本，有利于促进将各种生产要素应用于最佳途径，做到资源的最优配置。因此，在经济学中，强调从机会成本的角度去理解和分析企业及生产成本。

11.2.1.2 显性成本和隐含成本

显性成本是指货币成本，即企业在生产要素市场上直接购买物品和劳务的货币支出，也就是会计成本。它包括工资、原材料、租金、运输、折旧、燃料动力费、银行利息、广告、保险等费用支出项目。由于这些支出都以货币形式出现，并由它们作为成本项目记在会计账上，其成本的大小在账簿上一目了然，所以称之为显性成本。

隐含成本（Implicit Cost）是指不需直接支付货币，使用自有生产要素应得到的报酬。它是企业自有生产要素投入本企业生产而得到的报酬。例如企业利用自己的土地、资金、房屋等进行生产时，不像支付给其他生产要素所有者的报酬那么明显，这部分费用并不用货币直接向外支出，所以叫隐含成本。

隐含成本可分为两个部分：一部分需以折旧费用的形式计入会计成本项目；另一部分则以"正常利润"的形式计入企业隐含成本。正常利润是指企业对自己所提供的企业家才能的报酬，它是隐含成本的一部分。从长期看，这部分报酬是使得企业继续留在目前所在行业内的必要条件，否则企业将把他的资金转移到别的行业。因此，在经济分析中把正常利润作为成本项目计入产品的生产成本之中。

经济学中，企业的经济成本等于外显成本和隐含成本之和。即：

$$经济成本 = 外显成本 + 隐含成本$$

从机会成本角度看，无论显性成本或隐含成本，这些支出价格必须等于将相同的生产要素使用在其他最好用途时所能得到的收入。否则，企业将买不到他所需要的生产要素，其自有的生产要素也将投向报酬更高的其他用途上去。

11.2.1.3 私人成本与社会成本

私人成本也称企业的个别成本，指私人企业生产中按要素市场价格直接支出的费用，相当于会计成本。社会成本指整个社会为某个企业或某一生产要素投入所付出的成本。例如，某造纸厂在生产过程中排出的废水，会造成社会环境的水污染，社会必须为此而支付一笔费用以治理污染，这笔费用便构成社会成本。因此，从整个社会的角度来看，经济分析的成本应该包括社会成本。

11.2.1.4 收益和利润

收益是指企业出售产品和劳务的所得。等于产品价格与产品出售数量的乘积，用公式来表示为：

$$TR = f(P, Q) \tag{11-9}$$

式中 TR——总收益；

P——产品价格；

Q——产品销售量。

在产品价格不变的情况下，$TR = f(P, Q)$。

如果产品价格随产品出售数量的变动而变动时，$TR = f(P, Q)$，$P = f(Q)$。

由于成本具有会计成本和经济成本之分，西方经济学中的利润也有会计利润和经济利润的差别，即：

会计利润 = 总收益 - 会计成本 = 总收益 - 外显成本 - 折旧

经济利润是收益与经济成本之差，即：

经济利润 = 总收益 - 经济成本 = 总收益 - 会计成本 - 正常利润

因此，经济利润实际上是超额利润，当企业的经济利润为 0 时，意味着他仍然得到了正常利润。经济学上认为经济利润的大小在相当程度上决定了企业在该部门的进入和退出。

当经济利润 > 0 时，企业的投入能得到一个超额利润，他就会优先选择增加投入；

当经济利润 = 0 时，由于企业能够获得正常利润，一般不会轻易退出该部门或增加投入；

当经济利润 < 0 时，企业通常会退出或减少对该部门的投入。经济学中所说的利润，常指经济利润。

11.2.2 成本函数

成本函数是指在技术水平和投入要素的价格不变的条件下，一定时间内成本与产出之间的关系。

成本函数是在生产函数的基础上产生的。生产函数和成本函数之间存在对应关系。与生产函数分成短期生产函数和长期生产函数一样，成本函数也分成短期和长期两种。

11.2.2.1 短期成本函数

在短期生产中，企业无法及时改变一些大型的固定设施(如厂房、机器之类生产要素)的投入数量，只能通过改变劳动或原材料等投入来调整产量。因此，成本也相应地区分为固定成本与可变成本，二者之和构成总成本。平均成本又可分为平均固定成本和平均可变成本。此外，还有边际成本。

1）固定成本、可变成本和总成本

固定成本(Short-Run Fixed Cost，*SFC*)指在一定的产量范围内，企业不随产量的变动而变动的那部分成本。它主要包括厂房和机器设备的折旧、地租、财产税、保险费、雇佣人员的工资等。由于这些固定生产要素的数量在短期内不随产量的变动而变动，因此成本是固定的。其公式为：

$$SFC = C_0。 \qquad (11-10)$$

式中 *SFC*——固定成本；

C_0——大于零的常数。

坐标图上，固定成本线(*SFC*)是一条在纵轴有一段截距，平行于横轴的直线(图 11-1)。

可变成本(*SVC*)指随着产量的变化而变动的成本之和。在短期内，由于企业不能通过扩大生产规模，如建筑更大的厂房、增加机器的数量等手段来增加产量，只能在现有的生产规模上挖掘潜力，主要通过增加生产工人的数量、工资、原材料以及燃料等可变要素的投入量来增加产量。由于这些可变要素的投入数量随产量变动而变动，因此其成本是可变的，而且是产量的函数，用公式来表示为：

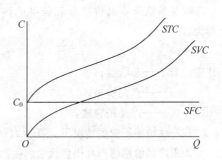

图 11-1　总成本、可变成本、固定成本曲线图

$$SVC = f(Q) \qquad (11-11)$$

坐标图上，可变成本曲线(*SVC*)为一条从原点出发自左下方向右上方上升的曲线(图 11-3)。

总成本是指企业生产一定数量产品的固定成本和可变成本之和。由于短期内企业投入的生产要素分为固定生产要素和可变生产要素，那么总成本就等于固定成本与可变成本之和，其公式为：

$$STC = SFC + SVC = C + F(Q) \qquad (11-12)$$

由于固定成本是一个常数，可变成本是产量的增函数，因此短期总成本函数是一条以纵截距 C_0 为起点的，自左下方向右上方上升的曲线(图 11-1)。

由图 11-1 可看到总成本、固定成本和可变成本之间的关系。*SFC* 与产量无关，所以它表现为一条直线。总变动成本表现为随产量增加而上升的一条曲线。由于 *STC* 是 *SFC* 与 *SVC* 之和，而 *SFC* 不为零，因而它也不可能为零。*STC* 的起点是 *SFC* 起点，*STC* 与 *SVC* 的形状相同，它们之间的距离等于 *SFC*。

2）平均固定成本、平均可变成本和平均总成本

平均固定成本(*AFC*)是指每单位产品所分摊的固定成本，其计算公式为：

平均固定成本＝固定成本/产量

因为固定成本在短期内不变，所以当产量增加时，每单位产品中所包含的固定成本在不断下降。

平均固定成本曲线的变化情况如图 11-1 所示。

平均可变成本(AVC)是指，每一单位产品所分摊的可变成本，其计算公式为：

$$平均可变成本 = 可变成本 / 产量$$

平均可变成本(AVC)与平均产量(AP)呈反方向变动。在生产理论中得知，平均产量曲线是倒 U 形的，即平均产量随着可变要素投入量的增加，平均产量先上升后下降。与此相对应，在价格不变的情况下，平均可变成本曲线必然随着产量的变化先下降而后又上升，为 U 形曲线。

平均总成本(ATC)是指一个单位产品所分摊的总成本，其计算公式为：

$$平均总成本 = 总成本 / 产量$$

由于总成本等于固定成本加上可变成本，当产量水平处在平均固定成本和平均可变成本都下降的阶段，平均总成本是下降的。但是，平均总成本是在平均可变成本之后到达最低点的。这是因为平均可变成本的上升在一定阶段内小于平均固定成本的下降。

3) 边际成本

边际成本(SMC)是指每增加一个单位产量所增加的总成本，其计算公式为：

$$边际成本 = 总成本增量 / 产量增量$$

例：若产量由 100 单位增加到 101 单位，总成本也同时由 50 元增加到 52 元，那么第 101 单位产品的边际成本为：$(52 - 50) / (101 - 100) = 2 / 1 = 2$(元)

短期内，由于固定成本是不变的，所以，边际成本取决于可变成本的增量与产量增量之比，即：

$$SMC = \Delta SVC / \Delta Q \tag{11-13}$$

边际成本是经济分析中的一个重要概念。大多数经济分析都是以边际成本分析为基础的。根据边际产量变动的规律，随着可变要素投入的增加，边际产量先是递增，接着达到极大值，然后开始递减。在劳动价格不变的条件下，边际成本是随产量的增加先下降，在下降到最低点后转而上升。在边际产量最大值处，边际成本达到最低，然后边际成本开始递增，这是由边际生产力递减规律决定的。

11. 2. 2. 2　长期成本函数

在长期生产过程中，企业可以根据市场对其产量的需求调整全部的生产要素投入量，改变其生产规模，不仅可以通过改变原材料和生产工人的投入量来调整产量，也可以通过调整厂房，机器设备等要素的投入量来调整产量。因此在长期生产过程中，所有的生产要素的投入都是可变的，因而企业的成本不存在固定成本和可变成本的区别。企业的长期成本分为：长期总成本、长期平均成本和长期边际成本。

长期总成本(LTC)是指企业在长期中生产某一产品所支付的最低成本总额，它是通过改变生产规模达到的。它是产量的函数，随着产量的增加，长期总成本曲线先是以递减的速度增加，接着出现转折点，然后以递增的速度增加。

长期平均成本(LAC)是指企业在长期内每单位产品所分摊的总成本，它是长期总成本除以产量的商。长期平均成本同样是产量的函数，随产量的变动而变动。但是规模经济的效益并非无限的。

当企业的生产超过了一定规模时，就会产生规模不经济，导致长期平均成本上升。

长期边际成本(LMC)是指企业在长期内根据计划产量调整其使用的土地、厂房、机器等固定设备时，每增加一单位产量引起总成本的增加量。

11.2.3　园林生产规模效应

11.2.3.1　规模经济

规模是一个生产单位或服务单位从量的方面确立的所有生产要素及产量产值的总和。规模经济是指由于生产规模扩大而导致长期平均成本降低的现象，它表现为长期平均成本曲线向下倾斜。规模经济可分为内在经济和外在经济。

内在经济是企业在长期通过调整扩大生产规模的行为产生的，生产规模扩大可大幅度降低成本，往往与大规模生产所产生的规模经济有关。由于生产技术的差别，不同行业的单位产品的平均成本达到最低点时的经营规模有很大差异。例如，钢铁、汽车、石油化工等产业的经营规模要求是很大的，而园林设计、绿化施工、服装等行业对平均成本达到最低点时的经营规模要求一般是比较小的。

外在经济指由于企业经营活动的外部环境改善使企业的成本下降，收益增加的现象。如由于外部环境的改进，企业在原材料供应、运输、服务、人才供给、信息等方面获得了更便利的条件，从而减少成本支出，这就是外在经济。相反，企业经济活动的外部环境恶化，如原材料供应紧张、电力不足、环境污染等会增加企业的成本支出，减少收益，这种状况称为外在不经济。外在经济与外在不经济都会影响企业的成本支出，导致平均成本曲线的移动。从这个意义上说，外在经济决定了长期平均成本曲线的位置。

长期生产中，当产出水平变化时，企业改变投入比例是有利的。如果投入比例不变，那么规模经济也就不存在了。更确切地说是企业喜欢规模经济，因为它可以以低于双倍的成本获得双倍的产出。相应地，当双倍的产出需要双倍以上的投入时，就存在着规模不经济。

产生规模经济的主要原因是劳动分工、专业化以及技术因素。具体地说，随着生产规模的扩大，企业可以使劳动分工合理化，提高专业化程度，并使各种生产要素得到充分的利用，这一切将提高劳动生产率，降低长期平均成本。

有些经济学家还以"学习效应"和"范围经济"来解释长期平均成本下降的其他因素。学习效应是指在长期的生产过程中，企业的工人、技术人员和经理可以积累起有关的生产、技术设计和管理方面的有益经验，从而导致长期平均成本的下降。这种效应表现为每单位产品的劳动投入量的逐步降低。这种效率的提高来自技巧和技术的熟练，是实践经验所产生的结果。例如，在制造业涉及要把许多部件组装成为一种产品，当工人在实践中不断获得关于各个部件之间关系的更多知识时，就会出现学习效应，导致时间和成本的节约。

注意，虽然学习效应会导致重大的成本节约，但这些成本节约可能会不足以抵消规模不经济的影响。

范围经济是针对关联产品的生产而言，它指的是一个企业同时生产多种关联产品的单位成本支出小于分别生产这些产品时的成本的情形。

范围经济有多种源泉，可能产生于管理工作的专业化，生产的多种产品都需要相同或类似投入要素时的节约，或产生于更好地利用生产设备、有利于联合生产的技术变化。比如单纯从事园林施工的企业可以兼营苗圃，这样其成本会降低，苗木供应也更有保证等等。

范围经济并不像规模经济那样与规模报酬有关。规模经济把规模报酬概念作为一个特例而包括在其中，但范围经济不隐含着任一种具体形式的规模报酬。

范围经济这一概念有助于我们理解为什么同一家企业通常从事一系列相关的经济活动。有的学者也视它为对企业兼并的一种解释。这种兼并在经济上之所以是有效率的，皆因为由此而生的企业能以较低的成本生产相关产品。

11. 2. 3. 2 规模不经济

规模不经济对长期平均成本所起的作用与规模经济所起的作用完全相反。规模不经济是指企业由于规模扩大使得管理无效而导致长期平均成本上升的情况。企业的管理就是对企业广泛的经营活动的控制和协调，这些活动包括生产、运输、财务、营销等等。为了有效地履行各种管理职能，管理者必须能够及时获取有关企业运作的准确信息；否则，企业的大政方针或基本决策就会失之偏颇，从而造成企业收益减少成本增加。当企业规模扩展超过一定限度之后，企业最高管理层就不得不开始把某些原属自己的权力和责任下放给较低级的管理者。这样，他们便会逐渐丧失与企业日常经营活动的直接联系，造成管理人员信息不通、企业内部公文旅行、决策失误等，从而减弱他们对企业及时有效的控制；另一方面，随着官僚机构和文牍主义的滋生蔓延，企业各部门越来越难于协调。因此，随着进行有效管理成本的增加，造成企业长期平均成本上升。

企业的生产过程中规模经济和规模不经济因素往往同时存在。它们的相对作用强度决定企业处在规模经济还是规模不经济。通常用总成本弹性 E_c 测量规模经济或规模不经济。E_c 表示单位产出变动百分率所引起的平均生产成本变动的百分率。

$$E_c = (\Delta C / C) / (\Delta Q / Q) \tag{11-14}$$

式中　E_c——总成本弹性；

　　ΔC——生产成本变化量；

　　C——生产成本；

　　ΔQ——产量变化量；

　　Q——产量。

为了解 E_c 是如何与我们传统的成本计量方法相联系，将(11-14)式改写为：

$$E_c = (\Delta C / C) / (\Delta Q / Q) = LMC / LAC \tag{11-15}$$

式中　LMC——长期边际成本；

　　LAC——长期平均成本。

当总成本弹性 $E_c < 1$ 时，长期平均成本 LAC 大于长期边际成本 LMC，长期平均成本 AC 递减，企业的生产具有规模经济性；

总成本弹性 $E_c>1$ 时，长期平均成本 *LAC* 小于长期边际成本 *LMC*，长期平均成本 *LAC* 递增，企业的生产具有规模不经济性；

总成本弹性 $E_c=1$，说明企业的生产既不具有规模经济性，也不具有规模不经济性。

规模经济与规模不经济往往在同一个行业中同时存在。但是，二者在什么产量水平上达到平衡对于不同的行业是不同的。

有的行业规模经济的范围很小，在规模很小时，会有很小一段范围长期平均成本是下降的。一旦企业的生产规模稍稍扩大，便会出现规模不经济，长期平均成本呈上升趋势。例如园林设计和一些日常用品修理业等都属于这类行业。

有些行业在很大的范围内存在规模经济。在相当大的区间，企业的长期平均成本都随着生产规模的扩大递减。一些自然垄断行业，例如铁路业、自来水行业等属于这种情况。

但也有不少行业在相当大的范围内既不存在规模经济，也不存在规模不经济，该行业的长期平均成本在很大的一段区间是水平的。

11.2.4 园林生产成本估计

计划扩大或缩小经营规模的园林绿化企业需要预测成本是如何随产出变动而变动的。对未来成本的估计可以从成本函数获得，成本函数将一定产出水平的生产成本和其他企业能够控制的变量联系在一起。

假定我们描绘园林绿化苗木行业的短期生产成本的特点，能够获得关于每个苗木公司的苗木产量 *Q* 的数据，并将此信息与可变生产成本(*VC*)相联系。

通过个别企业的数据可以估计行业的总体情况。园林绿化苗木生产的总成本曲线可以通过统计方法来确定，与每个苗木企业产出和总成本相联系的点最相吻合的曲线就是整个绿化苗木行业的总成本曲线。

图 11-2 显示了典型的成本和产业数据模型。图中的每一点均将苗木生产企业的产出与其可变生产成本联系在一起。要想准确地预测成本，需要确定可变成本与产出的潜在关系。如果企业扩大生产，就能够计算出相关的成本是多少。图中的曲线是基于这样的想法绘出，它要与成本数据合理地相吻合(典型的最小二乘法回归分析可以用来使曲线与数据相吻合)。但是什么形状的曲线是最合适的呢？如何用几何图形将它表示出来呢？可以选择下面的成本方程：

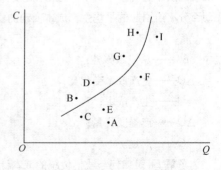

图 11-2　园林苗圃业的总成本曲线图

$$VC = \beta Q \tag{11-16}$$

这种成本与产出之间的线性关系用起来很方便，但它仅当边际成本为常数时才适用。产出每增加一单位，可变成本增加 β，从而边际成本为常数等于 β，如果考虑到长期平均成本曲线是 U 形，并且边际成本不是常数，就必须使用更复杂的成本函数。可能是二次成本函数，它将可变成本与产出和产出的平方联系在一起。

$$VC = \beta Q + \gamma Q^2 \tag{11-17}$$

这意味着边际成本曲线是一条直线，$MC = \beta + 2\gamma Q$。如果 γ 是正数，那么边际成本随产出增加而增加；如果 γ 是负数，边际成本随产出增加而减少。如果边际成本曲线是非线性的，就要用三次成本函数，即：

$$VC = \beta Q + \gamma Q^2 + \delta Q^3 \tag{11-18}$$

它意味着边际成本曲线与平均成本曲线一样，是 U 形的。

本章推荐参考书目

[1] 周平海，王雷. 新编西方经济学. 立信会计出版社，2000.

[2] 金浩，高素英，孙丽文. 微观经济学. 南开大学出版社，2004.

[3] 肖桂山. 西方经济学. 东北财经大学出版社，2000.

[4] 朱善利. 微观经济学. 北京大学出版社，2001.

复习思考题

1. 简释生产函数、边际产量、规模报酬、成本、会计成本、显性成本、隐含成本、长期可变成本、固定成本、边际成本、短期总成本、短期平均成本、短期边际成本、长期总成本、长期平均成本、长期边际成本、规模经济的概念。

2. 简述企业短期内生产要素投入的合理区域和短期平均可变成本与边际成本的关系。

3. 试述影响长期平均成本变化的主要因素。

4. 试述规模报酬原理及其与长期平均成本的关系。

案例分析

案例 1

某绿化企业使用的生产要素中，只有劳动量 L 是可变的，其短期生产函数 $Q = -L^3 + 15L^2 + 72L$，试求：

(1) 劳动的平均产量最大时的劳动数量。

(2) 劳动的边际产量最大时的劳动数量。

(3) 平均可变成本最小时的产量。

解　(1) $AP = Q/L = -L^2 + 15L + 72$，$d(AP)/dL = -2L + 15 = 0$，$L = 7.5$。

(2) $MP = dQ/dL = -3L^2 + 30L + 72 = 0$，$L = 10$。

(3) 平均可变成本是平均产量的倒数，平均可变成本最小就是平均产量最大。平均可变成本最小时，劳动数量为 7.5，将之代入生产函数的表达式中，

$$Q = -7.5^3 + 15 \times 7.5^2 + 72 \times 7.5 = -421.875 + 843.75 + 540 = 961.875 \approx 961.9$$

答：劳动的平均产量最大时需劳动 7.5 单位，劳动的边际产量最大时需劳动 10 单位，平均可变成本最小时产量约为 961.9 单位。

案例 2

某园林公司拥有两家苗圃，生产同一种产品，其长期生产总成本函数为：

$$LTC= 0.005Q^3-1.4Q^2+280Q。$$

两家苗圃的短期成本函数分别为：

$$STC_1=0.006Q^3-1.33Q^2+201.6Q+6860$$

$$STC_2=0.0057Q^3-1.424Q^2+205.6Q+10240$$

试求：

(1) 产量多大时，公司可使长期平均成本最小？

(2) 哪家苗圃能获得最小长期平均成本？

(3) 产量保持在 $Q=160$ 时，公司应选择哪家苗圃？

解：(1) $LAC=LTC/Q=0.005Q^2-1.4Q+280$

$d(LAC)/dQ=0.01Q-1.4=0$，$Q=140$

因此，$Q=140$ 时，可使长期平均成本最小。将 Q 代入 LAC 的表达式，长期平均成本的最小值 182。

(2) $SAC_1=STC_1/Q=0.006Q^2-1.33Q+201.6+6860/Q$，$Q=140$ 时，$SAC_1=182$。同理，可求得 $Q=140$ 时，$SAC_2=191$。因此，只有第一家苗圃能获得最小长期平均成本。

(3) $Q=160$ 时，$LAC=184$，$SAC_1=185.28$，$SAC_2=187.68$。因此，公司应选择在这两家苗圃之外的某一规模的苗圃进行生产，使其平均成本为 184。

案例 3

经济生活中，我们会看到这样一种现象：不同行业的规模和企业数有很大差别。例如，园林部门有着成千上万个小公司，而汽车、石化、钢铁等行业只活跃着少数巨头。试问原因何在？

分析：

各种行业的适度规模究竟取决于什么因素？前文我们在讨论长期平均成本的变化原因时曾经指出，这是由于内在经济和外在经济所决定的。在产生内在经济的诸因素中，有三条特别重要，那就是规模扩大了，企业可购买更加先进的机器，可提高专业化程度，可充分挖掘管理人员的潜能。汽车等行业有这样一些特点：资本密集、生产高度复杂和高度集中。企业必须具有相当大的规模，才能与这样的特点相适应。这是一般企业所望尘莫及的。因此，这些行业企业规模大、数量少。园林部门却完全相反，它是劳动密集型的，地理上比较分散，技术上不太复杂，不需要经常更新机器，也不需要在专业上过度细分。因此，园林部门的适度规模应该比较小，企业却非常多。

第 12 章　园林技术经济效益评价

学习要点

掌握园林技术经济效益评价指标体系的主要组成内容及其在园林生产建设中的实际运用；掌握园林技术经济效益评价的基本方法并能进行实际运用；

理解园林技术经济效益主体指标确立的基本原则，园林技术经济效益评价的基础与条件；

了解技术经济效益评价的基本含义及其基本原理，初步认识构建园林技术经济效益评价指标体系的必要性和重要性，理解园林技术经济效益的特殊性。

现代社会生产过程中，劳动与资源的投入与劳动成果之间的转化是由技术来实现的，一种自然资源要转变为另一种产出性资源必须通过技术手段才能得以实现。同时，从技术发展的不同阶段来看，先进的技术常常能带来良好的经济效益。但是，先进的技术并不能必然地带来好的经济效益。技术与经济之间存在着相互支撑、相互依赖及相互制约的辩证关系。因此，研究技术方案(措施)的实施所带来的效益评价问题，也是研究如何提高社会有效生产水平、创造节约型社会的重要课题之一。

12.1 园林技术经济效益基本原理

12.1.1 技术与园林技术

从社会发展史分析，技术是人类实践经验和科学智慧的结晶，是人类在利用、改造自然过程中取得的知讯、能力和物质手段的集合。

技术有狭义与广义之分。狭义的技术指的是人的生产技能与技巧。如，说某人的育苗技术好，这里的技术是指其在育苗方面的劳动生产技能。广义的技术则是指生产力三要素中凝结的技术，即劳动工具、劳动对象和劳动力的总称。通常所说的"技术就是生产力"，其实指的就是生产力三要素所具有的不同水平的技术标志。科学技术要成为生产力必须通过生产力三要素的有效转化或传递。同时，科学技术的进步及其在生产过程中的运用对生产力诸要素的发展和变化有着直接的推动与制约作用。

技术又可分为"中间技术"、"累进技术"和"适用技术"。

中间技术，是指既不是现代化的最新技术，又有别于简单的传统技术。中间技术通常不需要很高的技术知识，能够达到既提高生产效率，又节约资金的目的，是较易消化、吸收和扩展的技术。

累进技术，是指选择技术时要考虑当时、当地现存的技术基础和技术体系与自身的技术水平、生产发展水平和人员的文化教育水平相适应，与自身的消化吸收能力相适应，在能力允许的范围内循序渐进地提高技术水平，体现技术发展的继承性和演进性。

适用技术，是指适合于当地资源情况和应用条件，能够对经济、社会和环境目标做出最大贡献的技术。考察技术是否适用，必须充分考虑当地生产要素的现有条件、当前的技术水平、市场容量、社会文化环境等因素。适用技术既可以是最新技术，也可以是不那么新的技术，关键在于技术的采用必须能为经济目标和社会目标做出较大的贡献。适用技术强调的不是技术的先进性而是技术采用后的效益性。

综合起来看,技术可以看成是生产工具与装备,生产技能与经验,生产资料与信息,生产组织与计划管理等多要素的有机组合,这些要素间相互补充,相互依赖,在任何社会生产活动中都同时在发挥着作用,缺一不可。它们中任何一个方面的改善与提高都是技术进步的体现。

技术进步是物质生产的技术基础以及与此相适应的组织与管理技术的改进与提高。从表现形态来看,园林业与其他产业一样,技术可划分为物质技术(硬技术)与非物质技术(软技术)。前者体现为机器、设备、基础设施等生产条件和工作条件等,后者体现为工艺方法、程序、信息、经验、技巧和管理能力等。无论是物质技术还是非物质技术,它们都是以科学知识为基础形成的,并遵循一定的科学规律互相结合在生产中共同发挥作用。

园林技术经济中的技术指的就是综合意义的技术概念。即,园林技术是指劳动手段、劳动方法和技能、生物技术、工艺技术、管理技术、生产资源等的组合和利用方式的总称。园林生产中的技术通常表现为具体的技术措施和技术方案。它们在进入生产领域之前表现为潜在的生产力,一旦进入生产过程便形成直接现实的生产力。

12.1.2 经济与经济效益

经济泛指社会生产、再生产和节约。所以,经济一词在不同场合有着多种指代。一是指人类社会物质资料的生产和再生产过程,即生产、分配、交换和消费过程的总和,通常所说的国民经济,即为此意;二是指社会生产关系,如社会经济制度;三是指物质财富,如社会或个人的经济收入状况;四是指节约、节省之意,如某一物品"经济实惠"中的经济一词便是此意。园林技术经济既不是研究园林生产关系的学科,也不是研究社会生产过程中的一般经济活动。园林技术经济中"经济"一词的基本含义指的就是劳动的节约和节省,它不仅是个质的概念,更是一个量的概念。

对于经济效益的概念界定目前在经济学界还不完全一致。然而,就其实质而言,所谓经济效益指的是人类行为的有效劳动成果与劳动投入之间的数量对比关系。这种数量对比关系可以从两个方面来表现:一是有效劳动成果与劳动投入之间的差额,称为经济活动的净收益;二是有效劳动成果与劳动投入之间的比值,也就是经济效率。其表达公式如下。

$$经济效益 = 劳动成果 - 劳动消耗$$

$$经济效益 = \frac{劳动成果}{劳动消耗或劳动占用}$$

不难看出,经济效益其实是指上述净收益和经济效率[1]的综合,它是通过经济活动中的有效劳动成果与劳动投入之间的差值、比值指标来综合反映的。

具体地,经济效益的基本内容包括如下三大对比关系。

---

[1] 西方经济学意义上的效率是指帕累托效率或由帕累托最优;在微观生产理论中的效率是指资源投入与有用产出之间的比率;在福利经济学中的效率是指产出与效用之间的比率。经济效率是指用货币计量的投入与产出之间的比率。

第一，劳动消耗与劳动成果的对比关系。人类的任何社会活动都带有一定目的性，这种目的的实现通常运用一定的实现效益❶来予以评价。社会活动的性质不同实现效益性质也就不一样。无论是生产领域，还是非生产领域，只要取得一定的效益就一定得有相应的劳动投入。也就是说，劳动成果与劳动投入之间存在着一种必然的联系，这是任何社会都具有的客观存在，始终是社会主义经济建设的中心问题。

第二，劳动占用与劳动成果的对比关系。这一基本内容实质上是在考核物质的经常消费(生产费用)与一次性垫支(资金占用)的最优组合。这是提高社会经济效益极其重要的技术经济内容。由于活劳动不能占用，所以，劳动占用与劳动成果的对比关系主要考核物化劳动占用与劳动成果的对比关系。

第三，劳动成果与社会需要的对比关系。最大限度地满足社会及其成员不断增长的物质与文化需要是社会主义生产的根本目的。实现这一根本目的，就是要实现社会生产的最佳效益，只有当社会生产的劳动成果在数量上与质量上都能满足社会日益增长的需要时，劳动成果才得到了社会的承认，否则就会造成极大的社会浪费。因此，社会生产实现最佳效益的核心内容就是力求取得符合社会需要的劳动成果。

12.1.3　技术与经济的关系

技术和经济是人类社会行为中密不可分的两个方面，两者相互联系、相互制约、相互促进，共处于人类社会发展的统一体中。

首先，技术发展的动力和方向源于经济发展的需要，技术的发展不能脱离一定的社会条件和经济基础。经济的发展为技术发展提供了可能性和必要性，经济的需要是新技术产生的前提，先进的技术如果不能适应经济发展的需要就有可能被束之高阁。一项新技术出现以后，能否被采用和得以发展，不仅依赖于经济发展的需要，还要受到经济条件和各种社会因素的制约。只有当新技术适应经济发展的要求，才能很快地发展起来。经济条件和社会因素(例如民族传统、人口状况、劳动者的素质、社会结构、经济管理体制等)既是技术发展的动力，又为技术发展指明了方向，也同时制约着技术的发展。技术经济之间这种相互渗透、相互促进、相互制约的关系，使任何技术的发展和应用都不仅仅是一个单纯的技术问题，同时还是一个经济问题。

第二，技术进步是推动经济发展最为重要的物质基础，是推动社会经济发展的重要条件和手段。如，近数十年来涌现的高新精尖技术和众多的新兴产业正是由于科学技术的进步所产生、形成的，计算机工业、生物工程工业、微电子工业等无一例外；因为技术进步，人们的劳动强度大大降低，

---

❶　人类所进行的任何社会实践活动都将有一个结果产生，这便是人类行为所导致的效果。效果有正效果(称为效益)与负效果之分。效益指的是人类行为(劳动消耗)所产生的结果中对人类有益的部分。人类的某一行为之后，在产生人们所期望的效益的同时，通常还会产生无效消耗与负面效应。人类生产活动中的投入与产出之间在量上一般不会是完全相等的关系。这里的投入是指各种资源，包括设备、厂房、基础设施、原材料、能源等物质要素和具有各种知识和技能的劳动力等的消耗或占用，即劳动投入；产出则是指各种形式的产品或服务，即劳动成果。

劳动效率极大提高，劳动条件有效改善，劳动安全更有保障，就业途径更加多样；技术进步实现了传统产业技术装备程度的提高和工艺水平的换代升级；同样由于技术进步，使靠天吃饭的粗放式传统农业，迈向了集约化生产；随着技术进步，人们改善和利用自然的能力不断增强，从深度和广度上扩大了对自然资源的利用；由于交通和通讯技术的发展，促进了商品信息的传播，扩大了商品交换等。

　　第三，经济条件制约着技术进步，经济效益好的技术才具有发展空间。技术进步不仅取决于经济方面的需要，还决定于其广泛使用所需的条件和可能性。社会经济和自然等条件不同，同样技术所带来的效益也会有较大的差异。技术的先进性与经济合理性之间并不总是完全一致的，脱离当时、当地条件的技术常常得不到发展。经济效益是衡量技术效益的尺度，也是推动技术效益的动力。不过，经济效益的好与坏会因条件的变化而发生相应的转化，因为这种转化关系的存在，才使技术不断得以进步，从而促使社会生产力得以不断发展。

　　技术与经济是一对既存在统一性，又存在矛盾性的范畴。它们的统一性，表现为技术上的先进性和经济上的合理性，通常情况下是一致的。一般而言，会带来良好的经济效益才能称为先进技术。它们的矛盾性，表现为技术上的先进性和经济上的合理性之间，因具体条件的不同而存在着一定矛盾，即先进的技术所带来的经济效益却不一定理想。因为，任何一项先进技术的采用都是有着这样那样的条件要求，当所要求的自然条件、经济条件和社会条件等不能完全达到其要求时，技术的先进性可能就无法体现出来，也许在特定的条件下，其经济效益还不如中间技术，甚至不如落后技术。所以，在技术运用中，必须通过技术经济分析，确认那些经济效益良好的技术才应该被采用。这正是我们为什么要进行园林技术经济效益研究的原因所在。

12.1.4　园林技术经济效益研究内容

　　园林生产中，为达到某种预期目的，可能采用不同的技术措施、技术方案和技术政策。它们在经济后果上会产生不同的表现，因而就需要对其经济效益进行分析、比较和评价。园林技术经济效益所研究的，就是园林生产中技术因素发展和运用的经济效益，而不是研究园林技术本身，也不是从技术角度来评价技术措施、技术方案等的技术水平。

　　园林技术经济指的就是在一定的社会、经济和自然条件下，结合园林生产的特点，运用园林科学知识和经济学的相关理论、方法，对园林生产中各物质要素构成的不同技术方案、技术措施和技术政策等进行分析、比较、评价和合理判断，从而选择最优方案的方法。园林技术经济效益就是指在实现园林技术方案时，输入的劳动消耗与输出的有效劳动成果(效益)之间的数量对比关系，它综合地反映了经济活动的有效劳动成果与劳动投入之间的内在联系和矛盾运动。

　　生产活动中的投入与产出和技术的使用直接相关，技术本身也属于资源的范畴，而且技术与自然资源同属稀缺资源。自然资源的稀缺性已获人类的共识，技术资源的稀缺性也愈来愈得到大家的认同。技术虽然可以重复使用和再生，但是在特定的时期内，相对于人们的需求而言，技术无论是在量上还是在质上都是不可能完全满足社会生产实际需要的，技术也不是人人都能掌握的。

园林技术经济效益分析能使园林投资决策建立在科学分析基础之上。一个投资项目尚未实施之前通过技术经济效益分析可估算出它的经济效益，并通过多方案比较，优选出最有效利用现有资源、投入产出效率最高或最合理的技术方案，提高园林生产的经济效益、社会效益和生态效益，实现综合效益最大化。如何有效地利用各种资源，满足人们日益增长的对园林物质方面与精神方面的需要是园林经济管理学研究的一个基本问题。而园林技术经济效益的研究就是研究在各种园林技术的使用过程中如何以最小的投入取得最大产出，研究如何通过园林技术创新推动技术进步，进而获得园林经济增长。一句话，园林技术经济效益研究的主要内容是园林技术应用的费用与效益之间的关系。

12.1.5　园林技术经济效益评价的基础和条件

12.1.5.1　园林技术经济效益评价的基础

园林技术经济效益评价的实质是对一定时空条件下欲实施的技术方案的可能结果进行预测，这就要求这些技术方案必须要具备生产可行性、技术先进性、经济合理性、后果无害性等基本特征，这是园林技术经济效益评价的基础。

生产可行性指的是在实施园林技术方案时，实施条件最容易得到满足，在现实条件下最容易被接受。任何一项技术措施、技术方案都不可能是在任何时间、地点和条件下都能得以实现的，它们必须明确提出所需的各种物质、技术条件，这便构成了实施约束条件。其中还有可能存在最难满足而又必须满足的条件。即实现园林技术方案的限制因子。这些约束条件和限制因子是评价技术方案是否为最优的基础。生产可行的技术方案一定是那些限制因子最少、约束条件最易被满足、适应性最强、在现实条件下最易被接受的技术措施和技术方案。为此，在园林经营管理活动中，我们在实施技术措施和选择技术方案的时候，由于它们受到一些条件和限制因子的影响和制约，迫使我们常常不能选择那些经济效益最大的技术方案，而只能选择那些在生产上可行，经济效益较好者。所以说，生产可行性是技术方案优选的前提条件。

经济合理性指的是在园林技术方案中，最符合园林业发展的主要经济目标和要求，经济效益最大，能全面反映生产成果、劳动消耗、资源利用、投资和资金占用以及生态平衡和环境保护等各方面的情况是否达到最佳状态，是否是生产实践最需要的。其比较方法有二：一是同样效果的技术方案以劳动消耗最少，资源利用最合理，投资少且投资回收期短，有利于生态保护者为优；二是同样的劳动消耗，资源利用、物资和资金使用情况以及同样的生态影响，而效益最好者为优。通常将二者结合起来加以考虑就则更为综合与全面。经济合理性是园林技术方案优选的中心内容和目的，是技术方案评价中最重要的衡量标准。

技术先进性是经济合理性的基础。所谓技术先进性一般是指成熟的或经多次、多点试验成功的、适用的技术。由于社会在不断发展，技术在不断进步，因此技术的先进性也仅是一个相对概念。园林先进技术通常要具备以下三个条件：一是在当地条件下，经实施后在生产上具有明显的实效性和适用性；二是在当时、当地条件下，能够有效地提高土地利用率、植物生长率、劳动生产率，能有效改善劳动条件的生产技术；三是有利于改善生态环境、美化环境，实现园林三大效益的综合效益最大的生产技术。

后果无害性是指技术方案实施后无明显副作用和污染，在较长时期内无破坏性的隐患。这是保障园林生产和环境安全的重要条件，是生产可行性、经济合理性和技术先进性的限制条件，是选择园林技术方案的重要标准。园林技术方案的后果无害性，一是衡量其实施后是否会造成环境污染，如园林植物种植过程中农药、化肥的施用是否会造成残留药物对土壤、水资源的不良影响；二是园林技术方案实施后对生态安全是否有不良影响，如园林植物的新种引进，是否会造成新物种的入侵而给当地生态系统带来生态灾害。由于一项技术方案的实现所带来的不良后果的表现通常存在时间滞后性，事前可能是人们没有或无法预料到的，一旦出现其影响也就是巨大的。所以，在实施任何一项技术方案前，要对其后果无害性进行充分的认识，尽最大努力和可能将其不良后果在事前予以解决，如果不能做到后果无害性，即使其当前经济效益再大，也不能选用。因为这样的技术方案实施后所带来的恶果最终还得由经济系统来承担，可能当时取得的经济效益难以弥补其不良后果的影响，那就得不偿失了。

园林技术方案选择的标准除了上述内容之外，还有资源、政治、国防及社会等衡量标准。资源标准是指技术方案所需要的各种资源能否得到满足。如果技术方案在实施中所需资源的质和量得不到满足，就有可能出现停料、停工和无法实施其经济效益的目标，这样的技术方案是不能采用的。政治标准是指技术方案是否符合党和国家的方针政策。违法违规的技术方案是不能被采用的。国防标准是针对某些涉及国防的技术方案而言，指的是其是否满足国防要求的程度。社会标准是指技术方案满足社会要求的程度，如是否对提高劳动就业率有贡献、是否对环境的生态改善和美化有积极作用等。

技术方案的选择过程中，其生产可行性、经济合理性、技术先进性和后果无害性等之间是辩证统一的关系，不能孤立地、片面地强调某一方面而忽略其他方面。同时，不同的技术方案的侧重点不一样，衡量的标准也应有所侧重。所以，只有全面地、综合地评价每一个方案，才能取得理想的经济效益，只有综合平衡同类方案，才能选出最优方案。

12.1.5.2　园林技术经济效益评价的条件

凡事讲求经济效益是人类社会的共同特点，提高经济效益是技术与经济协调统一的首要标志，也是园林技术经济分析的基点。而园林技术经济分析的主要任务就是在明确目标要求下，通过对各种园林技术方案或投资项目进行技术经济的分析比较，从中优选出最佳方案。为了实现方案的优选目标，根据技术经济比较原理，在对两个或两个以上方案进行经济效益比较时，必须遵循四个可比条件：需要上的可比性；消耗费用上的可比性；价格指标的可比性和时间上的可比性。

满足需要的可比性。参与比较的技术方案在目的要求上必须具备满足相同需要的条件，无论是产品的质量还是其数量的可比性都应严格按照满足相同社会需要的原则来予以比较。

消耗费用的可比性。为了使技术方案在消耗方面具有可比性，应从社会总消耗的角度进行计算。只有从全社会的角度来评价消耗的合理性才能使有限资源得以合理利用，使有限的资源创造更多的财富。同时，在计算消耗费用时，还须采用统一的计算原则和方法。

价格指标的可比。价格指标对技术经济分析的影响来自于两个方面。一是价格水平本身的合理性；二是所选用的价格的恰当性。

时间的可比性。技术方案的经济效果具有时间概念。不同技术方案的经济比较须采用相等的计算期作为比较基础，即要在同一时间段内评价各种方案的经济效益。同时，还要分析资源投入与成果产出的时间因素，不同时期的劳动投入与成果产出其效果是不一样的。

12.2　园林技术经济效益评价概述

12.2.1　园林效益

投入一定的劳动所产生的效益，可能表现为直接的经济效益，也可能不表现为直接的经济效益，而是表现为一定的生态效益和社会效益。生态效益与社会效益比较难于直接用经济指标来衡量。如，城市中一片绿地的存在，是人们通过相应的规划设计和植物的种植培育、养护而形成的，投入其中的劳动量和土地等价值是可以计算出来的。但它所产生的效益，特别是它在改善生态环境、美化环境、提高人们生活质量等方面的效益通常较难直观地以经济指标来予以评价。这也反映出园林业具有多种功能和多重效益。人们通过一定的规划设计和植物的种植培育来进行园林建设的过程中，不仅产生经济效益，还特别在改善生态环境、美化环境、提高人们生活质量等方面有着强大的功能和无法取代、无可比拟的地位。所以，园林的效益是其经济效益、生态效益和社会效益这三大效益的高度集合，园林的效益评价就包括了对其经济效益、生态效益和社会效益的评价。

从经济效益看，园林经济效益反映的是在园林生产过程中，投入对产出、花费对所得的相互关系的比较，体现的是满足社会及其成员需要的物质效益和经济利益。按园林经济效益评价内容和标准的不同，可分为绝对经济效益和相对经济效益。绝对经济效益指一项技术方案的投入与产出间的差额或比值。主要通过经济效益临界值分析来确定该技术方案有无经济效益，即：所得－所费＞0；或，$\frac{所得}{所费}$＞1。而相对经济效益是指两种或两种以上可行性方案之间，或新方案与对照方案之间相比较的经济效益。即：新技术经济效益－原技术经济效益＞0；或$\frac{新技术经济效益}{原技术经济效益}$＞1。绝对经济效益的评价可考核方案是否可行，相对经济效益的评价则更多的用于方案优选。

从生态效益看，园林的生态效益指的是在园林生产过程中，通过投入一定量的劳动而对相关生态系统所产生的影响，使人们的生产生活环境和条件得以改善所产生的效益。园林具有的公共产品特性，正是其生态性所致。所以园林生态效益属于社会公共产品的范畴，不但具有使用价值，还具有价值。园林的使用价值具有非对抗性特征。因为绿地或绿带所产生的生态效益具有同时供应使用价值的功能，在供应一个人利用的同时，也能供应其他许多人同时利用。园林产品的价值还没有得到真正的体现。因为在现实社会活动中，园林生态效益为园林产品中的无形产品，比较难直接以货币等予以计量，加之受计算方法和测定方法等的限制，使得园林、森林等所产生的生态效益长期以来无法进行市场交换，其生态效益的商品价值一直未能实现。值得肯定的是，当前对园林绿化等所产生的生态效益应该进行计量已成社会共识，国民经济核算过程中应加入"绿色核算"❶，必须对园林绿化所产生的生态效益进行使用价值和价值核算。国内外的科学实验和实践经验证明，园林绿化所形成的多种效益中，生态环境效益是最主要的、最根本的。美国科研部门的一项研究表明，绿化的间接经济效益是它本身直接经济价值的 18～20 倍。这一测算内容包括：环境污染控制效益 6 倍，流行病减少效益 2 倍，其他综合效益 10～20 倍。从社会效益看，园林的社会效益表现为园林绿化是国民经济基础结构和城市基础设施的重要组成部分。园林绿化所形成的生态环境系统渗透到社会的各行各业及其生产与生活的各个领域，为人们提供强大的、丰富的环境服务、文化服务，对人们生活质量的提高和社会发展产生了极大的促进作用，具有重要的社会价值。园林的经济效益、生态效益和社会效益之间存在着相互依存、相互制约的关系。

12.2.2 园林效益评价

经济研究中，指标是用来反映一定社会经济现象综合数量方面的名称和数值。指标可以是一个绝对数值，也可以是一个相对数值或平均数。一个指标仅表示经济现象的数量方面的一个特征。社会经济现象是非常复杂、极其多面的，在具体分析某一经济现象或问题时，仅靠一个或少量的几个指标无法实现，必须运用具备一定逻辑关系的一系列指标从多个角度、多个方面对同一经济现象进行分析，说明其综合特征。这种在分析具体经济现象时，运用多个指标所构成的相互联系、相互制约、具有内在逻辑关系的指标群，即为指标体系。

园林效益评价中使用的指标，称为园林效益评价指标。全面评价园林效益，且相互联系、相互制约并相互补充的指标群，称为园林效益评价指标体系。评价园林效益的指标体系是一个非常庞大的系统，迄今为止还没有形成广为大家所接受的园林效益综合评价指标体系。尽管如此，园林在维持生态过程和平衡中起着重要的作用，它与林业等一起担负着对人类空间生态环境改善的历史重任，是环境建设中成本最低、代价最小、投入产出率最高的手段与措施，已为不争的事实，得到社会的一致认同。园林建设目标必须体现为三大效益的实现，即生态效益、社会效益和经济效益相协调、综合效益最大化。因此，在构建园林效益评价指标体系(图12-1)的过程中，不仅要重视量的评价，更应注重质的衡量。

园林生态效益的实现途径：①以增加绿量为前提，提高绿地率、绿视率及人均绿地占有率；②促进园林绿化中的城乡一体化建设，让森林进城，创建都市农业，营造城市绿色生态库和净化器；③加强生物多样性保护与维护生态安全，防止生物入侵。国内外对绿地生态效应研究的成果很多，但也存在许多不足之处。如：对植物小群体的环境效应测定定量化程度较高，而对各类绿地的分布、绿地的群落结构产生的综合效应缺乏较好的定量分析手段；对个体绿地的小气候效应方面的研究定

---

❶ 绿色核算主要指在进行国民经济核算时，应该计算由于经济发展对生态环境破坏和自然资源的消耗所产生的影响。

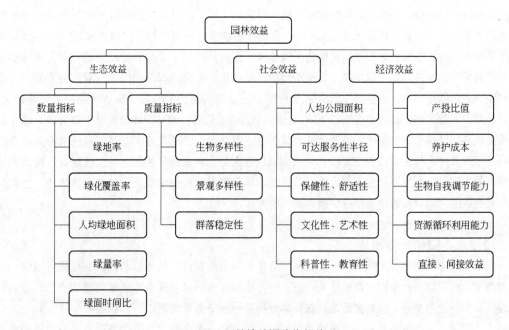

图 12-1　园林效益评价指标体系

量化程度较高，而城市绿地系统整体对城市大气运动、城市热岛的影响尚未建立起宏观的分析模式；各项研究过于独立，综合性差，不能很好地为决策部门提供操作性强的综合指标。为此，进一步深入开展研究，尽快建立城市绿地系统的综合生态效益评价体系意义重大。

　　园林的社会效益首先体现在方便人们对园林的利用，确定园林合理的服务半径内人均享受率，达到均衡的园林分布；通过园林绿化融合传统继承与现代创新；达到营造出健康、安全和适宜的人居环境的目标。

　　园林的经济效益则主要考察其产投比值、养护成本、生物自我调节能力、资源的循环利用性和园林的直接与间接效益等。长期以来，园林绿化一直被人们误认为是一项只有投入没有产出的行业，忽略了其无论是作为公共产品，还是作为法人产品所具有的强大生态服务价值。1997 年英国《自然》杂志发表了美国、荷兰、阿根廷等 13 位科学家对地球为人类提供的 17 项生态服务价值所进行的测算，结果表明其总价值相当于世界各国国民生产总值之和的两倍。由此说明森林、园林等绿色生态系统为人类的生存、为地球的稳定提供了无可比拟和无法替代的生态服务价值，然而这又是极易为人所视而不见的无形价值。如今，人们已开始重视森林、园林等产生的巨大服务功能和价值，并由定性评价向着定量评价发展，不少国家和政府已将其纳入到国家、政府的国民经济管理和评价系统之中。《中国 21 世纪议程》中提出：需要建立以综合的资源环境与经济核算体系来监控国民经济的运行。园林生产所采用的技术方案(措施)所带来的经济效益如何，必须通过一定的数值形式来反映，由反映出来的数值进行比较、分析和判别其经济效益的程度，进而判断所采用的技术方案(措施)的优劣，为决策管理提供充分的依据。

12.3　园林技术经济效益评价指标

园林技术经济效益就是在实现园林技术方案(措施)时，输入的劳动消耗与输出的劳动成果(效益)之间的数量对比关系，它综合地反映了园林经济活动的劳动成果与劳动投入之间的内在联系和矛盾运动。园林技术经济效益指标指的是用于反映园林技术经济效益的数值形式，是用来衡量园林技术方案(措施)经济效益的一种尺度。由于园林业所涉及的产业范畴极其广泛，从第一产业的种植业，第二产业的加工业到第三产业的服务业，都有着园林生产经营的内容，特别是第一产业和第三产业的园林生产经营实践，所产生的效益不仅只反映在经济领域，还包括生态效益和社会效益。所以，园林技术经济效益包括多方面的内容，受多种因素的影响，它既有直接效益，也有间接效益。对园林技术经济效益进行评价时，要求所用指标具有较高的准确性和相对完整性，这关系到园林技术经济效益评价的科学性和客观性。

园林技术经济效益评价就是运用经济效益理论对园林技术所进行的实践的经济效益的有无与高低等的评价，其目的在于分析和总结过去，认清现状，科学预测和计划未来，最大限度地提高经济效益。

12.3.1　园林经济效益评价指标构成

园林经济效益评价指标是评价园林经济效益的工具和尺度，是对实现目标的具体反映。通过它能较全面而系统地考核经济效益的各个方面，把经济效益的相对状态表现出来，反映经济效益的具体要求(图12-2)。

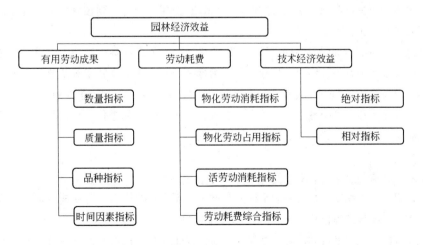

图 12-2　园林经济效益评价指标体系

园林技术经济效益指标体系则是针对不同部门、不同技术方案(措施)和不同评价对象设置和运用的一系列相互联系、相互补充、有机综合的指标群,它是全面评价技术经济效益的一整套指标体系,可以较为全面地衡量园林技术经济效益的大小,揭示获得这种经济效益的物质技术因素应用、组合及其实现的可行条件,能近似地反映园林业各类生产资源相互之间、生产资源与生产效益之间的因果关系及其数量的内在联系。

园林技术经济效益评价指标体系的建立是一项系统极强的工作,必须用科学的方法将若干具有代表性的、能反映园林技术经济效益各个侧面发展水平的指数,通过系统整合构建起一套比较完整地反映园林技术经济效益的综合状况,便于对比分析园林技术经济效益水平的评价指标体系。

设置园林技术经济效益评价指标及其体系的构建过程中,要充分考虑其与国民经济核算指标体系、会计核算和经济统计等之间的相对一致性,并遵循系统性、指导性、可比性、动态性和可操作性的基本原则。为此,园林技术经济效益指标体系主要由园林技术经济效益衡量指标、园林技术经济效益分析指标和园林技术经济效益目的指标等三大类指标组成。

园林技术经济效益衡量指标(简称主体指标)。这类指标是用于反映园林经济活动中的劳动消耗与劳动成果之间对比关系的一类指标。这类指标在园林经济效益评价指标体系中居于主体地位,因而称之为主体指标。园林经济效益评价的主体指标以数值形式综合地反映园林生产投入与产出关系,主要衡量园林经济效益的大小。常用指标有:土地生产率、劳动生产率、资金盈利率、单位产品成本、投资回收期等。

园林技术经济效益分析指标(简称分析指标)。这类指标主要用于分析园林经济效益相关因素的关系的一类指标,主要反映各种影响园林经济效益的因素对园林经济效益所起的不同的作用影响程度。此类指标可分为经济分析指标和技术分析指标两个子类。经济分析指标类主要分析园林生产过程中投入或产出某一方面的内容,是经济效益分析指标的基础性指标,常见的有产量、产值、劳动用工量等。技术分析指标类则主要反映技术方案(措施)应用于所能达到技术要求的程度,如苗木成活率、种子发芽率,工程优质率等。

园林经济效益目的指标(简称目的指标)。目的指标反映的是园林生产技术应用所得对满足人们和社会需要的程度,又称为社会效益指标。目的指标在一定程度上反映了经济效益增长结果,是进行园林经济效益综合评价和生产决策的重要依据,在整个指标体系中处于重要地位。

上述三大类指标具有系统性、层次性和动态性,是一个有机的整体,它们既密切相关,又相互独立,共同构成了园林技术经济效益评价指标体系(图12-3)。

12.3.2 园林技术经济效益衡量指标(主体指标)

园林技术经济效益衡量指标反映的是投入与产出关系,主要由有用劳动成果指标、劳动耗费指标和技术经济效益指标三类指标群组成(图12-3,表12-1)。

劳动耗费是指技术方案(措施)实施过程中的物化劳动耗费。技术方案(措施)的劳动耗费包括活劳动消耗、物化劳动消耗和物化劳动占用三方面。用原材料总消耗量指标可反映物化劳动消耗,而

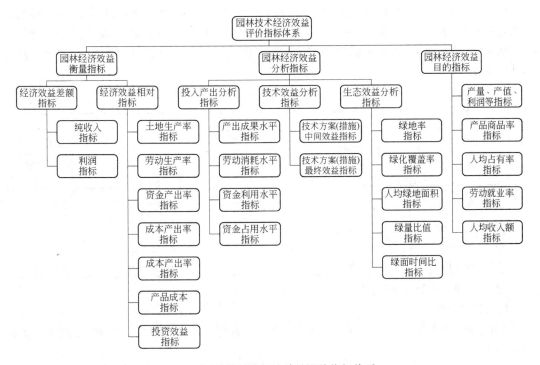

图 12-3　园林技术经济效益评价指标体系

劳动占用可分为作为劳动手段而被占用的固定资产和作为劳动对象而被占用的流动资产。活劳动耗费又分为生产中直接的活劳动耗费与间接的活劳动耗费。劳动耗费的综合指标只能以价值形态指标表示，主要是基本建设投资指标和年经营费用指标两部分。

劳动成果是重要的技术经济分析指标，通常以数量指标、质量指标和品种指标及时间因素等具体指标来表示劳动成果。数量指标是表明技术方案(措施)对社会需要在数量上的满足，它有实物量指标❶与价值量指标之分。质量指标表明技术方案(措施)的劳动成果特性与外部质量特性。品种指标是衡量技术水平高低和满足需要程度的重要指标，这一指标主要反映具有相同经济用途而实际使用价值不同的产品种类的多少。时间因素指标是表明使用价值需要多少时间可以生产出来，并发挥其使用价值作用的指标。

技术方案(措施)经济效益指标是由技术方案(措施)在实施全过程中的劳动消耗与有用劳动成果的比较来确定。因反映劳动消耗与劳动成果的对比关系的形式及经济效益指标的作用的不同，分为绝对经济效益指标与相对经济效益指标两类。前者表示技术方案(措施)自身的有用劳动成果与劳动

---

❶　以实物形式说明技术方案(措施)有用效果的指标，称为实物量指标。通过价值的形式、统一在货币基础上，说明技术方案(措施)有用效果的指标，称为价值指标。实物量指标不能准确反映出一个产出几种产品方案的价值量，而价值量指标能予以反映。

消耗的对比关系，主要说明技术方案(措施)本身的经济效益，是评价技术方案(措施)经济合理性及可行性的主要依据。而后者是由前者派生出来的，它主要用以说明技术方案(措施)间的经济性优劣的比较情况，它只能从一个方面反映技术方案(措施)的经济性，不能判断技术方案(措施)本身经济性是否可行。

园林技术经济效益衡量指标　　　　　　　　　　　　表 12-1

投入 指标 产出	土　　地	劳　　动	资　金			
			占　用		消　耗	
			固定 资金	流动 资金	劳动 报酬	物质 费用
总产品或总产值	土地生产率	实物或总产值 劳动生产率	资金生产率		成本产出率	
最终产品或增加值	土地增加值率	增加值劳动生产率	资金增加值率		成本增加值率	
净产品或净产值	土地净产率	净产值劳动生产率	资金净产值率		成本净产值率	
剩余产品或盈利	土地盈利率	劳动盈利率	资金盈利率		成本利润率	

12.3.2.1　土地生产率指标

1) 土地生产率

土地生产率指单位土地面积上劳动者所创造的产品量或产值，它反映了土地利用的效率。其计算公式为：

$$土地生产率 = \frac{土地产量或产值}{土地面积}$$

2) 土地增加值率

土地增加值率指一定土地面积上劳动者所创造的产品量或产值与相应生产资料耗费差额与一定土地面积的比值。其计算公式为：

$$土地增加值率 = \frac{产值 - 耗费}{土地面积}$$

3) 土地净值率

土地净值率指的是单位面积上劳动创造的新价值，它能比较准确地说明劳动成果。其计算公式为：

$$土地净值率 = \frac{产值 - 生产资料耗费价值}{土地面积}$$

4) 土地盈利率

土地盈利率即为单位土地面积纯收益。其计算公式为：

$$土地盈利率 = \frac{产值 - 生产成本}{土地面积}$$

说明：运用上述各个指标计算园林生产成果时，有必要考虑在园林生产过程中，园林绿化植物所具有的生态效益，尤其是在评价园林绿化工程项目成效时，对园林绿化植物在净化空气、降温滞尘等方面所形成和产生的生态价值要予以计算，使评价更接近其真实价值。

12. 3. 2. 2　劳动生产率指标

1) 劳动生产率

劳动生产率指的是在一定条件下所生产的产品产量与所耗费的劳动时间之比。它有两种表示方法：一是以单位劳动时间内所生产的产品数量或产值来表示；二是以生产单位产品所耗费的劳动时间来表示。常用的劳动生产率计算公式为：

$$劳动生产率 = \frac{产品产量或产值}{活劳动时间}$$

或

$$全员劳动生产率 = \frac{产品产量或产值}{平均职工人数}$$

上述"活劳动时间"用的是"工日"或"工时"指标来计量；"平均职工人数"指的是企业全部职工的平均人员指标，若仅直接用生产工人的平均人数来计算，则称为直接生产工作劳动生产率。

在上述"劳动生产率"计算公式中，如果分子部分换为不同的价值量时，就有了劳动增值率指标、劳动净值率指标等的计算形式。

$$劳动增值率 = \frac{增加值}{活劳动时间}$$

或

$$劳动增值率 = \frac{增加值}{平均职工人数}$$

$$劳动净值率 = \frac{净产值}{活劳动时间}$$

或

$$劳动净值率 = \frac{净产值}{平均职工人数}$$

2) 劳动盈利率

劳动盈利率指的是单位劳动时间所创造的价值和盈利水平。

$$劳动盈利率 = \frac{产品产值 - 生产费用}{活劳动时间}$$

12. 3. 2. 3　资金产出率指标

资金是劳动资料、劳动对象和劳动报酬等的货币表现，是各行业生产不可或缺的要素。资金产出率是单位资金的产品产出量，是产品产出量与资金投入量的比值。

1) 资金产出率

资金产出率指的是一年内单位资金带来的产量或产值。其计算公式为：

$$资金产出率 = \frac{产品年产量或年产值}{年均资金占用额} \times 100\%$$

2) 资金净产率

资金净产率指的是单位资金能够创造的新价值。其计算公式为：

$$资金净产率 = \frac{年产值 - 生产资料耗费价值}{年均资金占用额} \times 100\%$$

3）资金盈利率

资金盈利率是指单位资金一年内的盈利额。其计算公式为：

$$资金盈利率 = \frac{年盈利额}{年均资金占用额} \times 100\%$$

4）单位产品成本

单位产品成本是指生产单位产品的成本❶耗费。这是一个反映园林生产中投入与产出对比关系较为综合的指标。表示方法有单位产品成本额和成本产出率。其计算公式为：

$$单位产品成本 = \frac{产品生产费用}{产品数量}$$

$$成本产出率 = \frac{产品数量}{生产费用} \times 100\%$$

12.3.2.4　园林综合生产率指标

园林综合生产率指标指的是将园林技术经济效益衡量指标中的土地生产率、劳动生产率和资金生产率三类指标，运用几何平均数法，综合而成的投入产出率指标，可作为衡量园林技术经济效益的综合指标。它可在一定程序上消除使用某一项指标的片面性和局限性。其计算公式为：

$$T = \sqrt[3]{t_1 \times t_2 \times t_3} \tag{12-1}$$

式中　　T——园林综合生产率；

t_1——土地生产率；

t_2——劳动生产率；

t_3——资金生产率。

12.3.3　几种常用园林生态效益分析指标

12.3.3.1　绿地率

什么是绿地率？一定用地范围内各类绿化用地总面积占该范围内用地总面积的比例(%)。其计算公式为

$$A = \sum_{i=1}^{n} G_i / S \tag{12-2}$$

式中　　A——绿地率；

G_i——第 i 类绿地面积；

n——绿地种类数；

S——用地区域总面积。

计算绿地率时，对"绿地"的要求非常严格。绿地率所指的"一定用地范围内各类绿化用地"主要包括公共绿地、宅旁绿地等。其中，公共绿地，又包括居住区公园、小游园、组团绿地及其他

---

❶　成本是指产品生产过程中所消耗的生产资料价值和劳动报酬，亦称生产费用。

的一些块状、带状化公共绿地。即使是级别最低的零散的块状、带状公共绿地也要求宽度不小于8m，面积不小于 400m²，该用地范围内的绿化面积不少于总面积的 70%（含水面），至少有 1/3 的绿地面积要能常年受到直接日照，并要增设部分休闲娱乐设施。而宅旁绿地等庭院绿化的用地面积，在计算时距建筑外墙 1.5m 和道路边线 1m 以内的用地不计入绿化用地。此外，还有几种情况也不能计入绿地率的绿化面积，如地下车库、化粪池。这些设施的地表覆土一般达不到 3m 的深度，在上面种植大型乔木，成活率较低，所以计算绿地率时不能计入"用地范围内各类绿化"中。按目前国家的相关技术规范，屋顶绿化等装饰性绿化地属于"绿地"的范畴。

12.3.3.2 绿化覆盖率

绿化覆盖率是一定用地面积中绿化植物垂直投影面积之和与该用地面积的比率（%）。

$$L = \sum_{i=1}^{n} M_i / S \tag{12-3}$$

式中 L——绿化覆盖率；

M_i——第 i 类植物垂直投影面积；

n——植物类型数量；

S——用地区域总面积。

通过绿化覆盖率这一指标，可以在严格按照绿地率的要求进行绿化建设的同时，提升环境的美感度，提高城市的绿视率。因为，如果一味严格强调绿地率的指标，将不利于环境美化与生态化的协调发展。参天大树的浓荫固然让人陶醉，绿草如茵同样令人心醉。如居住区内的地下车库这样大面积的地下设施，它的地表虽然种不了树，但可以种草、种花；还有如距建筑外墙 1.5m 这样的范围，虽然算不上严格意义的"绿地"，但若能种上一些花草，肯定比硬质铺砌更能吸引人，有花有草的环境总比满地铺砖的广场环境更让人惬意，对居住区环境的美化效果和生态效果肯定会更好。因此，计算绿化覆盖率所指的绿地泛指用地范围内的所有绿植面积，简单地说，就是有块草皮便可以计入其绿地之中。因此，有的用地区域里其绿化覆盖率能做到 60% 以上也就不足为怪了。

12.3.3.3 人均绿地面积

人均绿地面积是指在一定的区域内，其常住人口量与该区域绿地面积的比值。

根据联合国对生态城市的标准，绿化覆盖率要达到 50%，人均绿地量须达 90m²。我国于 1993年颁布的"城市绿地规划建设指标"（表 12-2）和"国家园林城市基本指标"（表 12-3）与之相比还存在着相当大的差距。

城市绿地规划建设指标

表 12-2

人均建设用地(m²/人)	人均公共绿地(m²/人)		城市绿化覆盖率(%)		城市绿地率(%)	
	2000 年	2010 年	2000 年	2010 年	2000 年	2010 年
<75	>5	>6	30	35	>25	>35
75~105	>6	>7	30	35	>35	>30
>105	>7	>8	30	35	>25	>30

全国绿化委员会发布的 2006 年绿化公报显示全国城市建成区绿化覆盖率 32.54%，绿地率 28.51%，人均公共绿地 7.89m²。据此可知，中国城市绿化建设的发展步伐日益加快，园林建设的发展速度也在不断推进，并取得了卓越的成效。然而，与真正的绿色家园要求，与世界园林业发展水平相对照，中国园林建设依然任重而道远。

国家园林城市基本指标   表 12-3

指标类别	城市位置	大城市	中等城市	小城市
人均公共绿地(m²/人)	秦岭淮河以南	6.5	7.0	8.0
	秦岭淮河以北	6.0	6.5	7.5
绿地率(%)	秦岭淮河以南	30	32	34
	秦岭淮河以北	28	30	32
绿化覆盖率(%)	秦岭淮河以南	35	37	39
	秦岭淮河以北	33	35	37

12.3.3.4 绿量比值

绿量，这一概念是植物全部叶片的 1/2 总面积(m²)。不同类型的绿化其绿量并不都相同。如，建筑物绿化绿量包括屋顶绿化、垂直绿化及室内绿化，其生态效益不如地面植被；草坪绿化的绿量尽管其叶面积系数很大，但它的生态效益较同面积乔木和灌木的生态效益相差甚远，而且绝大多数草坪需要人工灌溉，耗水相对较大。所以，通常为了能更准确地反映植物的生态效益，不同类型植物绿化的绿量计算需进行相应的系数校正。

绿量率，是另一个衡量绿地生态系统的生态效益指标，也称叶面积指数，指单位面积内植物 1/2 的总叶面积。其含义为：单株植物的绿量率，可反映某植物单位面积上绿量的高低，相同面积上选用绿量率高的植物，可提高总绿量。相同面积上绿量率的高低，说明其上植物群落乔、灌、草的总绿量的高低。

12.3.3.5 绿面时间比

前述人均绿地面积、绿化覆盖率等园林效益评价指标，仅从量上反映了园林的客观状态，而对其使用效果却未加考虑。在资源稀缺的现实条件下，为能使园林资源得到充分的、合理的利用，最大限度地实现其为居民提供绿色服务的目的，有必要引入相关的效率指标加以评价，即绿面时间比。

所谓绿面时间比，指的是一定时期内，绿地面积(含水生面积)与该面积上的人的生存及活动时间总和之比。其计算公式如下。

$$L = \frac{A}{\sum\limits_{i=1}^{n} T_i} \tag{12-4}$$

或

$$L = \frac{\sum\limits_{j=1}^{m} \omega_j A_j}{\sum\limits_{i=1}^{n} T_i} ; \left(\sum\limits_{j=1}^{m} A_j = A \right) \tag{12-5}$$

式中 L——绿面时间比；

     A——某园林绿地面积；

     T_i——第 i 个人在一定时期内生态或活动于该园林面积上的时间；

     n——在一定时期内生存或活动于该面积上的总人数；

     m——绿面的不同种类数；

     ω_j——第 j 种绿面类型的权重❶。

从园林纯生态效益方面看，L 值越大，其生态条件越好。即是说某一园林的绿地及水生面积越大，在其上的活动人次越少，其生态效益的指标值就越高。但是，有限的资源不应该让少数人占有或闲置，尤其是公共绿地资源应有适度的服务对象，空置绿地过大是与创建节约型社会背道而驰的。当然，L 值太小，园林绿地容纳的服务对象过多，超过其最大容量，会造成过于拥挤的局面，会对园林生态系统和人们的主观感受带来不良的影响，这时应增加园林供给量，以满足社会对园林的需求。

12.4 园林技术经济效益边际分析

12.4.1 边际分析基本原理

"边际"的概念由增量引出，通常指由两个相关的增量的变化率。边际分析法是指在生产活动中，对投入连续追加的每单位因素的作用及其产出效应的分析方法。其理论基础是运用回归分析和微积分求数的方法分析园林生产问题的最优化模型。

生产过程中，必须在一定的时空范围内投入一定数量的生产要素，凡是在一定生产周期所消耗的生产资料数量、生产工具提供的服务量以及所投入的劳动量等，统称为"投入"；生产出的成果则称为"产出"。在一定条件下，产出水平会受到投入程度的影响，使投入与产出之间存在着一种数量上的关系，这种关系可用生产函数式予以表达：

$$y = f(x_1, x_2, x_3, \cdots, x_n) \tag{12-6}$$

式中 y——产品产出量；

  $x_1, x_2, x_3, \cdots, x_n$——投入的几种不同资源。

边际分析法中涉及的基本概念主要有资源投入量（x）、总产出（TPP）、平均产出（APP）、边际产出（MPP）、生产弹性（EP）、边际成本（MIC）和边际收益（MVP）等。它们之间的相互关系见表 12-4。

总产出（TPP）：各不同投入水平所取得的产品总量。

平均产出（APP）：单位资源投入所取得的产品量。总产出与平均产出之间的关系可用式（12-7）表达。

---

❶ 园林绿面类型的权重确定，也就是绿面时间比中计算不同类型绿面的加权方法有：按植物年龄加权，这是最简单的方法；按照生物量或绿量加权；按群落类型加权；按生物链长短加权等等。

$$APP = \frac{TPP}{x} = \frac{y}{x} \qquad (12\text{-}7)$$

式中 x——资源投入量；

　　　　y——产品总产出量。

投入产出分析表　　　　　　　　　　　　　　　　　　表 12-4

生产资源投入量	总产出 TPP	平均产出 APP	边际投入单位数	边际产出单位数	边际产出 MPP	边际成本 MIC	边际收益 MVP	纯收益 S
x	y	y/x	$\Delta x = x_n - x_{n-1}$	$\Delta y = y_n - y_{n-1}$	$\Delta y / \Delta x$	$P_x \cdot \Delta x$	$P_y \cdot \Delta y$	$y \cdot p_y - x \cdot p_x$
0	90	—						36
10	130	13.00	10	40	4.00	15.00	16.00	37
20	196	9.80	10	66	6.60	15.00	26.40	48
30	247	8.23	10	51	5.10	15.00	20.40	53.8
40	262	6.55	10	15	1.50	15.00	6.00	44.8

设：$P_x = 1.50$ 元/kg；$P_y = 0.40$ 元/kg。

　　边际产出(MPP)：每增加一单位投入物所引起的产品数量的增加量。

$$MPP = \Delta y / \Delta x \qquad (12\text{-}8)$$

式中 Δx——生产资源增量；

　　　　Δy——产品相应的增量。

　　生产弹性(EP)：又称反应弹性，是产品数量变动率与生产资源投入量变动率的比值。

$$EP = \frac{产品数量变动率}{生产资源投入量变动率} = \frac{\Delta y / y}{\Delta x / x} = \frac{\Delta y}{\Delta x} \times \frac{x}{y} = \frac{MPP}{APP} \qquad (12\text{-}9)$$

　　边际成本(MIC)：生产资源的增量与单位收入量价格之积。

$$MIC = P_x \cdot \Delta x \qquad (12\text{-}10)$$

式中 P_x——单位投入量价格。

　　边际收益(MVP)：边际产出与单位产品价格之积。

$$MVP = P_y \cdot \Delta y \qquad (12\text{-}11)$$

式中 P_y——单位产品价格。

12.4.2　边际分析法在生产中的应用

　　从上述内容不难看出，边际分析方法究其实质来看，是在生产过程中对边际产量的变化规律进行分析，以期找出既符合经济目标，经济效益又最好的生产资源投入量。也就是通过对园林生产中投入生产资源量与产出产品量之间的函数关系进行分析，找出最为经济、最为有利的投入与产出的适合点。这类问题在园林生产建设中相当普遍地存在着。

概括而言，确定园林生产建设中投入与产出的适合点，主要是研究和解决如下三方面的问题：一是确定资源最佳投入水平；二是资源利用的最佳配合比例；三是运用有限生产资源生产多种产品的产品最佳配合比例。

12.4.2.1 确定资源最佳投入水平

资源最佳投入水平的确定，分析的是资源——产品关系问题，主要揭示利用一定数量的某种生产资源与生产的产品数量变化及其发展趋势，有效确定某种生产资源最适投入量，目的在于探寻资源利用与获取最大经济效益的临界点。

园林建设生产中，确定生产资源最适投入量的目的是以等量的资源消耗去获得尽可能高的产出。与其他工业产出不同的是，园林产品的使用价值具有多效益性，在取得经济效益的同时，还具有维持和改善生态环境、人居环境等生态、社会效益。因此，分析确定生产资源最适投入水平须遵循如下基本原则：满足社会不断增长的物质与精神文化生活需要的原则；坚持生态效益优先，综合效益最大的原则；努力实现开源节流，增产增收，效益最佳的原则。

实际生产活动中，产出不能化解成本，就会出现增产不增收的情况。产出水平的增长，不能仅仅依靠生产资源的大量无度投入。生产资源的投入，在一定的生产条件和技术条件下，有其经济合理的限度，此"限度"便于寻求"最适"或"最佳"资源投入水平。生产中，通常只要追加"投入"的成本小于"产出"收益，生产决策者将会不断地追加这种"投入"，直至追加"投入"的成本等于"产出"收益时，生产资源的投入量即为最佳投入量(最适投入水平)，这种状态下的投入产出效益是最大的，能取得最大的净收益，获得最好的经济效果。在实际应用时生产资源最佳投入水平常用 12-12 式表达。

$$\frac{\Delta y}{\Delta x} = \frac{p_x}{p_y} \qquad 或 \qquad p_y \cdot \Delta y = p_x \cdot \Delta x \tag{12-12}$$

式中 p_x，p_y——生产资源的投入和产出的单价；

$\dfrac{\Delta y}{\Delta x}$——边际产量。

12-12 式表达的含义为：生产资源投入的价格与产出价格的比率应等于(或接近)该项生产资源投入的边际产量。换句话说，边际收益等于(或接近)边际成本时，其纯收益最大，这就是生产资源的最佳投入水平，称为边际平衡原理。据此原理，表 12-4 中的生产资源投入量为 10 时，边际收益较接近边际成本，其纯收益为 37。这就是说，在一项生产中，能取得最大经济效益的最佳投入水平，不一定是得到最大产出的那一水平，也不一定是得到最大边际产出的水平，而是当边际收益等于(或接近)边际成本的那一水平。所以，生产资源投入量为 10 时是最佳投入量，超过此限度，则不会取得好的经济效益。

12.4.2.2 资源利用的最佳配合比例

生产一定数量的产品，可以投入多种生产资源，其中有些生产资源的投入数量和种类是固定的和不可替代的，对此不需寻求其最佳投入水平和最佳配合比例。但是，在很多情况下，生产过程中生产资源的投入是可以有所变动的，不同种类资源间具有相互替代关系。如，苗圃中使用的各种不同成分的肥料之间存在着一些相互可以替代的情况，因而有必要确定最低成本的生产资源配合比例。根据生产的目的和各种资源的现状，不同种资源之间可以有多种组合，由于各种资源的价格不同，因而不同资源组合的边际成本也会有高有低。这就要求生产者必须从经济上考虑投入资源的最佳配合比例，以期用最少的成本支出，实现生产目标，取得最大的经济收益。这便是成本最低的生产资源配合比例需要确定的内容。

在确定最适资源利用的配合比例过程中，主要与两个因素有关：一是边际替代率；二是资源价格。

所谓边际替代率是指在等产量情况下，增加某一资源的一个单位投入而引起另一资源投入量的减少量。即：当用 x_2 替代 x_1 时，每增加资源 x_2 的投入量 Δx_2，可减少资源 x_1 的投入量 Δx_1。边际替代率（最低成本配合比例）的表达式为：

$$\frac{\Delta x_1}{\Delta x_2} = \frac{p_{x_2}}{p_{x_1}} \tag{12-13}$$

式中　Δx_1，Δx_2——投入物 x_1，x_2 的增量；

　　　p_{x_1}，p_{x_2}——投入物 x_1，x_2 的价格。

12-13 式中 $\frac{\Delta x_1}{\Delta x_2}$ 称为 x_2 对 x_1 的边际替代率；$\frac{p_{x_1}}{p_{x_2}}$ 称为价格比率。这说明在生产中可以相互替换的生产资源最佳配合比例，是边际替代率与其价格反比率相等或相近时的比例。

表 12-5 中，A、B 两组相比，1 单位的 x_2 可替代 4 单位的 x_1，其边际替代率为 4/1＝4；同样，B、C 两组相比，1 单位 x_2 可替代 3 单位的 x_1，其边际替代率为 3/1＝3；其余以此类推。按边际替代原理，D 组边际替代率 $\frac{\Delta x_1}{\Delta x_2}＝2$，其价格反比率为 2.0，两者相等，其成本为 2.4，与 C 组一起为各配合比例组中成本最低的组，但 C 组的边际替代率 $\frac{\Delta x_1}{\Delta x_2}＝3$。因而，可以确定 D 组合是最小成本配合比例。

两种投入资源最小成本配合比例　　　　　　　　　　　　　　　　表 12-5

配合比例分组	资源甲投入量 x_1	资源乙投入量 x_2	边际替代率 $\frac{\Delta x_1}{\Delta x_2}$	资源成本 $(p_{x_1}=0.2; p_{x_2}=0.4)$	价格比率 $\frac{p_{x_2}}{p_{x_1}}$
A	15	0	—	3.0	
B	11	1	4	2.6	
C	8	2	3	2.4	2.0
D	6	3	2	2.4	
E	5	4	1	2.6	

12.4.2.3　确定分配有限资源生产多种产品的最佳配合比例

人类所面临的是一个资源短缺的社会，在资源有限的条件下，生产各种产品，或投资各类项目均会考虑如何使有限资源得到合理利用，也就是在生产或投资中要依照均等边际收益原理来确定有限资源的最佳投入配合比例。当一定量资源分配于多种产品时，各种产品单位资源的边际收益相等或接近时的产品总收入即为最大的产品总收入，这一原理称为均等边际收益原理。

假设某园林公司进行多种经营，有资金(*RMB*)24 万元，拟投资于三个不同的项目，其单位资金投入后的总收入和边际收入见表 12-6，确定最大收益的投资项目组合。

表 12-6 反映的园林项目投资边际收益分析表明，如果把资金全部投入到项目甲中，其最后一单位资金的投入，仍可得到边际收益 5 万元，不仅能抵偿成本，而且还有纯收益 2 万元，总的投资收益为 92 万元，这一收益水平所投入资金相比是盈利的，比把全部资金分别全部投入到项目乙和丙获得的边际收益都要高。但是，这种资金投放是否为最佳方式呢？还有无更好的资金投放方式，而使24 万元投资能取得更好的收益水平呢？

资金投入量的边际分析(单位：万元)　　　　　　　　　　　　表 **12-6**

资金投入单位数 (每单位 3 万元)	边 际 收 益		
	项目甲投资	项目乙投资	项目丙投资
1	20	15	10
2	18	13	10
3	16	11	10
4	12	9	10
5	8	7	10
6	7	6	10
7	6	4	10
8	5	3	10
Σ	92	68	80

依照均等边际收益原理，24 万元资金不宜集中投放于某一项目，而应按照一定的投资原则来安排资金的组合投放，即按单位资金投入不同项目时所可能获得的边际收益的大小顺序依次安排投资。从表 12-6 资料可以看出，先用 3 个单位资金投入到项目甲，第 4、5 个单位资金应投到项目乙，第 6个单位资金又须投到项目甲，第 7 个单位资金投放到项目乙，第 8 个单位资金投入到项目丙。这样，投入到项目甲的资金单位数共有 4 个，投入到项目乙的资金单位数共 3 个，仅有 1 个单位的资金投放到项目丙中。这样，投资的边际收益共为 115 万元，较之全部投放到项目甲多获收益 23 万元。除此以外，其他任何组合的资金投放方式均达不到这一总收益水平。这说明，有限资源按边际收益均等原理进行投入的统筹搭配，能够取得最佳经济收益水平。

12.5　园林技术经济效益评价

园林技术经济效益评价方法主要用作对不同技术方案(措施)进行比较和选择，选择的质量直接取决于评价方法的正确性和适用性。据不完全统计，仅研究开发项目的评价模型就有数百种之多，但常用的也不过十几种。按涉及的范围不同，可分为企业经济评价法和国民经济评价法；按评价结果的肯定程度不同，可分为确定型评价法和不确定型评价法；按是否考虑资金的时间价值可划分为静态评价法(如边际分析法、投资回收期法、投资效果系数法、总算法等)和动态评价法(如内部收益率法、年值法、净现值法、净现值指数法、外部收益率法、动态投资回收期法等)。

值得注意的是，项目评价的计算方法并不算复杂，但对评价方法的深刻理解和恰当运用却并非易事。因此，在运用评价方法时，应深刻理解评价方法中各项参数和计算结果的经济含义；要正确掌握各种不同方法的适用范围、各种方法间的可比条件；能正确运用评价结果进行经济分析与决策。

本节主要就效益评价方法中是否考虑资金时间价值来分析，以介绍静态与动态评价方法为基本内容。技术经济分析中，通常以在方案评价中是否反映资金与时间的动态关系为标志，反映了这种动态关系的评价方法称为动态评价，未反映这种关系的为静态评价方法。

12.5.1 园林投资与项目概述

什么是投资？投资一般是指经营营利性事业时预先垫付的一定量的资金或其他实物。投资的目的性十分明确，就是通过一定量的资金和实物的投入，收回比投入量大的报酬。以不同的角度可对投资进行不同的分类。按投资发生的阶段划分为新投资与再投资。新投资是指建造新企业等的投资。再投资则指企业在原有基础上的扩大再生产的投资。按投资的经营目可划分为政策性投资与经济性投资。政策性投资不以营利为直接目的，其投资的效果评价标准是政策目的能否实现；而经济性投资则是以获取最大利润为直接目的。

园林投资指的是把资金或实物投入到园林业中，以获取比投入量大的收益为目的。

什么是项目？通常所说的项目指的就是企业运用各种资源以获取利润的全部复杂活动。一般把项目看成是一个运用资金以形成固定资产，再由其在一段时期内提供收益的投资活动。所以，项目是指花费一定资金以获取预期收益的活动，并应成为一个便于计划、筹资和执行的单位。这样的单位有着特定的起点和终点，是为了实现其特定目标而开展的活动。

项目的主要特征：项目的一次性、明确的目标性和作为管理对象的整体性是项目的主要特征。那些重复的大批量的生产活动及其成果，不能称做"项目"。

园林投资项目，特别是园林绿化投资项目有着投资量大，综合性强，投资回收期相对较长，投资效果计算复杂，投资项目评价复杂等特殊表现。

12.5.2 园林技术经济效益静态评价方法

静态评价分析法又称为非贴现评价分析法。其特点是不考虑资金的时间价值。常用的包括投资回收期法、附加投资回收期法等。这类评价分析方法因不考虑时间因素，简便易行，在实际应用中可作为一类较好的辅助评价分析方法。

12.5.2.1 静态投资回收期法

投资回收期法是一种根据收回原始投资额所需时间的长短来衡量投资经济效益的方法。这一方法最大的优点是用很简单的方法解决了判断收入能否补偿投资这一投资中的根本问题。

静态投资回收期(Payback Period)指的是在不计利息的条件下，用投资项目所产生的净现金流量来补偿原投资所需要的时间长度。由于回收期的计算起点目前没有明确的统一规定，不同起算点计算出的投资回收期结果是不一样的。这里界定的投资回收期是指一项投资项目建成投产后，从投入生产的时间算起，用每年所获得的净收益来回收全部建设投资所需的时间。表示的是项目建设投资总额需多长时间能用其净收益全部抵偿。它是考察项目在财务上投资回收能力的主要静态评价指标。其公式表达为：

$$T = \frac{\text{项目投资总额}}{\text{年平均净收益}}$$

式中　T——投资回收期，单位：年。

投资效果系数：投资项目投入生产后，单位投资每年可提供的净收益。它是投资回收期的倒数，又称为静态投资收益率或投资利润率。其公式表达为：

$$X_T = \frac{1}{T} = \frac{\text{平均净收益}}{\text{项目投资总额}}$$

式中　X_T——投资效果系数；

　　　T——投资回收期，单位：年。

对投资项目进行效益评价时，在投资额不变的情况下，投资回收期越短，投资效果系数越大，则项目投资效益就越好。

通常投资回收期法或投资效果系数法进行方案评价时，是将计算出的某投资方案的投资回收期 T 或投资效果系数 X_T 与所确定的标准(基准)投资回收期 T_s 或标准(基准)投资效果系数 X_s 进行比较。

$T \leqslant T_s$ 或 $X_T \geqslant X_s$ 时，投资效益好，方案可取；

$T > T_s$ 或 $X_T < X_s$ 时，投资效益差，方案不可取。

标准投资回收期(标准投资效果系数)是取舍方案的一般准则，合理确定 $T_s(X_s)$ 显得十分重要和必须。由于各部门、各地区的具体经济条件差别很大，常按部门和行业特点来选择标准参数。我国已颁布了《建设项目经济评价方法与参数》(第三版)，于 2006 年 7 月 3 日由国家发展改革委员会和建设部以发改投资 [2006] 1325 号文印发，要求在投资项目的经济评价工作中使用。

对 T_s 和 X_s 的确定应着重分析以下几个方面情况。

第一，目前园林项目实际投资回收期和投资效果系数的平均先进水平，以此水平为参照标准；

第二，根据本地区、本部门的经营目标，确定目标投资回收期与投资效果系数，以此目标为参照标准；

第三，确定的标准投资收益率必须大于本部门历年平均的实际收效率；

第四，确定的标准投资收益率必须大于银行相应的存款年利率，若为贷款投资，则确定的标准投资收益率应高于信贷利率。

投资回收期(投资效果系数)可作为独立方案是否实施的评价标准，在互斥方案的评价中，可用作项目的排序指标。

12. 5. 2. 2　附加投资回收期法

如前所述，投资回收期和投资效果系数可以反映单一技术方案的绝对经济效果。但在考虑投资活动时往往需要对多个互斥方案的相对经济效果进行比较，采用附加(追加)投资回收期法便可达到这一要求。附加(追加)投资回收期是一个相对的投资效果指标。当有两个项目投资方案，需要比较其经济效果而决定其取舍时，通常采用这个指标最为简便。一般而言，在满足相同需要的情况下，投资额相对较低的方案，其产品的直接成本会较高；相反，投资额较大的方案，由于生产条件较好，其产品的直接生产成本往往较低。附加(追加)投资是指两个互斥方案所需投资的差额。附加(追加)投资回收期是指两个互斥的投资方案，投资额大的方案以每年所节约的生产成本额来补偿(回收)附加投资所需的时间。它反映了由于追加了投资而取得的生产成本的节约，通过生产成本的节约来回收投资的时间。其计算公式如下：

$$T_a = \frac{\Delta K}{\Delta C} = \frac{K_1 - K_2}{C_2 - C_1} \tag{12-14}$$

式中　T_a——附加(追加)投资回收期；

　K_1，K_2——分别为两方案的投资额，且 $K_1 > K_2$，ΔK 为附加(追加)投资额；

　C_1，C_2——分别为两方案的年均成本，且 $C_2 > C_1$，ΔC 为成本节约额。

12. 5. 2. 3　计算费用法

所谓计算费用法是指用一种合乎逻辑的方法，将技术方案中性质不同的基本建设投资和生产经营费用统一为一种性质类似于"费用"的数额。这种费用数额称为计算费用。因为，技术成果方案的劳动消耗包括建设投资与生产成本，这是两项性质不同的费用，不能简单地相加而得到总劳动消耗，而是需要以标准投资回收期为计算期来计算年均费用和总费用。

计算费用法有年计算费用法与总费用法两种。

年计算费用(又称年折算费用)：指将技术方案的年均生产成本加上按标准投资回收期或标准投资效果系数分摊给每一年的投资额的总和。其计算公式如(12-15)。

总费用法就是计算出技术投资方案在标准偿还年限(标准投资回收期)内的总费用，即：计算出标准偿还年限内的投资及生产费用的总和。其计算公式如(12-16)。

其计算公式如下：

$$Z_a = C + X_s K \tag{12-15}$$

$$Z = K + CT \tag{12-16}$$

式中　Z_a——年计算费用；

　Z——总费用；

　C——年生产费用；

　X_s——投资效果系数；

　K——方案总投资额。

上述各种技术方案的静态评价方法在实际运用中，不是万能的，它们都有着不同的适用条件和要求。在实际运用静态评价方法时要谨慎理解和把握投资项目的实质，合理选用评价方法。

静态评价方法是一类在较为广泛的范围内应用的方法，它们的最大优点是简便、直观，主要适用于方案的粗略评价。静态投资回收期、追加投资回收期和投资效果系数都要与相应的标准值进行比较，由此形成评价方案的约束条件。投资回收期和投资效果系数是绝对指标，可用于对单一方案的评价；追加投资回收期是相对指标，可用于多方案的比选；计算费用法更适合于多方案优选。

但是，静态评价方法也存在较为明显的不足之处，这主要表现在：无法直观地反应技术方案投资的总体盈利能力；未考虑投资寿命期的长短及其残值；未考虑投资收回后的收益及经济效益；未考虑资金成本，可能否定一些有盈利前景的项目，影响企业利润最大化的实现；所确定的标准投资回收期(标准投资效果系数)带有较强的主观性等。

12.5.3　资金时间价值

园林建设与生产中的投入与产出的价值，与时间因素有着极为密切的关系。这种考虑资金时间价值的技术经济效益评价方法就是动态评价方法。它以等值原理为基础，投资方案中发生在不同时点的现金流，转换成同一时点的值或者等值序列，计算出其特征值(指标值)，再依据一定的标准，并在满足相关的可比条件下，进行分析评价与比较，最终确定出方案的优劣，选择最优方案。

12.5.3.1　资金时间价值概述

1) 与资金时间价值有关的基本概念

园林技术经济效益分析中的时间因素，主要指在其经济效益评价中必须考虑资金的时间价值。

资金时间价值：指资金在扩大再生产及其循环周转过程中，随着时间推移而发生的资金增值和经济效益。这个增值总是通过生产过程实现的，在不同的生产项目中增值的数量是不同的。资金时间价值的这一界定包含着两层意思：一是将资金用作某项投资，由资金的运动可获得一定的收益或利润，而使资金增值；二是当放弃资金的使用权力，相当于失去了收益的机会，等于付出了一定的代价，也是资金时间价值的体现。

考察资金时间价值时，常用到资金等值、时值、现值、未来值(本利和、终值)、折现(贴现)和年金等基本术语。

资金等值：指在不同时期或时点绝对值不等而价值相等的资金。在技术经济分析中，计算资金价值时，不同时期相同数额的资金的实际价值是不等的。

时值：指在某一时期或时点上的值，任何一个具体时期或时点的投入、产出都可以叫做时值。

现值(本金)：指一笔资金的现额。

未来值(本利和、终值)指与现值等价的将来某一时期或时点的资金值。

折现(贴现)：将未来某一时期或时点上的资金值，按一定利率、换算成与其等价的现在时期的资金值，这一换算过程称为折现(贴现)。

年金：一定时期内，每期等额的系列投资或收入即为年金。社会经济生活中有着各种形式的年金，如定期等额给付的租金、保险费等。因其一般每一期的时间段为一年，由此而称为年金。

2）资金时间价值的衡量尺度

资金时间价值的衡量尺度有绝对尺度与相对尺度之分。利息和盈利是衡量资金时间价值的绝对尺度；利率和收益率则是衡量资金时间价值的相对尺度。

利息的原意是指货币所有者(债权人)因贷出货币或货币资本而从借款人(债务人)中获得的报酬；盈利(净收益)是把资金投入到生产活动中所产生的资金增值。利息和盈利体现了资金时间价值绝对量的多少。

利率也称利息率，利率和收益率是一定时期内利息或盈利金额同本金(贷款或存款金额)或原投入资金的比率(％)，它是使用资金的报酬率，反映了资金时间价值相对量的大小。

利率有名义利率与实际利率之分。名义利率指的是明文规定的利率水平，犹如资本市场上的牌价利率。当复利周期小于付款周期时，且在同等期限的条件下，计利周期的缩短将导致本息额的增加，就会存在一种非有效的"挂名"利率。所以，实际利率(有效利率)指的就是在复利周期小于付款周期时，实际支付的利率值，这一利率值才是实际有效的利率。

名义利率与实际利率的关系：名义利率对资金的时间价值反映不够完全，实际利率则较全面地反映了资金的时间价值；当计利周期短于一年时，实际利率大于名义利率；周期越短，名义利率越高，名义利率与实际利率的差值越大；名义利率与实际利率的转换关系如(12-17)式。

$$i' = \left(1 + \frac{i}{n'}\right)^{n'} - 1 \tag{12-17}$$

式中　i'——实际利率；

　　i——名义利率；

　　n'——1 年内的复利周期数。

例 12-1　若将 10000 元人民币存入银行，年利率为 8％，每半年计息一次，问其名义利率和实际利率各是多少？

解：第一次计息后的本利和是：

$$S_1 = 10000 + 10000 \times 8\% / 2 = 10400(元)$$

第二次计息后的本利和是：

$$S_2 = 10400 + 10400 \times 8\% / 2 = 10816(元)$$

若以一年为计息期，则一年末的本利和是：

$$S = 10000 + 10000 \times 8\% = 10800(元)$$

因为　　利率＝利息／本金

$$实际利率 = 816 / 10000$$
$$= 0.0816$$
$$= 8.16\%$$

直接用公式计算：实际利率＝$(1 + 8\% / 2)^2 - 1 = 0.0816 = 8.16\%$

答：名义利率为 8%，实际利率为 8.16%。

计算资金时间价值的方法就是计算利息的方法。利息计算有单利法和复利法两种(例 12-1 在计算第二次的本利和时，采用的是复利计算)。

单利法是以本金为基数计算利息，上期利息不计入本金计算利息的方法。其计算公式如下：

$$S = P + P \cdot i \cdot n = P(1 + i \cdot n) \tag{12-18}$$

式中 S——未来值；

P——本金；

i——利率；

n——利息计算期(次数)。

单利法对已经由本金产生的利息没有转化为本金而累计计息，是不太完善的资金时间价值的计算方法。

复利法是以本金与累计利息之和为基数计算利息的方法。这种方法除了要计算本金的利息外，还要计算利息的利息，就是利息也在生息。其计算公式如下：

$$S = P(1 + i)^n \tag{12-19}$$

3) 资金等值与现金流量

如前所述，资金等值是指在时间因素的作用下，在不同时点绝对值不等的系列资金，按某一利率换算至某一相同时点的值。影响资金等值的因素主要有三个：

一是资金金额的大小，投资额不一样，相同的时间，相同的投资去向，但带来的资金价值增量不一样；

二是资金金额发生时间和投资去向，相同投资内容和金额的资金，选择不同的投资时间，获得的资金增量可能会有较大的差异；同样数量的资金，经过同样的时间，因投资去向不同，资金的增值亦可能很不相同；

三是利率的高低，利率是一个关键因素，一般等值计算中都是以同一利率为依据。

现金流量❶是对投资项目进行技术经济效益分析时常用的概念。现金流量就是在将投资项目视为一个独立系统的条件下，从投资项目筹划、设计、施工、投产直至生命周期完结(或转让)为止的整个期间各年现金流入量与现金流出量的总称。不同技术方案间的比选，现金流量的差异是一个极其重要的评价指标，是决定方案优劣的重要因素之一。不同技术方案现金流量差异的发生会有两种类型：一是投入及产出数量上的差异，这是指现金流量大小的差异；二是投入及产出时间上的差异，也就是现金流量时间分布的差异。

考察投资项目的经济性，不能仅凭其在某一段时期的表现特征来判断，而应对项目整个寿命期

---

❶ 这里的"现金"为广义，包括各种货币资金，项目投入的非货币资源的变现价值(或重置成本)。把投资项目所有的资金支出统称为现金流出，所有的资金流入统称为现金流入。现金流量内含现金流入量、现金流出量、净现金流量三个概念。现金流入量指投资方案所引起的企业现金收入的增加额；现金流出量指投资方案所引起的企业现金支出的增加额；净现金流量指现金流入量(正值)与现金流出量(负值)之间的差额。

内的收入与支出进行分析与评价。根据投资项目在其生命周期内各阶段现金流动的特点，一个项目可分为四个时期(阶段)，即：建设期、投产期、稳产期、回收处理期。建设期是指项目建设开始投资至投产获得收益的一段时期；投资期指项目投产开始至项目达到预定生产能力的时期；稳产期指项目达到生产能力后持续发挥生产能力的时期；回收处理期指项目完成预计的适合周期后停产并进行善后处理的时期(图12-4)。

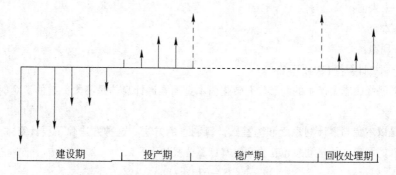

图 12-4　投资项目生命周期各阶段现金流量示意图

为了便于考察各种投资项目在其寿命期内全部资金的收支情况，分析其经济效益时，可采用现金流量图❶(图12-4)，此图表示资金在一定周期内流动状况(收支状况)。由现金流量图可知道，任一投资过程的现金流必须同时具备三个要素：投资过程的有效期(现金流的时间域)、发生在各个时刻的现金流值(由该时刻的各种费用组成)以及贴现不同时刻现金流值选用的投资收益率(或利率)。不同的投资方案常有着不同的现金流，通过对其现金流的分析评价，能找到一些最为本质的内容。项目投资评价的质量取决于其现金流数据预测的质量。

计算投资项目的现金流量时，先要计算项目各年的现金流量，再由各年现金流量计算出其寿命期内的现金流量。由于税收种类及计算税金的基数不同，年现金流量的计算方法也会有所差异，但其计算的基本格式可遵循如下具共性的公式：

净现金流量＝现金流入－现金流出

税前现金流(毛利)＝销售(营业)收入－年经营成本

税前利润＝税前现金流－折旧费－银行利息

税后利润＝税前利润－税金

企业年净利＝税后利润＋折旧费

年税后现金流＝企业年净利＋银行利息

---

❶　现金流量图说明：水平线为时间标度，时间推移由左至右，每格(各格间距相等)代表一个时间单位(利息期)；箭头所示方向为现金流动方向，向下表示支出，向上表示收入，箭线长短与收入或支出的大小成比例；约定投资发生在期初，经营费用、销售收入与残值发生在期末。

12.5.3.2　资金时间价值的普通复利计算公式

普通复利为一种间断复利。普通复利计算公式是以年复利计息，以年为计息周期支付复利的计算公式。普通复利计算的基本公式中主要涉及现值(P)、本利和(S)、等额年金(A)、利率(i)、计息期数(n)等五个变量。根据复利支付方式和等值计算时点的不同，普通复利计算公式有整付本利和计算、整付现值计算、等额序列偿付计算、等额分付序列偿还基金计算、等额分付序列资金回收计算、等额序列现值计算等。本节复利计算均以 1 年为计息周期和付息周期(名义利率与实际利率一致)。

1) 整付本利和计算(已知现值，计算未来值)

整付现值计算是对于一次投资，一次回收情况的计算。其计算内容为：已知现有资金 P，在年利率为 i，n 年后按复利计算一次偿付本利和 S 的值。前面介绍复利法概念时已给出了计算本金与利息之和的复利计算公式。

$$S = P(1+i)^n \tag{12-20}$$

上式中$(1+i)^n$为整付本利和系数。可用 α_{ps} 表示，按已知的 i 和 n 查复利系数表获得其值。因此，整付本利和计算公式可用下式表示：

$$S = P(1+i)^n = p \cdot \alpha_{ps} \tag{12-21}$$

为计算方便起见，可根据不同的利率 i 和利息计算期数 n 编制成《复利系数表》，供计算时直接查用。

式(12-21)为整付现值(一次偿付)的复利终值公式，也是计算复利的基本公式，其他有关复利的各种计算公式都由它派生(推导)出来。

例 12-2　某园林企业为开发新产品，向银行贷款 100 万元，年利率为 5%，贷款期限为 3 年，那第 3 年后该企业应归还银行本利和是多少？

解：已知 $P = 100$，$i = 5\%$，$n = 3$

求：$S = ?$

3 年后归还银行本利和与现在的贷款等值

$S = P(1+i)^n = 100(1+5\%)^3 = 115.7625(万元)$

答：到期归还本利和为 115.7625 万元。

2) 整付现值计算(已知未来值，计算现值)

整付现值计算内容：已知 n 年后的一笔未来资金 S，当年利率为 i 时，计算这笔资金的现值。其计算公式如下：

$$P = S \frac{1}{(1+i)^n} = S \cdot \alpha_{SP} \tag{12-22}$$

式(12-22)中 $\alpha_{SP} = \dfrac{1}{(1+i)^n}$ 为整付现值系数，又称折现(贴现)系数，可按已知的 i 和 n 查《复利系数表》获得。

例 12-3　某人计划 6 年后从银行提取 2 万元人民币，如果银行利率为 6%，则现在应往银行存入多少人民币？

解：已知 $S = 2$ 万元，$i = 6\%$，$n = 6$

求：$P = ?$

$$P = S / (1 + i)^n = 2 / (1 + 6\%)^6 = 1.41(万元)$$

答：现在应存入银行 1.41 万元。

3) 等额序列偿付计算（已知年金，计算未来值）

等额序列偿付计算内容：当定期连续等额支付（获取得）的期末资金数额为 A，年利率为 i 时，在支付（取得）n 期后，计算共支付的本利和 S。其计算公式如下：

$$S = A \frac{(1+i)^n - 1}{i} = A \cdot \alpha_{AS} \tag{12-23}$$

式(12-23)中 $\alpha_{AS} = \dfrac{(1+i)^n - 1}{i}$ 为等额序列偿付复利系数（年金终值系数），可查《复利系数表》获得。

例 12-4　某园林企业为设立退休基金，计划每年末存入银行 3 万元，若存款利率为 3%，10 年后基金总额是多少？

解：已知　$A = 3$，$i = 3\%$，$n = 10$

求：$S = ?$

$$S = A \frac{(1+i)^n - 1}{i} = 3 \times \frac{(1+3\%)^{10} - 1}{3\%} = 34.3916(万元)$$

答：10 年后基金总额是 34.3916 万元。

4) 等额分付偿还基金计算（已知未来值，计算年金）

等额分付偿还基金计算内容：在第 n 期末积累一笔资金 S，当年利率为 i 时，计算在 n 期内每期期末等额存入资金 A。其计算公式如下：

$$A = S \frac{i}{(1+i)^n - 1} = F \cdot \alpha_{SA} \tag{12-24}$$

式(12-24)中 $\alpha_{SA} = \dfrac{i}{(1+i)^n - 1}$ 为偿还基金系数（基金年存系数，终值年金系数），可查《复利系数表》获得。

例 12-5　某企业欲积累一笔设备更新基金，用于 4 年后更新设备。预计项目总投资额为 800 万元，银行利率为 6%，问每年末该企业需要存款多少？

解：已知　$S = 800$，$i = 6\%$，$n = 4$

求：$A = ?$

$$A = S \frac{i}{(1+i)^n - 1} = 800 \times \frac{6\%}{(1+6\%)^{10} - 1} = 60.6944(万元)$$

答：每年末该企业需要存款 60.6944 万元。

5) 等额分付资金回收计算（已知现值，计算年金）

等额分付资金回收计算内容：现在支付一笔资金 P，当年利率为 i 时，计算欲在 n 年内回收资金 P 而需每年等额收回的资金 A。其计算公式如下：

$$A = P \frac{i(1+i)^n}{(1+i)^n - 1} = P \cdot \alpha_{PA} \tag{12-25}$$

式(12-25)中 $\alpha_{PA} = \dfrac{i(1+i)^n}{(1+i)^n-1}$ 为资金还原系数(现值年金系数),可查《复利系数表》获得。

例 12-6　某房地产企业贷款 5000 万元开发新地产,银行要求 6 年内等额收回全部贷款本利,已知贷款利率为 6%,则该房地产企业平均每年的净收益至少要达到多少才能在 6 年内还清贷款?

解:已知　$P=5000$,$i=6\%$,$n=6$

求:$A=?$

$$A = P\frac{i(1+i)^n}{(1+i)^n-1} = 5000 \times \frac{6\%(1+6\%)^6}{(1+6\%)^6-1} = 1016.8132(万元)$$

答:净收益至少要达到 1016.8132 万元。

6) 等额序列现值计算(已知年金,计算现值)

等额序列现值计算内容:在 n 个计算期内,每期期末等额偿付资金为 A,当年利率为 i 时,计算共偿付资金的现值 P。其计算公式如下:

$$P = A\frac{(1+i)^n-1}{i(1+i)^n} = A \cdot \alpha_{AP} \tag{12-26}$$

式(12-26)中 $\alpha_{AP} = \dfrac{(1+i)^n-1}{i(1+i)^n}$ 为等额序列现值系数(年金现值系数),可查《复利系数表》获得。

例 12-7　某园林施工企业欲投资一项专利技术,预计每年可获得 200 万元收益,在年利率为 6% 的情况下,要求 5 年后收回投资本利,问期初购买专利技术一次性应投入多少资金比较经济合算?

解:已知　$A=200$,$i=6\%$,$n=5$

求:$P=?$

$$P = A\frac{(1+i)^n-1}{i(1+i)^n} = 200 \times \frac{(1+6\%)^5-1}{6\%(1+6\%)^6} = 794.7857(万元)$$

答:应一次性投入不超过 794.7857 万元。

12.5.4　园林技术经济效益动态分析基本方法

园林技术经济效益的动态分析基本方法,是在考虑资金时间价值基础上,动态地反映资金运行情况和较为全面地表现出项目投资在其整个生命周期内的经济活动和经济效益水平,是比静态分析方法更为全面、科学和可靠的决策依据。常用的动态评价方法有净现值法、内部收益率法、净年值法和收益成本比值法等。

12.5.4.1　净现值法

1) 净现值法

净现值(Net Present Value——*NPV*):指的是技术方案在使用年限内的总收益与总费用现值之差。也可以说净现值是方案在其寿命期内逐年净现金流量现值的代数和。净现值法指的是在考虑资金时间价值的条件下,运用净现值的正负与大小来评价项目投资效果的方法,这种方法计算出来的结果反映的是项目投资产生的净贡献。

净现值的计算是在已知期望收益率(标准收益率)i_0 的条件下,将项目投资在寿命期内取得的全部回收额的现值减去投资额的现值即为该项目投资的净现值。其计算公式如下：

$$NPV = \sum_{t=1}^{n} \frac{CI_t - CO_t}{(1 + i_0)^t} - P = \sum_{t=1}^{n} \frac{NCF_t}{(1 + i_0)^t} - P \tag{12-27}$$

式中　NPV——净现值；

CI_t——第 t 年的现金流入量；

CO_t——第 t 年的现金流出量；

NCF_t——第 t 年的净现金流量，$NCF_t = CI_t - CO_t$；

n——技术方案的计算期数；

i_0——确定的期望投资收益率；

P——期初投资额。

利用净现值法进行单个技术方案评价的决策规则为：

$NPV \geqslant 0$，该技术方案可行；

$NPV < 0$，该技术方案不可行。

净现值(NPV)大小的经济特征有以下三种情况：

当 $NPV > 0$ 时，其经济意义表示该技术方案的收益率不但可以达到期望投资收益率(标准投资收益率)的水平，并有超额的现值利益，可以认为该投资超过了预期的经济效益水平，方案可取。

当 $NPV = 0$ 时，其经济意义表示该技术方案的收益率正好与期望投资收益率(标准投资收益率)相等，达到了预期的投资收益水平，方案仍可取，但它不如 $NPV > 0$ 时的方案投资效益水平高。

当 $NPV < 0$ 时，其经济意义表示该技术方案的收益率没能达到预期投资收益率(标准投资收益率)要求。如果预期投资收益率是切实可行的，则该方案的投资收益水平很差，方案不可取。

因此，只有在 $NPV \geqslant 0$ 时的方案，其经济水平是达到的预期的投资收益要求，方案可取，反之方案则不可取。进行两个或多个方案的比较时，通常以 NPV 大者为优。

例 12-8　某园林工程项目有两个可行建议方案，预计各年现金流量情况见表 12-7，若预期投资收益率为 10%，试用净现值法评价两个建议方案的投资收益水平。

现金流量表(单位：万元)　　　　　　　　　　　　　　　　表 12-7

方案	年份 项目	1	2	3	4	5	6	7	8
方案Ⅰ	现金流入			1000	1000	1000	1000	1000	1000
	现金流出	2000	900	300	300	300	300	300	300
方案Ⅱ	现金流入			1200	1200	1200	1200	1200	1200
	现金流出	3000	900	200	200	200	200	200	200

解：(1) 选定标准收益率。本题已给出标准收益率 $i_0 = 10\%$。

(2) 分别计算两个方案各年的净现金流量，见表 12-8。

(3) 计算折现系数，见表 12-8。

(4) 分别计算两个方案各年净现金流量对应的净现值，见表 12-8。

(5) 分别计算两个方案的净现值，见表 12-8。

净现值计算表（单位：万元）　　　　　　　　　表 12-8

年份	净 现 金 流 量		$i_0 = 10\%$	现 值	
	方案Ⅰ	方案Ⅱ		方案Ⅰ	方案Ⅱ
1	−2000	−3000	0.9091	−1818.20	−2727.30
2	−900	−900	0.8264	−743.76	−743.76
3	700	1000	0.7513	525.91	751.30
4	700	1000	0.6830	478.10	683.00
5	700	1000	0.6209	434.63	620.90
6	700	1000	0.5645	395.15	564.50
7	700	1000	0.5132	359.24	513.20
8	700	1000	0.4665	326.55	466.50
合计	—	—	—	42.38	128.34

计算结果表明：两个方案均达到 10% 的标准收益率，都达到了经济合理性的要求。同时，方案Ⅰ在达到 10% 的标准收益率的基础上，还可多获得 42.38 万元的超额收益；方案Ⅱ在达到 10% 的标准收益率的基础上，可多获得 128.34 万元的超额收益。两个可行方案间比较，方案Ⅱ明显优于方案Ⅰ的经济收益水平。

净现值法的使用范围：这种方法在对多个方案进行排列比选时，一般情况下计算出来的净现值越大，其方案越优。但这种方法仅适用于投资额基本相近的投资方案间的比选。投资额差异很大的方案间比较，净现值法不能确切地反映出谁优谁劣。

例 12-8 中，方案Ⅱ比方案Ⅰ的净现值多获得：128.34 − 42.38 = 85.96(万元)，但前者比后者多投资：3900 − 2900 = 1000(万元)。为此，多投资当然应该多收益，这样考虑投资额与收益间的关系问题，这种评价方法显然难以进行两个方案间的优劣判断。

用净现值法进行多方案比选时，如果各方案的寿命期相同，则可直接用式(12-27)计算各方案的 NPV，并取净现值最大者；如果各方案的寿命期不同，为了满足时间上的可比性，就必须要确定一个分析评价周期，使其在同一时期内计算并比较方案间的经济效益水平。

分析评价周期的确定，一般有最小公倍数法和最大寿命期法两种。

最小公倍数法是以不同方案使用寿命的最小公倍数作为分析评价周期，在此期间各方案分别考虑以同样规模重复投资多次，据此算出各方案的净现值，再进行方案间的优选。

最大寿命期法是指在不同的技术方案，以寿命期最大的方案为基础，其他方案在该方案寿命期内考虑重复投资，分析评价的时间周期期末将剩余价值作为残值处理。如有 3 个方案，它们的寿命期分别为 15 年、30 年、50 年，考虑在如此长时间内的重复投资既复杂又没有必要，遂用最大寿命期法，确定分析评价的时间周期为 50 年。

例 **12-9** 有两种可行方案，有关资料如表 13-9 所示。若标准收益率为 12%，试用最小公倍数法分析两个可行方案中哪一个方案更优。

两可行方案有关资料(单位：万元)　　　　　　　　　　　　表 12-9

方案	投资	等额年收入	等额年成本	残值	寿命(年)
方案Ⅰ	4000	2000	800	1000	5
方案Ⅱ	5000	2500	1200	0	10

解： 两方案寿命期的最小公倍数为 10 年，因此，两方案分析评价时期就确定为 10 年。两方案的现金流量图分别为图 12-5、图 12-6 所示。

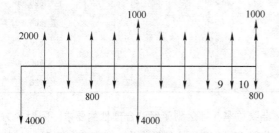

图 12-5　方案Ⅰ现金流量图　　　　　　图 12-6　方案Ⅱ现金流量图

结合现金流量图 12-5、图 12-6 和净现值计算公式(12-27)可计算出两方案的净现值：

$$NPV_I = -4000 - 4000 \times \frac{1}{(1+12\%)^5} + 1000 \times \frac{1}{(1+12\%)^5}$$

$$+ (2000-800) \times \frac{(1+12\%)^{10}-1}{12\% \times (1+12\%)^{10}} + 1000 \times \frac{1}{(1+12\%)^{10}}$$

$$= 1397(万元)$$

$$NPV_X = -5000 + (2500-1200) \times \frac{(1+12\%)^{10}-1}{12\% \times (1+12\%)^{10}}$$

$$= 1020(万元)$$

计算结果表明：两个方案都能获得比 12% 收益率更高的收益，方案Ⅰ、方案Ⅱ在实现收益率 12% 的同时，还能获得额外收益分别为 1397 万元和 1020 万元。这一计算结果显示两个可行方案都具有经济合理的特点，都是值得投资的方案。但由于 NPV_I = 1397 万元＞$NPV_Ⅱ$ = 1020 万元，反映出方案Ⅰ比方案Ⅱ具有更强的获得超额利益的能力。就经济合理性两相比较，方案Ⅰ优于方案Ⅱ。

净现值法的特例——现值成本法：多方案比较时，如果各可行方案均能满足相同的需要(产量、产值、收益等指标应基本相同)，则可以只比较各方案投资和费用现值的大小。比较方案时，以现值成本计算结果最小者为最优方案。但现值成本法只能反映费用的大小，不能反映净收益情况。因此，这一方法只能用于方案间的优劣比较，而不能用于方案经济可行性的判断。其计算公式如下：

$$PV = \sum_{t=0}^{n} \frac{CO_t}{(1+i)^t}$$
(12-28)

2）净现值指数法

如前所述，净现值法可以对方案的投资经济合理性进行评价，但无法对投资额差异较大的多个方案进行优劣评价。净现值指数法就是在净现值法基础上发展起来的，能够用于投资额不等的多方案的优劣评价，这种方法是净现值法的有效补充。它表明每一单位投资的现值能获得多少净现值，又称为投资盈利能力指数。

净现值指数（NPVI）：指净现值与投资现值的比率，即为单位投资的净现值，又称净现值率（NPVR）。其计算公式如下：

$$NPVI = \frac{NPV}{K_P}$$
(12-29)

式中　NPVI——净现值指数；

　　　NPV——净现值；

　　　K_P——方案全部投资现值，$K_P = \sum_{t=0}^{n} F_t \cdot \alpha_{FP}$。

用净现值指数法对方案进行可行性评价时，就是看其净现值指数的正负，当 NPVI≥0 时，方案可取；NPVI<0 的方案不可取。NPVI 的经济意义有以下三种情况：

NPVI>0，表示方案能保证预期的收益率，并有额外的收益，方案可取；

NPVI=0，表示方案刚好能达到预期的收益率；

NPVI<0，表示方案没有达到预期的收益率，方案不可取。

NPVI 越大，表明单位投资所能带来的额外收益就越大。进行多方案比较时，NPVI 最大的方案为经济性最优方案。

用净现值指数法对例 12-8 中两个方案的经济性进行评价与比较：

方案Ⅰ：$NPVI = \dfrac{NPV}{K_P} = \dfrac{42.38}{1818.20 + 743.76} = 0.01654$

方案Ⅱ：$NPVI = \dfrac{NPV}{K_P} = \dfrac{128.34}{2727.30 + 743.76} = 0.03697$

因两个方案的净现值均为正值，方案Ⅰ和方案Ⅱ的经济性都是合理可行的。但就两者比较而言，方案Ⅱ的净现值指数（0.03697）大于方案Ⅰ的净现值指数（0.01654），由此可知：方案Ⅱ优于方案Ⅰ，这与用净现值法对两个方案优劣评价的结果恰好一致。不过两个方案的投资额差异很大，缺乏不同项目间的可比性，仅用净现值法是不全面的。但是净现值指数只能考察投资的"质"，它代表的是投资的效率，只用净现值指数法无法选择投资的最优组合，因其只评价了方案盈亏的程度，无法反映盈亏的总值。所以，净现值法与净现值指数法通常应配合使用，既评价方案投资的"质"，又反映方案投资带来的效益"量"。

12. 5. 4. 2 净年值法

净年值法：是在考虑资金时间价值的条件下，将方案的所有现金流量换算为与其等值的等额年金或年成本(不计收入时)，并以此等额序列值评价方案经济效益的技术经济分析方法。若只考虑方案寿命期内的年成本，即为成本法；若考虑方案寿命期内全部的现金流量而得到年净现金流量，则为净年值法。

这一方法的特点是把一次性投资与各年发生的现金流两个要素统一起来，看似与静态投资分析中的计算费用法相似，但净年值法考虑了资金的时间价值，并在计算净年值时既考虑了成本，也考虑了各年的收益。这一方法使用较为广泛。其计算公式如下：

$$AC = P \cdot \alpha_{PA} - SV \cdot \alpha_{SA} + A \tag{12-30}$$

式中　　　　AC——净年值；

　　　　　　P——投资现值；

　　　　　　SV——残值；

　　　　　　A——年成本。

α_{PA}，α_{SA}，α_{SP}——复利系数，分别为现值年金系数、终值年金系数、整付现值系数(折现系数)。

上述各字母含义在式(12-31)中相同。

$$AC = (P - SV \cdot \alpha_{SP})\alpha_{PA} + A \tag{12-31}$$

式(12-30)、(12-31)为等价公式，择其一便可进行方案年成本的计算，在计算净年值时，支出费用取负值、收入取正值进行计算即可。

运用年成本法进行方案评价，其值最小的方案为最优；运用净年值评价方案，其值最大的方案为最优。

仍以例 12-9 为例，运用净年值法比较其两个方案的优劣。

解：因净年值法求出的是方案在寿命期内的年等额值，可在方案Ⅰ、方案Ⅱ各自的寿命期内直接计算各自的年值，而不需要确定共同的分析评价周期。

$$AC_{\mathrm{I}} = -4000 \times \frac{12\% \times (1+12\%)^5}{(1+12\%)^5 - 1} + 2000 - 800 + 1000 \times \frac{12\%}{(1+12\%)^5 - 1} = 247.7708(万元)$$

$$AC_{\mathrm{II}} = -5000 \times \frac{12\% \times (1+12\%)^{10}}{(1+12\%)^{10} - 1} + 2500 - 1200 = 415.0792(万元)$$

净年值法的计算结果显示：方案Ⅱ优于方案Ⅰ，这与净现值法的评价结果相一致，但与净现值指数法对两个方案优劣的评价结果相反。因此，对可行的多方案取舍要结合投资价值取向进行综合评价。

1) *NPV* 法与 *AC* 法的选择

用净现值法与净年值法评价方案虽然能够得到一致的结论，考虑到现金流量特点的差异，在方法选用过程中，必须结合投资项目的特点予以恰当的选择。针对不同情况宜采用的方法可参照表12-10的条件来选择。

投资效益评价方法选择条件

表 12-10

方案的年现金流量	方案的时间起点	方案的时间终点	方法选择
为常数	相同	相同	NPV 或AC
		不相同	AC
	不相同	—	NPV
不为常数	—	—	NPV

2) NPV 法、NPVI 法与 AC 法的配合使用

评价的多个可行方案寿命期相同，但投资规模不同，净现值法评价结果倾向于选择投资额大的方案，可用净现值指数作为补充纠正因方案投资规模不同而易产生的决策偏差；

投资额相似，但投资项目寿命期不同，净现值法倾向于采用寿命期长的方案，可以净年值法作为辅助纠正因投资项目寿命期不同而易产生的决策偏差。

所以，在实际分析评价工作中，应仔细分析投资方案的特征，将三种方法有效地加以综合运用，以增加方案决策的正确性。

12.5.4.3　内部收益率法

内部收益率(IRR)：指从投资项目建设开始到项目经济寿命终了的整个寿命期内，使逐年正负净现金流量贴现到投资开始时的现值之和等于零(即现金流入现值等于现金流出现值)时的贴现率。

内部收益率法：用内部收益率的大小决定项目投资经济效益的大小，进而决定方案的优劣与取舍的方法。内部收益率的经济含义是指项目在整个寿命期内，因抵偿了 IRR 的经济收益，它反映投资项目本身对占用资金的一种恢复能力，反映投资本身在项目整个寿命期内实际所能达到的收益水平。IRR 值越高，其项目的经济合理性就越好。

用内部收益率法进行单一方案可行性评价时：

方案的 $IRR \geqslant i_0$(标准收益率或基准收益率)时，可判断该方案在经济上是可行的；

方案的 $IRR < i_0$ 时，则该方案不可行。

用内部收益率法对多个可行方案进行比选时：IRR 最大的方案最优。

内部收益率的计算主要用试算法和插值法(主要是内插法)。其计算步骤如下：

第一步：计算逐年净现金流量

第二步：试算

一般情况下结合项目投资的实际情况，试选两个试算贴现率，分别计算各年份相应的贴现系数，并分别计算与所选两个试算贴现率相对应的总净现值。由两个试算贴现率(i_1 和 i_2，且 $i_1 < i_2$)分别计算出来的净现值应满足的要求是：$NPV_1 > 0$；$NPV_2 < 0$。此时，$i_1 < IRR < i_2$。

第三步：用内插法计算内部收益率 IRR

$$IRR = i_1 + (i_2 - i_1)\frac{NPV_1}{NPV_1 + |NPV_2|}$$

(12-32)

式中　IRR——内部收益率；

i_1——试选的低贴现率；

i_2——试选的高贴现率；

NPV_1——低贴现率计算出的总净现值；

NPV_2——高贴现率计算出的总净现值。

例 12-10 某项园林工程投资现值为 120 万元，年现金流量为 38 万元，寿命期为 5 年。若目标收益率为 15%，用内部收益率法评价该项工程投资效益是否达到投资要求，并计算出内部收益率。

解： 依题意按内部收益率法的计算步骤进行试算，其试算结果见表 12-11。

净现值计算表（单位：万元）　　　　　　　　　　　　表 12-11

年(t)	净现金流量	高贴现率($i_2 = 18\%$)		低贴现率($i_1 = 15\%$)	
		$\dfrac{1}{(1+18\%)^t}$	净现值	$\dfrac{1}{(1+15\%)^t}$	净现值
0	−120	1.0000	−120.00	1.0000	−120.00
1	38	0.8475	32.21	0.8696	33.04
2	38	0.7182	27.29	0.7561	28.73
3	38	0.6086	23.13	0.6575	24.99
4	38	0.5158	19.60	0.5718	21.73
5	38	0.4371	16.61	0.4972	18.89
净现值			−1.16		7.38

由表 12-11 的计算结果可见，当 $i_2 = 18\%$ 时，$NPV_1 = -1.16$ 万元，说明这一贴现率偏大；而当 $i_1 = 15\%$ 时，$NPV_2 = 7.38$ 万元，说明此贴现率偏小了，则表明内部收益率应该在 15%～18% 之间，用内插法即可求出内部收益率 IRR。

$$IRR = i_1 + (i_2 - i_1) \frac{NPV_1}{NPV_1 + |NPV_2|} = 15\% + (18\% - 15\%) \times \frac{7.38}{7.38 + 1.16} = 17.59\%$$

计算结果表明：这一投资项目的内部收益率为 17.59%，比目标收益率高，方案可取。

内部收益率法的使用条件：因为净现值与收益率之间是非线性关系，因此用直线内插法计算出来的内部收益率 i 值只能为一近似值，存在一定的误差。所以，使用内部收益率法应将两个试算贴现率的差额控制在 5% 以内，最好是不超过 2%。否则，会因过大的误差而影响投资决策的正确性。

内部收益率反映的经济意义：

投资项目有一个投资额最低界限，只有超过此值 IRR 才能达到期望收益水平；

资金投向单一，随着投入资金量的增加，IRR 变小，表明其投资风险在随之增加；

当投资盈利额一定时，盈利取得的时间越早，IRR 越高；反之，IRR 越低。

综上所述，方案投资经济效果的综合表现在一定程度上可通过 IRR 表现出来。因此，内部收益率法可作为分析评价投资效果的一种重要方法，它反映了净现值与贴现率之间的关系。

对项目投资进行的技术经济分析中，有时会出现在评价比较两个或两个以上的互斥方案时，用净现值法和用内部收益率法判据得出的结论常有矛盾。为此，可用追加投资内部收益率法对互斥方案进行评价。

追加投资内部收益率(IRR_Δ)：指两个方案净现值相等时的收益率。它表示的是一方案相对另一方案多投资部分的平均盈利能力，即资金流量利润率。

同样，用试算法与内插法求出两个方案净现值相等时的内部收益率(用 IRR_Δ 表示)后，用 IRR_Δ 与标准收益率 i_0 进行比较：

$IRR_\Delta < i_0$ 时，追加投资不合理，投资额小的方案较优；

$IRR_\Delta > i_0$ 时，追加投资经济上合理，投资额大的方案较优。

使用这一方法对投资方案的技术经济分析结果与以净现值最大为标准的选择结果相一致。

12.6　园林项目国民经济评价与社会效益评价

12.6.1　国民经济评价

任何一项投资项目不可能离开国家的宏观环境而独立生存发展，它也不可能仅为自身产生经济效益而对国民经济没有贡献，因此对项目的投资评价除了评价项目本身的经济特性外，还必须对其参与国民经济发展的能力进行评价。项目的国民经济盈利能力是对项目国民经济收益与费用的综合反映，体现的是项目对国民经济的净贡献，项目盈利能力分析是对其进行国民经济评价的主要内容。

12.6.1.1　经济内部收益率($EIRR$)

项目在计算期内各年累计的经济净现值等于零时的折现率，即为经济内部收益率。这一指标反映的是项目可获得的国民经济投资最大收益率，是反映项目对国民经济净贡献的动态相对指标之一。其计算公式为：

$$\sum_{t=1}^{n}(CI - CO)_t(1 + EIRR)^t = 0 \tag{12-33}$$

式中　CI——国民经济现金流入量；

　　CO——国民经济现金流出量；

　　n——项目计算期。

评价：一般而言，项目投资的经济内部收益率大于或等于社会折现率时，项目可取。因为，这表明项目在计算期内全部收益现值减去全总费用现值的差额，即项目除得到符合社会折现率要求的国民经济收益外，还可得到以现值计算的超额收益。

12.6.1.2　经济净现值($ENPV$)

所谓经济净现值是指项目在计算期内，按指定的折现率，各年净现金流量折现到基准年的现值之和。它反映的是项目在计算期内全部总收益现值减去全部费用现值的差额。是表明项目除得到符合社会折现率要求的国民经济收益外，还可以得到以现值计算的超额收益，是一项反映项目投资对国民经济净贡献的动态绝对指标。其计算公式为：

$$ENPV = \sum_{t=1}^{n} (CI - CO)_t (1 + i)^t \tag{12-34}$$

式中　i——社会折现率；

其他字母含义与式(12-34)相同。

评价：$ENPV \geqslant 0$，表明项目投资所得净收益额已达到或超过社会折现率所要求的水平，项目可取；反之，项目不可取。

12.6.1.3　经济净现值率($ENPVR$)

经济净现值率指国民经济净现值与总投资现值之比，是一项反映项目单位投资对国民经济所作贡献的动态相对指标。其计算公式为：

$$ENPVR = ENPV / P \tag{12-35}$$

式中　P——项目总投资现值，可分别按全部投资或国内投资计算。

评价：这一指标常用于方案间的比选，$ENPVR$ 值越大的投资方案越优。

12.6.1.4　投资净收益率(投资利税率)

投资净收益率指项目达到正常生产规模年份的社会净收益(包括利润和税金等)与总投资之比。这是一个在项目评价和初选时常用的静态评价指标。

评价：投资净收益率大于或等于社会折现率或国家规定的基准投资收益率时，项目可接受；反之就应根据具体情况，综合分析后再行取舍。

12.6.1.5　经济外汇收益分析

经济外汇净现值($ENPV_F$)是指生产出口或替代进口产品的项目，在计算期内各年的净外汇流量按特定折现率(如社会折现率、贷款利率等)，折算到基准年的现值之和。这一指标是用以衡量项目对国家外汇收支的净贡献(创汇能力)或净消耗(用汇水平)，反映项目实施后对国家外汇收支影响的重要指标。其计算公式为：

$$ENPV_F = \sum (FI - FO)_t (1 + i)^t \tag{12-36}$$

式中　　FI——外汇流入量；

　　　　FO——外汇流出量；

　$(FI - FO)_t$——第 t 年的净外汇流量；

　　　　n——计算期。

评价：$ENPV_F \geqslant 0$，项目可取；$ENPV_F$越大的项目，投资效果越好。

12.6.2　项目社会效益评价

12.6.2.1　收入分配效果指标

园林投资项目的建设与投产对国民经济发展的影响，既有可用经济指标直接衡量的效果评价，但还有相当的价值无法用费用——收益类经济指标来进行评价，项目对社会发展的目标的影响所体现的社会效果会有除经济影响之外的多方面的影响。

项目社会效果评价主要是对项目给地区或部门经济发展带来的影响和效果进行的分析与评价。园林产品因其兼具公共产品和法人产品的性质，加之其社会、生态、环境效益非常突出，所以这一评价显得十分必要。对园林项目的社会效益评价主要包括以下几个指标。

$$职工分配指数 = \frac{正常生产年份的职工工资收入 + 福利}{年国民收入净增值} \times 100\%$$

$$企业(部门)分配指数 = \frac{年利润 + 折旧 + 其他收益}{年国民收入净增值} \times 100\%$$

$$国家分配指标 = \frac{年税金 + 折旧 + 保险费}{年国民收入净增值} \times 100\%$$

另有，未分析收入(积累)增值指数，这一指标表示正常生产年份未分配收入增值占项目年度国民收入净增值的比重。

以上四种指标，反映出项目国民收入净增值在社会各阶层和集团机构之间的分配情况，四个指标的总和等于 1。实际评价中，可根据国家或地区经济发展目标，具体判断不同项目或方案各项指标值的优劣，选择可行项目或方案。

12.6.2.2 劳动力就业效果指标

劳动力就业效果是指项目建成后给社会创造的新的就业机会，按照投资结构和劳动力结构，就业效果评价指标主要有总就业效果、直接就业效果和间接就业效果。

$$总就业效果 = \frac{总就业人数}{项目总投资}$$

$$直接就业效果 = \frac{直接就业人数}{项目直接投资}$$

$$间接就业效果 = \frac{间接就业人数}{项目间接投资}$$

评价：投资项目在进行就业效果评价时，若其他条件基本相同，应重视选择就业效果大的项目。

12.7 园林投资项目风险与不确定性评价

前面介绍的投资项目评价大多是建立在已知、确定未来现金流量及投资收益率的基础上。其实，实际投资决策的经济活动常常运用的是对未来的预测数据，现实经济活动中的投资决策风险是客观存在的，人们不可能完全使预测符合未来的情况与结果，当中存在着一定程度的不确定因素。因此，为了提高投资决策的可靠性，使决策风险尽可能被控制，对投资项目的风险和不确定性进行正确的分析与评价就显得十分必要和重要。

12.7.1 风险与不确定性产生的原因

实际经济活动过程中的投资项目经济评价，包括项目的可行性研究等所采用的信息既有过去已经发生过的内容，也有现在正在发生的情况，更多时候是结合过去及现实经验和数据等信息，采用预测、估计的方法来评价拟投资项目。由于未来的情况不可能完全依照过去和现在的情形惯性发展下去，因而对未来项目所做的评价完全有可能与客观实际不相符合，或不完全相符，这就使得工程项目埋下了风险。

一般情况下，项目风险和不确定性产生的原因主要缘于以下几个方面：

一是通货膨胀和物价的变动。人们都知道，货币的价值不是固定不变的，它常随时间的延长而降低。货币价值的降低——将促使物价上涨——加重通货膨胀，这样的循环时有发生。这样物价的变动与通货膨胀，就会直接影响投资项目未来的技术经济效益。这是对投资项目进行评价时必须要加以考虑的因素，否则，就有可能使评价结果与未来的实际产生极大差距而给投资项目的实际运行带来障碍。这是形成项目不确定因素的主要原因。

二是建设资金和工期的变化。对投资项目进行可行性研究和评估的过程中，建设资金的估算与筹措对项目经济效益影响较大。若建设资金估算过低，会造成投资安排不足，解决办法就只能是延长工期，推迟投产时间，增加建设资金和利息。这样，必须造成项目总投资增长，经营成本和各种收益发生变化。建设工期延长，对投资项目的经济效益影响是十分不利的。因为，在计算现金流量时，资金的折现系数逐年的递减。所以，建设资金的估算或工期的变化是投资项目评价时的又一个不确定因素。

三是技术装备和生产工艺变革。对投资项目进行评价时，所采用的技术和工艺路线应该都是比较成熟和先进的，而在项目实施的未来，由于生产力的发展、技术的进步、技术装备和生产工艺的变革等，将使项目评价时的各种设想发生了变化，这也会造成项目的不确定性。

四是生产能力的变化。在投资项目评价过程中，现行《建设项目经济评价方法与参数》是评价工作的重要依据，按其要求计算并设计项目生产能力却有可能与项目实际生产不相符，项目投资后有可能达不到设计生产能力或超过生产能力。如果项目的生产能力达不到预期水平，必须抬升产品的生产成本，使销售收入下降，使与之相关的各种经济效益随之改变而达不到预期效果。这也是项目产生未来不确定性的一个重要原因。

五是国家经济政策及法律法规等的变化。国家的政策，包括法律法规都会随着时代与社会的发展而不断调整和完善，所以，国家、地方、行业的经济政策等会因社会发展的不同时期而发生变化，这是谁也避免不了的客观存在。这些变化，常常是项目可行性研究者和评估者所无法控制和预测的。这些因素的变化，不仅是不确定因素的源泉，而且还可能给项目的建设带来相当的风险。

12.7.2　对风险与不确定性的管理

虽然风险与不确定性对投资项目的评价带来诸多不利的影响，甚至有可能对项目的实际运行造成障碍。但对于期望降低风险与不确定性的管理者而言，也不是无所作为，正所谓"条条道路通罗马"。降低项目风险与不确定性的途径可以从下面几个方面去尝试。

第一，增加信息收集量。很多时候，人们面对不确定性的原因是因为缺乏必要的信息。所以，一般情况下，获取更多的相关信息是有成本支出的，但只要增加信息的边际价值超过其边际成本，决策者或建设者应该是愿意为增加信息而支付一定的成本，去降低风险和不确定性，最大化地谋求收入效益。

第二，投资组合多样化。投资者通过对不同资产进行投资，通常情况下其收益比投资单一资产更具有稳定性。这也是很多投资者利用投资多样化战略来降低经营范围过窄带来的风险。

第三，有效利用金融手段。如在很多情况下可以利用套期保值等来减少商品或金融物品未来价格变化的风险，可使企业在一定程度上得以控制其未来的财务成本，保证其预期未来投资的收益。

第四，保险及其他风险管理方法。购买保险常常是为了避免或降低因火灾、自然灾害、工作场所中发生的突发事故、重要员工的伤病死亡、产品责任和偷盗等而发生的损失。

另外，重视获得经营环境控制的行动可以使某些企业的风险降低。比如，园林花木经营企业，可以建立一个排他性的经销网络；若因原材料的获取带有不确定性，可对供应来源实行后向一体化；使用专利或版权可以保护企业免受直接的竞争；法律也可强化其合法权益等。

再者，企业生产的产品具备专用性还是通用性也需要项目评估时加以权衡。一般说来，产品的专用性越强，越有可能获得超额利润，但一旦这类产品不成功，风险就很大；产品的通用性越强，越有利于投资者对这部分资产进行重新安排，使这部分资产投于其他用途的灵活性就越大。所以，在规划投资时，必须要对这种权衡做出仔细的评价。

12.7.3　风险与不确定性分析方法

项目不确定性是指由于随机原因所引起的项目总体的实际价值和预期价值之间的差异。投资项目的不确定性分析是以计算和分析各种不确定性因素(如产品价格、产量、经营成本、投资费用等)的变化对投资项目经济效益的影响程度为目的一种经济分析方法。这里主要介绍风险与不确定性分析方法中的盈亏平衡分析法、敏感性分析法和决策树法等几种常用的方法。

12.7.3.1　盈亏平衡分析法

盈亏平衡分析又称平衡点(临界点、分界点、保本点、转折点)分析，广泛地应用于预测项目经济效益基本平衡状况的分析评价和投资项目的风险与不确定性分析。

1) 盈亏平衡分析的基本原理

盈亏平衡分析是指通过分析产品产量、成本和盈利之间的关系，找出方案盈利和亏损的产量、单价、成本等方面的临界点，以判断风险与不确定性因素对项目经济效果的影响程度，说明项目实施的风险大小。这一临界点即为盈亏平衡点。

项目投产后，通过盈亏平衡点分析，可以看出盈亏平衡点的高低，主要取决于固定费用、产品价格、单位产品可变费用三个因素。就某一具体项目而言，固定费用越大，盈亏平衡点越高；产品价格与单位产品可变费用之差越大，盈亏平衡点越低。不难看出，从盈亏平衡点的高低，可以判断项目承受生产水平变化的能力，也标志项目投产后的经营水平。

为了便于分析问题，这里仅介绍独立投资项目(方案)的静态、线性盈亏平衡分析方法。

2) 盈亏平衡分析的基本假设

静态、线性盈亏平衡分析方法的假设条件如下:

(1) 用于盈亏平衡分析的数据是投资项目在正常年份内所达到设计生产能力时的数据,这里不考虑资金的时间价值及其他因素。

(2) 产品品种结构稳定,仅按单一产品(多种产品须换算为单一产品)计算。

(3) 假定生产量等于销售量,即产销平衡。

(4) 项目(方案)具有独立性。

(5) 固定成本不变,单位可变成本与生产量成正比变化,销售价格不变。

3) 盈亏平衡分析

盈亏平衡点的确定:图 12-7 中纵坐标表示销售收入与成本费用,横坐标表示产品产量。销售收入线 B 与总成本线 C 的交点称为盈亏平衡点。也就是项目盈利与亏损的临界点。

当盈亏平衡时,盈亏平衡产量:

$$Q^* = \frac{C_f}{P - C_v} \qquad (12\text{-}37)$$

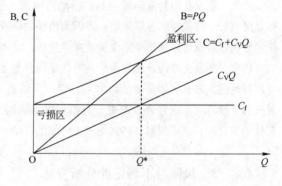

图 12-7　盈亏平衡分析图

式中　Q^*——盈亏平衡产量;

　　　C_f——盈亏平衡时的固定成本;

　　　P——单位产品价格;

　　　C_v——单位产品变动成本。

考虑税金的盈亏平衡产量:

$$Q^* = \frac{C_f}{P(1-r) - C_v} \qquad (12\text{-}38)$$

式中　r——产品销售税率;

其他字母与式(12-38)同。

4) 盈亏平衡分析法的优缺点

(1) 用盈亏平衡分析法对高度敏感的因素进行粗略分析,有助于确定项目的各项经济指标,了解项目可能承担风险的程度;

(2) 有助于确定项目的合理生产规模和对生产能力不同、工艺流程不同的方案进行优选;

(3) 要求项目建立在产销平衡基础上,产品无积压;

(4) 计算结果精度不高,适宜用于项目的短期分析。

12.7.3.2　敏感性分析法

1) 敏感分析法基本原理

盈亏平衡分析是通过盈亏平衡点来分析不确定性因素对项目经济效益的影响程度。敏感性分析,又称为敏感度分析，是分析各种不确定性因素变化一定幅度时(或变化到某种程度)，对项目经济效益的影响程度，把风险与不确定因素当中对项目经济效益的影响程度较大的因素，称为敏感性因素。敏感性分析法是从诸多不确定性因素中，找出对项目经济效益指标反映敏感的因素以及不敏感性因素，并计算这些因素在一定范围内变化时，与相应经济效益指标变动数量所建立的——对应的定量关系的方法。从这一定义中不难看出，及时把握敏感性因素，并依据敏感性因素变化的可能性以及测算的误差去分析方案的风险大小，这是投资者必须要及时认识和把握的内容

敏感性分析法是建立在项目相关因素中其他因素不变，每次只变动一个因素，分析这一因素的变动对项目经济生命力的影响程度，从中寻找出关键性敏感因素。不同方案间的比选，变化不敏感的方案优于变化敏感的方案。

2) 敏感分析法的基本程序

(1) 确定分析指标

敏感性分析指标包括项目的经济评价指标，如投资回收期，净现值和内部收益率等，但各指标都有特定的意义。如对投资回收期进行敏感性分析，可了解贷款和资金短缺对投资效益的影响。

由于不同的项目其深度与要求均可能不同，进行敏感性分析时可依据具体情况，与经济评价指标一致的前提下，选择 1~2 个指标予以分析即可。

(2) 设立不确定因素

影响项目经济效益的不确定性因素很多，在进行敏感性分析时，可依据项目的特点，分析出几个将来可能变化较大、对经济评价结果影响较大的因素。

(3) 计算分析

假设每次只变动一个不确定因素，其他因素不变，且每个不确定性因素变动的几率均相等。将选定的不确定性因素进行逐一变动，固定其他不确定性因素，并计算出此时的分析指标数值，制作出敏感性分析表和敏感性分析图。

(4) 找出敏感性因素

通过上述敏感性分析表和敏感性分析图，找出对项目经济效益影响最大的敏感性因素。

判别敏感性因素的方法主要有相对测定法(变动幅度测定法)、绝对值测定法(悲观值测定法)和临界值测定法。

(5) 综合评价，优选方案

根据确定性分析和敏感性分析的结果，综合评价方案，并选择出最优方案。

敏感性分析法的在一定程度上就各种不确定因素的变动对项目经济效益的影响作了定量描述，但因敏感性分析未考虑各种不确定因素在未来发生变动的概率，这可能会影响分析结论的准确性。

12.7.3.3　风险决策分析法

风险决策分析法是对一些不确定性因素可能带来的风险进行定量分析的一种方法，又称为概率分析法。

风险决策分析法与敏感性分析的主要区别在于，前者分析的不确定性因素的各种状态的概率可

以估计出来，后者分析的不确定性因素的各种状态的概率是未知的。

风险决策分析法的基本步骤：

第一，在项目方案中，选择一个或两个风险（不确定性）因素；

第二，估算风险因素的概率分布；

第三，依据概率分布，计算风险因素的期望值及项目方案经济效益指标的期望值。其计算公式：

$$\overline{E} = \sum_{j=1}^{n} X_j P(X_j) \tag{12-39}$$

式中　$\overline{E}$——变量 X 的期望值；

　　X_j——第 j 个状态下的风险因素的值；

　$P(X_j)$——风险因素出现第 j 个状态时的概率；

　　j——1，2，3，…，n。

第四，依据期望值，计算标准偏差和相对标准偏差。

标准偏差计算公式：

$$\partial = \sqrt{\sum (X_j - \overline{E})^2 P(X_j)} \tag{12-40}$$

相对标准偏差（标准偏差率）$= \dfrac{\partial}{\overline{E}}$

第五，对计算结果进行经济评价。

进行项目方案评价时，标准差小，项目风险小，反之风险大。当项目期望值相同时，偏差最小的方案最优；偏差相同时，期望值大的方案更优；当期望值分析与标准偏差分析发生矛盾时，应依具体情况而定。

12.7.3.4　博弈分析方法

博弈论最先是由美国经济学家冯·诺依曼在 1937 年提出，他与经济学家奥斯卡·摩根斯特恩于 1944 年合著的《博弈论与经济行为》被公认为是博弈论诞生的标志，是关于纯粹竞争的理论。之后，纳什证明了在这一类的竞争中，在很广泛的条件下是有稳定解存在的，只要是参与者的行为确定下来，竞争者就可以选择出最佳的策略。博弈论又称对策论，是使用严谨的数学模型研究冲突对抗条件下最优决策问题的理论。20 世纪 90 年代以来，博弈论已逐渐成为研究经济问题的重要方法之一。

博弈的"博"字是竞争的意思，"弈"是对弈，是一种关于在竞争中选择策略，争取最好结果的技艺。博弈论可定义为：一些个人、一些团队或其他组织，面对一定的环境条件，在一定的规则约束下，依靠所掌握的信息，同时或先后、一次或多次从各自允许选择的行为或策略进行选择并加以实施，并从中各自取得相应结果或收益的过程。

博弈论还要有三个基本假设：参与人是理性的；他们有这些理性的共同知识；知道博弈规则。首先，对每件事都有自己的偏好，总会选择能够最好地满足自己偏好的行动。其次，还要明白出牌的规则，关公战秦琼，形不成牌局。还有参与牌局的人必须都得想赢，方能形成搏杀，一团和气或争着输，这牌就不用打了，博弈也就不存在。

1950 年和 1951 年纳什的两篇关于非合作博弈论的重要论文，不仅证明了非合作博弈及均衡解，也证明了均衡解的存在性，这就是著名的非合作博弈论的纳什均衡。

纳什均衡可以描述为：如果一个博弈存在一个战略组合，任何参与人要改变这一战略组合都可能导致降低自身的效用水平(或只能保持原有的效用水平)，因而任何参与人都没有积极去改变这一战略组合，这一战略组合称为该博弈的纳什均衡。纳什均衡揭示了博弈均衡与经济均衡的内在联系。纳什的研究奠定了现代非合作博弈论的基石，后来的博弈论研究基本上都沿着这条主线展开。

现代社会化大生产背景下，社会分工越来越细，市场中的企业之间存在着明显的相互影响与相互依赖，因此他们之间常常会设法事先准确地掌握竞争对手的行动、反应和对反应行动的反应，才能选择并制定最优的战略。现代博弈理论正是为此目的而创建。

战略博弈一般指有目的的个人或有共同目标的组织在相互影响和依赖的条件下选择对自己有利的行动。战略博弈很早就是人类实践活动的一部分，对战略博弈的早期研究包括投票博弈、议价博弈和防守博弈等。

1) 常见博弈类型

(1) 合作博弈和非合作博弈

这两种博弈的区别主要在于参与者之间的博弈行为相互作用时，他们能否达成一个具有约束力的协议，如果有，就是合作博弈，如果没有，就是非合作博弈。合作博弈强调的是团体理性、效率、公正和诚信；非合作博弈强调的是个人理性、个人最优决策，其结果可能是有效率的，也可能是无效率的。田忌赛马是一个经典的博弈模型。在这个博弈中，田忌按照孙膑的建议，以自己的下马对对方的上马、中马对下马、上马对中马，从而优化了资源配置，赢得了比赛。如果到此为止，那就是一个非合作博弈。如果双方事前约定，只能以上马对上马、中马对中马、下马对下马，那就是合作博弈。在这个约定下，田忌必输无疑。

(2) 重复博弈和非重复博弈

非重复博弈就是一锤子买卖，博弈结束双方各自走人，从此天涯不相识。重复博弈则具有连续性的特点，同一博弈可以重复进行下去。非重复博弈由于是一次性的，所以容易出现欺诈等道德问题，而重复博弈由于是连续性的，所以道德和规则的约束力较强，参与者不仅要追求一次博弈的目标最大化，而且要追求多次博弈平均目标的最大化，这就会迫使参与者高度重视信誉，并由对抗走向合作。

(3) 零和博弈和非零和博弈

零和博弈的特点是博弈双方的成本和所得会相互换位，也就是说，你的所失正是我的所得，反之也一样。不具有这个特征的博弈就是非零和的。实际生活中，这样的例子比比皆是。例如，我们到商店去买东西，买卖双方就形成了一个零和博弈对局，交易的结果我失去了钱，对方失去了东西，钱和物调换了所有者的位置。

(4) 静态博弈和动态博弈

参与双方同时决策或同时行动的，叫静态博弈，决策或行动有先后顺序的叫动态博弈。显然，有没有先后顺序，博弈结果和采取的策略是不同的。

(5) 完全信息博弈和不完全信息博弈

信息就是知识，但不是指一般的知识，而是指决策目标和决策对象有关的特定信息，是参与人有关博弈的知识。按博弈双方拥有的程度分为：

完全信息，博弈双方对产生博弈的事情的知识都是共同知识；

对称信息，博弈双方有关信息的掌握程度是相等的；

不对称信息，博弈双方对实现某一个目标所掌握的信息及采取的策略掌握的程度不同，信息在双方之间的分布是不均匀、不对称的。

2) 博弈的经典模型

(1) 囚徒困境

囚徒困境的故事是说，两个罪犯犯罪后被抓，分别关押，不能见面，警察审问时分别对他们说，坦白吧，坦白你会被释放走，你不坦白另一个人坦白了，你将被判 10 年。实际两个囚徒面临的情况是：一个坦白，另一个不坦白，坦白的将被释放，不坦白的会判 10 年；如果两个人都坦白，各判 5 年；两个人都不坦白，都被释放。根据理性人的假设，甲乙两个罪犯都会寻找自己的最优目标，那就是自己被释放。如果两个人都不坦白，都会被释放，但甲会想：如果我不坦白，乙坦白了，他会被释放，我要判 10 年。我坦白了，不管乙是否坦白，我最多判 5 年，也有可能乙不坦白，我被释放。罪犯乙其实也这么想。结果他们都坦白了，分别判 5 年。在坦白这一点上形成策略均衡，实现了目标最大化。囚徒困境的情况在生活中很常见，比如交通拥挤，大家互不相让，结果都走不快，礼让时虽然有先有后，都走得快。两国争端，也是这样。实际上囚徒困境这个模型揭示了合作与竞争(或叫对抗)的关系道理，从我们的工作生活到人类社会发展，都有指导意义。

(2) 智猪博弈

有两头猪生活在同一猪舍里，一头大猪，一头小猪，共用一个长食槽。食槽的一头有一个开关，猪用嘴一拱，食槽的另一端会掉下包子，假定按一下会掉十个包子，而跑去按开关的猪会耗费两个包子的能量。如果小猪按开关，大猪先吃，等小猪按完跑过来时，大猪会吃掉 9 个包子，小猪只能吃到 1 个；如果大猪按开关，按完后跑过来，小猪会吃掉 4 个包子，大猪可以吃到 6 个。如果都不去按开关，就会被一起饿死。这个模型的最优策略组合只有一个答案：在任何情况下，都要大猪按开关，小猪等待。因为这样，大猪会吃到 6 个包子，减掉耗费掉的 2 个，剩 4 个，与小猪一样。但让小猪按开关，它只能吃到 1 个包子，减掉耗费的 2 个，亏一个。智慧型的猪不会干赔本的买卖。但如果大猪也不动，只能双双饿死。

从智猪博弈的模型我们会看到能力与社会责任的问题，能力强必然要承担更多的社会责任，以强带弱，以富帮贫，否则只能都受穷，一起走向衰退，甚至死亡。

"智猪博弈"是博弈论中的又一经典例子。"智猪博弈"表明在某种限制之下，"共同生存"这一策略符合所有企业的利益，每个企业都应该仔细考虑用什么东西来构筑市场中理性的限制。

小企业的市场博弈策略：①等待，允许市场上占主导地位的品牌开拓本行业所有产品的市场需求，将自己的品牌定位在较低价格上，以享受主导品牌的强大广告所带来的市场机会；②不要贪婪，只要主导品牌认为弱小企业不会对自己形成威胁，它就会不断创造市场需求，因此小企业可以将自己定位在一个引不起主导品牌兴趣的较小的细分市场，以限制自己对主导品牌的威胁。

大企业的市场博弈策略：①接受小企业，作为主导品牌，加强广告宣传，创造和开拓对行业所有产品包括自己品牌的产品的市场需求才是真正的利益所在，不要采取降价这种浪费资源的做法与小企业竞争，除非它对本企业形成了真正的威胁，因为正是小企业采取的低价格阻止了潜在进入者的涌入；②对威胁的限制要清楚，如果小企业发展壮大到了构成威胁的程度，大企业就应该迅速做出进攻性的反应，并且让小企业清楚地知道它们在什么样的规模水平之下才是可以被容忍的，否则就会招致大企业强有力的回击。

(3) 情侣博弈

假定，一对热恋中的情侣，每周末见一次，必须见，否则活不下去。男的喜欢看足球，女的喜欢看电影。见面后，面临选择，看足球还是电影？热恋中的情侣因为爱，会牺牲自己的爱好，去满足对方。如果去看足球，男的满足程度是四个单位，女的满足程度是两个单位；去看电影，女的满足程度是四个单位，男的满足程度是两个单位。在这个博弈中，有三个变量非常重要。一个变量是顺序，就是谁先提出来，比如男的先提出来，女方尽管更愿意看电影，但是男方已经提出来了，她不愿意违背他，只好同意，结果他们就去看足球。相反的情况也是一样。第二个是一次博弈还是多次博弈。如果是多次博弈，双方就会大体上形成一种默契，这一周看电影，下一周看足球。第三个取决于感情的深度。处于依赖程度比较高的一方，对对方更加顺从照顾一些。一般而言，情侣之间的博弈是一个动态过程，因为恋爱就是双方之间较长时期磨合、了解的过程。如果我们假定情侣博弈是一个动态博弈，而且总是男的先决策，女的后决策，那么就会出现一种非常有趣的决策情景。就女方来说，无论男的是选择足球，还是选择电影，她的决策均为四个：一个是追随决策，就是男的选什么，她就选什么；二是对抗策略，就是男的选什么，她偏不选什么；三是偏好策略，就是无论男的选什么，她都选电影，因为这是她的偏好；四是成全策略，就是无论男的选什么，她都选足球，因为足球是男的偏好，她宁可牺牲自己的偏好，而成全男方。情侣博弈在现实生活中到处都存在，它让我们思考如何去关心别人、理解别人，处理好人际关系。

(4) 斗鸡博弈

在西方，鸡是胆小的象征，斗鸡博弈指在竞争关系中，谁的胆小，谁先失败。现在假设，有两个人要过一条独木桥，这条桥一次只能过一个人，两个人同时相向而进，在河中间碰上了。这个博弈的第一种就是如果两个人继续前进，双方都会掉水里去，双方不丢面子，这是一种组合。第二种是，双方都退下来，双方也都丢面子，但是都掉不到水里去。第三种结果，甲方退下来，丢面子，乙过去。第四种结果，乙退下来，丢面子，甲顺利通过。在这四种结果中，第一种是两败俱伤；三、四两种是一胜一败，第二种是两败不伤，这就是斗鸡博弈。在这个模型中，最优策略有两个，就是第三、第四两种选择，即甲退下来乙先过去，或者乙退下来甲先过去。因为这两种选择对整个社会来说效益最大，损失最小。两虎相争勇者胜，如何处理竞争中的两虎关系呢？一般有四种办法：第一种是谈判，双方约定一个条件，其中一个先退下来。第二种是制度，建立一种制度，规定从南到北的先退，或者从北到南的先退，或者后上桥的先退。第三种是时间，双方僵持一段时间，谁先吃不住劲谁先退。第四种是妥协，妥协不一定是最优策略，但是至少可以保证取得次优结果。在工作生活中乃至处理国际关系时，得饶人处且饶人，退一步海阔天空，都是从斗鸡博弈可以总结出的道理。

(5) 威慑博弈

威慑博弈的完整名称是进入威慑博弈，是研究参与者想进入某领域，而与该领域已有竞争者发生竞争的博弈模型。假定有两个参与人，一个想进入某行业，称之为进入者，另一个已在同一行业占有一席之地，称之为先入者。对进入者来讲，不管先入者是否设置壁垒，其最优目标都是进入。而对先入者来讲，要设置壁垒，必须付出巨大成本，否则不如默许。进入威慑模型的启示是，要做一件事情，必须确定一个可行的目标，不怕困难，全力以赴向目标努力，目标就会实现。另外，不是所有的威慑都没有用处，付出巨大成本的威慑是起作用的，要想使威慑起作用，也必须付出巨大成本。同时，进入威慑博弈也提出了一个问题，就是威胁和承诺的可信度问题，威胁实际也是一种承诺。威胁和承诺是否可行，取决于其成本的大小，取决于其成本和收益的比较。一般而言，成本巨大的，或者成本高于收益的威胁和承诺，可信度就比较高，反之则低。有些制度见效甚微，就是因为惩罚力度太小，使得违规者的违规收益高于违规成本。

(6) 选址博弈

人类离不开选择，选择的内容和方式多种多样。对企业来讲，选择地址是成功经营的基础，选址博弈就是针对这个问题出现的。两家超市要在同一条街道上选址，假设这是一条南北向的街道，街道上居民分布均匀，如果甲企业选在北头四分之一处，乙企业选在中间，乙就会把北面的部分居民吸引过来，乙占有的市场份额可能就会大于甲企业(暂忽略其他因素)，反之亦然。最终两家企业就会都选择在街道居中位置建店。两党竞选，开始时针锋相对，动用各种手段，包括人身攻击，政治主张也相去甚远，但到后期冲刺阶段，虽然竞选方式差别越来越大，但政治主张已相互包含很多，这也是选址博弈。选址博弈要求我们在决策时要尊重竞争对手的意见。

(7) 蛋糕分配博弈

分配是人类经济社会的基础行为。假定有一个蛋糕，由甲乙两人分开享用，怎么分配更为合理呢？有几种方式：第一种是自我分配，一拥而上，谁抢得多算谁；第二种是找一个相对公平、公正、大家信任的人来分；第三种是轮流执刀。而蛋糕分配博弈是规定切蛋糕者后拿。蛋糕分配博弈表明，合理的规则比任何严谨的做法都重要。

(8) 拍卖博弈

拍卖博弈是指拍卖时竞争者喊价，结束后，第一名和第二名都要付出两者喊价之和的代价，第一名拿走拍品，第二名什么也得不到。最后结果可能是一不做二不休，使拍卖价格越来越高，远远超出竞拍者的承受能力。拍卖博弈引申出一个理论叫光滑斜坡陷阱理论，在竞争中，目标不断下滑，开始是一个理性的竞争行为，后来就成了争胜斗气，两败俱伤。这对我们在社会中参与各种竞争是一个警示。

3) 不确定性园林项目决策中的博弈分析

园林项目投资者在对不确定性项目进行决策时，虽然已知市场(或竞争对手)可能出现几种状态，但并不知道哪种状态将来会实现，也不知道每种状态出现的概率。这时，可把投资决策者和"市场"(或竞争对手)视为博弈的双方，市场(或竞争对手)未来可能出现的状态对投资决策者不同决策的经济效益产生直接影响。这种不确定性项目投资决策完全符合策略博弈的思维特点。

决策者在面对未来不确定性市场(或竞争对手)状况进行决策时，其目标选择是追求收益最大化。这时，决策者是在不知道博弈的另一方——"市场"(或竞争对手)将出现何种状态来进行决策的。针对投资决策者对风险的态度，可能会有两种决策结果出现。

如果决策者是一个恶风险者，他将作出最坏的打算，以求得最好的结果。首先，决策者在市场(或竞争对手)可能作出的每种决策中(市场或竞争对手出现的不同状态)，找出自己在不同对手状态下可获得的最少收益的策略，再从这些最小收益策略中选出最大收益策略，这也被称之为"最小最大原则"。这一博弈思维的合理性在于无论对手采取什么策略，决策者都至少得到这个最小收益中的最大收益，即一种"稳妥策略"。

如果决策者是一个好风险者，可能会循着"最大最大原则"进行决策，其前提是要承担较大的风险。

推荐参考书目

[1] 贾春霖，李晨编著. 技术经济学. 长沙：中南大学出版社. 2004.

[2] 吴添祖等主编. 技术经济学. 北京：清华大学出版社. 2004.

[3] 高岚主编. 林业经济管理学. 北京：中国林业出版社. 2006.

复习思考题

1. 简述技术、经济的含义以及两者之间的关系。

2. 试述园林效益的特点与主要内容。

3. 分别简述园林效益、园林经济效益和园林技术经济效益的评价指标或指标体系的基本含义与内容。

4. 园林建设中的生态效益分析指标主要有哪些？如何计算？

5. 什么是资金的时间价值、资金等值、折现(贴现)？如何计算资金的时间价值？

6. 简述投资回收期、附加投资回收期、净现值、净现值指数、内部收益率的含义及其各自代表的经济意义。

7. 试述净现值法、内部收益率法的计算步骤。

8. 如何用投资回收期法、净现值法和内部收益率法评价园林技术方案的优劣？

9. 计算题

(1) 某人预计 5 年后需要一笔 5 万元的资金，现在市场上正在发售期限为 5 年期某债券，年利率

10%，一年计息两次，试计算他现在应该购买多少债券，才能保证5年后获得5万元的资金。

（2）某园林工程项目投资120万元，一年建成，产品经济寿命周期为5年，交付使用后每年开支为50万元，销售收入为80万元，基准收益率为10%，请分别用净现值法和内部收益率法分析该项目是否可行。

（3）某投资者于1997年4月20日以发行价格购入面值为100元的债券，该债券5年到期的本利和为150元。该投资者欲于2001年10月20日以年贴现率12%提前取款。问：该投资者的实际年收益率为多少？（单利计算）

（4）某项目有三种费用支付方式：第一种支付方式是8年内每年支付10万元；第二种支付方式是第1年支付15万元，以后7年每年减少1.5万元；第三种支付方式是第1年支付5万元，以后7年每年增加1.5万元。问哪种支付方式合算？（年利率为10%）

（5）某项目第1年和第2年各有固定资产投资400万元，第2年投入流动资金300万元并当年投产，每年有销售收入580万元，生产总成本350万元，折旧费70万元，项目寿命期共10年，期末有固定资产残值50万元，并回收全部流动资金。①请计算各年净现金流量，并作现金流量图。②请计算该项目的静态投资回收期（包括建设期）。

（6）某园林企业拟投资建设一项目，现有个方案可供选择，具体资料见表12-12。

某项目投资、年收益与概率表　　　　　　　　　　　表 12-12

项目		A 方案	B 方案	概率(%)
投资额(万元)		400	150	
经济寿命期(年)		10	10	
年收益(万元)	销路好	150	70	0.7
	销路一般	80	35	0.1
	销路差	−10	10	0.2

另知，寿命期末固定资产残值A方案为55万元，B为23万元。

试问：该项目应选哪个方案才可获得较大的现值收益（贴现率8%）？

案例分析

已知某园林建设项目，有三个方案（投资基础资料见表12-13）进行比选，试用投资回收期期望值及标准偏差进行方案评价。

某园林建设项目基础资料　　　　　　　　　　　表 12-13

序号	项目指标	方案 A	方案 B	方案
1	投资额(万元)	80	90	110
	概率%	30	40	30
2	年净现金(万元)	13	15	16
	概率	25	50	25

解：依据期望值、标准偏差和相对标准偏差计算公式，可分别求出投资额和年净现金的期望值、标准偏差和相对标准偏差（表 12-14）。

某园林建设项目有关投资、净现金收益的期望值　　　　　　　　表 12-14

序号	项目指标	期望值(万元)	标准偏差	相对标准偏差
	(1)	(2)	(3)	(4)=(3)÷(2)
1	投资额	$80\times0.3+90\times0.4+100\times0.3=90$	±7.75	±8.6
2	年净现金	$13\times0.25+15\times0.5+16\times0.25=14.75$	±1.09	±7.4

$$投资回收期期望值=\frac{90}{14.75}=6.1(年)$$

$$投资回收期相对标准偏差=\sqrt{(投资额相对标准偏差)^2+(年净现金相对标准偏差)^2}$$

$$投资回收期相对标准偏差=\sqrt{(8.6\%)^2+(7.4\%)^2}=11.3\%$$

换算成以年为单位的相对标准偏差：$6.1\ 年\times11.3\%=\pm0.69\ 年$

评价：该项目投资回收期在 5.4 年～6.8 年之间变动，投资回收期的最大可能为 6.1 年。

第 13 章　价值工程在园林中的应用

学习要点

掌握价值工程的基本概念和基本原理以及价值工程工作的基本程序和关键环节；

理解价值工程在园林管理中不同项目及阶段的应用；

了解价值工程在园林行业应用的发展和提高园林产品价值的途径。

价值工程(VE)，1947 年前后起源于美国，它的创立者是美国人 L. D. 麦尔斯(Miles)。经过几十年的发展，现在已经是一门已为世界发达国家广泛采用、经济效益显著的现代化管理技术。它把技术与经济、用户要求与企业利益结合起来，以功能分析为核心，进行定性与定量分析，寻求功能与成本的合理匹配，以最少的寿命周期成本，可靠地实现必要的功能，从而最大限度地提高集体智力资源、财力和物力资源的有效利用，增强企业的竞争能力和应变能力。这一科学的、行之有效的管理技术，对于提高园林绿化企业的技术水平、生产和管理水平都具有重要的促进作用，已经成为园林绿化企业一种有效降低成本的方法。

13.1 价值工程的基本原理

13.1.1 价值工程的涵义

要理解价值工程这个概念，我们不妨先从日常生活中的一些事例说起。例如，当我们欲购买一台彩色电视机时，我们会同时考察其功能、质量和售价。就一般消费者而言，38 英寸以上的进口名牌平板彩电质量、功能都很好，但售价太贵，价值不合适，不能购买。而国产 14 英寸的彩电，由于产品设计过时，功能较少，质量一般，虽然价格很便宜，但价值不足，也少有人购买。对于 25 英寸、29 英寸、34 英寸的平板彩电，功能完善，质量较好，声音、图象、颜色都较满意，还可接有线电视和数字电视，而且价格适中就成为消费者购买的主流。其中有人购买进口名牌彩电，看中的是功能和质量，价格就高些；有人购买国产彩电，满足了视听的基本要求，享受到优惠的价格和较好的售后服务。对产品需求的不同、产品所具有的功能就不同，购买的群体就不同。园林绿化产品与彩电一样，都存在质量和价格的关系，这二者就构成了产品的价值，用公式可以表示为：

$$V = F / C \tag{13-1}$$

式中　V——价值；

　　　F——功能；

　　　C——成本。

从式(14-1)可以看出，提高产品价值有五种途径：功能不变，降低成本；成本不变，提高功能；功能提高，成本降低；成本略有提高，功能有更大的提高；功能略有下降，成本有更大的下降。

如：VE 对象原有的必要功能不足，通过 VE 使 $F\uparrow$，虽然生产费用中的某些费用可能随之上升，但其他费用可能下降，同时使用费也可能相应下降，结果寿命周期费用仍保持不变，最终导致价值提高（ $F\uparrow /C\rightarrow = V\uparrow$ ）。

如：VE 对象原来存在不必要功能，通过消除不必要的功能，虽然 VE 对象的必要功能保持不变，但成本可以降低，从而使 $V\uparrow$ 。又如 VE 对象的原有功能未变，但通过减少某些费用使 $C\downarrow$ ，也可出现 $F\rightarrow /C\downarrow$ 从而使 $V\uparrow$（ $F\rightarrow /C\downarrow = V\uparrow$ ）。

如：VE 对象原有功能和成本与用户的要求差距较大，通过补充必要功能去除不必要功能，降低多余成本，就可能做到 $F\uparrow /C\downarrow = V\uparrow$ 。与此同时，如果在 VE 活动中采用新技术、新结构、新工艺、新材料，也往往能使产品达到功能提高、成本降低、价值上升的良好效果（ $F\uparrow /C\downarrow = V\uparrow$ ）。

如：随客观情况的变化，用户对 VE 对象的功能要求提高，为了弥补功能不足，适当提高了成本，但由于消除不必要功能或采取其他降低成本的措施，而使寿命周期费用的增长幅度低于功能提高的幅度，则对象的价值仍能提高，从而出现 $F\uparrow\uparrow /C\uparrow = V\uparrow$ 的情况（ $F\uparrow\uparrow /C\uparrow = V\uparrow$ ）。

如：某些产品若降低某些功能或性能指标，可带来成本大幅度下降，当用户认为功能的降低不妨碍使用时，也会因为其价格低廉而认为价值提高（ $F\downarrow /C\downarrow\downarrow = V\uparrow$ ）。

综上所述，价值工程就是旨在提高产品价值的科学方法，其具代表的定义为：价值工程指的是以最低的寿命周期费用、可靠地实现产品或作业的必要功能、着重于功能分析的有组织的创造性活动。

也可以认为，价值工程是一种将技术和经济结合起来，应用集体智慧和有组织的活动，通过对产品或其他 VE 对象进行功能成本分析，力图用最低的寿命周期费用，实现必要的功能，借以提高产品或服务价值的技术经济方法。

认识价值工程的含义可从以下三方面的内容来理解：

第一，价值工程的目的是提高产品或其他 VE 对象的价值，即用最低的寿命周期费用，实现必要的功能，使用户和企业都得到最大的经济效益。

第二，价值工程的核心方法是功能成本分析，或称功能分析。即按照用户的需要，对 VE 对象的功能与成本进行综合的定量与定性分析。

第三，价值工程是一种依靠集体智慧所进行的有领导，有组织的系统活动。

下面我们对价值工程定义中使用的几个概念做进一步的讨论。

13.1.2　几个有关基本概念

13.1.2.1　寿命周期费用

任何产品都和人一样，也有它的寿命周期。产品从研制、生产、使用、维修、直到最后不能再修、再用，报废为止，称之为自然寿命周期。

但是很多产品，特别是生产设备，都不是按自然寿命周期加以使用的。随着技术进步和经济发展的需要，许多设备都是由于性能已经落后，经济效果不好而被停止使用，或者转让或者报废。例如某些设备虽然尚能运转使用，但从经济效果来看，其加工质量、生产效率或材料、能源消耗等已远远落后于新型设备，因而就有必要在生产中停止使用。这种寿命周期可称之为产品的经济寿命周期。

通常所说的产品寿命周期，实际上指的是经济寿命周期，而自然寿命周期则可看成是经济寿命周期的一种特例。基于这种认识，我们可以把产品的经济寿命周期解释为"从用户对某种产品提出需要开始，到用户满足需要位置的整个时期"。

什么是产品的寿命周期费用？产品的寿命周期费用是用户购买和使用产品，直到满足某种需要为止，在整个寿命周期内所花费的全部费用。

用户为了购买产品，需要按照产品的价格支付购置费。它包括产品的科研、试验、设计、试制及生产制造费用，如表 13-1 所示，这些费用总称为生产费用（C_1）；用户为了消费使用产品还需要支付某些使用费用如维修费用、能源消耗、人工费用、管理费用以及报废拆除费用等等（扣除残值后的净值），这些费用总称为使用费用（C_2）。产品的寿命周期费用（C）等于生产费用与使用费用之和。

$$C = C_1 + C_2 \qquad\qquad (13\text{-}2)$$

寿命周期费用构成表　　　　　　　　　　　　　　　表 13-1

	产品寿命周期			
提出需要	设计开发	生产制造	消费使用	满足需要
	生产费用 C_1		使用费用 C_2	
	产品寿命周期费用 C			

为什么要研究产品的寿命周期费用？

首先，产品寿命周期费用是一个客观存在的不容忽视的经济概念，是衡量和计算产品经济效果所必需的概念。在实际生活中，许多生产资料的使用费用都大于生产费用。所以计算产品的寿命周期费用是十分必要的。

其次，降低产品寿命周期费用反映着社会劳动的节约，它既是用户的要求，也符合企业的根本利益，它是价值工程目标的一个重要侧面。

产品寿命周期费用与产品性能的关系，一般说来在一定的技术经济条件下，随着产品性能的提高，生产费用上升，使用费用下降，而寿命周期费用则呈马鞍形变化。

寿命周期费用有一个最低点，产品性能则相应有一个最适宜水平。性能过高虽然使用费用较低，但生产费用太大，因而寿命周期费用也偏高。反之，性能过低虽然生产费用太大，寿命周期费用也偏高。许多优质产品的可靠性好，生产费用较高，但维修费用低。又如自动化程度高的设备人工耗费少，可以降低使用费用，但生产费用则较高。因此，如何恰当选择设备的自动化程度，从而使寿命周期费用最低是一项重要的技术经济决策。

13.1.2.2　可靠实现必要功能

必要功能是产品所应具有的必不可少的功能，也是用户所要求的基本功能。这部分功能，产品必须要充分可靠地实现，否则便不能称其为合格产品。例如，园林绿地就是具有绿化和美化及景观艺术功能，若没有美化和景观艺术效果，那就是自然森林了。

必要功能包括两个方面：

用户所要求的功能，这无疑是必要的功能；

设计人员为实现用户要求而在设计上附加的功能，有些在一定的条件下是不可缺少的，因而也是必要的功能。

价值工程要求向用户提供必要的功能，这是因为在产品或其他 VE 对象中，往往存在着以下问题：一是存在不必要功能；二是缺少必要功能。

价值工程定义提出的"向用户提供必要功能"的目的，就在于消除不必要功能，补足必要的功能，满足用户的功能要求。

13.1.2.3　功能成本分析

价值工程的目的在于提高产品或其他对象的价值，而提高价值的手段则在于对产品或其他对象进行功能成本分析。它的内容包括功能定义、功能分类、功能整理和功能评价。它从提高产品价值的目标出发，通过给功能下定义，准确掌握用户的功能要求。通过功能整理，画出功能系统图，明确功能之间的联系。通过功能评价，寻找实现必要功能的最低费用，为方案创造提供目标成本，选择出最佳方案。经过以上步骤，在应用价值工程进行功能分析时就能分清产品的基本功能和辅助功能，找出必要功能和不必要功能，并搞清楚各功能之间的关系，找出解决办法，达到降低成本的效果。

13.1.2.4　有组织的活动

价值工程是一项有组织的活动，它强调依靠集体智慧开展有组织、有领导的系统活动，它的特点就是其群众性和广泛性。提高产品价值是一种系统工程，它涉及企业生产经营的各个方面，需要运用多种学科的知识与经验，依靠各方面专家与有经验的职工，进行有组织的活动才能获得成功。

13.1.3　应用价值工程的意义

价值工程是一种既能提高产品功能，又能降低产品成本的管理技术，对于涉及产品和费用的领域，价值工程的应用都有重要的意义。

第一，应用价值工程提高经济效益，促进企业管理。我国大多数园林企业在其原来的生产技术与管理水平的基础上，要不断提高经济效益的难度很大，运用价值工程则是改变企业技术落后和经营管理落后的一种重要手段。价值工程能帮助我们进行产品定位时，在保证产品必要功能基础上，抛弃产品不必要的功能，使产品的成本最底。

第二，运用价值工程推动企业技术经济工作。技术与经济是既有区别、又有联系的统一体。价值工程强调要对产品的技术方案进行经济效益的评价，既考虑技术上的先进性和生产上的可行性，又要考虑经济上的合理性和现实性，从而避免由片面性带来的不良后果。

第三，价值工程为企业经营和发展决策提供依据。价值工程坚持用户第一的指导思想，通过市场调查，随时掌握市场动态，不断开发新产品，改进老方案，寻求以最低的总成本来满足用户对产品功能的需求，使自己的绿化产品适销对路，占领最大市场份额，取得最佳经济效益。这样，都为企业做出正确的经营决策和寻求良好的发展方向打下了基础。

13.1.4 价值工程的基本假设与基本思想

价值工程是以最低的费用，向用户提供最基本的必需功能。这是麦尔斯《价值分析》的思想核心，它不仅从理论上科学地揭示了"功能"与"费用"之间所存在的普遍关系，而且也为价值工程的理论与方法研究奠定了科学而坚实的思想基础。

13.1.4.1 价值工程的基本假设

1）产品的现实状态并不是最完美的

任何产品的现实功能不可能是最完美的，随着科学技术的发展和人类社会的进步，其功能中的缺陷将会被人们逐渐认识并要求逐步得到满足；任何产品的成本费用也不可能是最低的，而都是相对和暂时的。由于用户需求的提升和变化，科技的进步和社会的发展，任何产品包括园林绿化产品若不随着外界的变化而采取相应对策，就会与客观实际的进程相悖，而被市场所淘汰。

2）产品存在的不足是可以找出并进行评价的

企业生产的所有产品都会存在不足，若我们下功夫找出来，加以分析、判断，最终才能达到消除不足、进行改造和创新的目的。

3）任何方案都是可以构造、改进和创造的

当企业对所生产的产品存在的不足有了清楚的了解、判断之后，如何构建新的产品方案就成为主要问题。构思新方案必须从产品功能系统入手，进行功能创新，包括功能、载体的创新以及对如何实现的方法和手段的创新，同时要考虑其创新产品的成本，即基于技术上先进、经济上合理、生产上可行的论证，提出具体的实施方案。

4）拟订的方案是可以优选和实施的

在经过创新拟订的多个方案中，往往各有利弊，需要选出最适合我们的目的、收益最大且弊端最小的一个。因而不仅要对各方案进行定性评价，而且还要作出定量分析，按照统一的标准和尺度去衡量，进行比较和选优。

5）方案的实施效果是可以评价的

任何一个产品的功能与成本的形成都是多个因素交互作用的结果。这一结果与各因素之间并不是单值函数中的因果关系，而是构成了多元复合函数关系，这就给效果的考核评价带来了困难。但不管中间环节和过程因素如何复杂，其结果效益都可以计算出来，方案实施的结果是否达到了目标，也可以计算出来，也可做出定性的结论。

13.1.4.2 价值工程的基本思想

1）功能是核心

用户所购买的不是产品本身，而是产品所具有的功能。这是 VE 中一个最为核心的思想。因此，企业需要创新和构建某种功能，来满足消费者的需求，而不是拘泥于制造某一固定形式的产品。

2）以投入——产出求效益

"VE"从"价值"的角度去分析和设计产品的投入——产出关系，其投入是成本，产出是功能，可以避免人们考虑和处理问题的片面性，增强效益观念和提高行为效果。

3）全面、系统

"VE"强调产品功能要满足用户需要，价格要用户能接受，这就把生产者的眼光从企业内部引申到市场和产品消费过程。不但要对功能进行系统地分析、评价和创新，而且"VE"对产品成本的控制，它强调从产品的功能构思设计开始就要设计目标成本。

4）突出重点抓关键

"VE"研究问题时具有全面性、系统性，又能逐步深入，找出影响产品价值中功能和成本的关键，加以重点解决，因而收效就大。

5）定量化

"VE"致力于将客观存在的功能价值指标进行量化比较、评价和分析。这种量化的方法打开了人们处理一系列社会经济技术问题的思想，促进人们按照事物的固有规律去设计量化标准和方法体系。

6）解放思想，提升创造力

"VE"强调广开言论和解放思想，不拘一格地创造新方案，充分发挥人们智慧和潜能，调动参与者的积极性。方案创新在于突破，因而提倡"标新立异"，打破旧框框，鼓励人们设想出各种方案，以求取得新的进展。

13.1.5　价值工程开展的指导原则

价值工程的创造人麦尔斯，在价值工程理论的实践中总结了一套开展价值工程的指导原则，反映了价值工程的基本指导思想和方法以及一些判断标准，他提出的"十三条原则"是：

对问题分析避免一般化、概念化，要具体问题具体分析；

尽量收集一切可用的费用数据；

使用最好的最可靠的信息；

打破现有框框，进行创新和提高；

发挥真正的独创性；

找出障碍，克服障碍；

请教专家，扩大专业知识；

对于重要的公差，要换算成加工费用来认真考虑；

尽量利用专业化工厂生产的产品；

利用和购买专业化工厂的生产技术；

采用专门的生产工艺；

尽量采用标准，使生产标准化；

以"我是否这样花自己的钱？"作为判断标准。

麦尔斯的"十三条原则"是价值工程实施的起点，具有深刻的含义，在实施过程中，有效地运用上述原则，就一定能够实现提高价值的目的。

针对园林绿化建设的特点，可以把这十三条原则概括为以下五条基本原则：

求实的原则。要注重调查研究和信息收集，注重试验和信息反馈，既要有定性分析，又要有定量分析，力求思想方法上的全面性、客观性。

排除的原则。要提倡去掉原设计中多余的、过量的、无用的或陈旧过时的功能和方法，排除不合理的生产组织，改善经营管理，精简多余的机构人员，达到降低成本的目的。

替代的原则。保持相同功能前提下，尽量采用能降低成本的各种替代方法。

怀疑的原则。进行价值分析时，思想上对所分析的对象要怀疑它有不合理、不经济的地方，提出尽可能多的疑问，树立有可能降低成本或提高功能的信念。通过深入到实际中去调查研究，创造出新的更好的价值来。

创新的原则。要敢于发挥独创性，开展创新活动。创新是一项智力开发工作，进行发明创造要有一定物质基础和精神条件，也就是说进行发明创造的人，应具备一定的理论知识和实践经验以及有勇于创新的精神状态。

13.2　价值工程的工作程序

价值工程活动的过程是一个不断提出问题和解决问题的过程。国外习惯于针对 VE 的研究对象，逐步深入地提出一系列问题，通过回答问题寻找答案，使得问题得以解决。

通常所提问题有以下七个：

VE 的对象是什么？

它是干什么用的？

其成本是多少？

其价值是多少？

有无其他方法实现同样功能？

新方案的成本是多少？

新方案能满足要求吗？

按照一般决策过程，可将全过程划分为分析问题、综合研究与方案评价三个阶段。

分析问题阶段包括对象选择、情报收集、功能定义与功能评价等步骤；综合研究与方案评价则主要包括方案的创造、评价、试验、实施与检查及 VE 成果总评等步骤。前述 VE 的七个提问则与这些步骤是分别对应的。表 13-2 说明了 VE 的通常工作程序。

价值工程的分析步骤

表 13-2

一般决策过程的阶段	VE 工作程序	VE 提问
分析问题	对象选择	VE 的对象是什么？
	情报收集	
	功能定义	它是干什么用的？
		其成本是多少？
	功能评价	其价值是多少？
综合研究	方案创造	有无其他方法实现同样功能？
	概略评价	
	方案具体制定	
	试验研究	新方案的成本是多少？
方案评价	详细评价	新方案能满足要求吗？
	提案审批	
	方案实施与检查	
	VE 成果总评	

13.2.1　选择 VE 对象

开展价值工程首先要确定对象。VE 的对象就是生产中存在的问题，包括产品和工作过程。能否正确选择 VE 对象是 VE 活动收效大小、甚至关乎成败的关键。

选择 VE 对象的一般原则，一是与园林生产发展相一致；二是提高价值易于成功。

首先，园林作为一个综合性的生产部门，既受外部社会经济条件的影响，又从园林内部生产活动中反映出一般的社会经济联系形式，但园林部门最基本的劳动，与一般物质生产部门一样，是从事物质生产活动的部门。只有通过对园林绿化的花草、树木、景点、园林设施等有机的物质形态成果，才能满足人们生理和心理的需要；只有通过消费者与园林物质产品的直接或间接接触感受，才能享受到园林文化艺术等精神产品成果。

其次，与园林生产发展目标相一致的园林项目或服务，不一定都会取得较大成效。提高价值的效果与其取得成功的可能性，关键取决于改进项目或服务本身对提高价值所具备的潜力，而改进的难易程度，取决于开展价值工程时所具备的人力、物力、财力等基本条件。如：

对实现园林企业经营目标影响较大的产品；

社会需求量大、竞争激烈及有良好的发展前景的，如园林小品、道路铺装、工艺雕塑等产品；

结构复杂、零件较多的产品，工艺、生产技术落后、在同类产品中技术指标较差的产品；

情报资料易收集齐全，投入较少且收效快的产品等及设计生产周期短的产品，如草坪、草花、灌木等；

成本高的产品及占产品成本比重较大的单项如大树、古树等；

产量大的产品，如草坪等。

还有对提高价值具有较大潜力的改进对象，如：

设计方面，应选择结构复杂、技术落后、占地面积大、维修养护差的园林物质；

造园方面，应考虑工序繁琐、工艺落后、费工多、消耗材料高的园林物质；

成本方面，应选择占成本比例较大，成本高的园林物质；

服务方面，应选择那些服务性能落后的作为对象；

这一步骤回答"VE 的对象是什么？"的提问。

13.2.2　收集情报

价值工程的目标是提高价值，为实现目标所采取的任何措施，都与其对待改进产品的了解程度，即掌握的情报多少有关。通过情报可对产品进行分析对比，从而发现问题、找出差距，确定解决问题的方向。

情报收集的原则：情报收集过程中，应注意情报的广泛性、目的性、可靠性、时间性、系统性和经济性，在实际应用中应统筹兼顾，力求以较短的时间、较快的速度、较低的成本、较高的质量完成情报收集工作。

情报收集的内容：在价值工程中需要的情报是多方面的，大致可分为有关用户的情报、有关市场销售的情报、有关的技术资料、有关园林产品设计、制造及对外协作的情报、有关成本的情报及其他情报等。

13.2.3　功能定义

所谓功能定义，就是指某产品(作业)或零部件(工序)在整体中所负担的职能或所起的作用。功能定义就是对价值工程活动对象及其构成要素的功能给出明确的表述。

以客观事实为基础。逐项的给功能下定义并充分考虑 5W2H(what 、who、when 、where 、why 、how to 和 how much) 的制约条件，搞清功能的内容，将概念明确化，用简单准确的词语表达功能，完成对"它是干什么用的？"的回答。

就园林来说，功能定义的对象，既包括园林本身，又包括构成园林的要素。

日本山崎对绿地功能作了分类(表 13-3)，可供参考。

绿 地 功 能　　　　　　　　　　　　　　　　　　　　　　表 13-3

功　　能	目　　的	效　　果	对 应 设 施
心理功能	文化修养美化环境及舒适感	热爱家乡，建设城市建设家乡建设村镇，热爱本单位，精神愉快	城市公园、居民区公园、儿童公园、街道绿化、工厂绿化、住宅区绿化等
防灾功能	降低危害减少损失	防止噪声、防震动、放火防水灾、防其他灾害	道路绿化、工厂绿化、住宅绿化、防护林等

续表

功　能	目　的	效　果	对 应 设 施
卫生功能	净化空气净化水体	防尘、防烟、防灾、供氧、空气对流、保湿、降温等	自然公园、城市公园、行道树、缓冲绿地城市园林
体育保健功能	运动快乐	体育、保健、休养、娱乐	城市公园、城市休养区、学校绿地、街道绿化广场

13.2.4　功能分类

产品(作业)或零部件(项目)按功能的重要程度可分为基本功能和辅助功能，按功能的性质可分为使用功能和美学功能。

基本功能是指产品或零部件要达到的使用目的所不可缺少的功能，是产品或零部件得以存在的条件，也是用户购买该产品或零部件的原因。园林或园林要素的主体功能就是基本功能。

使用功能是指产品或零件达到某种特定用途的功能，是每个产品都具有的使用价值。使用功能包括产品或零部件的可靠性、有效性、保养性和安全性等。如园林植物具有净化空气的功能。

美学功能是指外观美化的功能，这也是用户的实际需求，特别是对园林绿化而言，更是如此。如园林内的园灯，既可用来照明，又可用于装饰、美化园林环境，其美学功能为造型美观、装饰得体、色彩艳丽等。

一般来说，应着重满足基本功能和使用功能的要求，但也不能完全忽视辅助功能和美学功能，这取决于社会消费水平和产品的性质，也涉及市场调整和经营决策问题。

13.2.5　功能评价

所谓功能评价，就是对功能的价值进行测定和评定，是对功能的定量分析。根据用户所要求的功能，寻找实现功能的最低费用，与功能的现实费用相比。回答："其成本是多少?"和"其价值是多少?"的提问。找出期待提高价值的对象，测定其改善期望值，从而进一步选择 VE 对象，并进一步确定对象各构成要素的目标成本。

综上所述，可得出功能评价的程序依次为：

算出功能目前成本 C；

算出功能最低必须成本 F(即功能评价值)；

计算各功能的价值；

计算各功能范围降低成本的期望值 $C-F$；

选择价值低的对象作为 VE 改善目标。

13.2.6　方案创新

功能评价明确了 VE 对象及其目标成本，回答出了"它的成本是多少"、"它的价值是多少"。方案创新则是构思创造新方案，就是要通过过去的经验和知识的分解和结合，使之实现新的功能，找到降低成本、使产品在保证必要功能的前提下达到成本最低的途径，来回答"有无其他方法实现这个功能"。

方案创新的原则：

第一，不受时间、空间的限制，从长远着想，吸收先进技术和工艺；

第二，不受任何权威限制，广开思路，发挥创造性；

第三，不受原有产品和设备限制，大胆革新，促进产品更新换代；

第四，不受现有技术和材料限制，大胆开发；

第五，力求彻底改革，注意上级功能。

方案创新的主要方法有：

头脑风暴法（BS法）。头脑风暴法就是提案人不要受到任何限制，打破常规，自由的思考，努力捕捉瞬时的灵感，构思新方案。

哥顿法。此法为美国价值工程工程师哥顿（Gordon）于1964年提出。这种方法也是以会议的形式请有关人员提方案，但主持人不把具体的问题交给与会者，而是只提出一个抽象的功能概念，以启发提案者更广泛的提出较多的方案。由于面对抽象的概念，使得思考的范围较大，解决的方法也较多，主持人可以用各种类比的方法加以引导，时机成熟时，再提出要解决的问题，往往可以受到较好的效果。

德尔菲法。德尔菲（Delphi）法是美国著名的咨询机构兰德公司率先采用的。德尔菲是古希腊阿波罗神殿所在地，传说中阿波罗神经常派遣使者到各地去搜集聪明人的意见，用于预卜未来，故以德尔菲名之。

采用德尔菲法，组织者将所要提的方案分解为若干内容，以信函的形式寄给有关专家们。待专家们将方案寄回后，组织者将其整理、归纳，提出若干建议和方案，再寄给专家们供其分析，提出意见。如此反复几次后，形成比较集中的几个方案。

检查提问法。人们在泛泛思考时往往会觉得无从下手，难以提出好的方案来。为解决这个问题，可以将过去的经验总结归纳出富有启发性的提问要点，把应考虑的问题列出来，在人们检查各种提问的同时，引起联想，产生新设想，提出改进方案。此方法笼统地可归纳为三个"能不能"：

VE对象能不能取消；

VE对象能不能与其他合并；

能不能用其他更好的方法取代之。

除上述几种创新方案外，还有输入输出法、类比法、635法、仿生类法、列举法等方法。

13.2.7　方案评价

方案评价是要从许多创造的方案中筛选出一个可行的最佳方案，一般分为概略评价和详细评价。概略评价是从大量可选的设想方案中，筛选出价值较高的方案。

详细评价是对筛选后留下的方案进行经济技术论证,并最终确定实施的具体方案。

方案概略评价和详细评价都包括技术评价、经济评价、社会评价和综合评价。技术评价主要是评价方案是否能实现指定功能及实现程度;经济评价是针对成本进行评价;社会评价主要考察方案对社会的影响;综合评价则是在技术评价、经济评价和社会评价基础上进行的整体评价。

13.2.8　方案实施与活动评定

这一步主要涉及方案试验和审定、活动评定两大内容。

13.2.8.1　方案试验和审定

经过评价后而选定的最佳方案,在尚未实施前须对其进行某些必要的实验和验证,才能为审定提案提供科学的依据。方案实验验证内容包括产品结构、零部件、新材料、新工艺、新方法、样机或样品的性能、使用等。

13.2.8.2　活动评定

当一个产品的价值工程分析实现之后,要进行活动成果的评定。活动评定又包括技术评定、经济评定和社会效益评定等内容。

1) 技术评定

技术评定可通过价值改进系数来进行。改进后产品价值和改进前产品价值之差与改进前产品价值之比称为价值改进系数,即:

$$\Delta V = \frac{V_2 - V_1}{V_1} = V_2 / V_1 - 1 \tag{13-3}$$

式中　ΔV——价值改进系数;

　　　V_2——改进后产品价值;

　　　V_1——改进前产品的价值。

当 $\Delta V > 0$,$V_2 > V_1$,说明价值工程活动的技术性良好,ΔV 越大,其效果越好。

当 $\Delta V < 0$,$V_2 < V_1$,说明开展的价值工程活动技术性不良。

2) 经济评定

经济评定的内容有全年净节约额、节约百分数、节约倍数、原材料利用率等。

全年净节约额＝(改进前单位成本－改进后单位成本)×年产量－价值工程活动费用

节约百分数＝[(改进前成本－改进后成本)/改进前成本]×100％

节约倍数＝全年净节约额/价值工程活动经费

原材料利用率＝产品产量/产品原材料消耗量

3) 社会效益评定

通过价值工程活动,使产品满足了用户的需求,企业取得了效益,同时填补了国家空白,降低了能源消耗,减少了环境污染等,说明社会效益良好。反之,产品满足了用户,企业也获得了利润,但由于产品生产造成过多的能源消耗,污染环境,破坏生态平衡,甚至影响了国家经济结构的合理布局，造成人力、物力、财力的极大浪费，说明社会效益不好，这种方案不可取。

13.3 价值工程与园林管理

价值工程不仅是一种提高工程价值的技术方法，而且是一项指导决策、有效管理的科学方法，体现了现代经营管理的思想，在园林工程施工和产品生产中的经营管理也可采用这种科学思想和科学分析。

13.3.1 价值工程与园林成本管理

价值工程的核心是功能成本分析，它要求以最低的总成本可靠地实现产品的必要功能，提高经济效益。它作为一种贯穿于园林企业生产经营全过程且有效利用资源的管理技术，通过与成本管理的有机结合，在保证质量的前提下，能够实现节约耗费、降低成本的目的，为园林企业和社会创造更多的利益。

13.3.1.1 成本的经济性质与成本管理

成本在经济活动中的作用表现为：成本是补偿生产消耗的尺度；成本是制定价格的重要依据；成本是企业进行经营决策、实行经济核算的工具等三个方面。

价值成本管理是将价值与费用有机结合起来以确定成本目标，并加以控制与管理的一种方法。价值成本管理从成本费用角度看，有助于增产节约，增收节支；从价值角度看，可节约个别劳动时间，提高产品生产率。这一方法同其他成本管理的区别，是他强调以人为本，是以劳动者为中心的管理；是一种全面、全过程的系统管理。

成本作为企业资本的组成部分，企业垫付、耗费它的目的是为了让其转换成一定的使用价值，并作为价值交换的基础，以尽可能的成本支出，创造出尽可能多的使用价值、尽可能好的服务，为获取尽可能多的收益奠定基础，这是现代园林企业经营者都需要考虑的问题。

13.3.1.2 价值工程在园林施工项目成本控制中的应用

施工项目的成本控制就是指在项目成本的形成过程中，对园林建造、生产和经营所消耗的人力资源、物质资源和费用开支，进行指导、监督、调节和限制，及时纠正将要发生和已经发生的偏差，把各项费用控制在计划成本的范围之内，以保证成本目标的实现，达到成本控制的目的，降低项目成本，提高效益。

1）成本控制应遵循的原则

（1）开源与节流相结合的原则

在园林建造、生产、管理活动中每发生一笔金额较大的成本费用，都要查一查有无与其相对应的预算收入，是否支大于收，在经常性的工程成本和核算中要进行实际成本与预算收入的对比分析，以便从中探索成本节超的原因，纠正项目成本的不利偏差。

（2）全面控制原则

园林项目成本的全面控制又分项目成本的全员控制和项目成本的全过程控制。项目成本涉及面很广，不能仅靠项目经理和专业成本管理人员及少数人的努力，需要大家共同关心，施工项目成本管理、控制也需要建设者群策群力，所以它是个全员控制的过程。又因为项目成本的发生是一个连续的过程，成本控制工作要随着项目施工进展的各个阶段连续进行，既不能疏漏，又不能时紧时松，要是施工项目始终置于有效的控制之下，所以它又是个全过程控制。

(3) 中间控制原则

中间控制原则即动态控制原则。它把成本的重点放在施工项目各主要施工段上，及时发现并及时纠正偏差，是在建造、生产、管理过程中的动态控制。

(4) 目标管理原则

目标管理是贯彻执行计划的一种方法，它把成本控制计划的方针、任务、目的和措施等逐一加以分解，提出进一步的具体要求，并分别落实到执行计划的部门、单位和个人。

(5) 节约的原则

成本的主要组成说明人力、物力、财力是成本的主要消耗，节约人力、物力、财力的消耗是提高经济效益的核心，也是成本控制的一项最主要的基本原则。

2) 用价值工程控制施工项目成本

价值工程是一种贯穿于整个施工项目各个环节的成本系统控制方法。实现价值工程对施工项目成本的控制应从以下三方面着手：

第一，对工程设计进行价值分析。由于价值工程扩大了成本控制的工作范围，涉及到控制项目的寿命周期费用，所以要对工程设计的技术经济的合理性、科学性及工程价值进行仔细的分析、研究，探索各施工阶段有无改进的可能性，分析功能与成本的关系，提高项目的价值系数，同时通过价值分析来发现并消除工程设计中的不必要功能，达到降低成本、降低投资的目的。

第二，在保证产品质量的前提下节约材料、设备的投资。价值工程就要在有组织的活动中首先保证产品的质量，在此基础上充分应用成本控制的节约原则，在施工过程中减少材料的发生，降低设备的投资，达到降低施工项目成本的目的。

第三，提高管理人员的素质，改善内部组织管理。价值工程是一项有组织的活动，价值工程的每一个环节都是由人来实施和控制的，所以必须有一个高素质的组织系统，这个系统要有各种高水平的不同专业人员，如施工技术、质量安全、施工、材料供应、财务成本等方面的人员组成，发挥集体力量，利用集体智慧来进行，把质量管理融于价值工程的管理中，达到预定的目标。

13.3.1.3　价值工程在园林设计阶段工程造价管理中的应用

园林工程建设通常是分阶段进行的，主要包括可行性研究、初步设计、施工图设计、施工准备、施工实施等主要阶段。设计阶段的造价管理能保证造价管理在设计阶段发挥其应有的作用，使造价管理贯穿工程建设的全过程。

1) 设计阶段工程造价管理的重要性和存在的问题

任何工程建设都有相应的投资计划，其多少主要是依据可行性研究或初步设计来编制的。在保证工艺要求设计条件和相关标准的前提下，投入资金越少，建设工期越短，投资效益就显著。在设计阶段加强了工程造价管理，设计人员在满足设计任务书和相关标准的前提下，采用合理的工艺技术，材料设备和合理的结构形式，其工程造价管理效益就会明显表现出来。

一般来讲，设计阶段工程造价管理存在的问题有以下几点：

一是思想认识不够统一。通常情况下，人们往往只注重施工阶段工程造价管理，设计人员只按设计任务书要求进行设计制图，至于工程造价管理问题则认为是经济技术人员的事，而概预算人员只根据图纸和有关定额文件取费标准编制设计预算。

二是人员素质方面的问题。概预算人员只按图纸套定额进行概预算的编制，对工程设计的有关专业技术知之甚少，这样在进行设计造价控制的过程中，无法为设计人员提供重要地可采纳的意见。

三是概预算定额编制滞后是设计阶段工程造价不准确的主要原因。

2) 加强设计阶段工程造价管理的主要措施

建章立制，变工程造价管理单一控制为多方控制。建章立制一是建立领导责任制；二是建立奖罚制度，使工程技术人员和经济技术人员的责、权、利与工程造价管理挂钩，调动他们的积极性；三是建立工作协调制度；四是制定优选制度，进行多方案设计，选取最佳方案。

把限额设计作为设计阶段工程造价管理的重要手段。限额设计就是按照批准的总概算(投资规模)控制总体工程设计。

建立科学的工程造价分析系统，为设计阶段工程造价管理提供准确的相关依据和标准。

编制概预算定额，使各项指标更贴近科技发展的实际。

3) 正确实施园林设计变更管理

园林设计变更是指设计部门对原施工图纸和设计文件中所表达的设计标准状态的改变和修改，包含由于设计本身的漏项、错误或其他原因而修改、补充原设计的技术资料。园林设计变更应尽量提前，变更发生的越早则损失越小。若在施工阶段变更，已施工的工程还需拆除，势必造成重大变更损失。

13.3.2 价值工程与园林旅游产品

价值工程是国际上公认的最有效的现代化管理方法之一，它广泛应用于工业产品的开发和技术创新，取得了良好的成效。

13.3.2.1 园林旅游产品价值工程的特点

人们从事任何经济活动，客观上都存在着两个问题：一是活动的目的和效果，二是从事活动所付出的代价。在园林旅游活动中，游客总是希望用最少的代价，实现最大的价值。价值工程的目的就是通过改进产品设计，提高功能，降低成本，实现产品性价比的最大化。

要提高产品的价值应从两个方面着手：一是功能成本，二是现实成本。对园林旅游产品产品来说，功能成本就是社会上能够实现的为满足旅客需要的某种功能的最低成本。现实成本就是园林旅游业目前为满足旅客某种需要所投入的无形的劳务和其他有形的物资等所产生的实际成本。可见，价值工程中的功能成本是指社会最低成本；而现实成本是针对单个企业而言的。一般来说，绝大多数企业的现实成本都高于功能成本，因而，产品的价值 V 一般都小于 1。

价值工程确保所需的功能，降低成本的途径主要有两种方法：一是去掉过剩功能(包括去掉多余的功能类别和降低过剩的功能程度)；二是改变实现功能的手段，包括通过实际调查、收集信息资料、重新设计并创造出比别人更节省的方法，实现所必要的功能。

13.3.2.2　园林旅游产品价值工程的实施步骤和方法

1) 功能分析

功能分析的目的是弄清产品功能组合的结构和层次，以及它们的并列关系和上下位关系，以便进行功能评价和成本分析。

2) 功能评价

功能评价就是找出实现某一必要功能的最低成本(也称功能评价值)。以功能评价值为基准，通过与实现这一功能的现实成本相比较，求出两者的比值(也称功能价值)和两者的差值(也称节约期望值)。然后，选择价值低、节约期望值大的功能，作为改善的重点对象。

用公式来说明，就是要以精确量化的形式计算出公式 $V = F/C$ 中的 F 和 C，再计算 V 以及 $C-F$。

$V = 1$，表示 $F = C$，即所花费的现实成本与实现该功能所必需的最低成本相当，可以认为是最理想的状态，此功能无改善的必要。

$V > 1$，这种情况在理论上说是不应该发生的，一般是由于数据的收集和处理不当或实际必要功能没有实现而出现的。此时应作具体分析，若客人反映功能不足，可以列为价值改善的对象，若无此反应，也可不改善。

$V < 1$ 时，表示 $C > F$，即所花费的现实成本大于实现该功能所必需的最低成本，说明该项功能的成本有花得不适当的地方，或有功能过剩的情况。此时应将此功能列为价值改善的重点对象，在满足用户所需要的功能的前提下设法降低产品的成本。

当有多项功能的 V 值都小于 1 时，就要比较 $C-F$ 的值。$C-F$ 的值越大，说明节约期望值越大，应作为重点改进对象。

3) 园林旅游服务产品的创新

价值工程最终要通过创新来降低成本，完善功能。园林旅游产品的创新体现在产品结构创新、服务创新、管理创新、新技术应用等几个方面。

产品结构创新是通过调整产品中服务、消耗品、设施、空间利用等产品各要素的成本构成比例，不仅使产品总成本降低，还能更好地满足游客的需要。服务成本是指劳动力成本，它在旅游服务产品成本中占有相当大的比例。随着科技的发展，设施的更新和改造有利于提高生产效率，降低能耗，提高产品质量。

服务创新就是要设法以最佳的服务方式，提高服务效率和服务质量。

管理创新就是要设法提高管理效率，降低管理成本。新技术应用不仅体现新设备的使用，还体现现代管理技术、信息技术等方面。

13.3.2.3 园林旅游产品实施价值工程的指导思想

产品创新要求园林旅游产品设计者、生产者和管理者从现实出发，改变过去对产品的某些传统认识，形成对现代产品的新看法、新印象，建立起适应现代化产品要求的新观念。

1）"游客第一"的思想

园林旅游产品设计最重要的一点就是要树立"游客第一"的思想。园林旅游产品必须得到游客的认可，才能吸引更多的回头客。而游客的需要是多样化且不断变化发展的。

2）以功能为着眼点的思想

产品是功能的载体，游客需要的不是产品本身，而是产品能满足其需要的功能。而实现某种功能的方式是多种多样的。游客选择某个旅游产品往往不满足于只得到某一种功能，而希望同时兼有多种功能。

3）有效利用资源的思想

为了在实现游客所需功能的同时又不提高成本，甚至使成本大幅度降低，就必须充分利用现有的资源。新资源的利用就意味着成本增加。产品的改进主要是设法对现有的资源进行重新整合，使产品对游客的心理价位提高，而实际成本降低。

13.3.3 价值工程与园林施工管理

13.3.3.1 园林工程的构成与施工管理内容

1）园林工程的构成

园林设施的多样性和不同的园林规模决定了园林工程的空间是广阔的。工种多是园林工程的特征，代表性工种如表 13-4 所示。

许多工种又要求进行与各个设施的特性相结合和相适应的施工管理，特别是在现场调整安排设施间的相互关系，能起到完善设施间的功能和发挥空间利用的特殊作用，而且对施工顺序也产生很大的影响。园林设施的种类见表 13-5。

园林工程工种划分   表 13-4

园 林 工 程 工 种 目 录		
1. 准备及临时设施工程	11. 铺装工程	21. 油饰工程
2. 平整建筑用地工程	12. 组装工程	22. 卫生设备工程
3. 基础工程	13. 瓦工工程	23. 室外电力工程
4. 模板工程	14. 防水工程	24. 室外供电设施工程
5. 混凝土工程	15. 瓷砖工程	25. 栽植整地工程
6. 石方工程	16. 打桩工程	26. 缀石工程
7. 分界石工程	17. 钢筋工程	27. 栽植工程
8. 围障工程	18. 钢梁工程	28. 地被工程
9. 给水工程	19. 屋面工程	29. 移植工程
10. 排水工程	20. 木工工程	30. 收尾工程

园林设施的分类与种类		表 13-5
设 施 分 类	设 施 的 种 类	
园路广场	园路、广场等类似构筑物	
造景设施	花坛、绿篱、水景、棚架、栽植、假山等类似构筑物	
游戏设施	秋千、沙场、游船、钓鱼场等物件	
运动设施	球场、田径场、游泳池等场所	
休息设施	休息室、野营场、桌椅等类似设施	
服务设施	停车场、饮水处、售货亭等类似设施	
文化设施	植物园、纪念碑、温室等类似设施	
管理设施	门、办公室、告示板、果皮箱等类似设施	

2) 园林工程施工管理特点

施工管理是具体落实规划意图和设计内容的重要手段。施工管理要在充分理解规划设施人员意图的基础上进行，并在施工过程中进一步完善规划设计。施工管理要围绕"保证施工质量，遵守工期限制，提高经济效益"这三点开展工作，在园林施工管理中，必须充分考虑与人们息息相关的园林设施的以下几点：

多数是供人们观赏的，必须给人们以美的享受；

多数是供人们直接利用的，必须具备安全性；

利用时要有舒适感；

结构要具备安定性和坚固性；

形状、规模、材料等景观因素要保持协调，以增强整体景观效果；

园林设施最大特征体现在植物材料的栽植上，随着时间的推移，与环境相协调，展现出稳定的植物景观，使其价值随时间的累积而显著提高。

3) 园林工程施工管理的内容

(1) 园林工程施工的四大管理

施工管理包括质量管理、工程管理、成本管理、安全管理，这四大管理可起到提高工程质量、提前工期和降低工程费用的作用。质量、工程、成本管理是最基本的三大管理职能。

(2) 三大管理机能的相互关系

质量、工程、成本三个管理机能并不是各自独立的，它们在园林工程施工管理中是相互联系的。

在图 13-1 中，表示了三大管理机能的相互关联性：

x 曲线表示工程和成本的一般关系。工程进度

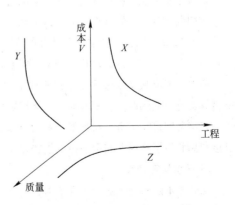

图 13-1 三大管理的相互关联性

快，可增加施工量，降低单位数量成本，其中 x 曲线最接近 ox 轴线的施工速度是最经济的工程；

y 曲线表示质量和成本的一般关系。质量越好，成本越高；

z 曲线表示质量和工程的一般关系。采取突击施工方式加快工程进度时，质量会降低。

(3) 施工管理的周期性

施工管理最有效的管理周期是计划、实施、检查、处理的循环活动。

13.3.3.2 园林工程管理与价值工程

园林工程管理的目的在于保证工期、确保质量、用最小的经费取得最好的效益。

工程管理是对整个的工程进行施工管理。工程管理的重要指标是施工速度，它影响着工程质量与成本，因而可与价值工程结合起来使用，以更好地提高价值。

1) 工程速度与成本的关系

从图 13-2 中可发现：施工速度加快，施工量增加，导致单位成本降低，此时称为经济速度；用比经济速度更高的速度作业，单位成本反而增高，此时称为突击作业；用比经济速度慢的施工速度，固定成本增高，很不适用，也很不经济，因而工程管理的最理想目标是用经济速度来最大限度地提高施工量。

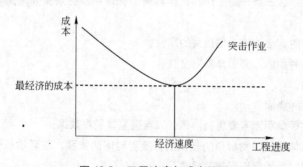

图 13-2　工程速度与成本关系

普通劳动条件下进行预定作业所需的时间叫做标准时间，其费用为标准费用。无论采用什么方法，工期也是有一个最低界限的，这个时间叫特急时间，其费用为特急费用。

由图 13-3 可知，把标准点和特急点用直线连接后形成的坡度称为成本坡度：

$$成本坡度＝(特急费用－标准费用)/(标准时间－特急时间)$$

成本坡度反映单位时间成本提高的情况，因而标准时间就是用最少费用合理利用人员、机械、材料等进行作业的时间。一般地说，采用突击方式，不但增加直接费用，也增加了间接费用。

直接费用是指工资、材料费、机械费等直接用于工程的费用；间接费用是办公费、管理费等。直接费用和间接费用之和最小时便是最佳工期，如图 13-4。

2) 经济核算速度

工程成本随着施工的变动而增减，有不受施工量增减而变动的固定费，又有随施工量增减而变动的变动费，其关系如图 13-5。

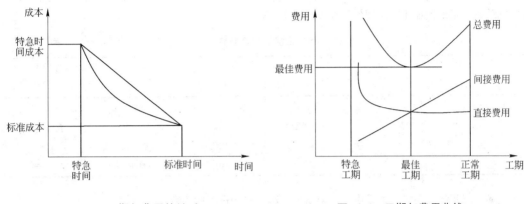

图 13-3 工期与费用的关系　　　　　　图 13-4 工期与费用曲线

图 13-5 中，成本曲线 $y = F + vx$ 和 $y = x$ 的交点 P 称为损益分歧点，此时施工量 x_P 的施工速度为经济核算速度。

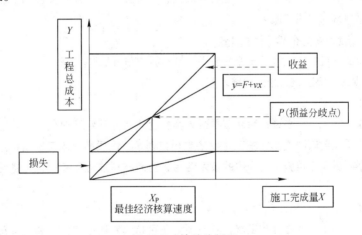

图 13-5 效益分析图

为了使成本曲线呈直线，应该使固定成本不变，使变动成本与施工量成正比；如果用比经济速度更高的速度作业，成本曲线则变成上方呈凹状的曲线，效益将受到损害。

施工完成量与工程总成本的关系可用于价值工程方案分析。

13.3.3.3 质量管理与价值工程

质量管理是运用统计理论和统计技术进行的，其目的是为了最经济地制作出能充分满足设计图及施工说明书规定要求的优良工程产品。

在质量管理上，首先要充分掌握设计图纸、施工说明书等文件上的质量规格(设计功能)，同时，为了满足质量规格，必须确定重点管理项目，并选定管理对象的质量特征。如在使用土、沙、混凝土等原材料建造构筑物的过程中，尽量在工程初期，从能够最终影响质量的因素中，选出直接影响结果的质量特征。例如土方工程的质量特性见表13-6。

土方工程的质量特性

表 13-6

物理特性 (施工前)		力学特性 (施工中)		地基土壤承载力 (施工后)	
质量特性	试验	质量特性	试验	质量特性	试验
颗粒度	颗粒度	最大干燥密度	捣固	贯入指数	贯入实验
液限	液限	最优含水量	捣固	浸水 CBR	CBR
塑限	塑限	捣固密实度	捣固	承载力系数	平板荷载

又如石方工程，在施工过程中，结合价值工程，在管理时应注意：

功能方面：要细心施工，以免崩塌；施工位置、坡度、形状尺寸要恰当；基础作业要特别注意不要将基槽挖得过大；堆石形态要达到功能要求。

美观方面：砌石时要避免水泥砂浆弄脏石材表面；坡度要一致，避免混乱；上表面应平直，避免凹凸起伏；要重视端部的施工质量。

13.3.3.4 园林施工企业科技创新

对园林施工企业来说，应从以下三方面着手，推动科技创新工作。

1）更新创新观念，促进施工企业持续发展

(1) 主体观念

科技创新对园林施工企业来说是崭新课题。人类社会进入知识经济时代后，企业既是市场经济的主体，也应成为科技创新的主体。施工企业注重科技创新，优质高效施工，积极应用新工艺、新材料、新设备，不断提高工程施工过程中的技术含量，对园林科技进步和现代化进程将起着极大的推动作用。

(2) 战略观念

科技创新关系着施工企业生存和发展，应作为企业可持续发展战略的重要组成部分。推动技术进步和科技创新，尽快形成施工企业的核心竞争能力，已成为解决施工企业未来和发展的一系列难题的关键举措。施工企业依靠科技创新，在促进企业整体发展的同时，增强了企业的市场竞争力，也必将推动企业自身的发展。

(3) 市场观念

未来的建设市场是一个更加开放的市场。面向市场开展研究是技术创新的首要前提。技术创新的动力来源于市场，市场是技术创新的起点和终点。技术创新的实质是技术机会与市场机会的结合。只有深入分析和把握市场，根据市场需求确定科技创新方向，才能使创新成果实现市场价值，产生经济效益。

2）开展科技创新的主要做法

科技创新是一项系统工程，园林施工企业要根据自身特点和市场要求，开展有效的科技创新活动。

（1）科技创新与经营战略相结合

施工企业具有承担复杂工程施工的管理经验，拥有一批素质较高的技术管理人才，在技术创新能力强有力支持下，以科技优势，抢占市场制高点，取得市场经营主动权益有效实施经营战略，不仅能在本行业保持竞争优势，而且也能在相关行业竞争中获得局部战略优势。

（2）科技创新与项目管理相结合

工程质量、成本、工期是施工项目合同管理的三大目标，企业整体科技创新能力极大程度地制约项目管理目标的实现。而有效的科技创新比单纯依靠项目管理更能发挥积极的作用，更有可能保持项目管理三大目标的良好调控状态。

（3）科技创新与工法制度相结合，不断研究开发新工艺

工法在促进施工企业技术创新、推动技术进步及加强规范化管理方面，起着日益重要的作用。施工企业从自身长远发展的要求考虑，需要将长期施工实践中积累的技术经验，结合科技创新手段，认真总结成企业的技术财富。

（4）科技创新与体制、管理创新相结合，增强企业生命力

改革是企业发展的条件，体制创新、管理创新为科技创新造就了良好的氛围。在体制创新方面，施工企业应探索构建符合现代企业制度要求的公司制体制。在管理创新方面，施工企业应注意应用现代化的管理方法和手段，并实现与科技创新的紧密结合。

13.3.4　价值工程与现代园林

随着经济体制改革的深入和社会主义市场经济的确立和不断完善，我国的园林事业进入崭新的历史时期，全国各地都在不同程度上进行了各具特色的园林的创作和建筑，这就为价值工程在园林业深层次中的应用提供了良机。

13.3.4.1　现代园林的任务

在社会主义新时代，人民的生活、思想和感情都起来了很大的变化，这对园林设计也提出了新的要求，给园林赋予了新的任务。

1）丰富和活跃人民生活

园林为广大群众服务的目的性是明确的，园林的内容要充分体现人民性，满足人民物质和精神生活的需要。内容上要丰富多彩，布局上要灵活多样，体现出欣欣向荣的新时代风貌。

2）美化和保护城市环境

美化环境已成为城乡居民的新时尚，城乡园林化是人类健康生存的必要措施。现代园林应秉承美化和保护环境的要求，在选址和布局上要考虑居民的卫生和防护需求，作出合理的安排，按不同的需要综合研究园林的形式、规模、内容和绿化手段以及各种景观性和服务性的建筑布局等。新园

林应表现出新时代明朗、亲切、轻松的气氛，增加公众的生活情趣，激发公众对美好生活的向往。

3) 满足旅游事业的需要

随着旅游事业的迅速发展，急需扩建和开发一些风景园林，游乐中心和度假村，同时还要进行配套建设，这些内容有无吸引力，往往取决于园林手法处理的成败，这是园林游览效益多与少的问题。

13.3.4.2 现代园林的特色

企业界应用价值工程曾提出"人无我有，人有我好，人好我多，人多我转"的经济活动十六诀，我国各地的地理环境(地质、地形、地貌等)、气候条件、风景资源和文物古迹等各有差异，历史上就形成了各地不同的园林艺术风格。

1) 体现出当地传统园林特色

各地园林均有传统的特点，在现代园林创作和建造时，可借鉴其空间布局，植物配置的造园手法进行，这将有利于体现出当地传统园林特色。如北方传统园林的粗犷豪迈，江南园林的秀丽典雅，岭南园林的畅朗轻盈等，在传统特色的基础上充分利用价值工程进行创作，会使现代园林增添异彩。

2) 充分利用乡土植物造园

环境的现状要求多数园林应以植物为主。各地都有形、色、香不同的名花异木和乡土植物，这些都是观赏价值较高，而栽培管理容易(费用较低)的造园材料，如洛阳牡丹、云南茶花、泉州刺桐、扬州月季等，这些土生土长的植物，形象鲜明，有浓厚的乡土气息，突出其特有的表征可增加园林景致。

3) 充分利用自然

各地山川、湖泊、名泉、飞瀑和其他风土人情景观都具有异常诱人的魅力，是宝贵的园林及游憩资源，如苏州园林巧依秀丽的水域，借助太湖怪石构山，因地制宜的勾画出不少以水石景为主的独特写意山水画式的园林景观。云、雾、霜、雪等天象亦可用来表现地方特色的景观，如成都、重庆的雾色罩景耐人寻味；哈尔滨严冬雪景和冰雕创景颇为别致。

4) 传统地方材料的运用

"尽可能就地取材"是园林价值工程不可忽视的问题，这样能发挥传统地方材料的艺术表现力，提高园林价值。如园林建筑材料，广州近年新建园林有效地采用了石湾玻璃通花、面饰和当地彩色玻璃、铸雕、瓷塑等工艺材料，也颇具特色。

5) 现代园林与大环境的协调

园林对于整个大环境(整个城市)来说，可以理解为大环境中的小环境。现代园林必然受到大环境的制约，这是不容忽视的。如北京、西安等历史名城，园林宜多考虑文物古迹和传统因素的影响；桂林、杭州等自然风景名城，园林宜多考虑自然风光的体现；上海、广州等口岸大城市，园林可多从革新和创新着想，这样才能在城市总体特征的前提下寻求个体特性。

13.3.4.3 现代园林形式的探索与创新

园林往往从某一侧面反映出社会的物质和精神生活，因而它总与当时当地的社会现状紧密结合在一起，带有时代的印记。现代的审美观念与古代不同，古代人时空观念比较局限，对园林景色强调诗情画意，讲究步移景换，而现代生活的快节奏形成一种对时间的紧迫感，新时代孕育了新的美感。作为一个公共场所，传统园林能否符合现代文化的要求？能否符合现代人审美要求？这不可避免的存在着新观念与老习惯、新环境与旧形式之间的矛盾，需要我们对园林形式进行探索和创新。

1) 现代园林现状

现代园林中，出现了不管具体环境如何，到处沿用习惯做法或套用民族形式的问题。园林步入误区的原因主要是园林工作受多方面的干扰，主要有：一是长期以来，缺少对适合新内容的新形式探索，新的形势尚未确立之前，旧的形式存在极大优势；二是近十几年来对文革期间破坏的古园林的修复和国外对中国古典园林的钟爱与引进，强化了古典园林的观念；三是市场经济初期，设计施工部门单纯追求经济效益的观念有所滋生，不问环境条件是否需要，叠山理水，兴造建筑与小品风靡一时；四是植物景观效果要经过相当长时期才能形成，这就助长了园林中建筑内容偏多的风行；五是园林弹性大，人人都可以参与意见，其优点是可以集思广益，其缺点是设计者受干扰太多，施工单位也不严格按图纸施工，随意改变栽植位置，随意增添小品、花木等内容，结果往往杂乱无章，改变设计者的初衷。

园林建设强调与环境协调，美观新颖，富于时代感，宁可朴实无华，也不追求富丽堂皇。

2) 探索与创新

园林与人们生活密切相关，要使园林适应新的形式，进一步与现代生活相结合，就必须顺应时代潮流并勇于创新。

传统与创新是对立的统一，创新应以传统为基础并使其得以补充和延伸。中国传统园林以意境为核心，讲究曲径通幽，富于诗情画意。我们的创新应该是继承传统的创新，做到"舍形取意"，即形式全是新的，已经仍在其中，使时代感和传统感相结合。

目前的城市园林大体上可以分为四大类。一类是城市整体环境绿化，用以改善城市的总体生态环境质量；第二类是局部环境绿化，如城市的街道绿化，居住区绿地及城市公园等，主要功能是为城市居民提供方便的、经常性的休憩活动空间；第三类是一些以经济效益为主的旅游性园林，配合城市旅游业的发展；第四类是企事业单位专用绿地。

我们应建构一个合理的价值体系，以经济学为指导，综合园林绿化对社会，对环境产生的直接经济效益和间接经济效益，将园林的生态价值、环境保护价值、保健修养价值、文化娱乐价值、美学价值等纳入整个社会经济大系统。

园林内涵的扩大，引发了诸多方面质的变化。这些变化不仅反映在园林面积的扩大，还表现在形式、风格以及布局上的改变。尤其园林在现代更担负了提高生态环境质量的任务，因而在种植上应注重满足保护及调节环境的功能需要，要求突出整体的美和大体量的美。

3) 抽象园林

在第二次世界大战后 20 世纪 40～50 年代，抽象式园林作为一种风格全新的园林形式发展起来。这种抽象式园林几乎完全摆脱了造园的传统风格和艺术手法。由于它应用现代主义艺术原理来探索园林的外形、色彩和结构的新形式，因此被一些艺术家称为"最为现代的园林"。抽象式园林最早见于密氏·凡德罗设计德特律拉菲特公园方案。作为理论的提出大约在 20 世纪 60 年代。东方的意象构图吸取了西方装饰风格的造型与丰富的曲线、用自然与工艺图案相结合的手法，以适应现代都市的建筑环境。20 世纪 80 年代后期我国一些城市和地区如深圳、广州、海南等地，其街头绿地、度假区庭院等开始了这种类型园林的建设实践，并探讨理论依据。

抽象式园林，富于时代感，充满生机活力，能给人面目一新的感觉；以简洁流畅的曲线为主，但不完全排斥只限于着线，既从西方规则式园林中吸取其简洁明快的画面，又从我国传统园林中提炼出流畅的曲线，在整体上灵活多变，轻松活泼；强调抽象性、寓意性，求神似而不求形似，将自然景物抽象化，使它有较强的规律性和较浓的装饰性，在寓意性方面延续中国园林的传统；简洁明快，讲究大效果，注重大空间，大块色彩的对比；充分利用植物的自然形和几何形进行构图，重视植物造境，通过平面与里面的变化，造成抽象的图形美与色彩美。

抽象园林式现代抽象主义艺术思潮对园林渗透的结果，加之与众不同的处理手法以及图案装饰性的景观效果，在一定程度上顺应了时代发展的脉搏，能够满足现代人的审美需求。抽象园林造园的指导思想是利用特色植物材料，通过巧妙构图，创造出体态大方、色彩绚丽、生命力自我表现的现代生活空间，但对改善生态的要求相对甚微。

在景观设计的诸多领域里，抽象的形式不但不是一种约束和限制，而且是自由的、多重的，每一种形式都与其他的形式形成充满张力的对比。一种形式的存在是不孤立的，要充分考虑同其他形式在空间、色彩、质感各方面的关系，甚至要进一步考虑同周边建筑的呼应关系。在柏林的波茨坦广场中，景观的形式是对建筑形式的微妙对应和补充。修剪整齐的草地、几何形状的水池、精致的小桥正好映衬了建筑形态的复杂和丰富，形成了一种动态的平衡。

园林建设事业，应在继承我国丰富的造园经验的前提下进行创新，造园的传统与创新是相辅相成的，只有创新，增加新血液，才能使传统的造园艺术发扬光大，才能具有生命力。

丰富多彩的现代生活增添了新园林的创作内容，现代生活题材也构成了新的造景形象，因而说园林价值工程源于生活。"生活每天都是新的"，价值工程也能"常用常新"。

推荐参考书目

杨宝祥. 价值工程理论及其在园林中的应用. 石家庄：河北科学技术出版社，2002.

复习思考题

1. 什么叫价值工程？提高产品价值的途径有哪些？
2. 价值工程的工作程序是什么？
3. 价值工程的关键环节是什么？
4. 价值工程可在园林管理的哪些方面应用？怎样应用？举例说明。

案例分析

某陵园业务大厅前院(兼小游园)的园路设计平面如图 13-6,对园路工程设计方案优选,可以运用价值工程,其具体做法如下:

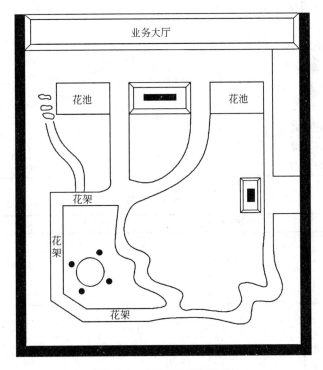

图 13-6　小游园园路平面图

一、确定对象

根据原园路设计方案概算表(表 13-7)中各个对象的费用占总额的比重大小来选择 VE 对象,从表 13-8 中可以看出,园路面层费用所占比重较大,且路面装饰所形成的美观功能是园路的主要美学功能,所以应选面层为重点 VE 对象。

从表 13-8 中还可以看出,附属工程费用占总额的 26.11%,它相对工程其他项目来说,比重偏大,其成本与所提供的功能不相匹配,因而应把附属工程作为价值工程的第二分析对象。

二、收集资料

(一)现场勘查

熟悉设计场地及周边情况,对园路的客观环境进行全面的认识。在勘查过程中了解现场地形地貌,土壤、地质、地下水位、地表积水情况,了解陵园外主要道路宽度及陵园出入口道路标高。

园路设计方案概算表 表 13-7

工程项目	概算项目	单位 (m²)	数量	概算造价		
				单价	小计	合计
基础	人工挖路槽	10	2.58	29.64	76.47	
	灰土垫层	100	1.36	422.41	574.48	1145.65
	水泥砂浆找平	100	1.36	363.75	494.70	
面层	水刷混凝土路面 (厚12cm)	100	1.36	1071.50	1457.24	1457.24
附属工程	路边石垫层	100	1.75	120.35	210.61	
	路边石制作	10	0.25	1673.87	418.47	
	路边石运输	10	0.25	341.89	85.46	919.94
	路边石安装	100	1.75	117.37	205.40	

对 象 选 择 表 13-8

项 目	概算费用(元)	占总额%	重点 VE 对象
基 础	1145.65	32.52	
面 层	1457.24	41.37	△
附属工程	919.94	26.11	△
合 计	3522.83	100.00	

（二）资料搜集

包括现场原地形图，总体规划设计图，水文地质勘测资料及现场勘查补充资料，有关园路设计的技术资料和经济资料。

三、功能系统分析

（一）功能定义

根据园路的结构，对小游园的园路各构成部分的功能定义如图 13-7。

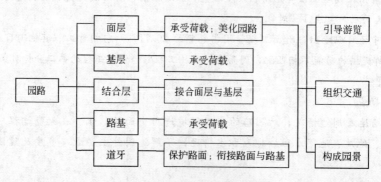

图 13-7 园路功能定义

（二）功能整理

根据影响园路功能的主要因素，整理出功能系统图（图 13-8）。

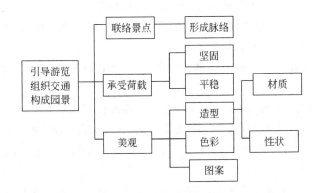

图 13-8　园路功能系统图

（三）功能定量

根据陵园业务大厅接纳客人量和小游园总面积等方面分析，在总面积为 900m² 的小游园内规划出总长度 97m，宽度为 1.2m～1.5m，面积为 136m² 的园路（另有 35m 长的花架长廊可加纳客人），足以满足园路的基本功能。

园路基础部分的 3∶7 灰土垫层、1∶3 水泥砂浆找平，原设计已超过承受荷载的理论强度，可考虑把水泥砂浆厚度由原来的 2cm 减至 1.5cm，由于该小游园为山基部土层结构，坚实度极强，因而可考虑取消灰土层，采用素土夯实；道牙等附属工程也已达到保护路面的要求，可考虑由标准水泥预制砖作路边石，并取消路边石垫层，改为素土夯实；面层 12cm 厚水泥混凝土路面已超过理论计算之厚度。

组织设计、施工、殡仪服务与管理或殡客等有关人员共同讨论，对园路美学功能进行重要程度评价，在功能重要度评价中，要把殡客的意见放在首位，结合设计、施工单位意见进行综合评分，三者的权数分别为 60％、30％、10％（表 13-9）。

美学功能重要度评价表　　　　　　　　　　表 13-9

评分\功能	殡客评分		设计人员评分		施工人员评分		功能重要度系数 $(A+B+C)/100$
	得分 a	A(0.6Xa)	得分 b	A(0.3Xb)	得分 c	A(0.1Xc)	
造型 F1	2	1.2	6	1.8	7	0.7	0.37
造型 F2	3	1.8	1	0.3	0	0	0.21
造型 F3	5	3.0	3	0.9	3	0.3	0.42
总　计	10	6.0	10	3.0	10	1.0	1.00

四、功能载体替代与评价

根据功能系统分析可知园路承受荷载的功能已经满足并难以找出更低费用的技术方法。

对园路附属工程，它主要是起保护路面、衔接路面与路肩作用的道牙，由于小游园内园路主要是接纳宾客，在路面承重较小的情况下道牙可寻求替代材料，经寻找、对比，可选用标准规格的水泥预制砖，能在满足功能的前提下降低费用。

园路基础上的 3∶7 灰土垫层属功能过剩，由于原地基为山脚下死土层，只需素土夯实即可满足功能和技术要求。

园路面层的美学功能载体替代是价值工程活动的主要内容。园路应具有装饰性，以它多种多样的形态，花纹来衬托景色，美化环境，路面图案设计要与景区的意境相结合，根据园路所在的环境，选择路面材料与形式并研究图案寓意、趣味，使路面更好地成为景的组成部分；园路路面应有柔和的光线和色彩，以减少反光和刺眼。

应用价值工程理论，增加路面强度，创新工艺降低造价，在满足造园功能及艺术要求的前提下，把碎石、瓦片、卵石等废旧材料经加工，重新利用，使路面结构更加经济、合理，并通过各异的图案，展示不同的内涵，增加了园路的美学价值，这便是材料替代原则在园路工程中的应用。

不同的园路铺装不仅会产生各异的美学效果，而且园路地可以影响游览的速度和节奏，铺地在宽度、材质、铺砌线形等几个方面对游览的速度和节奏有影响，铺地的宽度越宽，铺料越粗糙难行，则游人行走速度越缓慢，铺料的间隔距离、接缝距离、宽窄等也影响着游人步伐的大小；每块铺料的大小及铺砌形状的大小和间距，影响着铺地的视觉比例，形体较大、较开展，会使一个空间产生宽敞感；铺砌线条和视线关系对空间横纵向比例产生影响，平行于视线的铺砌线条，强调了空间宽度，而垂直于视线的铺砌线条，则强调其深度。

五、方案设计与评价

根据收集的资料及上述功能系统分析，设计人员集思广益，又提出了 6 个路面层的设计方案，组织有关人员采用优点列举法进行定性分析筛选后，再对保留的 4 个初选方案进行定量评价选优，见表 13-10 和表 13-11。

方案设计的成本评价　　　　　　　　　　　　　　　　表 13-10

方案名称	方案内容	单　价（元/100m²）	路面总价（元）	成本评价系数
A 方案	平铺水泥砖	413.80	562.77	0.0742
B 方案	素色卵石面	907.80	1234.61	0.1627
C 方案	满铺卵石拼花	1217.00	1655.12	0.2182
D 方案	拼铺大理石	1967.91	2676.36	0.3528
原方案	水泥混凝土路面	1071.50	1457.24	0.1921

方 案 评 价   表 13-11

评价因素		方案名称	A	B	C	D	原方案
功能因素	功能重要度						
F1	0.37	方案满	1	4	8	9	3
F2	0.21	足分数	2	3	4	8	3
F3	0.42	S	1	4	10	9	2
方案总分		ΣΦS	1.21	3.79	8.00	8.79	2.58
功能评价系数			0.0497	0.1555	0.3283	0.3607	0.1059
成本评价系数			0.0742	0.1627	0.2182	0.3528	0.1921
价值系数			0.6698	0.9557	1.5046	1.0224	0.5513
优选方案					△	△	

由表 13-10 和表 13-11 可知，方案 C 与方案 D 价值系数较高，可确定为优选方案。

在 VE 活动中，再次组织有关人员对 C、D 两方案进行评价，在功能载体替代方面又出现了新的突破：陵园碑墓施工过程中的下脚料锯切下来的不规则、厚度为 3cm 的红、白、黑色大理石板完全可以替代方案 D 中的大理石板。把陵园内这些不规则的大理石板用于园路面层，可节约大量的材料费，使方案 D 成为最佳方案。

六、效果评价

最佳方案与原方案概算对照见表 13-12。

方 案 概 算 表   表 13-12

工程	最佳方案内容及成本(元)		原方案成本(元)
基础	人工挖地槽	471.56	1145.65
	1:3 水泥砂浆找平		
面层	路面拼铺人工费	588.93	1457.24
	不规则石板运输费		
	1:1.5 水泥砂浆		
附属工程	水泥砖制作与运输	592.90	919.94
	道牙安装		
总计		1653.39	3522.83

从表 13-12 可以看出，以可替代的最低成本为标准，与现状成本相比较，得出：

园路工程降低造价：$3522.83 - 653.39 = 1869.44$(元)

$$降低率 = \frac{1869.44}{3522.83} \times 100\% = 53.07\%$$

$$价值系数 = \frac{1653.39}{3522.83} = 0.4693$$

参 考 文 献

[1] 程绪珂，胡运骅主编. 生态园林的理论与实践 [M]. 北京：中国林业出版社，2006

[2] 李致平主编. 现代微观经济学 [M]. 合肥：中国科学技术大学出版社，2006.

[3] 于秀芝编著. 人力资源管理(第三版) [M]. 北京：中国社会科学出版社，2006.

[4] 李中斌，张向前，郭爱英等著. 人力资源管理 [M]. 北京：中国社会科学出版社，2006.

[5] (美)詹姆斯 R. 麦圭根(James R. McGuigan)，R. 查尔斯·莫耶(R. Charles Moyer)，弗雷德里克 H. B. 哈里斯(Frederich H. deB. Harris)，(中)李国津著. 管理经济学(中国版·原书第 10 版) [M]. 北京：机械工业出版社，2006.

[6] 王伟红著. 本土经验：中国企业人力资源管理的核心法则与流程 [M]. 北京：中国经济出版社，2006.

[7] 王红兵，车春鹏编著. 建筑施工企业管理信息系统 [M]. 北京：电子工业出版社，2006.

[8] 李永红主编. 园林工程项目管理 [M]. 北京：高等教育出版社，2006.

[9] 赵国杰，翟欣翔，李响主编. 投资学——从战略管理到项目优化组合 [M]. 天津：天津大学出版社，2006.

[10] 张华，田园主编. 盈亏平衡分析在项目投资评价中的运用. 财务通讯(综合版)，2006.

[11] James R. McGuigan，R. Charles Moyer. 管理经济学(第 10 版) [M]. 北京：机械工业出版社·华章，2006.

[12] 高岚. 林业经济管理学 [M]. 北京：中国林业出版社，2006.

[13] 建设项目经济评价方法与参数研究评价分析实施手册 [M]. 北京：中国知识出版社，2006.

[14] 中国总经理工作手册编委会编. 刘伟，刘国宁主笔. 中国总经理工作手册，质量管理(第 2 版) [M]. 北京：中国言实出版社，2006.

[15] 陈建华主编. 质量管理的 100 种方法 [M]. 北京：中国经济出版社，2006.

[16] 何淼，刘宪国，刘晓东主编. 园林工程施工与管理 [M]. 北京：高等教育出版社，2006.

[17] 张坚，罗睿. ISO 质量管理体系在园林工程中的实践——PDCA 循环在园林工程施工阶段的运用 [J]. 广东园林，2006，3.

[18] 毛子敏. 论养护管理在园林绿地建设中的重要作用 [J]. 科技情报开发与经济，2006，12.

[19] 李芝玉. 论养护管理在园林绿化中的重要性和必要性 [J]. 科技情报开发与经济，2006，16.

[20] 陈建华主编. 质量管理的 100 种方法 [M]. 北京：中国经济出版社，2006.

[21] 牛刚. 农业企业经营要素配置论 [M]. 北京：社会科学文献出版社，2006.

[22] 李致平主编. 现代微观经济学［M］. 合肥：中国科学技术大学出版社，2006.

[23] 卢新海主编. 园林规划设计［M］. 北京：化学工业出版社，2005，1-2.

[24] 中华人民共和国公司法. 北京：法律出版社，2005.

[25] 张士元. 企业法(第2版). 北京：法律出版社，2005.

[26] 法律出版社法规中心. 民法通则关联法规精选. 北京：法律出版社，2005.

[27] 左振华主编. 管理学基础(第一版)［M］. 武汉：武汉理工大学出版社，2005.

[28] 冯根尧编著. 中小企业质量管理实务［M］. 上海：上海财经大学出版社，2005.

[29] 赵涛，潘欣鹏主编. 项目质量管理［M］. 北京：中国纺织出版社，2005.

[30] 李岚主编. 财务管理实务［M］. 北京：清华大学出版社，2005.

[31] 俞明南，丁正平编著. 质量管理［M］. 大连：大连理工大学出版社，2005.

[32] 罗国勋主编. 质量管理与可靠性［M］. 北京：高等教育出版社，2005.

[33] 赵涛，潘欣鹏主编. 项目质量管理［M］. 北京：中国纺织出版社，2005.

[34] 胡俊红编著. 设计策划与管理［M］. 合肥：合肥工业大学出版社，2005.

[35] 李妍. 金融风险识别计量监测管理与内部控制实务全书［M］. 北京：中国科技文化出版社，2005.

[36] 俞国凤，吕茫茫主编. 建筑工程——概预算与工程量清单［M］. 上海：同济大学出版社，2005.

[37] 洪李萍主编. 财务管理［M］. 上海：上海财经大学出版社，2005.

[38] 何亚伯主编. 建筑工程经济与企业管理［M］. 武汉：武汉大学出版社，2005.

[39] 顾旭主编. 企业战略与投资决策［M］. 上海：上海财经大学出版社，2005.

[40] 闫军印主编. 建设项目评估［M］. 北京：机械工业出版社，2005.

[41] 孙慧主编. 项目成本管理［M］. 北京：机械工业出版社，2005.

[42] 王军，李英慧主编. 动态盈亏平衡分析［M］. 辽宁：辽宁石油化工大学学报，2005(12)：25-4.

[43] 董晖. 中国林业生态工程项目管理模式研究［博士论文］. 北京：北京林业大学，2005.

[44] 串田武则. 目标管理实务手册［M］. 广州，广东经济出版社，2005.

[45] 李永红主编. 园林工程项目管理［M］. 北京：高等教育出版社，2005.

[46] 胡志强，何国华等编著. 管理经济学(第一版)［M］. 武汉：武汉大学出版社. 2005.

[47] 郭风平，方建斌主编. 中外园林史［M］. 北京：中国建材工业出版社，2005.

[48] 李梅主编. 森林资源保护与游憩导论［M］. 北京；中国林业出版社，2004.

[49] 黄凯主编. 园林经济管理(修订版)［M］. 北京：气象出版社，2004.

[50] 祁素萍. 城市园林复合生态系统研究——以杭州市为例［博士学位论文］. 浙江：浙江大学，2004，1-12.

[51] 臧广州. 园林行业管理规章制度全集［M］. 安徽：安徽文化音像出版社，2004.

[52] 吴添祖，冯勤，欧阳仲健主编. 技术经济学［M］. 北京：清华大学出版社，2004.

[53] 贾春霖，李晨编著. 技术经济学［M］. 长沙：中南大学出版社，2004.

[54] 张岩松，李健等编著. 人力资源管理案例精选精析 [M]. 北京：经济管理出版社，2004.

[55] 王礼平. 如何进行目标管理 [M]. 北京，北京大学出版社，2004.

[56] 郑君君，杨学英主编. 工程估算 [M]. 武汉：武汉大学出版社，2004.

[57] 牛建高，李义超. 动态盈亏平衡分析方法及其在企业投资决策中的应用 [J]. 石家庄经济学院学报，2004(8)：27-4.

[58] 李南. 工业经济学 [M]. 北京：科学出版社，2004.

[59] 建设部综合财务司. 中国城市建设统计年报（2003）[M]. 北京：中国建材工业出版社，2004.

[60] 郑梅主编. 建设工程项目管理 [M]. 北京：中国计划出版社，2004.

[61] 杨文士，焦叔斌，张雁等. 管理学原理 [M]. 第 2 版. 北京：中国人民大学出版社，2004.

[62] 耿玉德. 现代林业企业管理学 [M]. 哈尔滨：东北林业大学出版社，2004.

[63] 夏英. 农业企业经营机制转换和战略管理 [M]. 北京：农业科技出版社，2004.

[64] 叶德磊主编. 微观经济学(第二版) [M]. 北京：高等教育出版社，2004.

[65] Kaplan Rachel, Austin Maureen E, Kaplan, Stephen. Open Space Communities [J]. The American Planning Association，2004，70(3)，300-312.

[66] Van Herzele A, Wiedemann T. A monitoring tool for the provision of accessible and attractive urban green spaces [J]. Landscape and Urban Planning，2003，63：109-126.

[67] Wu J, Plantinga A. J. The influence of public open space on urban spatial structure [J]. Journal of Environmental Economics and Managemet，2003，46(2)：288-309.

[68] 张祖刚编著. 世界园林发展概论——走向自然的世界园林史图说 [M]. 北京：中国建筑工业出版社，2003.

[69] 蔡根女. 农业企业经营管理学 [M]. 北京：高等教育出版社，2003.

[70] 刘晓君，杨建平，郭斌编著. 技术经济学(第三版) [M]. 重庆：西北大学出版社，2003.

[71] 刘伟，刘国宁主笔. 质量手册 [M]. 北京：中国言实出版社，2003.

[72] 刘伊生主编. 建筑企业管理 [M]. 北京：北方交通大学出版社，2003.

[73] 王连勇. 加拿大国家公园规划与管理——探索旅游地可持续发展的理想模式 [M]. 重庆：西南师范大学出版社，2003.

[74] 肖斌主编. 城市园林经济管理学 [M]. 西安：陕西科学技术出版社，2003.

[75] 欧阳洁. 决策管理——理论、方法、技巧与应用 [M]. 广州：中山大学出版社，2003.

[76] 董三孝主编. 园林工程概预算与施工组织管理 [M]. 北京：中国林业出版社，2003.

[77] 杨善林等编著. 信息管理学 [M]. 北京：高等教育出版社，2003.

[78] 北京银通国泰管理咨询有限公司主编. 职位说明书与绩效考核范本 [M]. 北京：中国商业出版社，2003.

[79] 苏选良编著. 管理信息系统 [M]. 北京：电子工业出版社，2003.

[80] 赵国庆，杨健著. 经济数学模型的理论与方法 [M]. 北京：中国金融出版社，2003.

[81] 杨士弘等. 城市生态环境学(第二版) [M]. 北京：科学出版社，2003，161.

[82] Wu J, Plantinga A. J. The influence of public open space on urban spatial structure [J]. Journal of Environmental Economics and Managemet，2003，46(2)：288-309.

[83] 李军. 世界文化与自然遗产(中国) [M]. 长春：北方妇女儿童出版社，2002.

[84] 唐海洲，欧阳晓东主编. 成功物业管理制度操作典范(第3卷) [M]. 长春：吉林摄影出版社，2002.

[85] 孙义敏，杨杰主编. 现代企业管理导论(第一版) [M]. 北京：机械工业出版社，2002.

[86] 袁声莉，杨耀峰. 现代企业管理 [M]. 武汉：华中理工大学出版社，2002.

[87] 陈维政等主编. 人力资源管理 [M]. 北京：中国高等教育出版社，2002.

[88] 郁君平主编. 设备管理 [M]. 北京：机械工业出版社，2002.

[89] 李蕾蕾. 逆工业化与工业遗产旅游开发：德国鲁尔区的实践过程与开发模式 [M]. 世界地理研究，2002，(3).

[90] 长城企业战略研究所. 孵育未来：孵化器发展与创新研究 [M]. 南宁：广西人民出版社，2002.

[91] 王忠宗. 目标管理与绩效考核 [M]. 广州：广东经济出版社，2002.

[92] 纲目. 有效的目标管理 [M]. 北京：中信出版社，2002.

[93] 黄宪仁. 目标管理实务 [M]. 广东：广东经济出版社，2002.

[94] 陈照明. 实用目标管理 [M]. 厦门：厦门大学出版社，2002.

[95] 方海兰，陈新. 以标准化规范化为契机，提高园林绿化的质量水平 [J]. 中国园林，2002，(2).

[96] 陈科东主编. 园林工程施工与管理 [M]. 北京：高等教育出版社，2002.

[97] 巫成功. 目标管理 [M]. 北京：中国商业出版社，2002.

[98] 马广仁，孙富主编. 林业法规与行政执法 [M]. 北京：中国林业出版社，2002.

[99] 吕能标. 浅谈园林管理 [J]. 琼州大学学报，2002，9(4)：94-95.

[100] Bates L. J. The Public Demand for Open Space：The Case of Connecticut Communities [J]. Journal of Urban Economics，2001，50：97-11.

[101] 维勒格编，苏柳梅等译. 德国景观设计(1，2) [M]. 沈阳：辽宁科学出版社，2001，1-17.

[102] 冷平生，苏淑钗. 园林生态学 [M]. 北京：气象出版社，2001，55-63.

[103] 黄宪仁. 目标管理实务 [M]. 广州：广东经济出版社，2001.

[104] 刘庆元，刘宝宏. 战略管理：分析、制定与实施 [M]. 长春：东北财经大学出版社，2001.

[105] 王学萌，张继忠，王荣. 灰色系统分析及实用计算程序 [M]. 武汉：华中科技大学出版社，2001.

[106] 维勒格编，苏柳梅等译. 德国景观设计(1，2) [M]. 沈阳：辽宁科学出版社，2001，1-17.

[107] 刘滨谊，周晓娟，彭锋. 美国自然风景园运动的发展 [J]. 中国园林，2001(5).

[108] 李康，李洵. 绿色革命与大城市生态化 [J]. 北京规划建设，2001，4：31-33.

[109] 陈向远. 现代化城市需要建设城市大园林 [J]. 中国园林，2001(5)：3.

[110] 赵维双等主编. 现代企业管理学 [M]. 北京：兵器工业出版社，2001.

[111] 黄静主编. 产品管理 [M]. 北京：中国高等教育出版社，2001.

[112] 蒋明新. 企业经营战略 [M]. 成都：西南财经大学出版社，2001.

[113] 杨锡怀. 企业战略管理 [M]. 成都：高等教育出版社，2001.

[114] 朱道华. 农业经济学(第4版) [M]. 北京：中国农业出版社，2000.

[115] 黄渝祥. 企业管理理论 [M]. 北京：高等教育出版社，2000.

[116] 马俊驹. 现代企业法律制度 [M]. 北京：法律出版社，2000.

[117] 王凯. 管理学基础 [M]. 北京：高等教育出版社，2000.

[118] 周三多主编，陈传明副主编. 管理学(第一版) [M]. 北京：高等教育出版社，2000.

[119] 李大胜，牛宝俊主编. 投资经济学 [M]. 太原：山西经济出版社，2000.

[120] 钟小军，黎放等. 现代管理理论与方法 [M]. 北京：国防工业出版社，2000.

[121] 骆爱金主编. 园林绿 ISO 9001 质量体系与操作实务 [M]. 北京：中国林业出版社，2000.

[122] 王德中. 企业战略管理 [M]. 成都：西南财经大学出版社，1999.

[123] 周三多，陈传明，鲁明泓编著. 管理学——原理与方法(第三版) [M]. 上海：复旦大学出版社，1999.

[124] 张万钧. 建"绿色银行"创三个效益 [J]. 中国园林，1999，15(62)：69-71.

[125] 郭东力，李梅. 关于园林绿化质量管理问题的探讨 [J]. 四川林业科技，1999，(1).

[126] 张晓. 所谓国家风景名胜区旅游企业股票上市的实质是国家风景名胜资源上市 [J]. 数量经济技术经济研究，1999(10)：3-25.

[127] 刘思峰，郭天榜，党耀国等. 灰色系统理论及其应用 [M]. 北京：科学出版社，1999.

[128] 袁志刚主编. 管理经济学 [M]. 上海：复旦大学出版社，1999.

[129] Managerial Economics(Sixth Edition) [M]，S. Charles Maurice & Chrixtopher R. Thomos McGraw-Hill，1999.

[130] 刘伊生主编. 建设项目信息管理 [M]. 北京：中国计量出版社，1999.

[131] 周益群，王润苗，庞彦. 市民广场 城市绿洲 [J]. 江海侨声，1998，9：3-9.

[132] 贾树庭，王国武. 城市园林与"热岛"降温 [J]. 林业勘查设计，1998，3：49.

[133] 罗明等主编. 现代企业营销理论与实践 [M]. 北京：气象出版社，1998.

[134] 张强. 我国城市生态园林建设刍议 [J]. 生态经济，1997，3：50-53.

[135] 王焘编著. 园林经济管理 [M]. 北京：中国建筑工业出版社，1997.

[136] 杨名远. 农业企业经营管理学 [M]. 北京：中国农业出版社，1997.

[137] 黄津孚. 现代企业管理原理(第三版) [M]. 北京：首都经济贸易大学出版社，1996.

[138] 原葆民. 管理学原理 [M]. 北京：中国农业出版社，1996.

[139] 斯蒂芬·P·罗宾斯基，管理学(第四版) [M]，北京：中国人民大学出版社，1996.

[140] 张祥平编著. 园林经济管理 [M]. 北京：气象出版社，1996.

[141] 张雪野等. 经营决策方法 [M]. 上海：华东师大出版社，1996.

[142] 蔡希贤，万君康主编. 技术经济学 [M]. 武汉：华中理工大学出版社，1995.

[143] 杨文士，张雁主编. 管理学原理(第一版) [M]. 北京：中国人民大学出版社，1994.

[144] 黄运武. 市场经济大词典 [M]. 武汉：武汉大学出版社，1993.

[145] 暴奉贤. 经济预测与决策方法 [M]. 广州：暨南大学出版社，1991.

[146] 张家骥. 中国造园论 [M]. 太原：山西人民出版社，1991.

[147] 周维权. 中国古典园林史 [M]. 北京：清华大学出版社，1990.

[148] 施学光. 国土整治与区域经济 [M]. 南京：南京大学出版社，1990.

[149] 中国大百科全书——《建筑·园林·城规》卷 [M]. 北京：中国大百科全书出版社，1988.

[150] 侯文超. 经营管理决策分析 [M]. 北京：高等教育出版社，1987.

[151] 韩荣. 价值工程 [M]. 北京：科学普及出版社，1987.

[152] 王志连，吕梦江. 价值工程研究与应用 [M]. 北京：中国财政经济出版社，1987.

[153] 栾玉广. 自然科学研究方法 [M]. 合肥：中国科技大学出版社，1986.

[154] 孙筱祥. 园林艺术与园林设计(讲义) [M]. 北京：北京林业大学出版，1986.

[155] 袁春阳. 价值工程 [M]. 北京：煤炭工业出版社，1986.

[156] 北京大学法学理论教研室. 法学基础理论 [M]. 北京：北京大学出版社，1984.

[157] 沈明. 价值工程原理与方法 [M]. 北京：中国农业机械出版社，1984.

[158] Heckscher A. Open-space——the life of American city [M]. New york：Harper & Row，1984，55-69.

[159] 陈从周. 说园 [M]. 上海：同济大学出版社，1984.

[160] 朱云刚. 实用价值工程 [M]. 上海：上海科学技术出版社，1983.

[161] 刘余善，谷宝贵. 实用管理系统工程 [M]. 杭州：浙江人民出版社，1983.

[162] 泰罗. 科学管理原理 [M]. 北京：中国社会科学出版社，1983.

[163] 赫伯特·西蒙. 管理决策新科学 [M]. 北京：中国社会科学出版社，1980.

[164] 巴利切夫斯基. 科学研究：对象、方向、方法 [M]. 北京：轻工出版社，1870.

[165] http：//www. greenhr. gov. cn/info/info _ content. asp？id＝640.

[166] http：//mail. 163. com/news/163news0312. htm.

[167] http：//www. cnhmdw. com/article/detail. asp？t _ id＝8613.

[168] http：//www. cnhmdw. com/article/detail. asp？t _ id＝8614.

[169] http：//www. lawbase. com. cn/lawdata/search. asp？page＝1&Submit＝％D7％AA％B5％BD.

[170] http：//www. cdylw. com/zhxx/news. asp？id＝2278.

［171］ http：//www. gov. cn/jrzg/2006-02/22/content _ 207093. htm.

［172］ http：//www. turenscape. com/paper/show. asp? id=15.

［173］ http：//lunwen. yuanlin365. com/Yl/2006-07-22/1519. html.

［174］ http：//www. turenscape. com/paper/show. asp? id=15.

［175］ http：//www. greenhr. gov. cn/info/info _ content. asp? id=640.

［176］ http：//mail. 163. com/news/163news0312. htm.

［177］ http：//www. cnhmdw. com/article/detail. asp? t _ id=8613.

［178］ http：//www. cnhmdw. com/article/detail. asp? t _ id=8614.

［179］ http：//www. lawbase. com. cn/lawdata/search. asp? page=1&Submit=%D7%AA%B5%BD.

［180］ http：//www. cdylw. com/zhxx/news. asp? id=2278.

［181］ http：//www. gov. cn/jrzg/2006-02/22/content _ 207093. htm.

［182］ http：www. ebuilds. net.

［183］ http：//www. e-works. net. cn/ewk2004/ewkArticles/436/Article16517. htm.

［184］ http：//61. 28. 22. 26：8050/Special/Subject/CZDL/DLBL/DLTS0100/.

［185］ http：//202. 115. 49. 145/pages/sd/sd-contents-1. htm.

［186］ http：//202. 115. 49. 145/pages/sd/sd-contents-2. htm.

［187］ http：//202. 115. 49. 145/pages/SD/sdmain. htm.

［188］ http：//www. jsrtu. com/file _ post/display/read. php? FileID=1539.

［189］ http：//vod. swjtu. edu. cn/courseware/xifang/31. htm.

［190］ http：//jpkc. znufe. edu. cn/2006/jrxy/invest/html/200605/10/20060510011425. htm.